21世纪高等院校公共课精品教材

计算机基础与应用

FUNDAMENTALS AND APPLICATIONS OF COMPUTER

黄辉 赵珑 李山 主编

东北财经大学出版社
Dongbei University of Finance & Economics Press
大连

图书在版编目（CIP）数据

计算机基础与应用 / 黄辉，赵珑，李山主编．—大连：东北财经大学出版社，2018.7

（21世纪高等院校公共课精品教材）

ISBN 978-7-5654-3184-5

Ⅰ．计… Ⅱ．①黄… ②赵… ③李… Ⅲ．电子计算机-基本知识 Ⅳ．TP3

中国版本图书馆CIP数据核字（2018）第113591号

东北财经大学出版社出版

（大连市黑石礁尖山街217号 邮政编码 116025）

网 址：http：//www.dufep.cn

读者信箱：dufep@dufe.edu.cn

大连市东晟印刷有限公司印刷 东北财经大学出版社发行

幅面尺寸：185mm×260mm 字数：398千字 印张：19 插页：1

2018年7月第1版 2018年7月第1次印刷

责任编辑：石真珍 王 斌 责任校对：王 娟

封面设计：冀贵收 版式设计：钟福建

定价：42.00元

教学支持 售后服务 联系电话：（0411）84710309

如有印装质量问题，请联系营销部：（0411）84710711

前　言

随着信息时代的来临，计算机已经成为信息社会最重要的工具，人们在生活、工作中对计算机的依赖程度越来越高，计算机应用能力成为现代高校毕业生必备的基本技能之一。根据调研，大多数工作岗位对计算机应用能力的要求突出表现在：了解计算机基本工作原理；掌握计算机基本维护方法；熟练应用办公软件；精通专业软件。具备这些能力对于高校毕业生做好本职工作、提高工作效率具有重要作用。

本书内容包括计算机维护、Windows应用、Internet应用、Word应用、Excel应用、PowerPoint应用、Visio应用、Project应用等八个部分。与其他介绍计算机基本应用的教材相比，本书在内容编排上具有以下特点：

第一，在指导思想上摆脱了循序渐进的写作方法。该书不是相关软件的入门教材，而是注重介绍在了解软件基本概念和掌握软件基本操作的基础上的较高级应用。

第二，在内容上除了常见的Windows、Internet、Word、Excel、PowerPoint以外，还加入了管理岗位常用的软件Visio、Project，以及计算机基本维修维护知识。

第三，上机实验内容既相互独立，又具备系统性，实验结果便于验证。

本书可作为高等学校计算机应用课程及实践的教材，以提高学生的计算机应用技能、培养学生的学习适应能力为目标，使学生在掌握基本知识、获取实用技能的基础上，拓展思维空间与方法，为以后学习其他课程打下基础并增添活力。

本书共分八章，由华东交通大学经济管理学院和交通运输与物流学院从事信息管理教学的教师编写，具体分工如下：第一至第四章由黄辉老师负责，第五章由刘会林老师负责，第六章由赵珑老师负责，第七章由李剑老师负责，第八章由李山老师负责。最后由黄辉、赵珑、李山负责统稿。

在本书的编写过程中，编者参阅了相关的教材和著作以及互联网上的内容，受篇幅所限，未能一一列出，在此对所有给予帮助的作者表示感谢。编者还得到了华东交通大学经济管理学院的大力支持，很多学生，特别是黄梓峻同学对本书提出了宝贵意见，在此一并致以衷心的感谢。

尽管编者为本书倾注了多年的时间和心血，但书中仍然难免存在疏漏之处，恳请读者提出宝贵意见。

编　者

2018年4月

目　录

第一章

计算机维护

自1946年诞生以来，电子计算机作为现代信息社会最重要的工具，已经深深植入到了社会各行各业，人类的工作和生活几乎离不开计算机了。因此，了解计算机的构成和基本工作原理，掌握基本的计算机软硬件维护知识，熟练应用各种软件，对于提高工作效率、生活质量具有积极作用。实际上，计算机要发挥作用，一定是以计算机系统形式出现的。而一个计算机系统要正常工作，计算机硬件和计算机软件的正常工作和协调运行是基础，计算机系统的基本构成如图1-1所示。

- 计算机系统
  - 硬件系统
    - 主　　机
      - 中央处理器
        - 控制器
        - 运算器
      - 内　　存
        - ROM
        - RAM
        - Cache高速缓冲存储器
    - 外部设备
      - 输入设备
      - 输出设备
      - 外存
  - 软件系统
    - 系统软件
      - 操作系统
      - 编译程序和解释程序
      - 数据库管理
    - 应用软件
      - 字处理系统
      - 各种软件包

图1-1　计算机系统的基本构成

第一节　计算机硬件

计算机硬件（Computer Hardware）是指计算机系统中由电子、机械和光电元件等组成的各种物理装置的总称。这些物理装置按系统结构的要求构成一个有机整体，为计算机软件运行提供物质基础。

一、计算机硬件组成

1.控制器

控制器是整个计算机系统的指挥中心，负责对指令进行分析，并根据指令的要求，有序地、有目的地向各个部件发出控制信号，使计算机的各部件协调一致地工作。控制器由指令指针寄存器、指令寄存器、控制逻辑电路和时钟控制电路等组成。

2.运算器

运算器是对数据进行加工处理的部件，它在控制器的作用下与内存交换数据，负责进行各类基本的算术运算、逻辑运算和其他操作。在运算器中含有暂时存放数据或结果的寄存器。运算器由算术逻辑单元（Arithmetic Logic Unit，ALU）、累加器、状态寄存器和通用寄存器等组成。ALU是用于完成加、减、乘、除等算术运算，与、或、非等逻辑运算，以及移位、求补等操作的部件。

通常把控制器与运算器合称为中央处理器（Central Processing Unit，CPU）。

3.存储器

存储器（Memory）是计算机系统中的记忆设备，用来存放程序和数据。计算机中的全部信息，包括输入的原始数据、计算机程序、中间运行结果和最终运行结果都保存在存储器中。它根据控制器指定的位置存入和取出信息。有了存储器，计算机才有记忆功能，才能保证正常工作。按用途进行分类，存储器可分为主存储器（内存）和辅助存储器（外存），或者分为外部存储器和内部存储器。

内存指主板上的存储部件，用来存放当前正在执行的数据和程序，但仅用于暂时存放程序和数据，关闭电源或断电，数据会丢失。

外存通常是磁性介质或光盘等，能长期保存信息，如硬盘（Hard Disk）、光盘（CD-ROM）、移动硬盘、U盘等。

4.输入设备

输入设备（Input Device）是向计算机输入数据和信息的设备，是计算机与用户或其他设备通信的桥梁，是外部与计算机进行交互的一种装置，用于把原始数据和处理这些数据的程序输入到计算机中。计算机能够接收各种各样的数据，既可以是数值型的数据，也可以是各种非数值型的数据，如图形、图像、声音等都可以通过不同类型的输入设备输入到计算机中，进行存储、处理和输出。键盘、鼠标、摄像头、扫描仪、光笔、手写输入板、游戏杆、语音输入装置等都属于输入设备。

5.输出设备

输出设备（Output Device）是用于接收计算机数据输出的设备，也就是把各种计算结果数据或信息以数字、字符、图像、声音等形式表示出来，包括显示器（Display）、打印机（Printer）、音箱或喇叭（Speaker）等。输入与输出设备均通过各种接口卡与总线相连。

以上计算机各硬件都是通过主板连接起来的，主板一般为矩形电路板，上面安装了电路系统，一般有BIOS芯片、I/O控制芯片、键盘和面板控制开关接口、指示灯插接件、扩充插槽、主板及插卡的直流电源供电接插件等元件。芯片组（Chipset）是主板的核心组成部分，决定了主板的功能，进而影响到整个电脑系统性能。

主板上的芯片组就好像一座桥梁，所有的硬件都要通过主板上的芯片及主板上分布的总线连接在一起才能正常工作。按照在主板上的排列位置的不同，芯片通常分为北桥芯片和南桥芯片。北桥芯片提供对CPU的类型和主频、内存的类型和最大容量、ISA/PCI/AGP插槽、ECC纠错等的支持。南桥芯片则提供对KBC（键盘控制器）、RTC（实时时钟控制器）、USB（通用串行总线）、Ultra DMA/33（66）EIDE数据传输方式和ACPI（高级能源管理）等的支持。其中北桥芯片起着主导性的作用，也称为主桥（Host Bridge）。

北桥通过前端总线（FSB）直接连接到处理器，内存控制器也位于北桥上，这样可让CPU快速访问内存。北桥还连接到AGP或PCI Express总线并与内存连接。南桥比北桥慢，而且CPU中的信息必须经过北桥才能到达南桥。其他总线将南桥连接到PCI总线、USB端口以及IDE或SATA硬盘接口。芯片组选择与CPU选择有着密切的关系，通常要对芯片组进行优化以使其与特定的CPU配套使用。芯片组与主要硬件连接图如图1-2所示。

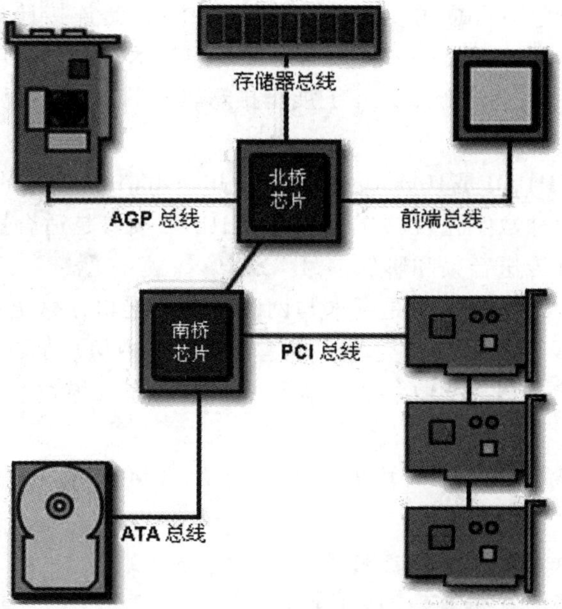

图1-2 芯片组与主要硬件连接图

在计算机硬件系统中，通常把只包含CPU、主板、内存、显卡、电源的系统称为最小化系统。有了最小化系统后，开机后屏幕能出现信息提示，可以作为排查法检查计算机故障的起点。

二、计算机硬件的接口

1.主机对外接口

①VGA接口：VGA（Video Graphics Array）视频图形阵列是IBM于1987年提出的一个使用模拟信号的电脑显示标准。VGA接口即电脑采用VGA标准输出数据的专用接口。VGA接口共有15针，分成3排，每排5个孔，绝大多数显卡都带有此种接口。它传输红、绿、蓝模拟信号以及同步信号（水平和垂直信号）。

②PS/2接口：PS/2接口是一种鼠标和键盘的专用接口，最初是IBM公司的专利，俗称“小口”。这是一种6针的圆型接口，但鼠标只使用其中的4针传输数据和供电，其余2个为空脚。PS/2接口的传输速率比COM接口稍快一些，是ATX主板的标准接口，但不能使高档鼠标完全发挥其性能，而且不支持热插拔。在BTX主板规范中，该接口是即将被淘汰的接口。

③COM接口：COM接口（Cluster Communication Port）即串行通信端口。COM接口通常是9针，也有25针的接口，用于连接鼠标（串口）及通信设备。

④LPT接口：LPT接口一般用来连接打印机或扫描仪，采用25脚的DB-25接头，两排针孔（25个）。

⑤USB接口：通用串行总线（Universal Serial Bus）是连接计算机系统与外部设备的一种串口总线标准，也是一种输入输出接口的技术规范，被广泛地应用于个人电脑和移动设备等信息通信产品，并扩展至摄影器材、数字电视（机顶盒）、游戏机等其他相关领域。

⑥HDMI接口：HDMI是High Definition Multimedia Interface的缩写，是高清晰度多媒体接口，是一种数字化视频/音频接口。HDMI接口是适合影像传输的专用型数字化接口，可同时传送音频和影像信号。

⑦网络接口：网络接口指的是网卡与网络之间的接口，常见的网络接口是RJ-45接口，属于双绞线以太网接口类型。它是布线系统中信息插座（即通信引出端）连接器的一种，连接器由插头（接头、水晶头）和插座（模块）组成，插头有8个凹槽和8个触点。

⑧音箱、话筒接口：音箱（耳机）接口一般为绿色，标识为Speaker；麦克风接口一般为粉红色，标识为MIC。

⑨电源接口：市电接入电源适配器。

以上接口的具体位置如图1-3所示。

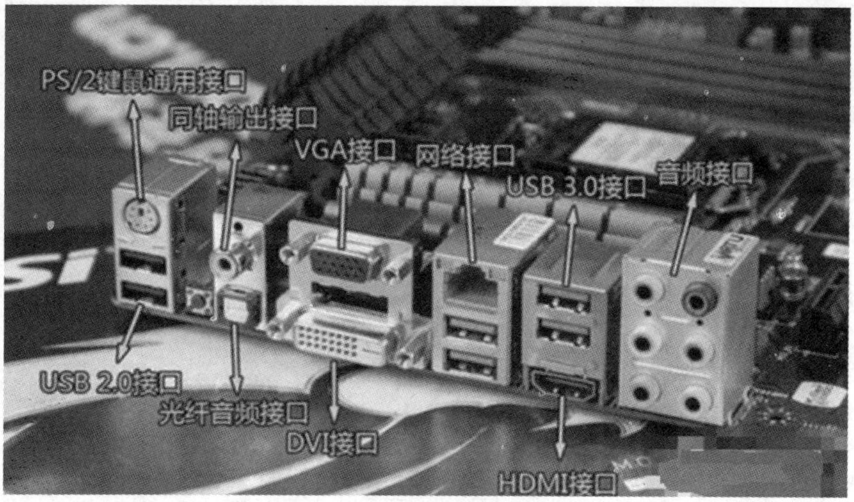

图 1-3　主机对外接口具体位置

2.主板上接口

①CPU接口：Socket类接口，CPU直接插在主板上；Slot类接口，CPU先插在转接卡上，再将转接卡插在主板上。

②AGP插槽：AGP（Accelerated Graphics Port）是在PCI（Peripheral Component Interconnection，周边元件扩展接口）总线基础上发展起来的，主要针对图形显示进行优化，专门用于图形显示卡。其颜色一般为棕色。

③PCI插槽：基于PCI局部总线的扩展插槽。其颜色一般为乳白色，位于主板上AGP插槽的下方，ISA插槽的上方。其位宽为32位或64位，工作频率为33MHz，最大数据传输率为133MB/sec（32位）和266MB/sec（64位）。可插接显卡、声卡、网卡、内置Modem、内置ADSL Modem、USB2.0卡、IEEE1394卡、IDE接口卡、RAID卡、电视卡、视频采集卡以及其他种类繁多的扩展卡。

④内存插槽：内存插槽是指主板上用来插内存条的插槽。主板所支持的内存种类和容量都由内存插槽决定。内存插槽最少有两个，通常为4、6和8个。类型包括SIMM、DIMM、RIMM。

⑤硬盘接口：硬盘接口是硬盘与主机系统间的连接部件，作用是在硬盘缓存和主机内存之间传输数据。不同的硬盘接口决定着硬盘与计算机之间的连接速度，在整个系统中，硬盘接口的优劣直接影响着程序运行快慢和系统性能好坏。硬盘接口分为IDE、SATA、SCSI、SAS和光纤通道五种。IDE接口硬盘多用于家用产品，也部分应用于服务器；SCSI接口硬盘则主要应用于服务器市场；光纤通道只用于高端服务器上，价格昂贵；SATA主要应用于家用市场，有SATA、SATA Ⅱ、SATA Ⅲ。

⑥电源接口：通过电源适配器给主板供电。

⑦硬盘和光驱供电接头：4针梯形头。

主板实物如图1-4所示。

图 1-4　主板

第二节　计算机软件

软件系统（Software Systems）是指由系统软件和应用软件组成的计算机软件集合，它是计算机系统中由软件组成的部分。系统软件是指面向计算机系统本身，管理、控制、监视、维护计算机正常运行的各类程序，包括操作系统、计算机管理程序、计算机语言处理程序、调试程序、诊断程序、编译程序等。应用软件是解决用户各类具体问题的专用程序。

一、操作系统

操作系统是管理软硬件资源、控制程序执行、改善人机界面、合理组织计算机工作流程和为用户使用计算机提供良好运行环境的一种系统软件。操作系统是位于硬件层之上、所有软件层之下的一个必不可少的、最基本又是最重要的一种系统软件。它对计算机系统的全部软、硬件和数据资源进行统一控制、调度和管理。

从用户的角度看，它是用户与计算机硬件系统的接口；从资源管理的角度看，它是计算机系统资源的管理者。其主要作用及目的就是提高系统资源的利用率；提供友好的用户界面；创造良好的工作环境，从而使用户能够灵活、方便地使用计算机，使整个计算机系统能高效地运行。

安装操作系统的步骤如下：

①安装好各硬件设备和线缆后接通电源开机。

②根据提示按DEL键（也有按F2键的）进入CMOS设置界面，在Boot菜单中将系统第一启动顺序设为光驱，再将系统安装光盘放入光驱里。如果电脑没有安装光驱，但是电脑支持USB启动，可将第一启动顺序设为USB设备，插入USB安装盘进行安装。

③如果硬盘没有进行分区，可先对硬盘进行分区。

④分区完成后进行硬盘格式化。

⑤系统进行文件复制并完成安装。

⑥操作系统安装成功后进入CMOS将第一引导顺序设为硬盘。

二、驱动程序

驱动程序（Device Driver）全称为“设备驱动程序”，是一种可以使计算机和设备通信的特殊程序，可以说相当于硬件的接口，操作系统只有通过这个接口，才能控制硬件设备的工作，假如设备的驱动程序未能正确安装，便不能正常工作。

驱动程序在系统中所处的地位十分重要，一般当操作系统安装完毕后，首要的便是安装硬件设备的驱动程序。不过，大多数情况下并不需要安装所有硬件设备的驱动程序，例如，硬盘、显示器、光驱等就不需要安装驱动程序，而显卡、声卡、扫描仪、摄像头、Modem等就需要安装驱动程序。另外，不同版本的操作系统对硬件设备的支持也是不同的，一般情况下版本越高所支持的硬件设备也越多。

驱动程序安装的一般顺序为：主板芯片组（Chipset）→DirectX→驱动显卡（VGA）→声卡（Audio）→网卡（LAN）→无线网卡（Wireless LAN）→红外线（IR）→触控板（Touchpad）→PCMCIA控制器（PCMCIA）→读卡器（Flash Media Reader）→调制解调器（Modem）→其他（如电视卡、CDMA上网适配器等），不按顺序安装很有可能导致某些软件安装失败。

DirectX是微软嵌在操作系统上的应用程序接口（API），DirectX由显示部分、声音部分、输入部分和网络部分四大部分组成。

1.驱动程序来源

驱动程序一般使用的是官方正式版，是按照芯片厂商的设计研发出来的，经过反复测试、修正，最终通过官方渠道发布出来的正式版驱动程序。通常官方正式版的发布方式包括官方网站发布及硬件产品附带光盘这两种方式。官方正式版稳定性、兼容性好。

现行的操作系统几乎包含了绝大多数硬件的驱动，不过由于硬件的更新总是领先于操作系统（比如Windows）版本的更新，并且硬件厂商为了提高其硬件产品的性能和兼容性，也在不停地发布新版本的驱动程序，所以操作系统包含的驱动程序版本一般较低，不能完全发挥硬件的性能和提高它的兼容性。因此，一般只有在无法通过其他途径获得专用驱动程序的情况下，才使用操作系统提供的驱动程序。

现在新驱动程序的发布都是通过网络进行的，所以这也是获取驱动程序的一种重要方式。除了硬件厂商网站外，还可以到专业驱动程序下载网站，比如驱动程序之家下载所需的驱动程序。

2.驱动程序安装

很多驱动程序里都带有一个“Setup.exe”可执行文件，只要双击它，然后一路“Next（下一步）”就可以完成驱动程序的安装。有些硬件厂商提供的驱动程序光盘中加入了Autorun自启动文件，只要将光盘放入到电脑的光驱中，光盘便会自动启动。

如果驱动程序里没有Autorun自启动文件，也没有安装“Setup.exe”安装可执行文件，这时就要自己指定驱动程序文件，进行手动安装了。

可以在设备管理器中指定驱动程序的位置，然后进行安装。当然这个方法要事先准备好所要安装的驱动程序，该方法还适用于更新版本的驱动程序。具体安装步骤如下：

首先，从控制面板进入“系统属性”，然后依次点击“硬件”→“设备管理器”。如图1-5所示，网卡是没有安装驱动程序的设备，其前面会有感叹号“！”标示。

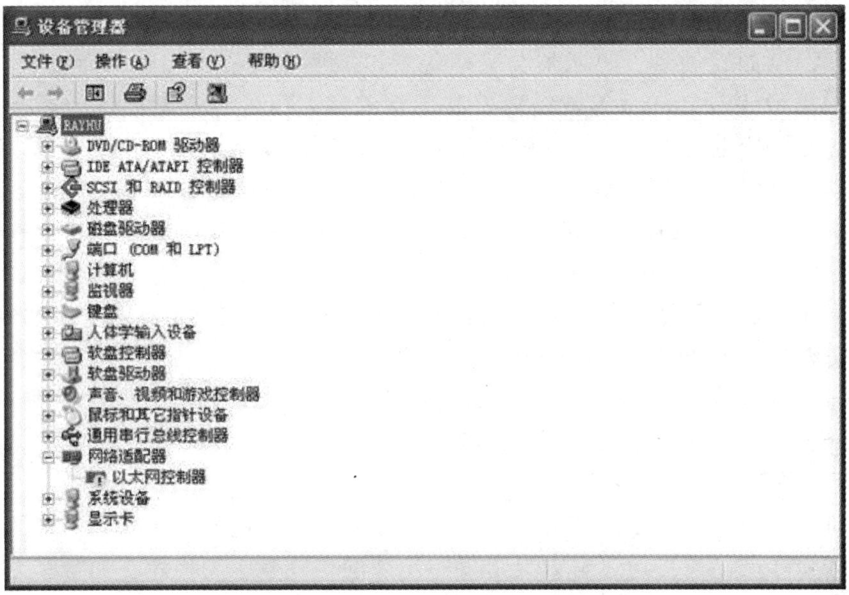

图1-5　网卡未安装驱动程序的提示

右键点击该设备，然后选择“更新驱动程序”，如图1-6所示。

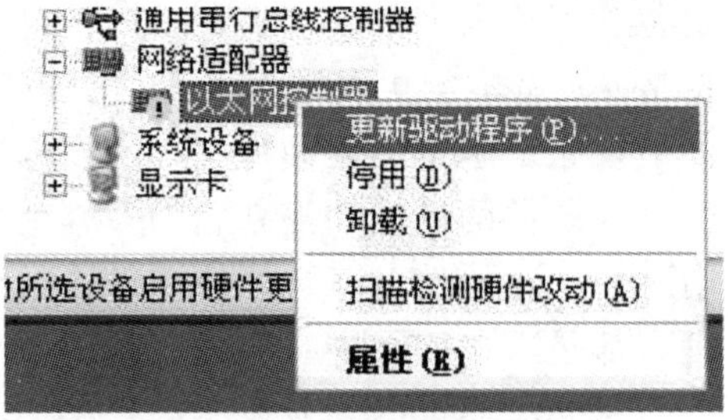

图1-6　选择“更新驱动程序”

接着就会弹出一个“硬件更新向导”，如果是一个通用设备，则可以尝试使用操作系统自带的驱动程序，选择“自动安装软件（推荐）”即可。如果操作系统中没有该设备的驱动程序，则需要事先准备好设备的驱动程序，在此界面选择“从列表或指定位置安装（高级）”，如图1-7所示。

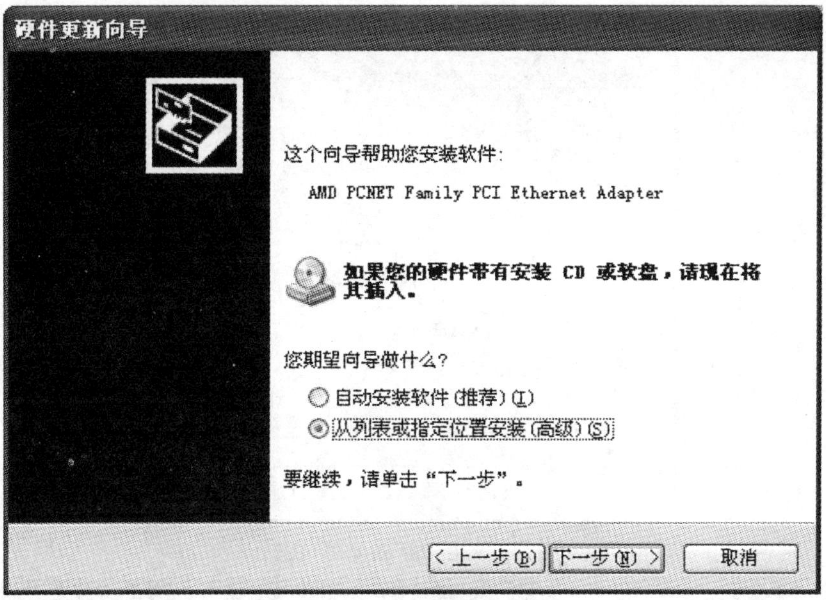

图1-7　硬件更新向导（一）

如果驱动程序在光盘中，在弹出的窗口里把“搜索可移动媒体”勾选上就可以，如果在硬盘里，则把“在搜索中包括这个位置”前面的复选框勾上，然后点击“浏览”。接着找到准备好的驱动程序文件夹，要注意的是很多硬件厂商会把其生产的很多类型的硬件设备驱动都压制在一张盘中，而且对应的是不同版本的操作系统，要注意选择正确的设备和操作系统版本。点击“确定”之后，再点击“下一步”就行了，如图1-8、图1-9、图1-10所示。

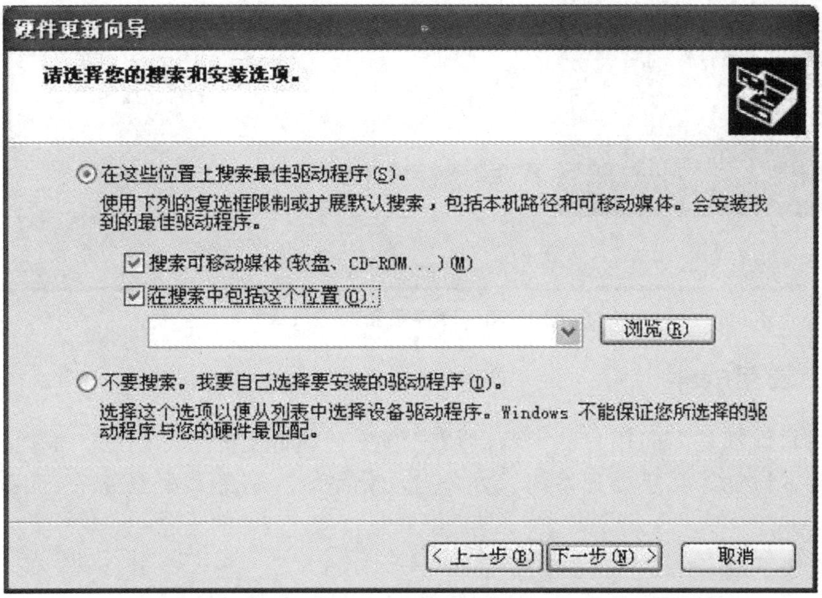

图1-8　硬件更新向导（二）

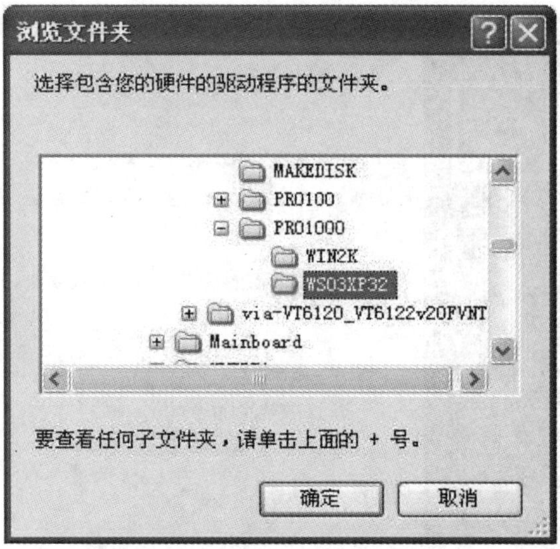

图 1-9　硬件更新向导（三）

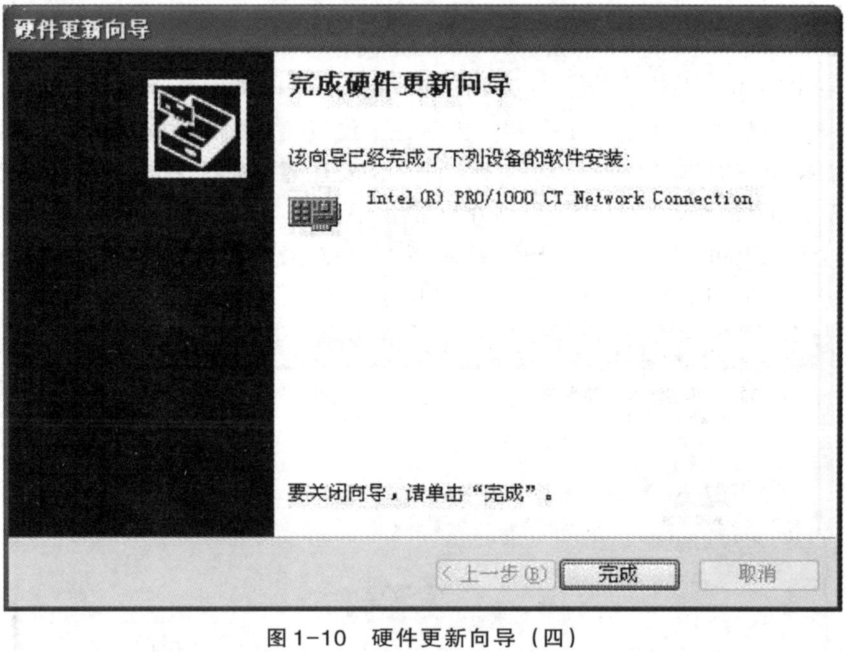

图 1-10　硬件更新向导（四）

三、应用软件

应用软件都是面向用户的，帮助用户解决一些特定的实际问题，根据需要进行选择安装，比如，文字处理系统、办公自动化系统、财务共享服务系统、商业智能系统等。

1.软件下载

对于免费软件，可以从软件供应商的官方网站下载，或者在可信的网站下载。

互联网上的软件一般都经过压缩，应当在用户电脑里先安装压缩软件后再将应用软件解压，解压完后再进行安装。收费软件通常可以从销售商处获得安装光盘，直接进行安装即可。

2.软件安装

启用安装程序，通常为Setup.exe或者Install.exe，按照安装程序的提示操作即可。如果是从互联网上下载的软件，要注意安装程序中的部分安装选项，防止不必要的安装。

第三节 计算机基本维修

计算机在使用过程中，不可避免会出现各种各样的问题，在了解计算机基本工作原理的基础上，掌握基本的维修方法，可以提高工作效率，减少由于处置不当带来的损失。

一、维修基本原则

1.进行维修判断应从最简单的事情做起，包括简单地观察和设定简捷的环境

简单地观察包括：

①观察计算机周围的环境情况，如位置、电源、连接、其他设备、温度与湿度等。

②观察计算机所表现的现象、显示的内容，以及它们与正常情况下的异同。

③观察计算机内部的环境情况，如灰尘、连接、器件的颜色、部件的形状、指示灯的状态等。

④观察计算机的软硬件配置，如安装了什么硬件，资源的使用情况；使用的是什么操作系统，安装了何种应用软件；硬件的设置驱动程序版本等。

简捷的环境包括：

①最小系统。

②在判断的环境中，仅包括基本的运行部件/软件和被怀疑有故障的部件/软件。

③在一个干净的系统中，添加用户的应用（硬件、软件）来进行分析判断。

2.根据观察到的现象，“先想后做”

首先，要想好怎样做、从何处入手，再实际动手。也可以说是先分析判断，再进行维修。其次，对于所观察到的现象，尽量先查阅相关资料，看有无相应的技术要求、使用特点等，然后根据查阅到的资料，再着手维修。最后，在分析判断的过程中，要根据自身已有的知识、经验来进行判断，对于自己不太了解或根本不了解的，一定要先向有经验的同事或技术支持工程师咨询，寻求帮助。

3.在大多数的维修判断中，必须“先软后硬”

从整个维修判断的过程看，总是先判断是否为软件故障，先检查软件问题，当判定软件环境正常时，如果故障不能消失，再从硬件方面着手检查。

4.在维修过程中要分清主次，即“抓主要矛盾”

在复现故障现象时，有时可能会看到一台故障机不止有一个故障现象，而是有两个或两个以上的故障现象（例如，启动过程中无显示，但机器还在启动，同时启动完后，有死机的现象等），应该先判断、处理主要的故障，主要故障修复后再处理次要故障，有时可能次要故障已不需要维修了。

二、维修的基本方法

在维修前，了解故障发生前后的情况，进行初步的判断，如果能了解到故障发生前后尽可能详细的情况，将使维修效率及判断的准确性得到提高。在此基础上，采用得当的维修方法。

1.观察法

观察法是维修判断过程中的第一要法，它贯穿于整个维修过程中。观察不仅要认真，而且要全面。要观察的内容包括周围的环境、硬件环境、软件环境、用户操作的习惯和过程。

2.最小系统法

最小系统是指从维修判断的角度能使电脑开机或运行的最基本的硬件和软件环境。最小系统有两种形式，即硬件最小系统和软件最小系统。

硬件最小系统由电源、主板和CPU组成。在这个系统中，没有任何信号线的连接，只有电源到主板的电源连接。在判断过程中，可通过声音来判断这一核心组成部分是否可正常工作。软件最小系统由电源、主板、CPU、内存、显示卡/显示器、键盘和硬盘组成。这个最小系统主要用来判断系统是否可完成正常的启动与运行。

对于软件最小系统，就“软件”有以下几点要说明：

①硬盘中的软件环境，保留着原先的软件环境，只是在分析判断时，根据需要进行隔离（如卸载、屏蔽等）。保留原有的软件环境，主要是用来分析判断应用软件方面的问题。

②硬盘中的软件环境，只有一个基本的操作系统环境（可以卸载掉所有应用，或是重新安装一个干净的操作系统），然后根据分析判断的需要，加载需要的应用。使用一个干净的操作系统环境，是为了判断系统问题、软件冲突或软、硬件间的冲突问题。

③在软件最小系统下，可根据需要添加或更改适当的硬件。例如，在判断启动故障时，由于硬盘不能启动，想检查一下能否从其他驱动器启动，这时可在软件最小系统下加入一个软驱或干脆用软驱替换硬盘。又如，在判断音、视频方面的故障时，需要在软件最小系统中加入声卡；在判断网络问题时，就应在软件最小系统中加入网卡等。最小系统法，主要是要先判断在最基本的软、硬件环境中，系统是否可正常工作。如果不能正常工作，即可判定最基本的软、硬件有故障，从而起到故

障隔离的作用。最小系统法与逐步添加法相结合，能较快速地定位发生在其他硬、软件的故障，从而提高维修效率。

3.逐步添加/去除法

逐步添加法以最小系统为基础，每次只向系统添加一个部件/设备或软件，来检查故障现象是否消失或发生变化，以此来判断并定位故障部位。逐步去除法则与逐步添加法的操作相反。逐步添加/去除法一般要与替换法配合，才能较为准确地定位故障部位。

4.隔离法

这是将可能妨碍故障判断的硬件或软件屏蔽起来的一种判断方法。它也可用来将被怀疑相互冲突的硬件、软件隔离开，以判断故障是否发生变化。软、硬件屏蔽，对于软件来说是停止其运行，或者卸载；对于硬件来说是在设备管理器中禁用、卸载其驱动，或将硬件从系统中去除。

5.替换法

替换法是用好的部件去代替可能有故障的部件，以判断故障现象是否消失的一种维修方法。好的部件可以是同型号的，也可以是不同型号的。替换的顺序一般为：

①根据故障的现象来考虑需要进行替换的部件或设备。

②按“先简单、后复杂”的顺序进行替换。例如，先内存、CPU，后主板；又如，要判断打印故障时，可先考虑打印驱动是否有问题，再考虑打印电缆是否有故障，最后考虑打印机或并口是否有故障等。

③最先考查与被怀疑有故障的部件相连接的连接线、信号线等，之后是替换被怀疑有故障的部件，再后是替换供电部件，最后是与之相关的其他部件。

④从部件的故障率高低来考虑最先替换的部件。故障率高的部件先进行替换。

6.比较法

比较法与替换法类似，即用好的部件与被怀疑有故障的部件进行外观、配置、运行现象等方面的比较，也可在两台电脑间进行比较，以判断故障电脑在环境设置、硬件配置方面的不同，从而找出故障部位。

7.敲打法

敲打法是在怀疑电脑中的某部件有接触不良的故障时，通过振动、适当的扭曲，甚或用橡胶锤敲打部件或设备的特定部件来使故障复现，从而判断故障部件的一种维修方法。

值得注意的是，有些电脑故障往往是由于机器内灰尘较多引起的，这就要求在维修过程中注意观察故障机内、外部是否有较多的灰尘，如果是应该先进行除尘，再进行后续的判断维修。在除尘操作中，以下几个方面要特别注意：

①注意风扇的清洁。在清除完风扇的灰尘后，最好能在风扇轴处点一点儿钟表油，加强润滑。

②注意插头、座、槽、板卡金手指部分的清洁。清洁金手指时，可以用橡皮或

酒精棉擦拭。去除插头、座、槽的金属引脚上的氧化现象时，可用酒精擦拭或用金属片（如小一字螺丝刀）在金属引脚上轻轻刮擦。

③注意大规模集成电路、元器件等引脚处的清洁。清洁时，应用小毛刷或吸尘器等除掉灰尘，同时要观察引脚有无虚焊和潮湿现象，元器件是否有变形、变色或漏液现象。

④注意使用清洁工具。清洁用的工具首先应是防静电的。如清洁用的小毛刷，必须是用天然材料制成的，禁用塑料毛刷。其次，当使用金属工具进行清洁时，必须切断电源，且对金属工具进行泄放静电的处理。用于清洁的工具包括：小毛刷、皮老虎、吸尘器、抹布、酒精（不可用来擦拭机箱、显示器等的塑料外壳）。

⑤对于比较潮湿的情况，应想办法使其干燥后再处理。可用的工具有电风扇、电吹风等，也可让其自然风干。

三、根据声音判断计算机故障

计算机开机后，POST（Power On Self Test，加电自测试，固化在BIOS中）都是必须执行的默认程序，当电脑硬件出现问题时，机器的带电自检程序POST会从PC喇叭发出一些提示声音，帮用户确认故障。根据这个提示，用户大都可以确定发生故障的部件并找出解决的方法。目前市面上较流行的主板BIOS主要有AMI BIOS、Award BIOS、Phoenix BIOS三种类型。下面列出了几种常用芯片响铃代码所表示的出错信息和故障部位。

1.AMI BIOS

AMI BIOS故障见表1-1。

表1-1　AMI BIOS故障

响　铃	故障部位	响　铃	故障部位
1短	内存刷新失败	7短	系统实模式错误，不能切换到保护模式
2短	内存ECC校验错误	8短	显示内存错误（显示内存可能有所损坏）
3短	系统基本内存（第1个64K）检查失败	9短	ROM BIOS校验和错误
4短	系统时钟出错	1长3短	内存错误（内存损坏，请更换）
5短	中央处理器（CPU）错误	1长8短	显示测试错误（显示器数据线松动或显示卡没有插稳）
6短	键盘控制器错误		

2.Award BIOS

Award BIOS故障见表1-2。

表1-2 Award BIOS故障

响　铃	故障部位	响　铃	故障部位
1短	系统正常启动	1长9短	主板Flash RAM或EP ROM错误（BIOS损坏）
2短	常规错误，请进入CMOS SETUP重新设置不正确的选项	不断长声	内存插不稳或损坏
1长1短	RAM或主板出错	不停地响	电源、显示器和显示卡没有连接好
1长2短	显示错误（显示器或显示卡）	重复短响	电源故障
1长3短	键盘控制器错误	无声音无显示	电源故障

3.Phoenix BIOS

Phoenix BIOS故障见表1-3。

表1-3 Phoenix BIOS故障

响　铃	故障部位	响　铃	故障部位
1短	系统正常启动	3短1短2短	第2个DMA控制器或寄存器出错
3短	系统加电自检初始化（POST）失败	3短1短3短	主中断处理寄存器错误
1短1短2短	主板错误（主板损坏，请更换）	3短1短4短	副中断处理寄存器错误
1短1短3短	主板电池没电或CMOS损坏	3短2短4短	键盘时钟有问题，在CMOS中重新设置成Not Installed来跳过POST
1短1短4短	ROM BIOS校验出错	3短3短4短	显示卡RAM出错或无RAM，不属于致命错误
1短2短1短	系统实时时钟有问题	3短4短2短	显示器数据线松了或显示卡插不稳或显示卡损坏
1短2短2短	DMA通道初始化失败	3短4短3短	未发现显示卡的ROM BIOS
1短2短3短	DMA通道页寄存器出错	4短2短1短	系统实时时钟错误
1短3短1短	内存通道刷新错误（问题范围为所有的内存）	4短2短2短	系统启动错误，CMOS设置不当或BIOS损坏
1短3短2短	基本内存出错（内存损坏或RAS设置错误）	4短2短3短	键盘控制器中的Gate A20开关有错，BIOS不能切换到保护模式
1短3短3短	基本内存错误（很可能是DIMM槽上的内存损坏）	4短2短4短	保护模式中断错误
1短4短1短	基本内存某一地址出错	4短3短1短	内存错误（内存损坏或RAS设置错误）
1短4短2短	系统基本内存（第1个64K）有奇偶校验错误	4短3短3短	系统第二时钟错误
1短4短3短	EISA总线时序器错误	4短3短4短	实时时钟错误
1短4短4短	EISA NMI口错误	4短4短1短	串行口（COM口、鼠标口）故障
2短1短1短	系统基本内存（第1个64K）检查失败	4短4短2短	并行口（LPT口、打印口）错误
3短1短1短	第1个DMA控制器或寄存器出错	4短4短3短	数学协处理器（8087、80287、80387、80487）出错

四、计算机维修的基本思路

一个计算机系统硬件和软件众多，使用过程中出现的问题，可能是单个硬件或软件问题，也可能是综合问题，了解各类问题可能的原因，将有助于迅速找到故障并对症解决。

1.加电类故障

加电类故障是指从加电（或复位）到完成自检这一过程中计算机所发生的故障。

（1）可能的故障现象

①主机不能加电（如电源风扇不转或转一下即停等）、有时不能加电、开机掉闸、机箱金属部分带电等；

②开机无显示，开机报警；

③自检报错或死机、自检过程中所显示的配置与实际不符等；

④反复重启；

⑤不能进入BIOS、刷新BIOS后死机或报错；CMOS掉电、时钟不准；

⑥机器噪声大、自动（定时）开机、电源设备问题等其他故障。

（2）可能涉及的部件

可能涉及的部件包括：市电环境；电源、主板、CPU、内存、显示卡、其他可能的板卡；BIOS中的设置；开关及开关线、复位按钮及复位线本身的故障。

（3）故障判断要点

维修前先准备好维修工具，包括POST卡、万用表、试电笔等。

①环境检查：检查周边及电脑设备内外是否有变形、变色、异味等现象；环境的温度、湿度情况；加电后注意部件、元器件及其他设备是否有变形、变色、异味、温度异常等现象发生。

②检查市电情况：检查市电电压是否在220 V±10% 范围内，是否稳定（即是否有经常停电、瞬间停电等现象）；市电的接线是否正确；供电线路上是否接有漏电保护器，是否有地线等；主机电源线一端是否牢靠地插在市电插座中，另一端是否可靠地接在主机电源上，不应有过松或插不到位的情况。

③检查电脑内部连接：电源开关能否正常通断，开关声音是否清晰，有无接触不良现象；其他各按钮、开关通断是否正常；连接到外部的信号线是否有断路、短路等现象；主机电源是否已正确地连接在各主要部件，特别是主板的相应插座中；主板上的跳接线设置是否正确。

④检查部件安装：检查机箱内是否有异物造成短路；零部件安装上是否造成短路；通过重新插拔部件（包括CPU、内存），检查故障是否消失（重新插拔前，应该先做除尘和清洁金手指工作，包括插槽）。如果总是通过重新插拔来解决，应检查部件安装时，是否过松、后挡板尺寸是否不合适、插座太紧，以致插不到位或被挤出；检查内存的安装，要求内存的安装总是从第一个插槽开始顺序安装。

⑤检查加电后的现象：按下电源开关或复位按钮时，观察各指示灯是否正常闪亮；风扇（电源风扇和CPU风扇）是否正常工作；注意倾听风扇、驱动器等的电机是否有正常的运转声音或声音是否过大；主机能加电但无显示，应倾听主机能否正常自检（即有自检完成的鸣叫声，且硬盘灯能不断闪烁），若能正常自检，则检查显示系统是否有故障，否则检查主机问题；对于开机噪声大的问题，应分辨清噪声大的部位，一般情况下，噪声大的部件有风扇、硬盘、光驱和软驱机械部件。对于风扇，应通过除尘来检查，如果噪声减小，可在风扇轴处滴一些钟表油，以加强润滑。

2.启动与关闭类故障

启动与关闭类故障是指与启动、关闭过程有关的故障。启动是指从自检完毕到进入操作系统应用界面这一过程；关闭是指从点击关闭按钮后到电源断开之间的所有过程。

（1）可能的故障现象

①启动过程中死机、报错、黑屏、反复重启等；

②启动过程中报某个文件错误；

③启动过程中，总是执行一些不应该的操作，如总是磁盘扫描、启动一个不正常的应用程序等；

④只能以安全模式或命令行模式启动；

⑤登录时失败、报错或死机；

⑥关闭操作系统时死机或报错。

（2）可能涉及的部件

可能涉及的部件包括：BIOS设置、启动文件、设备驱动程序、操作系统/应用程序配置文件；电源、磁盘及磁盘驱动器、主板、信号线、CPU、内存、可能的其他板卡。

（3）故障判断要点

①机器周边及外观检查：市电连接是否牢靠，不应有过松或插不到位的现象；主机硬盘指示灯是否正确闪亮，不应有不亮或常亮的现象；观察系统是否有异味，元器件的温度是否偏高；观察CPU风扇的转速是否不够，或是否过慢或不稳定；倾听驱动器工作时是否有异响。

②驱动器连接检查：驱动器的电源连接是否正确、牢靠。驱动器上的电源连接插座是否有虚接的现象；驱动器上的跳线设置是否与驱动器连接在电缆上的位置相符；驱动器数据电缆是否接错或漏接，规格是否与驱动器的技术规格相符，如支持DMA66的驱动器，必须使用80芯数据电缆；驱动器数据电缆是否有故障，如露出芯线、有死弯或硬痕等，除可通过观察来判断外，也可通过更换一根数据电缆来检查；驱动器是否通过其他板卡连接到系统上，或通过其他板卡（如硬盘保护卡、双网隔离卡等）来控制。

③检查其他部件的安装：通过重新插拔部件（包括CPU、内存），检查故障是

否消失（重新插拔前，应该先做除尘和清洁金手指工作，包括插槽）。如果总是通过重新插拔来解决，应检查部件安装时，是否过松、后挡板尺寸是否不合适、插座太紧，以致插不到位或被挤出；检查CPU风扇与CPU是否接触良好。最好重新安装一次。观察显示的内容：注意屏幕报错的内容、死机的位置，以确定故障可能发生的部位。

④BIOS设置检查：是否为刚更换完不同型号的硬件。如果主板BIOS支持BootEasy功能或BIOS防写开关打开，则建议将其关闭，待完成一次完整启动后再开启。是否添加了新硬件，如果是，这时应先去除添加的硬件，看故障是否消失，若是，检查添加的硬件是否有故障，或系统中的设置是否正确。检查BIOS中的设置，如启动顺序、启动磁盘的设备参数等，建议通过清CMOS来恢复。在某些特殊情况下，应考虑升级BIOS来检查。例如，对于在第一次开机启动后，某些应用或设备不能工作的情况，除检查设备本身的问题外，就可考虑更新BIOS来解决。

⑤对于不能正常关机的现象，应从下列几个方面检查：在命令提示符下查看BOOTLOG.TXT文件（在根目录下）。此文件是开机注册文件，里面保存了系统工作时失败的记录，保存一份系统正常工作时的记录，与出问题后的记录相比较，找出有问题的驱动程序，在WIN.INI SYSTEM.INI中找到该驱动对应的选项，或在注册表中找到相关联的对应键值，更改或升级该驱动程序，有可能将问题解决；升级BIOS到最新版本，注意CMOS的设置，特别是APM、USB、IRQ等；检查是否有一些系统的文件损坏或未安装；对于应用程序引起的问题，则关闭启动组中的应用程序，检查关机时的声音程序是否损坏；检查是否由某个设备引起无法正常关机，比如网卡、声卡，可通过更新驱动或更换硬件来检查；通过安装补丁程序或升级操作系统进行检查。

3.磁盘类故障

磁盘类故障有两个方面：一是硬盘、光驱引起的故障；二是影响对硬盘、光驱访问的部件（如主板、内存等）引起的故障。

（1）可能的故障现象

①硬盘驱动器：硬盘有异常声响，噪声较大；BIOS中不能正确地识别硬盘、硬盘指示灯常亮或不亮、硬盘干扰其他驱动器的工作等；不能分区或格式化、硬盘容量不正确、硬盘有坏道、数据损失等；逻辑驱动器盘符丢失或被更改、访问硬盘时报错；硬盘数据的保护故障；第三方软件造成硬盘故障。

②光盘驱动器：光驱噪声较大、光驱划盘、光驱托盘不能弹出或关闭、光驱读盘能力差等；光驱盘符丢失或被更改、系统检测不到光驱等；访问光驱时死机或报错等；光盘介质造成光驱不能正常工作。

（2）可能涉及的部件

可能涉及的部件包括：硬盘、光驱及其设置，主板上的磁盘接口，电源，信号线。

（3）故障判断要点/顺序

①硬盘上的ID跳线是否正确，它应与连接在线缆上的位置匹配；连接硬盘的

数据线是否接错或接反；硬盘连接线是否有破损或硬折痕，可通过更换连接线检查；硬盘连接线类型是否与硬盘的技术规格要求相符；硬盘电源是否已正确连接，不应有过松或插不到位的现象；硬盘电路板上的元器件是否有变形、变色及断裂缺损等现象；硬盘电源插座的接针是否有虚焊或脱焊现象；加电后硬盘自检时指示灯是否不亮或常亮；工作时指示灯是否能正常闪亮；加电后要倾听硬盘驱动器的运转声音是否正常，不应有异常的声响及过大的噪声；供电电压是否在允许范围内，波动范围是否在允许的范围内等。

②硬盘能否被系统正确识别，识别到的硬盘参数是否正确；BIOS中对IDE通道的传输模式设置是否正确（最好设为"自动"）；显示的硬盘容量是否与实际相符、格式化容量是否与实际相符（注意，一般标称容量是按1 000为单位标注的，而BIOS中及格式化后的容量是按1 024为单位显示的，二者之间有3%～5%的差距。另外，格式化后的容量一般会小于BIOS中显示的容量）。硬盘的容量根据系统所提供的功能（如带有一键恢复），应比实际容量小很多。检查当前主板的技术规格是否支持所用硬盘的技术规格，如对大于8GB硬盘的支持、对高传输速率的支持等；硬盘逻辑结构检查；检查磁盘上的分区是否正常、分区是否激活、是否格式化、系统文件是否存在或完整；对于不能分区、格式化操作的硬盘，在无病毒的情况下，应进行更换，更换仍无效的，应检查软件最小系统下的硬件部件是否有故障；必要时进行修复或初始化操作，或完全重新安装操作系统；认真检查在操作系统中有无第三方磁盘管理软件在运行；设备管理器中对IDE通道的设置是否恰当；是否开启了不恰当的服务。在这里要注意的是，ATA驱动在有些应用下可能会出现异常，建议将其卸载后查看异常现象是否消失。

③检查光驱上的ID跳线是否正确，它应与连接在线缆上的位置匹配；连接光驱的数据线是否接错或接反；光驱连接线是否有破损或硬折痕，可通过更换连接线检查；光驱连接线类型是否与光驱的技术规格要求相符；光驱电源是否已正确连接，不应有过松或插不到位的现象；光驱电路板上的元器件是否有变形、变色及断裂缺损等现象；光驱电源插座之接针是否有虚焊或脱焊现象；加电后光驱自检时指示灯是否不亮或常亮；工作时指示灯是否能正常闪亮；加电后要倾听光驱驱动器的运转声音是否正常，不应有异常的声响及过大的噪声。

④应用光驱替换软件最小系统中的硬盘进行检查判断，且在必要时，移出机箱外检查。检查时，用可启动的光盘来启动，以初步检查光驱的故障。如不能正常读取，则在软件最小系统中检查。最先观察的是光驱；对于读盘能力差的故障，先考虑防病毒软件的影响，然后用随机光盘进行检测，如故障复现，更换维修，否则根据用户的需要及所见的故障进行相应的处理；必要时，通过刷新光驱的Firmware检查光驱的故障现象是否消失，如由于光驱中放入了一张CD光盘，导致系统第一次启动时，光驱工作不正常，就可尝试此方法；在操作系统下的应用软件能否支持当前所用光驱的技术规格；设备管理器中的设置是否正确，IDE通道的设置是否正确。必要时卸载光驱驱动重启，以便让操作系统重新识别。

4.显示类故障

显示类故障指由于显示设备或部件所引起的故障，或者其他部件不良所引起的在显示方面不正常的现象。显示方面的故障不一定就是显示设备引起的，应全面进行观察和判断。

（1）可能的故障现象

①开机无显示、显示器有时或经常不能加电；

②显示偏色、抖动或滚动、显示发虚、花屏等；

③在某种应用或配置下花屏、发暗、黑屏、重影、死机等；

④屏幕参数不能设置或修改；

⑤亮度或对比度不可调或可调范围小、屏幕大小或位置不能调节或范围较小；

⑥休眠唤醒后显示异常；

⑦显示器异味或有声音。

（2）可能涉及的部件

可能涉及的部件包括：显示器、显示卡及其设置；主板、内存、电源及其他相关部件。特别要注意计算机周边其他设备及地磁对计算机的干扰。

（3）判断要点/顺序

①检查市电电压、频率是否在220 V±10%、50 Hz或60 Hz；市电是否稳定。

②检查显示器与主机的连接是否牢靠、正确，特别要注意，当有两个显示端口时，是否连接到正确的显示端口上；电缆接头的针脚是否有变形、折断等现象，应注意检查显示电缆的质量是否完好；显示器是否正确连接上市电，其电源指示是否正确（是否亮及颜色是否异常）；显示设备的异常，是否与未接地线有关。

③检查环境温、湿度是否与使用手册相符；显示器加电后是否有异味、冒烟或异常声响（如爆裂声等）；显示卡上的元器件是否有变形、变色或温升过快的现象；显示卡是否插好，可以通过重插、用橡皮或酒精擦拭显示卡（包括其他板卡）的金手指部分来检查；主机内的灰尘是否较多，进行清除；周围环境中是否有干扰物存在，这些干扰物包括日光灯、UPS、音箱、电吹风机、靠得过近的其他显示器，以及其他大功率电磁设备、线缆等。注意显示器的摆放方向，也可能由于地磁的影响而对显示设备产生干扰；对于偏色、抖动等故障现象，可通过改变显示器的方向和位置，检查故障现象能否消失。

④主机加电后，是否有正常的自检与运行的动作，如有自检完成的鸣叫声、硬盘指示灯不停闪烁等，则重点检查显示器或显示卡；禁止带电搬动显示器及改变显示器方向，在断电后的一段时间内（2~3分钟）也最好不要搬动显示器。

⑤通过调节显示器的OSD选项，最好是回复到RECALL（出厂状态）状态来检查故障是否消失，对于液晶显示器，需按一下Auto Config按钮；显示器的参数是否调得过高或过低，如H/V-MOIRE是不能通过RECALL来恢复的；显示器各按钮可否调整，调整范围是否偏离显示器的规格要求；显示器的异常声响或异常气味，是否超出了显示器技术规格的要求，如新显示器刚用之时，会有异常的气味，刚加电

时由于消磁的原因会引起响声、屏幕抖动等，但这些都属正常现象；显示卡的技术规格是否可用在主机中；BIOS中的设置是否与当前使用的显示卡类型或显示器连接的位置匹配，即是用板载显示卡还是外接显示卡，是AGP显示卡还是PCI显示卡；对于不支持自动分配显示内存的板载显示卡，需检查BIOS中显示内存的大小是否符合应用的需要。

⑥检查显示器/卡的驱动程序是否与显示设备匹配、版本是否恰当；显示器的驱动是否正确，如果有厂家提供的驱动程序，最好使用厂家的驱动；是否加载了合适的DirectX驱动（包括主板驱动）；如果系统中装有DirectX驱动，可用其提供的Dxdiag.exe命令检查显示系统是否有故障，该程序还可用来对声卡设备进行检查；在设备管理器中检查是否有其他设备与显示卡有资源冲突的情况，如有，先去除这些冲突的设备；显示属性的设置是否恰当，如不正确的监示器类型、刷新速率、分辨率和颜色深度等，会引起重影、模糊、花屏、抖动甚至黑屏的现象；系统中的一些配置文件（如System.ini文件）中的设置是否恰当；显示卡的技术规格或显示驱动的功能是否支持应用的需要；是否存在其他软、硬件冲突。

⑦当显示调整正常后，应逐个添加其他部件，以检查是何部件引起显示不正常；通过更换不同型号的显示卡或显示器，检查它们之间是否存在的匹配问题；通过更换相应的硬件，检查是否由于硬件故障引起显示不正常，建议的更换顺序为：显示卡、内存、主板。

5.安装类故障

安装类故障主要是在安装操作系统或应用软件时出现的故障。

（1）可能的故障现象

①安装操作系统时，在进行文件复制过程中死机或报错，在进行系统配置时死机或报错；

②安装应用软件时报错、重启、死机等（包括复制和配置过程）；

③硬件设备安装后系统异常（如黑屏、不启动等）；

④应用软件卸载后安装不上，或卸载不了等。

（2）可能涉及的部件

可能涉及的部件包括：磁盘驱动器、主板、CPU、内存及其他可能的部件、软件。

（3）判断要点/顺序

①软件安装：检查与主机连接的其他设备工作是否正常；设备间的连接线是否接错或漏接，连接插头、插座的接针是否有变形、缺失、短路等现象；仔细检查报错信息，判断可能造成故障的部位；观察系统是否有异味，元器件的温度是否异常；CPU风扇的转速是否过慢或不稳定；驱动器工作时是否有不正常的声响。

②设备安装：检查设备的连接与外观；要安装的设备、部件是否连接正确，连接电缆是否完好，接针是否有缺针、断针或短接的现象；要安装的设备、部件的制作工艺是否优良；用于安装设备的驱动程序介质是否完好。

③操作系统安装：检查CMOS中的设置，如果需要，请先恢复到出厂设置；关闭BootEasy功能、关闭防病毒功能及BIOS防写开关；特别注意硬盘的参数、CPU的温度等，注意观察自检时显示出来的信息是否与实际的硬件配置相符；检查是否有病毒；检查分区表是否正确、分区是否激活；检查系统中是否有第三方内存驻留程序。

④安装过程检查：如果在复制文件时，报CAB等文件出错，可尝试将原文件复制到另一介质（如硬盘）上再行安装；如果正常通过，则原安装介质有问题，可检查介质及相应的驱动器是否有故障；若仍然不能复制，应检查相应的磁盘驱动器、数据线、内存等部件。如果是采用覆盖安装而出现上述问题，更换安装介质后仍不能排除故障，应先对硬盘进行初始化操作，再重新安装，初始化操作时最好将硬盘分区彻底清除后进行；如果仍不能解决，再考虑硬件。安装过程中，在检测硬件时出现错误提示、蓝屏或死机等，一是通过关机重新启动几次看能否通过；二是在软件最小系统下检查是否能通过。如果不能通过，应该依次检查软件最小系统中的内存、磁盘、CPU、电源等部件；如果能正常安装，则是软件最小系统之外的部件的故障或配置问题，这可通过在安装完成后，逐步添加那些部件，判断是否有故障或配置不当。

⑤硬件及其他应注意的问题：如果安装系统时重启或掉电，要求在软件最小系统下进行测试。如果故障消失，在安装好系统以后，将软件最小系统之外的设备逐一接上，检查故障是由哪个部件引起的，并用替换法解决；如果故障不能消失，应检查软件最小系统中的电源、主板和内存，甚至磁盘驱动器。

⑥应用软件安装：应用软件的安装问题，部分可参考上述的操作系统安装的检查方法。在进行安装前，要求先备份注册表，再进行安装。可采用两种软件问题隔离的方法：一是在软件最小系统下，关闭正在运行的应用程序，然后安装需要的应用软件；二是在原系统下直接关闭正在运行的应用程序，然后安装需要的应用软件。关闭已有的应用程序的方法是：使用任务管理器，检查系统中有无不正常的进程，并给予中止；利用其他机器，检查是否存在软、硬件方面的兼容问题；检查系统中是否已经安装过该软件，如果已经安装过应先将其卸载后再安装。

⑦硬件检查：以上的步骤都不奏效时可考虑硬件问题，应检查光驱、安装介质、硬盘线等配件。所安装的设备、部件是否在系统启动前的自检过程中识别到，或能由操作系统识别到（非即插即用设备除外）；如果不能识别，应检查BIOS设置及设备本身，包括跳线及相应的插槽或端口。检查新安装的设备与原系统中的设备是否有冲突；通过改变驱动的安装顺序、去除原系统中的相应部件或设备、更换插槽，看故障是否消除；如果不能消除，则为不兼容。加装的设备是否与现有系统的技术规格或物理规格匹配；检查当前系统中的一些设置是否与所安装的部件或设备驱动有不匹配的地方；所安装的设备驱动是否为合适的版本；所安装的部件或设备是否本身就有故障；检查原系统中的部件是否有不良的现象，如插槽损坏、供电能力不足等。

6.操作与应用类故障

这类故障主要是指启动完毕后到关机前所发生的应用方面及系统方面的故障。

（1）可能的故障现象

①休眠后无法正常唤醒；

②系统运行中出现蓝屏、死机、非法操作等故障现象；

③系统运行速度慢；

④运行某应用程序，导致硬件功能失效；

⑤游戏无法正常运行；

⑥应用程序不能正常使用。

（2）可能涉及的部件

可能涉及的部件包括：主板、CPU、内存、电源、磁盘、键盘、接插的板卡等。

（3）判断要点/顺序

①检查市电是否正常，连接是否牢靠；是否有接地；设备间的连接线是否接错或漏接。检查与主机连接的其他外设工作是否正常；驱动器工作时是否有异响，CPU风扇的转速是否过慢或不稳定；观察机箱内灰尘是否太多，导致各插接件间接触不良；观察系统是否有异味，元器件的温升是否过高或过快。

②显示与设置检查：详细记录报错信息，判断可能造成故障的部位；注意CMOS中对于硬盘、系统时间、CPU温度的设置，注意在自检时显示的硬件信息和机器配置是否相符；仔细阅读软件的使用指南，注意软件运行的环境要求。

③检查是否由于用户误操作引起：机器出现死机、蓝屏或无故重启时，首先要考虑到用户的操作是否符合操作规范和要求；注意观察在死机、蓝屏或无故重启时有没有规律，并找出可能引起机器故障的原因，如机器在运行某一程序时或机器开机后在一定时间内死机；通过与另一台软、硬件相同且无故障的机器进行比较，查看故障机的文件大小是否相同或相差不大，主程序的版本是否一致。

④检查是否由于病毒或防病毒程序引起故障：检查用户的机器是否被病毒感染，使用杀毒软件杀毒；检查用户是否安装了两个或两个以上的防毒软件，建议用户使用其中一个，并卸载其他的防毒软件；检查是否有木马程序，用最新版的杀毒程序可以查出木马程序。可以通过安装补丁来弥补程序中的安全漏洞，或者安装防火墙。

⑤检查是否由于操作系统问题引起故障：检查硬盘是否有足够的剩余空间，并检查临时文件是否太多。整理硬盘空间，删除不需要的文件；对于系统文件损坏或丢失，可以使用系统文件检查器进行检查和修复；检查操作系统是否安装了合适的系统补丁；检查DirectX驱动是否正常，升级DirectX的版本；检查是否正确安装了设备的驱动程序，并且驱动的版本是否合适；检查驱动安装的顺序是否正确，例如，首先安装主板驱动。

⑥检查是否由软件冲突、兼容引起故障：检查用户应用软件的运行环境是否与

现有的操作系统相兼容，可通过查看软件说明书或到应用软件网页上查找相关资料，并查看网页上有没有针对此软件的升级程序或补丁可安装；用任务管理器观察故障机器的后台是否有不正常的程序在运行，并尝试关闭程序，只保留最基本的后台程序；注意查看故障机内是否有共用的DLL文件，可通过改变安装顺序或安装目录来解决问题。

⑦检查硬件设置是否正确：检查CMOS设置是否正确，可恢复默认值；在设备管理器中检查硬件是否正常，中断是否有冲突，如有冲突，调整系统资源；在设备管理器中将硬件驱动删除，重新安装版本正确的驱动程序，查看硬件驱动是否恢复正常；运行硬件检测程序，如AMI等检测硬件是否有故障；在软件最小系统情况下，重新更新硬件驱动，观察故障是否消失。

⑧检查是否由于网络故障引起：碰到机器连接在网络上，出现死机、运行慢、蓝屏等故障时，应首先关闭网络，与网络环境隔离，观察故障是否消失，如故障消失，则为网络问题引起故障；检查是否由于硬件性能不佳或损坏引起，使用相应的硬件检测程序，检查硬件是否有故障，如果有，利用替换法排除相应的硬件；用替换法检查检测程序无法判断的硬件故障。

7.局域网类故障

这类故障主要涉及局域网、宽带网等网络环境中的故障。

（1）可能的故障现象

①网卡不工作，指示灯状态不正确；

②网络联不通或只有几台机器不能上网、能Ping通但不能联网、网络传输速度慢；

③数据传输错误、网络应用出错或死机等；

④网络工作正常，但某一应用下不能使用网络；

⑤只能看见自己的或个别的计算机；

⑥网络设备安装异常；

⑦网络有时通有时不通。

（2）可能涉及的部件

可能涉及的部件包括：网卡、交换机、路由器、网线、主板、硬盘、电源等相关部件。

（3）判断要点/顺序

①网络上的各设备（如HUB、交换机等）是否均已上电工作；网线连接线序是否与网络连接的要求匹配，如直连和普通网线；网线的联通性是否正常，网线有无破损、过度扭曲；网线长度是否过长，如5类双绞线长度超过技术规格要求的100 m；网线水晶头是否完好、是否氧化；网卡接口是否完好。重新插拔网线检查网线与网卡连接是否松动；根据电缆要求是否有终结器，终结器是否正常。

②网络设备外观及周边检查：加电启动后，网卡指示灯是否亮；HUB等设备的网线接口，在与终端或服务器连接后，如果终端或服务器启动及配置正常，其指

示灯会亮，如果指示灯不亮，说明设备有故障；网卡部件是否接插到位无翘起，网卡上金手指是否氧化；网线或交换机等设备周围是否有干扰。

③主机外观检查：检查机箱内是否有异物而造成短路；机箱内的灰尘是否过多，如果是，应清理灰尘；主板与网卡上元器件是否有变形、变色现象；加电后，注意部件、元器件及其他设备是否有异味、温度异常等现象发生。

④网络环境检查：对于掉线、丢包等故障，要注意检查网卡与交换机间的兼容性。网络连接正常，但不能进行域登录，要从以下几点检查：指明的域名是否存在或已工作；是否已按服务器、操作系统的要求，如在服务器端启用了WINS解析服务、DNS服务等，WindowsXP HOME版不能登录到域中，设置终端允许登录到域中，计算机名是否已注册到域中；检查使用的协议是否正确；检查是否安装了防火墙，是否被授权访问；在必要时，使用直连线只连接两台机器在对等网络环境下检查是否可联网。

⑤网络适配器驱动与属性检查：驱动程序是否正确、合适。网卡设备建议由系统自动识别，并尽可能使用与操作系统匹配和更新的驱动程序。在安装驱动程序时，如有必要，可将启动中加载的和正在运行的程序关掉，再行安装；网卡在某一网络环境下工作不正常，可调整网速，如对于10/100Mbps的网卡，如果工作在10Mbps的网络环境下，网络工作不正常，应特别指定网卡工作在10Mbps的速度上；检查网络通信方式，如是否为全双工等。

⑥网络协议检查：检查网络中的协议等项设置是否正确，不管用哪种协议，必须保证网内的机器使用的协议一致；网络中是否有重名的计算机名；如果不能看到自己的或其他的计算机，先通过按F5多刷新几次来检查，然后检查是否安装并启用了文件和打印共享服务、是否添加了NetBEUI协议（如果网络环境中有WINS服务器，则不需添加，如没有则要添加）；如能Ping通网络，但不能在网上邻居中访问其他终端或服务器，可在命令行方式用ipconfig/all、netstat等命令查看具体信息，检查网络属性的设置，如域、工作组等，并进行相应的更改；TCP/IP协议的实用程序Ping命令，可用来检查网络的工作情况，这需要维修人员了解TCP/IP协议的相关知识（顺序：Ping 127.0.0.1，本机IP、本网段IP、网关、DNS等）；如果Ping不通，可尝试在网络属性中把所有的适配器和协议删除，重启后重新安装；通过执行Tracert命令，检查IP包在哪个网段出错。

⑦系统设置与应用检查：检查机器自检完成后所列的资源清单中是否有网卡，其所用资源与其他设备有无共享；检查系统中是否有与网卡所用资源相冲突的其他设备，如有，可更换设备间的安装位置或手动操作更改冲突的资源。对于ISA总线的网卡，可能需要在CMOS中关掉其所占中断的PnP属性，且其所用资源一般不宜与其他设备共享。较老的PCI设备也不宜与其他设备共享资源。检查系统中是否存在病毒；如果某一特定的应用在使用网络时工作不正常，检查CMOS设置是否正确，重点检查网卡的驱动程序是否与其匹配，必要时，关闭其他正在运行的应用程序及启动中加载的程序，看是否能正常工作，或与能够正常运行该应用的机器进行

比较，检查在配置方面有何不同；通过重新安装系统，检查是否由于系统原因而导致网络工作不正常。

⑧硬件检查：用网卡自带程序和网卡短路环检测网卡是否完好；如更换网卡后仍不正常，可更换主板，更换主板仍不能解决时，可考虑更换其他型号网卡；在以上操作无效时，对有些主板，屏蔽板载声卡，再根据需要进行相应的修改；工作站的协议必须与服务器协议一致；有多台服务器时，必须指定第一响应服务器。

⑨对于无线网络，特别要注意：检查两台终端间的有效距离是否过大，中间是否有隔离物；对等网络下，所使用的频率通道是否一致；在用AP的环境下，终端的网络ESSID必须与AP一致；检查网卡和AP的密钥是否相符。

8.端口与外设故障

这类故障主要涉及串并口、USB端口、键盘、鼠标等设备的故障。

（1）可能的故障现象

①键盘工作不正常、功能键不起作用；

②鼠标工作不正常；

③不能打印或在某种操作系统下不能打印；

④外部设备工作不正常；

⑤串口通信错误（如传输数据报错、丢数据、串口设备识别不到等）；

⑥使用USB设备不正常（如USB硬盘带不动，不能接多个USB设备等）。

（2）可能涉及的部件

可能涉及的部件包括：装有相应端口的部件（如主板）、电源、连接电缆、BIOS中的设置。

（3）判断要点/顺序

①连接及外观检查：设备数据电缆接口是否与主机连接良好，针脚是否有弯曲、缺失、短接等现象；对于一些品牌的USB硬盘，应向用户说明最好使用外接电源以使其更好地工作；连接端口及相关控制电路是否有变形、变色现象；连接用的电缆是否与所要连接的设备匹配，如两台机器通过串口相连，就应使用调制解调器连接线而不能使用Modem线等。

②外设检查：外接设备的电源适配器是否与设备匹配；检查外接设备是否可加电，包括自带电源和从主机信号端口取电；检测其在纯DOS下是否可正常工作，如不能工作，应先检查线缆或更换外设及主板；如果外接设备有自检等功能，可先行检验其是否完好，也可将外接设备接至其他机器检测。

③端口设置检查（BIOS和操作系统两方面）：检查主板BIOS设置是否正确，端口是否打开，工作模式是否正确；通过更新BIOS、更换不同品牌或不同芯片组主板，测试是否存在兼容问题；检查系统中相应端口是否有资源冲突。接在端口上的外设驱动是否已安装，其设备属性是否与外接设备相适应；检查端口是否可在DOS环境下使用，可通过接一外设或用端口检测工具检查；对于串、并口等端口，须使用相应端口的专用短路环，配以相应的检测程序（推荐使用AMI）进行检查。

如果检测出有错误，则应更换相应的硬件；检查在一些应用软件中是否有不当的设置，导致一些外设在此应用下工作不正常，比如在某些应用中，设置了不当的热键组合，使某些键不能正常工作。

④设备及驱动程序检查：驱动重新安装时优先使用设备驱动自带的卸载程序；检查设备软件设置是否与实际使用的端口相对应，如USB打印机要设置USB端口输出；USB设备、驱动、应用软件的安装顺序要严格按照使用说明操作；外设的驱动程序，最好使用较新的版本，并可到厂商的网站上去升级。

9.音频、视频类故障

音频、视频类故障是指与多媒体播放、制作有关的软、硬件故障。

（1）可能的故障现象

①播放CD、VCD或DVD等报错、死机；

②播放多媒体软件时，有图像无声音或无图像有声音；

③播放声音时有杂音，声音异常、无声；

④声音过小或过大，且不能调节；

⑤不能录音、播放的录音杂音很大或声音较小；

⑥设备安装异常。

（2）可能涉及的部件

可能涉及的部件包括：音频、视频板卡或设备，主板，内存，光驱，磁盘介质，机箱等。

（3）判断要点/顺序

①检查设备电源、数据线连接是否正确，插头是否完全插好，如音箱、视频盒的音/视频连线等；开关是否开启；音箱的音量是否调整到适当大小；观察用户的操作方法是否正确；检查周围使用环境，有无大功率干扰设备，如空调、背投、大屏幕彩电、冰箱等大功率电器，如果有，应与其保持相当的距离；检查主板BIOS设置是否被调整，应先将设置恢复到出厂状态，特别检查CPU、内存是否被超频。

②对声音类故障（无声、噪声、单声道等），首先确认音箱是否有故障，检查时可以将音箱连接到其他音源（如录音机、随身听）上，看声音输出是否正常，以判定音箱是否有故障；检查是否由于未安装相应的插件或补丁，造成多媒体功能工作不正常；对多媒体播放、制作类故障，如果故障是在不同的播放器下、播放不同的多媒体文件均复现，则应检查相关的系统设置（如声音设置、光驱属性设置、声卡驱动及设置）乃至检查相关的硬件是否有故障；如果是在特定的播放器下才有故障，在其他播放器下正常，则应从有问题的播放器软件着手，检查软件设置是否正确，是否能支持被播放文件的格式。可以重新安装或升级软件后，看故障是否排除；如果故障是在重装系统、更换板卡、用系统恢复盘恢复系统或使用一键恢复等情况下出现的，应首先从板卡驱动安装入手检查，如驱动是否与相应设备匹配等；对于视频输入、输出相关的故障，应先检查视频应用软件采用信号制式设定是否正确，即应该与信号源（如有线电视信号）、信号终端（电视等）采用相同的制式，

中国地区普遍为PAL制式；进行视频导入时，应注意视频导入软件和声卡的音频输入设置是否相符，例如，软件中音频输入为MIC，则音频线接声卡的MIC口，且声卡的音频输入设置为MIC；若仅从光驱读取多媒体文件时出现故障，如播放DVD/VCD速度慢、不连贯等，则应先检查光驱的传输模式，应设为“DMA”方式；检查有无第三方软件干扰系统的音/视频功能的正常使用。另外，杀毒软件会引起播放DVD/VCD速度慢、不连贯等。

③软件检查：检查系统中是否有病毒；检查声音/音频属性设置，看音量的设定及是否使用数字音频等。

④视频设置：检查视频属性中分辨率和色彩深度；检查DirectX的版本，安装最新的DirectX，同时使用其提供的Dxdiag.exe程序，对声卡设备进行检查 。

⑤设备驱动检查：在Windows下“系统→设备管理”中，检查多媒体相关设备（显卡、声卡、视频卡等）是否正常，即不应存在“?”或“!”等标识，设备驱动文件应完整。必要时，可通过卸载驱动再重新安装或进行驱动升级。对于说明书中注明必须手动安装的声卡设备，应按要求删除或直接覆盖安装（此时，不应让系统自动搜索，而是手动在设备列表中选取）；如曾重装过系统，可能在装驱动时没有按正确步骤操作（如重启动等），导致系统显示设备正常，但实际驱动并没有正确工作，此时应重装驱动；用系统恢复盘恢复系统或使用一键恢复后有时会出现系统识别的设备不是用户实际使用的设备，而且在Windows下“系统→设备管理”中不报错，这时必须仔细核对设备名称是否与实际的设备一致，不一致则重装驱动（如更换过可替换的主板后声卡芯片与原来的不一致）；重装驱动仍不能排除故障时，应考虑是否有更新的驱动版本，进行驱动升级或安装补丁程序。

⑥硬件检查：用内存检测程序检测内存部分是否有故障；采用替换法检查与故障直接关联的板卡、设备、声卡、音箱、主板上的音频接口跳线、显卡、视频盒/卡；若仅从光驱读取多媒体文件时出现故障，在软件设置无效时，用替换法确定光驱是否有故障；对于有噪声问题，检查光驱的音频连线是否正确安装，音箱自身是否有问题，音箱电源适配器是否有故障，以及其他匹配问题等；用磁盘类故障判断方法，检测硬盘是否有故障；采用替换法确定CPU是否有故障；采用替换法确定主板是否有故障。

10.兼容或配合性故障

这类故障主要是由于用户追加第三方软、硬件设备而引起的软、硬件故障。

（1）可能的故障现象

①加装用户的设备或应用后，系统运行不稳定，如死机或重启等；

②用户所加装的设备不能正常工作；

③用户开发的应用不能正常工作。

（2）可能涉及的部件

所有部件或软件都可能涉及，但影响第三方应用最多的部件应该是：主板、CPU、内存、显示卡及新型接口的外设。

（3）判断要点和顺序

①环境检查：检查外加设备板卡等的制作工艺，工艺粗糙的板卡或设备，容易引起黑屏、电源不工作、运行不稳定的现象；检查追加的内存条是否与原内存条是同一型号，不同的型号会引起兼容问题，造成运行不稳定、死机等现象；更新或追加的部件是否与其余的部件兼容，新的部件或规格较旧的部件，都可能会与原有配置不兼容。

②开机后应首先检查更新的或追加的部件能否出现，在系统启动前出现在配置列表中。如果不能，应检查其安装及技术规格；如果造成无显、运行不稳定或死机等现象，应先去除更新或追加的部件或设备，看系统是否恢复到正常的工作状态，并认真研读新设备、部件的技术手册，了解安装与配置方法；外加的设备如不能正常安装，应查看其技术手册，了解正确的安装方法、技术要求等，并尽可能使用最新版本的驱动程序。如果不能解决，应检查外加设备的质量及原系统的工作情况；检查新追加或更新部件与原有部件间是否存在不能共享资源的现象，即调开相应部件的资源检查故障是否消失，在不能调开时，可设法更换安装的插槽位置，或在BIOS中更改资源的分配方式；检查是否由于BIOS的原因造成兼容性问题，可通过更新BIOS来检查，不一定是最新版或更高版本，可以降低版本检查；查看追加的部件上的跳线设置是否恰当，并进行必要的设置修改；对于较旧的板卡或软件，应注意是否由于速度上的不匹配而引起工作不正常；通过更改系统中的设置或服务，如电源管理服务、设备参数修改等，来检查故障是否消失。更换硬件或屏蔽原有软件，来检查原有的软、硬件是否存在性能不佳的情况。

第四节　计算机基本维护

计算机维护是指对计算机的性能等进行维护，是提高计算机使用效率和延长计算机使用寿命的重要措施。计算机维护主要有两个方面：一是硬件的维护；二是软件的维护。

硬件维护主要有以下方面：

①保证电源线与信号线的连接牢固可靠；开机时应先给外部设备加电，后给主机加电；关机时应先关主机，后关各外部设备，开机后不能立即关机，关机后也不能立即开机，中间应间隔5秒以上；在加电情况下，不要随意搬动主机与其他外部设备。

②显示器的维护：平时注意保护好屏幕，如果屏幕表面较脏，使用少量的水湿润脱脂棉或镜头纸擦拭。在不使用电脑时，将防尘罩罩住显示器，以防止灰尘进入内部。

③硬盘的维护：定期备份硬盘中的重要数据，保证数据的安全；定期清理磁盘碎片，优化数据结构链；定期清理病毒，预防病毒破坏硬盘数据，提高计算机的使用效率。

④鼠标、键盘的维护：经常把键盘污迹擦除，注意鼠标、键盘的清洁，以免污迹进入鼠标影响其灵敏度。

软件方面的维护主要有：

①操作系统的维护：系统使用时间过长会有很多垃圾文件产生，轻则占用系统空间，重则阻碍系统的正常运行，使系统变慢甚至出现莫名其妙的系统冲突现象，因此要定期进行磁盘碎片整理和垃圾文件清除，以提高计算机效率。

②注册表的维护：做好注册表的清理工作，防止出现因注册表冗余键值太多而造成的系统性能下降，定期备份注册表。

③病毒的防范工作：具体措施是对于外来磁盘往计算机中拷贝信息时必须先对该磁盘做好杀毒检查工作，不轻易点击不明链接和邮件。定期升级杀毒软件，以防止最新病毒的袭击，发现有感染病毒的计算机，应做好隔离。

要进行计算机维护，首先需要对计算机的启动过程及涉及的BIOS、CMOS等概念及相关参数有较为深入的了解，其次必须备好一些基本工具，包括对硬件进行维护的工具箱以及进行软件维护的操作系统启动光盘和启动U盘、测试软件工具包等。下面分别进行说明。

一、计算机的启动过程

当按下计算机主机的电源开关后，电源就开始向主板和其他设备供电，当芯片组检测到电源已经开始稳定供电了，它便撤去RESET信号，CPU马上就从地址FFFF：0000H处开始执行指令，放在这里的只是一条跳转指令，跳到系统BIOS中真正的启动代码处。

BIOS被叫做“基本输出输入系统”（Basic Input/Output System），已被事先刷入ROM芯片，计算机通电后，首先就会读取它，才能完成启动。

BIOS中主要存放的程序包括：自诊断程序（通过读取CMOS RAM中的内容识别硬件配置，并对其进行自检和初始化）、CMOS设置程序（引导过程中，通过特殊热键启动，进行设置后，存入CMOS RAM中）、系统自动装载程序（在系统自检成功后，将磁盘相对0道0扇区上的引导程序装入内存使其运行）和主要I/O驱动程序以及中断服务（BIOS和硬件直接打交道，需要加载I/O驱动程序）。

1.读取BIOS

BIOS程序首先检查计算机硬件能否满足运行的基本条件，这叫做“硬件自检”（Power-on Self-Test），缩写为POST。如果硬件出现问题，主板会发出不同含义的蜂鸣，启动中止。如果没有问题，屏幕就会显示出CPU、内存、硬盘等信息。

硬件自检完成后，BIOS把控制权转交给下一阶段的启动程序。这时，BIOS需要知道，“下一阶段的启动程序”具体存放在哪一个设备。也就是说，BIOS需要有一个外部储存设备的排序，排在前面的设备就是优先转交控制权的设备。这种排序叫做“启动顺序”（Boot Sequence）。

2.主引导记录

BIOS按照“启动顺序”，把控制权转交给排在第一位的储存设备，即根据用户指定的引导顺序从软盘、硬盘或是可移动设备中读取启动设备的MBR，并放入指定的位置（0x7c000）内存中。这时，计算机读取该设备的第一个扇区，也就是读取最前面的512个字节。如果这512个字节的最后两个字节是0x55和0xAA，表明这个设备可以用于启动；如果不是，表明设备不能用于启动，控制权于是被转交给“启动顺序”中的下一个设备。这最前面的512个字节，就叫做“主引导记录”（Master Boot Record，MBR）。

“主引导记录”只有512个字节，放不了太多东西。它的主要作用是，告诉计算机到硬盘的哪一个位置去找操作系统。主引导记录由三个部分组成：

①第1~446字节：调用操作系统的机器码。

②第447~510字节：分区表（Partition Table）。

③第511~512字节：主引导记录签名（0x55和0xAA）。

其中，第二部分“分区表”的作用是将硬盘分成若干个区。

硬盘分区有很多好处。考虑到每个区可以安装不同的操作系统，因此“主引导记录”必须知道将控制权转交给哪个区。分区表的长度只有64个字节，里面又分成四项，每项16个字节。所以，一个硬盘最多只能有四个一级分区，又叫做“主分区”。每个主分区的16个字节由6个部分组成：

①第1个字节：如果为0x80，就表示该主分区是激活分区，控制权要转交给这个分区。四个主分区里面只能有一个是激活的。

②第2~4个字节：主分区第一个扇区的物理位置（柱面、磁头、扇区号等）。

③第5个字节：主分区类型。

④第6~8个字节：主分区最后一个扇区的物理位置。

⑤第9~12字节：该主分区第一个扇区的逻辑地址。

⑥第13~16字节：主分区的扇区总数。

最后的四个字节（“主分区的扇区总数”），决定了这个主分区的长度。也就是说，一个主分区的扇区总数最多不超过2的32次方。如果每个扇区为512个字节，就意味着单个分区最大不超过2TB。再考虑到扇区的逻辑地址也是32位，所以单个硬盘可利用的空间最大也不超过2TB。如果想使用更大的硬盘，只有两种方法：一是提高每个扇区的字节数；二是增加扇区总数。

3.硬盘启动

接下来，计算机的控制权就要转交给硬盘的某个分区了，这里又分成三种情况。

①卷引导记录。计算机会读取激活分区的第一个扇区，叫做“卷引导记录”（Volume Boot Record，VBR）。“卷引导记录”的主要作用是，告诉计算机操作系统在这个分区里的位置。然后，计算机就会加载操作系统了。

②扩展分区和逻辑分区。随着硬盘越来越大，四个主分区已经不够了，需要更

多的分区。但是，由于分区表只有四项，因此规定有且仅有一个区可以被定义成“扩展分区”（Extended Partition）。所谓”扩展分区”，就是指这个区里面又分成多个区。这种分区里面的分区，就叫做“逻辑分区”（Logical Partition）。计算机先读取扩展分区的第一个扇区，叫做“扩展引导记录”（Extended Boot Record，EBR）。它里面也包含一张64字节的分区表，但是最多只有两项（也就是两个逻辑分区）。计算机接着读取第二个逻辑分区的第一个扇区，再从里面的分区表中找到第三个逻辑分区的位置，以此类推，直到某个逻辑分区的分区表只包含它自身为止（即只有一个分区项）。因此，扩展分区可以包含无数个逻辑分区。但是，似乎很少通过这种方式启动操作系统。如果操作系统确实安装在扩展分区，一般采用下一种方式启动。

③启动管理器。在这种情况下，计算机读取“主引导记录”前面446字节的机器码之后，不再把控制权转交给某一个分区，而是运行事先安装的“启动管理器”（Boot Loader），由用户选择启动哪一个操作系统。

4.操作系统启动

控制权转交给操作系统后，操作系统的内核首先被载入内存，完成计算机的启动过程。

二、CMOS设置

CMOS是主板上一块可读写的RAM芯片，用于保存当前系统的硬件配置信息和用户设定的某些参数。CMOS RAM由主板上的电池供电，即使系统掉电信息也不会丢失。CMOS芯片一般采用Award、Phoenix或AMI公司的产品，不同公司的CMOS信息不完全一样，界面形式虽然不同，但功能基本一样，所要设置的项目也差不多。绝大多数台式电脑开机后，当界面提示“Press TAB to show POST screen，DEL to enter SETUP”时，按TAB键可以显示（POST）屏幕，一直按Del键可在通过了密码验证后进入CMOS设置界面，而大部分笔记本电脑按F2键可进入。

由于CMOS RAM芯片本身只是一块存储器，只具有保存数据的功能，所以对CMOS中各项参数的设定要通过专门的程序。早期的CMOS设置程序是驻留在软盘上的（如IBM的PC/AT机型），使用很不方便。现在多数厂家将CMOS设置程序放到了BIOS芯片中，在开机时通过按下某个特定键就可进入CMOS设置程序而非常方便地对系统进行设置，因此这种CMOS设置通常又被叫做BIOS设置。

一旦CMOS RAM芯片中关于微机的配置信息不正确，轻者会使得系统整体运行性能降低、软硬盘驱动器等部件不能识别，严重时就会由此引发一系统的软、硬件故障。CMOS主界面相关选项：

1.Standard CMOS Features——标准CMOS参数

System Date　系统日期（通过该选项设置系统日期）

System Time　时间（通过该选项设置系统时间）

IDE Primary Master　第一个IDE接口主盘

IDE Primary Slave 第一个IDE接口从盘

IDE Secondary Master 第二个IDE接口主盘

IDE Secondary Slave 第二个IDE接口从盘

Halt on 设为all errors时，遇到错误会停下来，需要按F1键；设为no errors时，遇到错误仍然继续开机

2.Advanced BIOS Features——高级BIOS参数

Quick Power on Self Test 快速开机自检（建议设为enable，加快开机速度）

Virus Warning 病毒警告（建议设为disable）

Load Fail-safe Defaults 装入安全默认值（自动装入比较低的参数，保证电脑能开机）

Load Optimized Defaults 装入优化默认值（装入比较好的参数，使电脑速度比较快）

3.Boot——启动配置

可以启动电脑的介质有很多，如硬盘、光盘、U盘、网络等，这里可以确定启动的优先顺序。

First Boot Device 第一引导顺序

Second Boot Device 第二引导顺序

Third Boot Device 第三引导顺序

电脑启动时会先从第一引导顺序读入启动文件，如果启动不了会从第二引导顺序读入文件，还启动不了会从第三引导顺序读入文件。

Boot Other Device 其他引导顺序

如果前三项设置都启动不了，而Boot Other Device设为enable时，电脑会查找其他启动电脑的办法，找到就启动（设为disable时，不查找）。如果所有设定都启动不了，会提示Disk boot failure……等信息。

4.Chipset Setup——芯片组设定

本功能中的选项有助于系统效率的提升，建议使用默认值。若将某些Chipset、DRAM/SDRAM或SRAM部分的Timing值设得过快，可能会导致系统“死机”或运行不稳定，这时可试着将某些选项的速度设定慢一点。

5.Security Option——安全选项

当CMOS设置了密码时，如果设为setup，则进CMOS要密码；如果设为system，则进CMOS和开机都要密码，设置密码时选Set Supervisor Password或Set User Password回车后输两遍密码；清除密码时选Set Supervisor Password和Set User Password回车后输入空密码。

若忘记开机密码或者进入CMOS的密码，可以选择以下方法清除密码：

（1）找到主板跳线清除

跳线一般在电池或CMOS芯片附近，多数情况下有相应标识。例如，1-2是normal（正常连接），2-3是clear CMOS（清除CMOS）。关掉电脑总电源后，先把跳

线接到2-3上，过几秒钟后再把跳线接到1-2上（跳线必须插在1-2上才能开机）。

（2）拔掉电池清除

关掉总电源后，取出主板上的电池，过一会儿再装上去。

6.Power Management Setup——能源管理

能源管理功能可使大部分周边设备在闲置时进入省电功能模式，减少耗电量，达到节约能源的目的。电脑在平常操作时，处于全速工作模式的状态，而电源管理程序会监控系统的图形、串并口、硬盘的存取、键盘、鼠标及其他设备的工作状态，如果上述设备都处于停顿状态，则系统就会进入省电模式，当有任何监控事件发生，系统即刻回到全速工作模式的状态。省电模式又分为全速模式（Normal）、打盹模式（Doze）、待命模式（Standby）、沉睡模式（Suspend），系统耗电量大小顺序：Normal > Doze > Standby > Suspend。

Power Management/APM：是否开启APM省电功能。若开启（enable），则可设定省电功能。

Green PC Monitor Power State / Video Power Down Mode / Hard Disk Power Down Mode：设定显示器、显示卡以及硬盘是否开启省电模式，可设定成Standby、Suspend以及Off（即不进入省电模式）。

Video Power Down Mode：设定显示器在省电模式下的状态。Disable：不设定。Stand by：待命模式。Suspend：沉睡模式。

Hard Disk Power Down Mode：设定硬盘在省电模式下的状态。

Standby Timeout/Suspend Timeout：本选项可设定系统在闲置几分钟后，依序进入Standby Mode/Suspend Mode等省电模式。

Display Activity：当系统进入Standby Mode时，显示器是否进入省电模式。Ingroe：忽略不管。Monitor：开启。

Monitor Serial Port/Paralell Port/Pri-HDD/Sec-HDD/VGA /Audio/Floppy：当系统进入省电模式后，是否监视串并行口、主从硬盘、显示卡、声卡、软驱的动作。Yes：监视，即各设备如有动作，则系统恢复到全速工作模式。No：不监视。

三、操作系统的安装维护

1.原版系统安装盘制作

如电脑使用UEFI模式进行引导可直接将原版系统映像内所有文件拷入U盘进行安装，否则请按以下步骤进行引导扇区写入，制作系统安装盘：

从互联网上下载BOOTICE软件，BOOTICE是一个启动相关的维护的小工具，主要用于安装、修复、备份和恢复磁盘（镜像）的MBR（Master Boot Record）或分区PBR（Partition Boot Record），以及查看编辑Windows Vista/7/8/8.1的BCD（Boot Configuration Data），此外还具有磁盘扇区编辑、磁盘填充、分区管理等功能。

注意：如果操作出现失误可能导致电脑无法进入系统！

①运行BOOTICE程序，如图1-11所示。

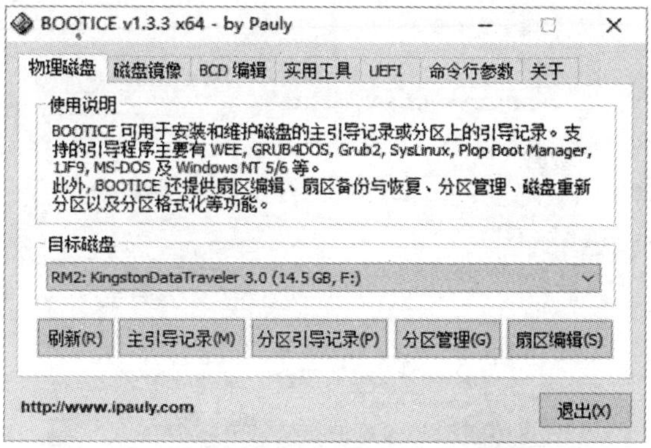

图 1-11　运行 BOOTICE 程序

②点击“主引导记录”写入 MBR，根据不同的操作系统选择 MBR 类型，如图 1-12 和图 1-13 所示。

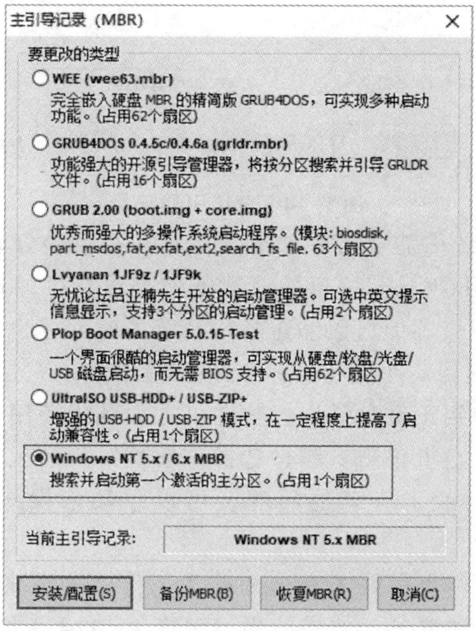

图 1-12　主引导记录

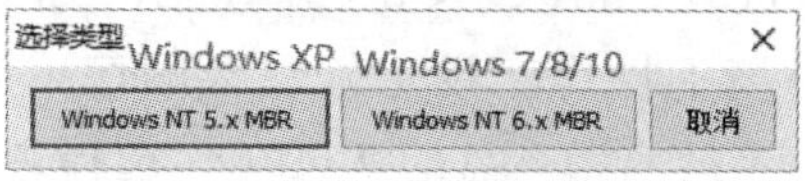

图 1-13　选择类型

③完成“安装/配置”以后，返回主界面，点击“分区引导记录”写入 PBR，如图 1-14 所示。

④完成后将系统安装盘内文件拷贝入 U 盘并引导以进行安装。

2. 使用 Ghost 备份和恢复系统

Ghost 是一种功能强大、体积小巧、快速准确地进行系统备份和恢复的工具。合理使用该工具可以极大地减少系统维护的工作量。

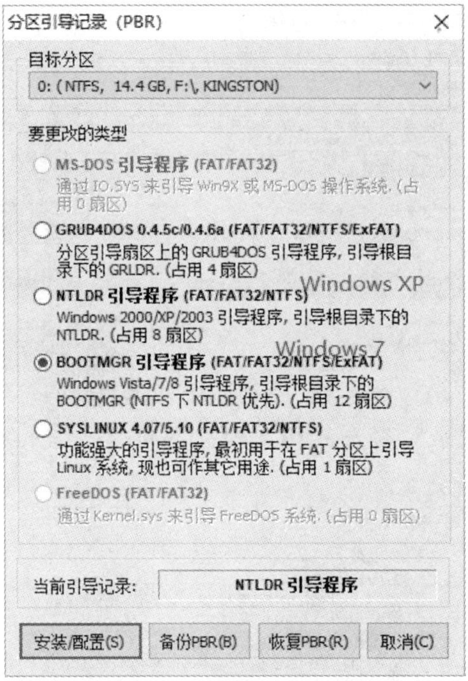

图 1-14　分区引导记录

使用Ghost维护系统前需要做好如下工作：一是备份好软件和文件；二是要在清洁的系统环境下使用Ghost。这里的清洁不但是尽量少的垃圾文件，并且需要没有中毒的系统。减少垃圾不但可以缩短备份系统的时间，也能节省以后恢复系统的时间，减少垃圾更是确保一个精干的系统的前提条件；三是使用Ghost前一定要扫描C盘，主要是修复和纠正磁盘错误，这样可大大减少使用Ghost出现错误的概率。扫描磁盘的方法是在C盘上单击右键，选择“属性”→“工具”标签下的“开始检查”。如果无法完成，或者有其他问题，可以手动来操作，使用磁盘检测命令chkdsk。

拥有了Ghost软件，也做好了充分的准备工作，接下来进入Ghost软件进行操作。进入Ghost分为两种情况：如果使用一键恢复Ghost，那么直接在Window下操作，会自动建立引导程序进入Ghost，只要看清楚到底是“备份”还是“还原”就可以了。如果是在DOS环境下操作，设定好引导顺序或者按某个功能键（有的是F12选择启动设备），进入光盘或者U盘的WinPE，选择进入Ghost。

（1）Ghost备份

①使用键盘上的上下左右箭头来选择备份菜单：Local→Partion→To Image（如图1-15所示）。

②选择硬盘，直接点击“OK”就行了，如图1-16所示。如果有多块，特别是使用U盘进行WinPE运行时，一定要根据大小（Size）区分，不要选错对象造成大损失。

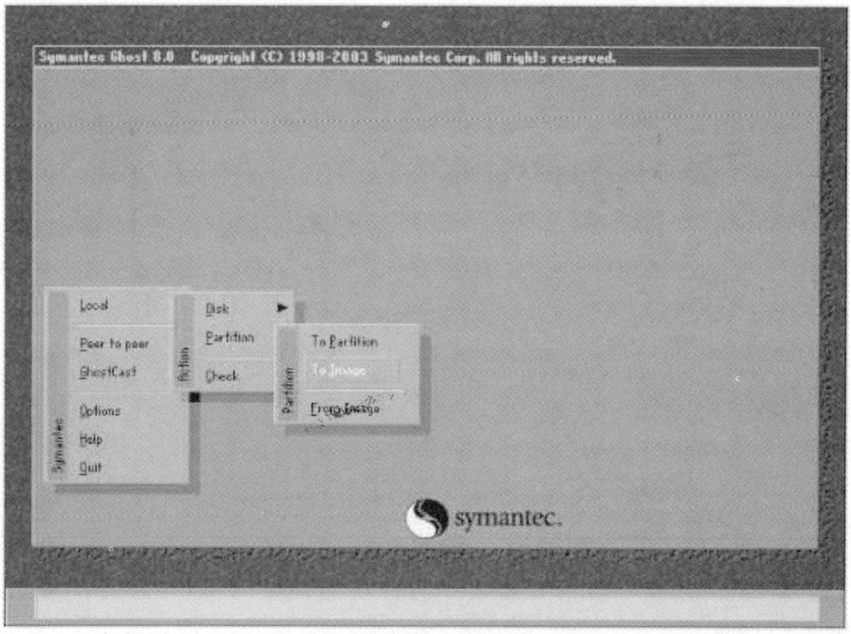

图 1-15　选择备份菜单

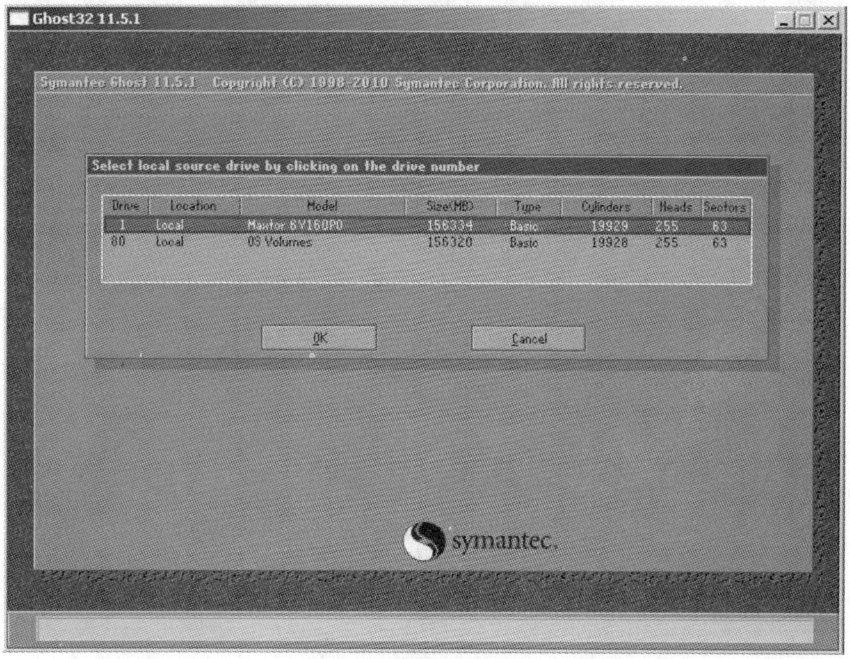

图 1-16　选择硬盘

③选择要做备份的分区。Ghost软件可以给任何分区做备份，但一般备份系统盘，也就是C盘。一般选择第一个选项，但要核对一下分区大小，以免有隐藏分区，然后按Tab键，将光标切换到“OK”，如图1-17所示。

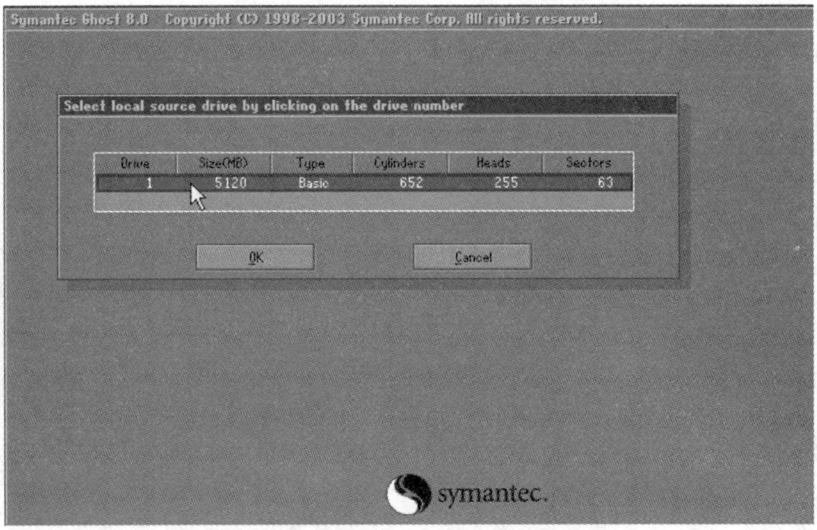

图1-17　选择要做备份的分区

④在File name位置直接输入名字作为备份的镜像名字，然后按Tab键切换到Save，如图1-18所示。

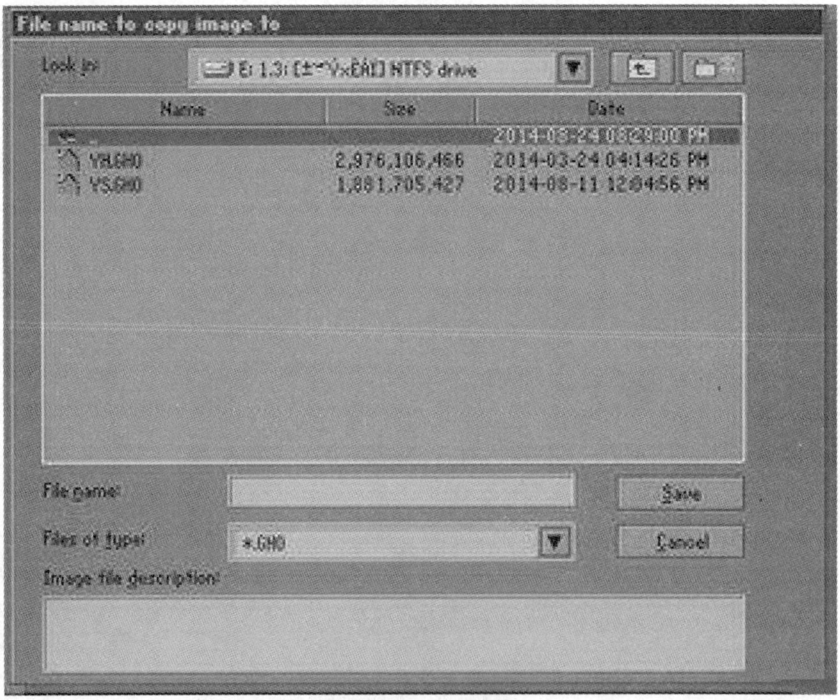

图1-18　在File name位置输入名字

⑤确认镜像文件的压缩形式，如图1-19所示。主要是选择什么样的压缩比："Fast"表示适中；"No"是不压缩，将来的文件会比较大，占空间；"High"则表示高压缩，这样占空间最小，但备份和恢复时间最长。

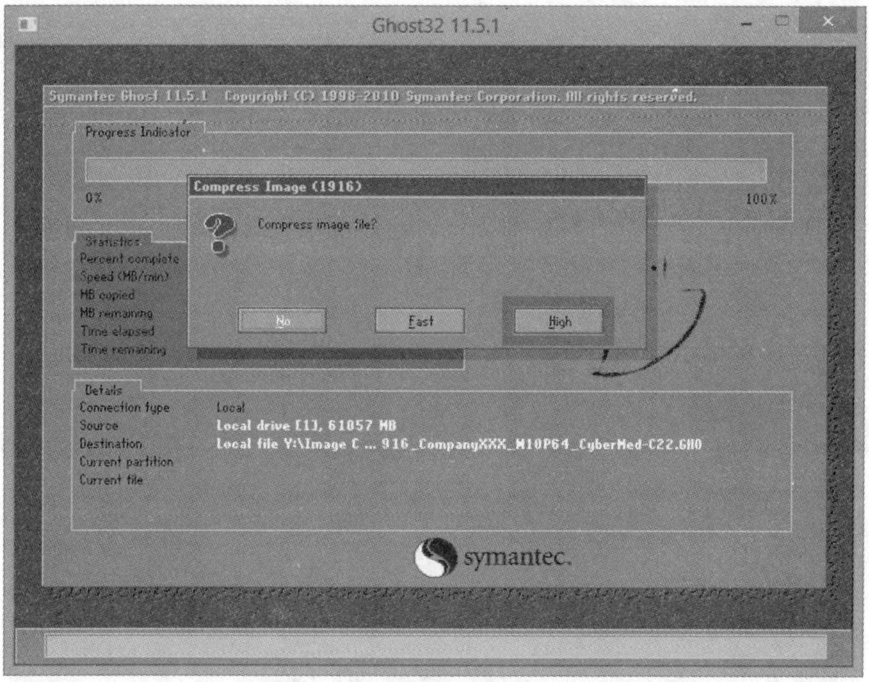

图 1-19　确认镜像文件的压缩形式

⑥等待备份进度到达 100%，之后会提示 Continue 或者 Reset Computer 字样，至此备份操作完毕，重启计算机即可，如图 1-20 所示。

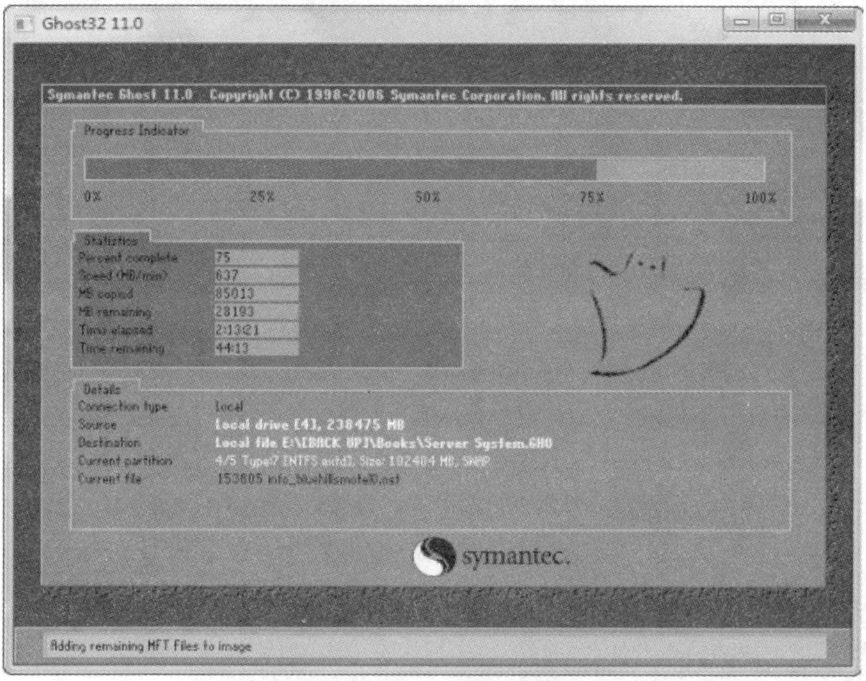

图 1-20　等待备份操作完成

（2）Ghost恢复

当计算机出现软件问题的时候，例如，操作系统崩溃、感染病毒、系统越来越慢等，都可以使用Ghost恢复功能来还原事先已经备份好的系统，从而将系统快速恢复到高效状态。

①进入Ghost软件，使用键盘的上下左右键找到Local→Partion→From Image，如图1-21所示。

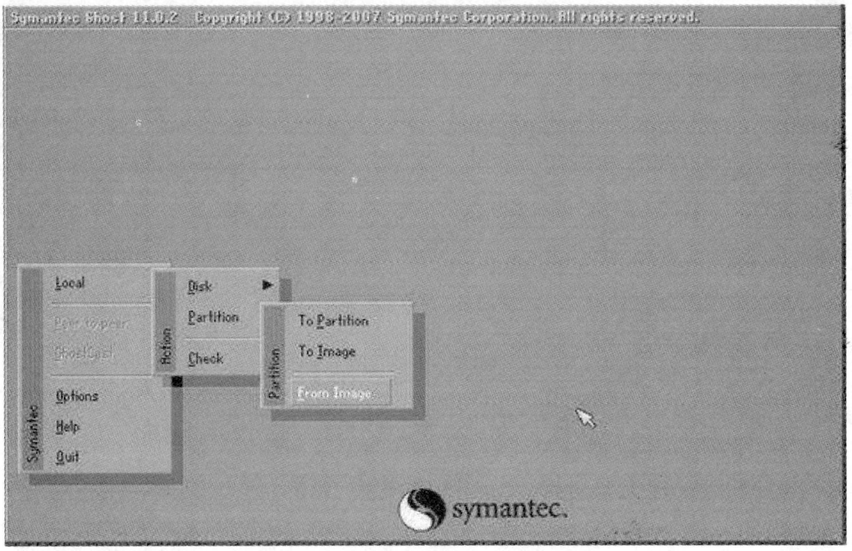

图1-21 选择“From Image”菜单

②找到备份的镜像文件，然后按Tab键切换到“Open”按钮，单击黑三角按钮，寻找此分区内的gho存放文件夹，一般是gho、ghost等字样，如图1-22所示。

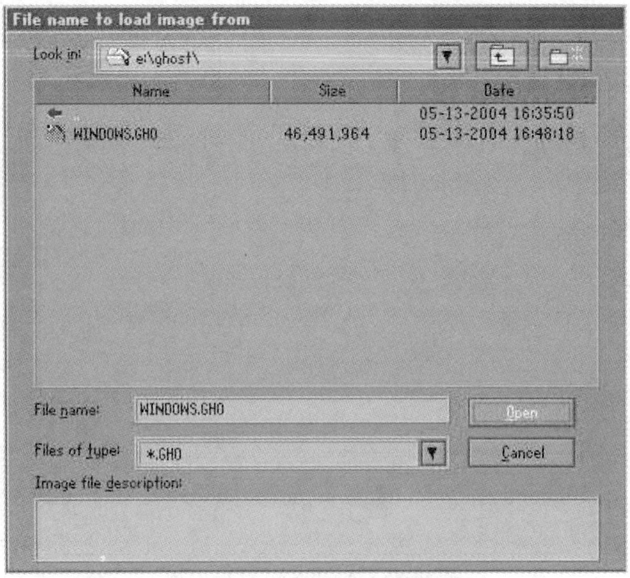

图1-22 找到备份的镜像文件

③找到gho镜像文件，选择硬盘，如图1-23所示。

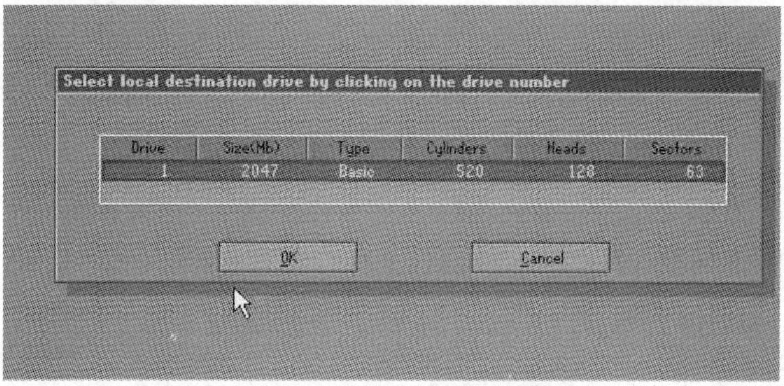

图1-23　选择硬盘

④选择要恢复的分区，一般是选择第一个也就是系统盘，如图1-24所示。若有隐藏分区，要小心看清楚Primary字符。

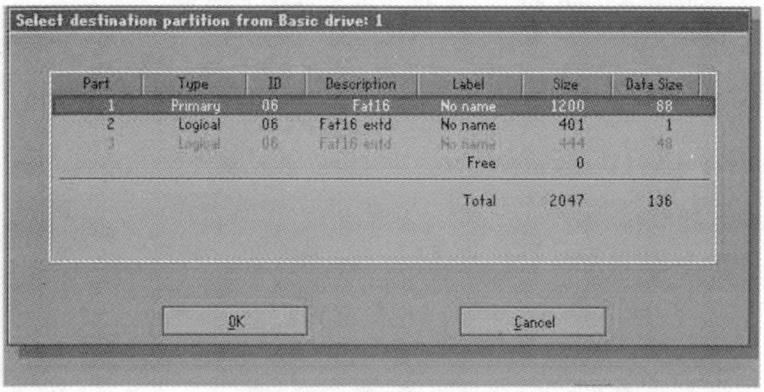

图1-24　选择要恢复的分区

⑤确认是否需要恢复分区操作，如图1-25所示。

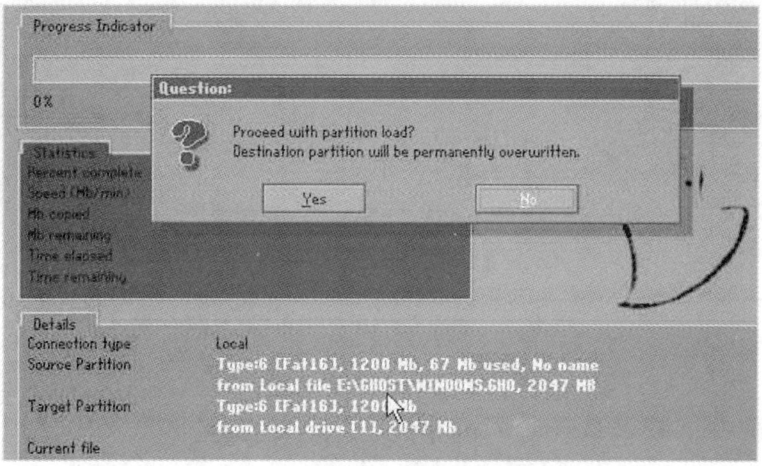

图1-25　确认是否需要恢复分区操作

⑥开始恢复操作，如图 1-26 所示。

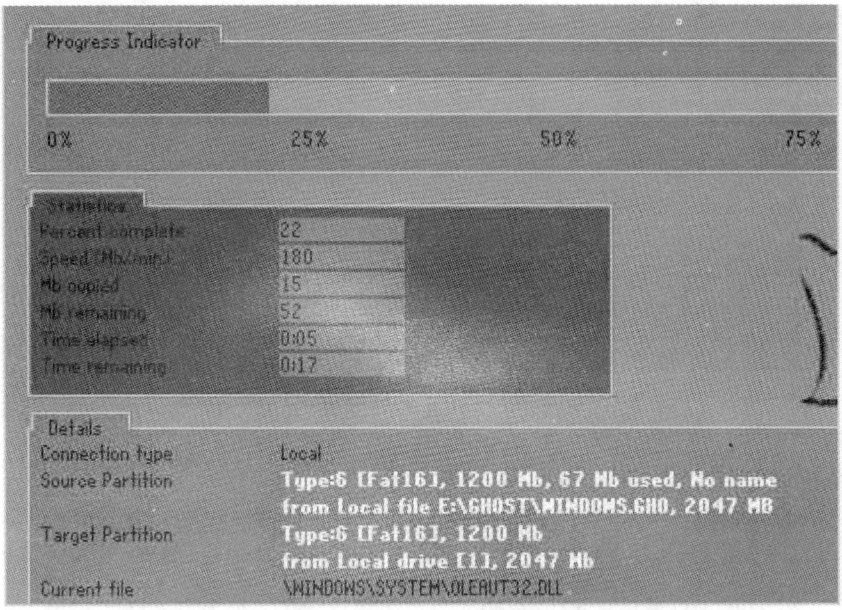

图 1-26 开始恢复操作

⑦完成分区恢复，如图 1-27 所示。

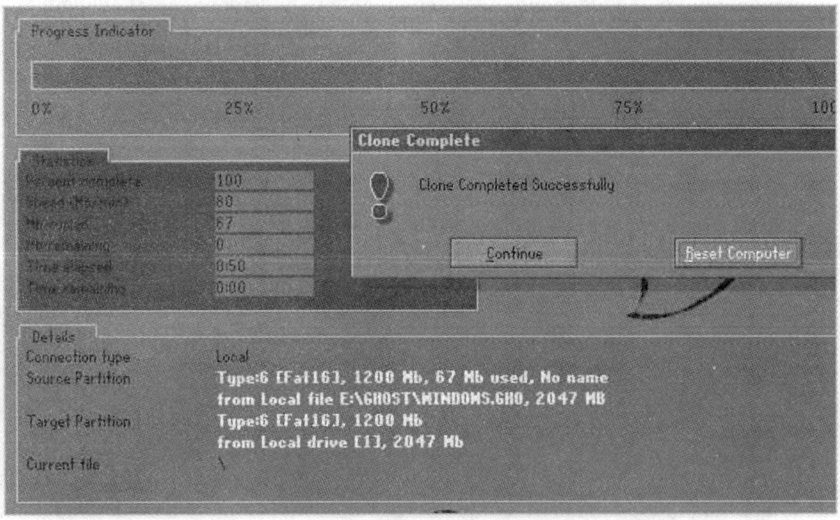

图 1-27 完成分区恢复

第五节 计算机维护常用软件

一、软件下载工具——Thunder

进行电脑维护，需要下载一些常用的软件，下载工具可以使用 Thunder（迅雷)。该软件是迅雷公司开发的互联网下载软件，是一款基于多资源超线程技术的下载软件。作为“宽带时期的下载工具”，迅雷针对宽带用户做了优化，并同时推出了“智能下载”的服务。迅雷利用多资源超线程技术，基于网格原理，能将网络上存在的服务器和计算机资源进行整合，构成迅雷网络，通过迅雷网络能够传递各种数据文件。多资源超线程技术还具有互联网下载负载均衡功能，在不降低用户体验的前提下，迅雷网络可以对服务器资源进行均衡。

该软件可以进行超文本传输协议、文件传输协议、BitTorrent协议、eDonkey网络的下载。它是中国内地用户最多的下载器。

二、计算机杀毒软件

计算机病毒（Computer Virus）是编制者在计算机程序中插入的破坏计算机功能或者数据的代码，能影响计算机使用，能自我复制的一组计算机指令或者程序代码。

计算机病毒具有传播性、隐蔽性、感染性、潜伏性、可激发性、表现性或破坏性。计算机病毒的生命周期：开发期→传染期→潜伏期→发作期→发现期→消化期→消亡期。

计算机病毒是一个程序，是一段可执行代码。它就像生物病毒一样，具有自我繁殖、互相传染以及激活再生等生物病毒特征。计算机病毒有独特的复制能力，它们能够快速蔓延，又常常难以根除。它们能把自身附着在各种类型的文件上，当文件被复制或从一个用户传送到另一个用户时，它们就随同文件一起蔓延开来。

为了防范计算机病毒，给计算机一个安全的运行环境，需要安装和使用杀毒软件。杀毒软件有单独纯杀毒防护的，有以管理电脑为主杀毒为辅助的，还有杀毒管理二合一的，建议使用杀毒管理二合一的软件。

三、设备驱动程序维护——DGSetup

DGSetup（驱动精灵）是一款集驱动管理和硬件检测于一体的、专业级的驱动管理和维护工具。驱动精灵为用户提供驱动备份、恢复、安装、删除、在线更新等实用功能。另外，除了驱动备份、恢复等功能外，驱动精灵还提供Outlook地址簿、邮件和IE收藏夹的备份与恢复功能。

首先，到驱动精灵官方网站下载并安装驱动精灵，有集成网卡驱动版本和标准版两种。如果网卡驱动没问题，那就下载标准版，如果电脑网卡驱动出现了故障不能上网而是用别的电脑，建议下载集成万能网卡的版本。下载完成后按默认安装即可。

打开驱动精灵软件，检测当前驱动是否有故障、是否需要修复等（如图1-28所示），这项操作需要保持网络连接。对于有问题的驱动，点击“修复”即可，如图1-29所示。

图 1-28　检测

图 1-29　修复

四、虚拟机应用——VirtualBox

虚拟机（Virtual Machine）指通过软件模拟的、具有完整硬件系统功能的、运行在一个完全隔离环境中的完整计算机系统。通过虚拟机软件，可以在一台物理计算机上模拟出另一台或多台虚拟的计算机，这些虚拟机就像真正的计算机那样进行工作，例如，可以安装操作系统、安装应用程序、访问网络资源等。对于用户而言，它只是运行在物理计算机上的一个应用程序，但是对于在虚拟机中运行的应用程序而言，它就是一台真正的计算机。主要的虚拟机软件有 VMware（VMWare ACE）、VirtualBox 和 Virtual PC，它们都能在 Windows 系统上虚拟出多台计算机，下面以VirtualBox为例来进行说明。

1.新建虚拟电脑

①从Oracle VM VirtualBox网站（https：//www.virtualbox.org）下载VirtualBox软件，然后安装VirtualBox软件。安装过程很简单，没有特殊要求，只需全部点“Next”即可完成，如图1-30所示。

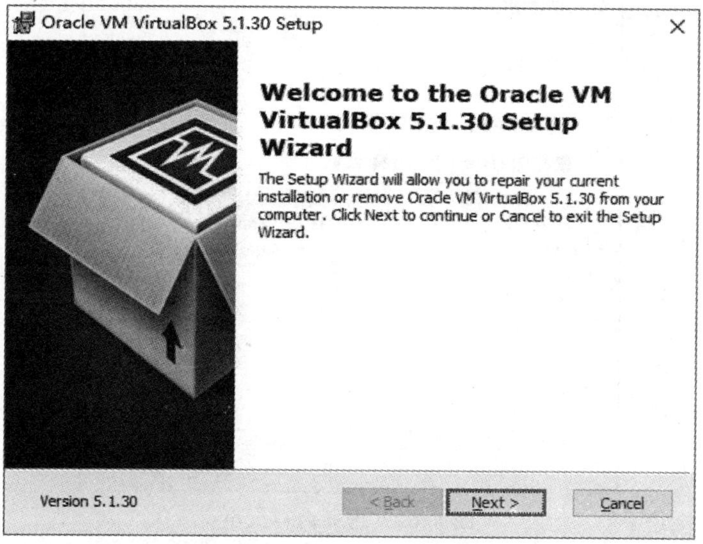

图1-30　VirtualBox软件安装

②VirtualBox软件安装完成以后即可运行。第一次运行时可以点击“新建”功能建立一个虚拟电脑。虚拟电脑的相关参数可以根据自己的需要进行设定和选择，例如，名称为“VM”，操作系统类型为“Microsoft Windows”，版本为“Windows 7（32-bit）”，如图1-31所示。

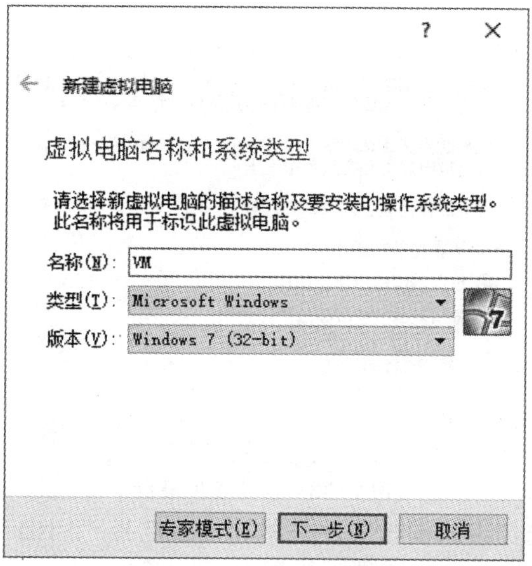

图1-31　新建虚拟电脑

③可以根据宿主电脑物理内存情况决定分配给虚拟电脑的内存大小。分配给虚拟电脑的内存越大，运行速度就越快，但相应地会影响宿主电脑的运行速度，所以需要进行权衡。一般选择系统建议值即可，如图1-32所示。

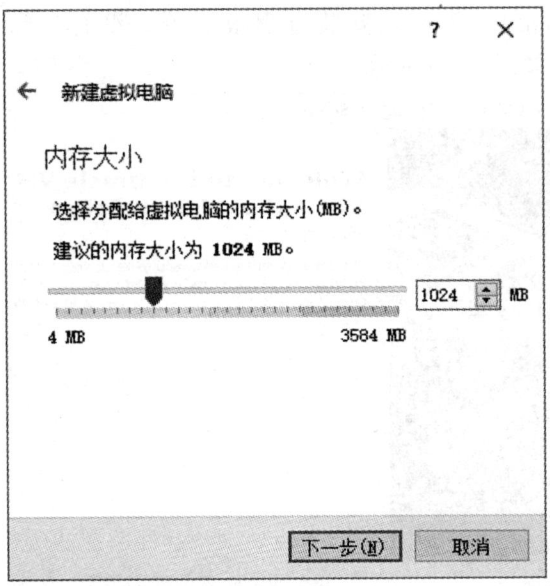

图1-32　选择内存大小

④可以创建一个虚拟硬盘，将其添加到新虚拟电脑中，以便在虚拟电脑中获得必要的存储空间，如图1-33所示。

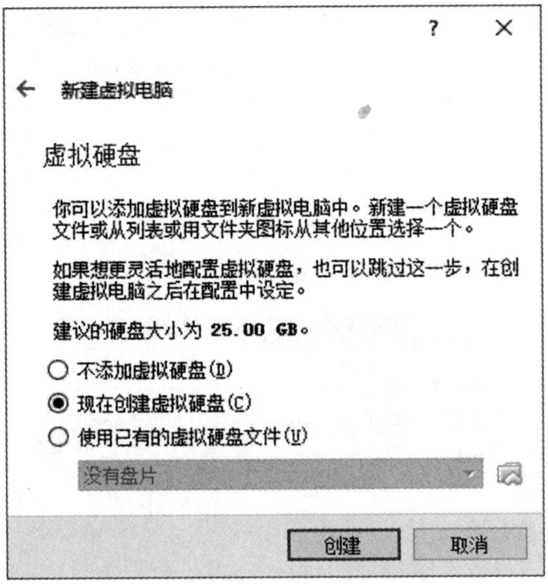

图1-33　创建虚拟硬盘

⑤可以进一步选择虚拟硬盘文件类型，一般选择“VHD（虚拟硬盘）”，如图1-34所示。

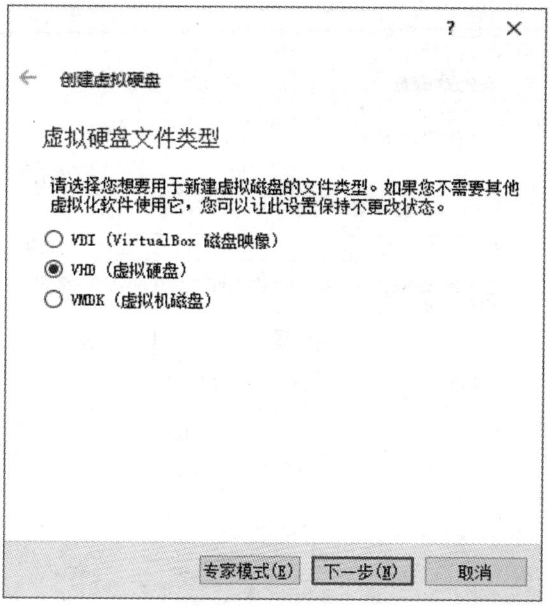

图 1-34 确定虚拟硬盘文件类型

⑥确定虚拟硬盘文件是动态分配还是固定大小。动态分配通过牺牲速度少占物理硬盘空间，固定大小通过牺牲物理硬盘空间提升使用速度，可根据实际情况进行权衡，如图 1-35 所示。

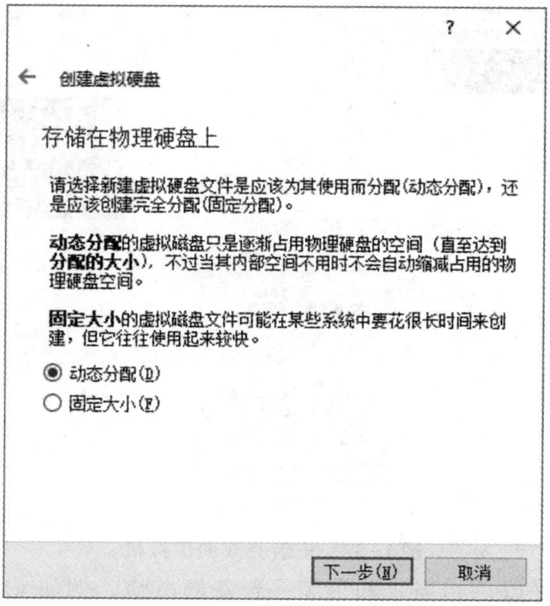

图 1-35 虚拟硬盘文件分配方式选择

⑦确定新建虚拟硬盘文件存盘位置和虚拟硬盘文件在实际硬盘中能用的极限大小，如图 1-36 所示。

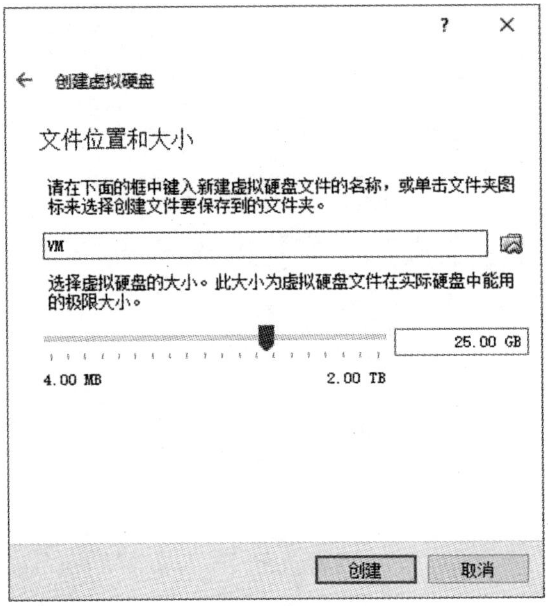

图 1-36　确定虚拟硬盘文件位置和大小

⑧顺利完成 VM 虚拟电脑的建立，如图 1-37 所示。

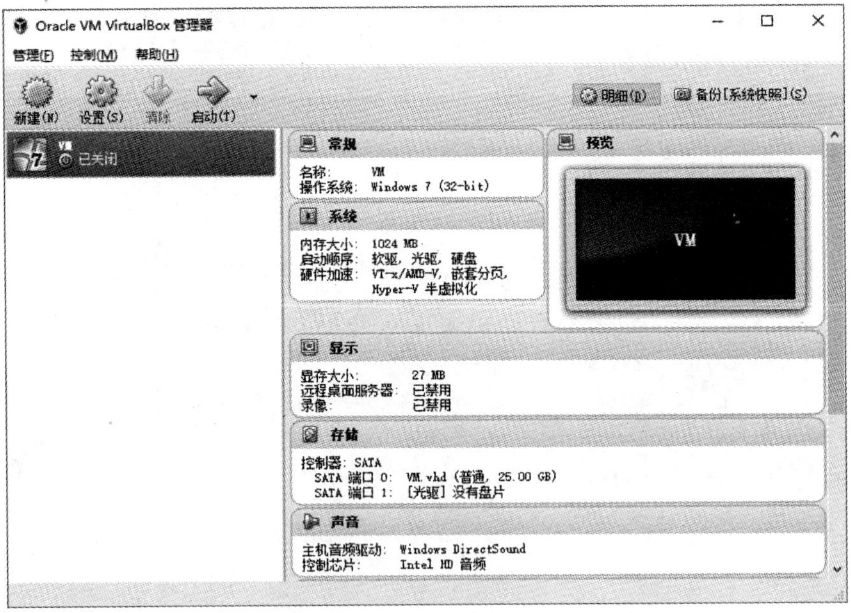

图 1-37　安装完成的虚拟机

虚拟电脑建立好以后相当于购买了一台新的电脑，例如 VM。但是由于新电脑还没有安装操作系统和应用软件，所以暂时无法使用。

2. 在虚拟电脑中安装操作系统和应用软件

实际上，这些操作与在物理电脑中安装的过程是一样的。

①选择一台已经安装好的虚拟电脑，例如 VM，点击“启动”功能开始安装过

程。首先需要选择一个有系统安装盘的物理光驱或者虚拟光驱（需要另行安装），也可以直接读取ISO映像文件，以便启动操作系统的安装，如图1-38所示。

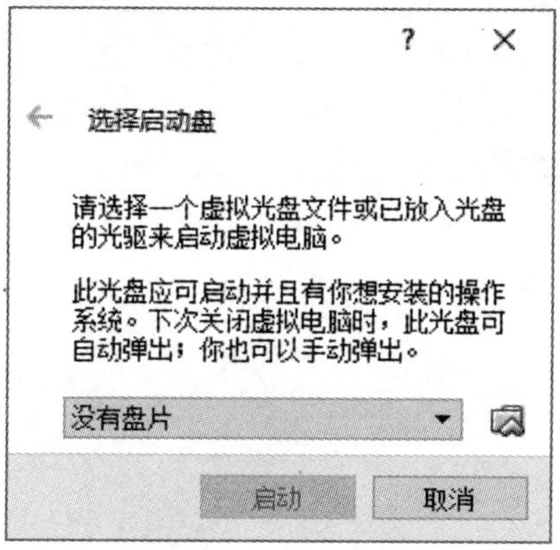

图1-38　选择启动盘

②操作系统安装完成以后可以进入虚拟电脑。首先通过“安装增强功能”准备好共享文件基础条件，然后通过虚拟电脑系统菜单中的“设备”→“共享文件夹”功能实现物理电脑与虚拟电脑的文件夹共享，从而实现物理电脑与虚拟电脑之间的数据交换，如图1-39、图1-40和图1-41所示。例如，需要指定物理电脑的“E：\”分区（如果有该分区）为共享文件夹，可以通过物理电脑的“E：\”与虚拟电脑进行数据交换。

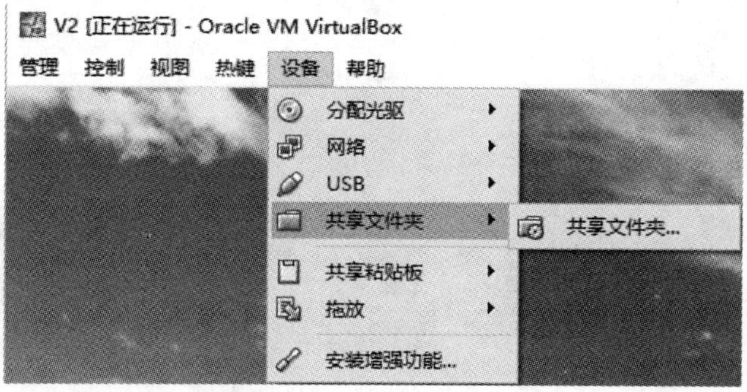

图1-39　安装增强功能

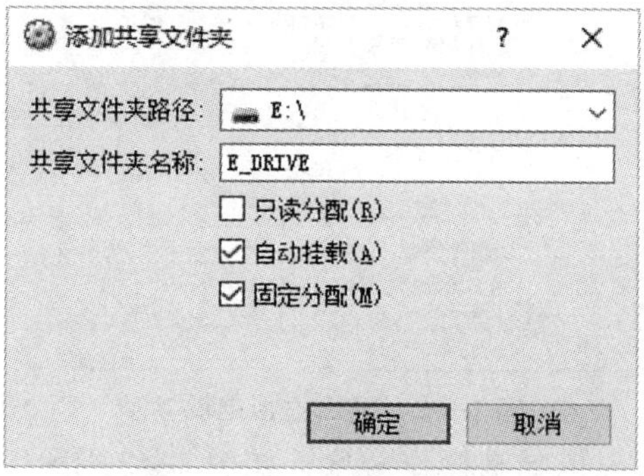

图1-40　添加共享文件夹

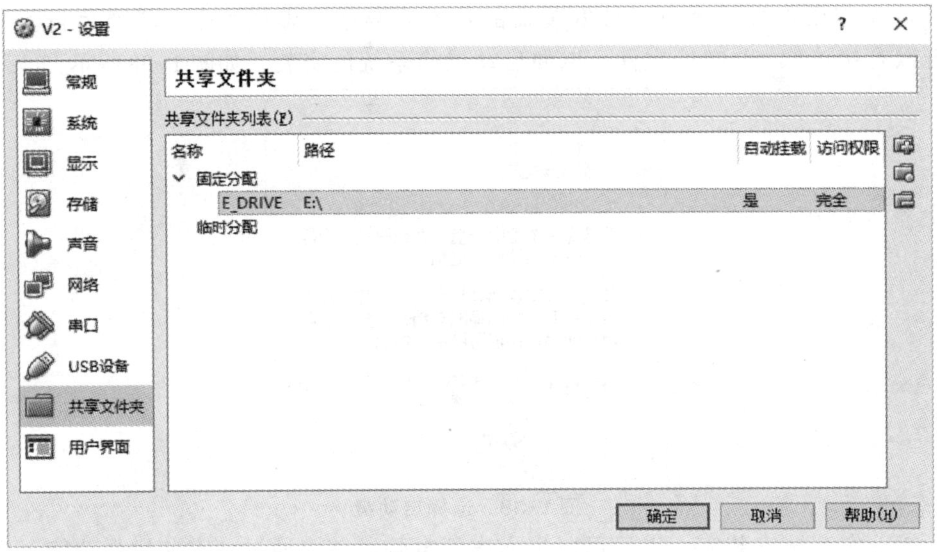

图 1-41　设置共享文件夹

③虚拟电脑中的系统软件和应用软件安装成功以后，可以进一步使用系统提供的“导出虚拟电脑”功能对虚拟电脑进行备份，方便将来重装或者将虚拟电脑发布到其他物理电脑中，类似于电脑的克隆与还原操作，可以大大减少操作系统与应用程序的重新安装时间，提高安装效率，如图 1-42 所示。

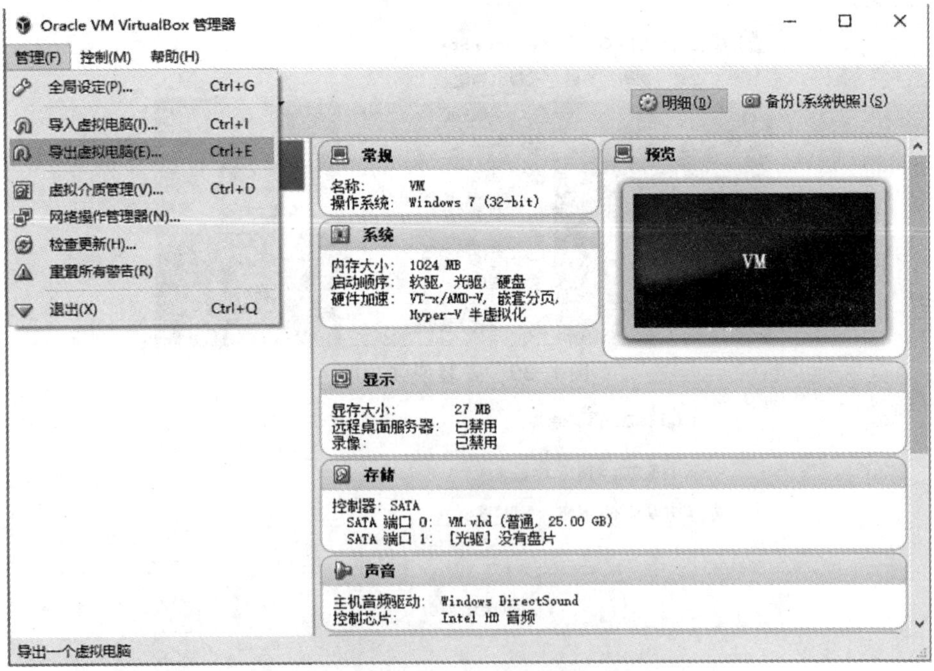

图 1-42　导出虚拟电脑功能

④选择需要导出的虚拟电脑操作对象，如图 1-43 所示。

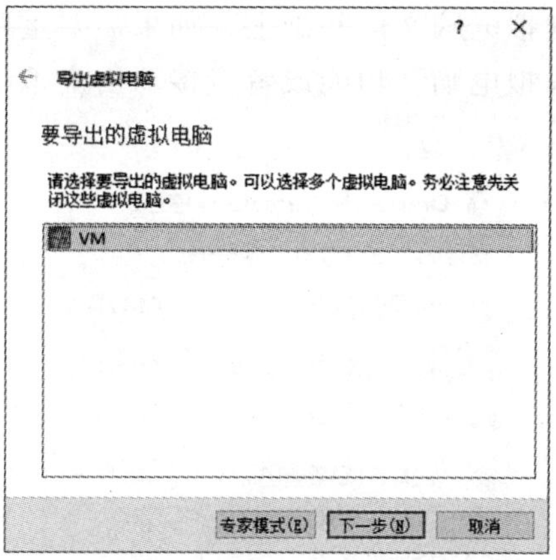

图 1-43　选择导出虚拟电脑

⑤选择导出电脑的存储位置，导出的虚拟电脑文件会被放到该位置，如图1-44所示。

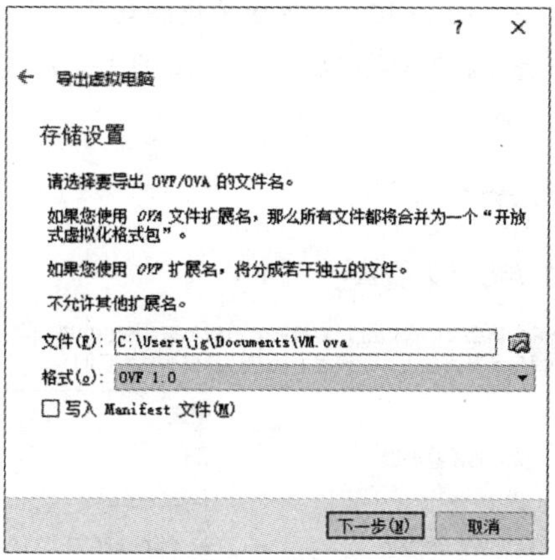

图 1-44　选择存储位置

⑥可以对虚拟电脑进一步进行导出设置，如图1-45所示。

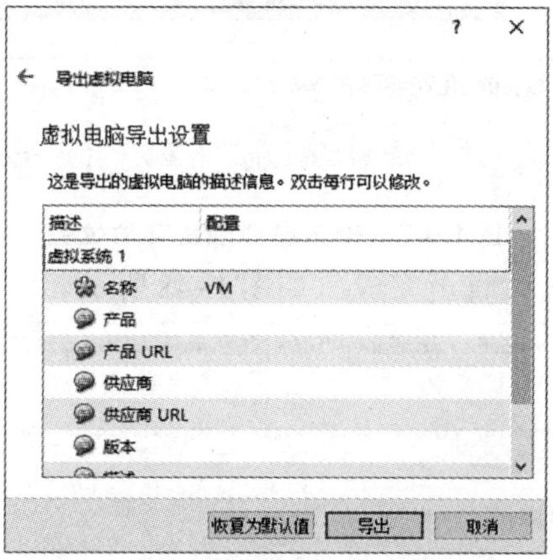

图 1-45　虚拟电脑导出设置

⑦在拥有了导出的虚拟电脑文件基础上，如果需要重新安装虚拟电脑，只需要使用“管理”→“导入虚拟电脑”功能或者直接双击虚拟电脑安装包文件就可以迅速恢复，如图1-46所示。

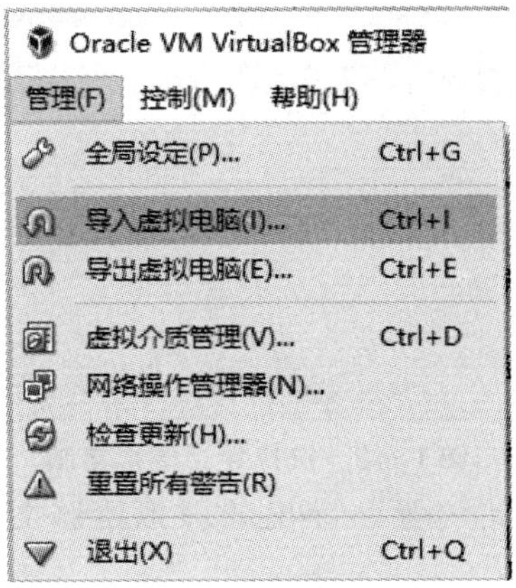

图1-46　导入虚拟电脑功能

⑧可以根据需要设置虚拟硬盘存放位置，如图1-47所示。

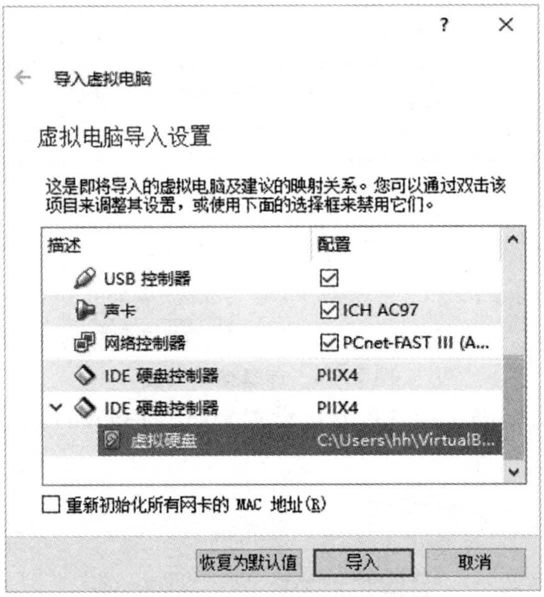

图1-47　确定虚拟硬盘存放位置

⑨系统显示导入进度，直至完成，如图1-48所示。

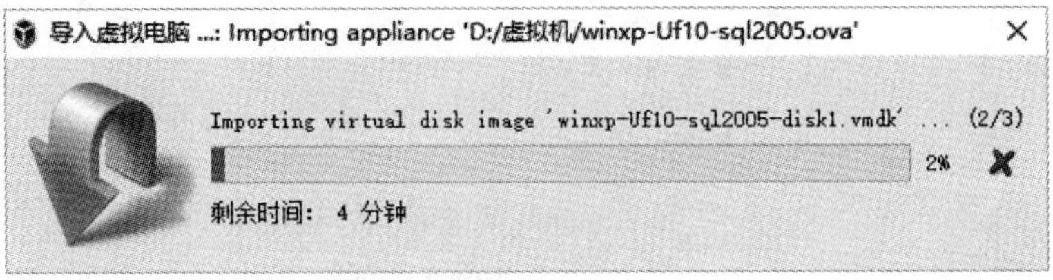

图1-48　导入进度条

计算机综合应用实验报告一

【实验名称】计算机维护

【实验目标】

1.了解计算机工作原理；

2.掌握简单的计算机维护。

【实验内容】

1.进行计算机硬件拆装，认识各部件及相应接口，了解各部件功能；

2.了解计算机维修的基本原则及方法步骤；

3.按要求完成计算机简单维护；

4.利用虚拟机程序，独立完成针对一台裸机的操作系统安装、设备驱动、应用程序安装全过程操作。

【实验结果】

1.计算机最小系统包括什么？

2.开机后计算机发出长鸣，可能是什么故障？

3.如何将桌面默认存储位置改为E盘？

4.如何将系统启动第一顺序设置为光驱，写出操作步骤。

5.本章操作内容的截图。

第二章

Windows应用

操作系统（Operating System，OS）是管理和控制计算机硬件与软件资源的计算机程序，是直接运行在“裸机”上的最基本的系统软件，任何其他软件都必须在操作系统的支持下才能运行。

操作系统是用户和计算机的接口，同时也是计算机硬件和其他软件的接口。操作系统的功能包括管理计算机系统的硬件、软件及数据资源，控制程序运行，改善人机界面，为其他应用软件提供支持，让计算机系统所有资源最大限度地发挥作用，提供各种形式的用户界面，使用户有一个好的工作环境，为其他软件的开发提供必要的服务和相应的接口等。

自1956年第一个操作系统问世以来，60多年来出现过很多操作系统，但是自从1985年微软推出Windows操作系统后，很多操作系统就销声匿迹了。截至2017年1月，Windows操作系统占据了个人电脑91.41%的份额，Mac占6.32%，Linux占2.27%，如图2-1所示。

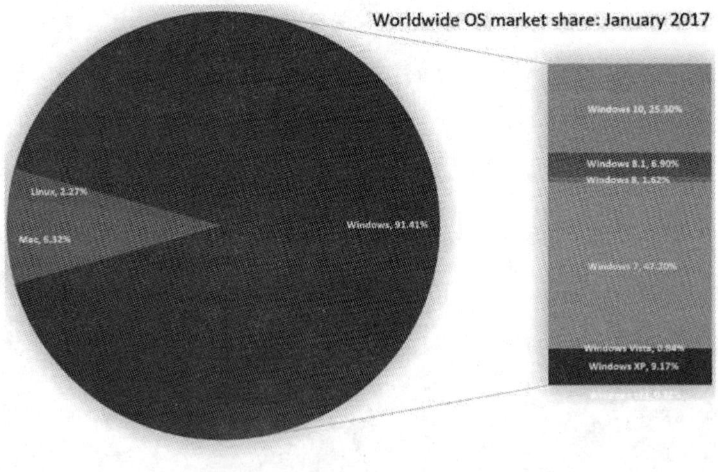

图2-1 操作系统市场份额

Microsoft Windows是美国微软公司研发的一套操作系统，它问世于1985年，起初仅仅是Microsoft-DOS模拟环境，后续的系统版本由于微软不断更新升级，不但易用，也逐渐成为家家户户最喜爱的操作系统。

Windows采用了图形化模式GUI，比起从前的DOS需要键入指令使用的方式更为人性化。随着电脑硬件和软件的不断升级，微软的Windows也在不断升级，从架构的16位到32位再到64位，系统版本从最初的Windows 1.0到Windows 95、Windows 98、Windows ME、Windows 2000、Windows 2003、Windows XP、Windows Vista、Windows 7、Windows 8、Windows 8.1、Windows 10和Windows Server服务器企业级操作系统，不断持续更新，微软一直在致力于Windows操作系统的开发和完善。

第一节 Windows设置

一、如何让桌面显示图标

如果桌面上没有“此电脑”“网络”“控制面板”等图标，可能是不小心被隐藏起来了，可以通过如下操作让这些图标显示出来：右击桌面空白处→个性化→主题→桌面图标设置→勾选图标名称，如图2-2所示。

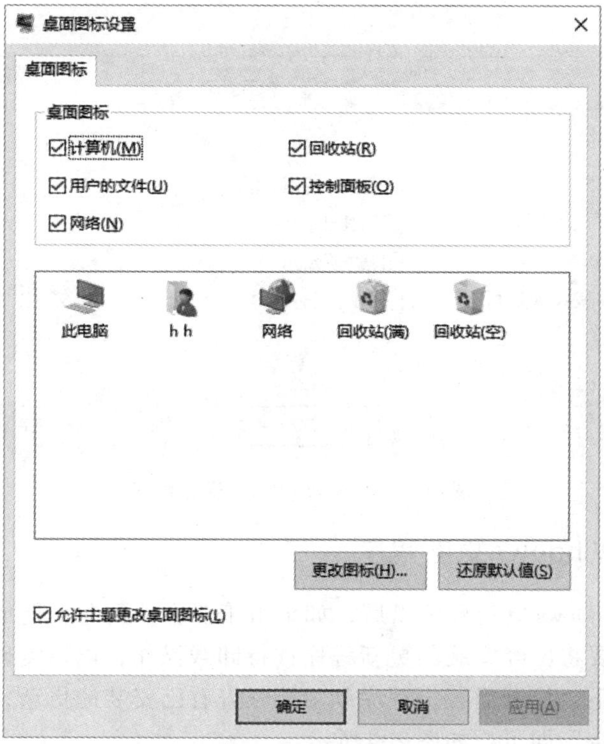

图2-2　桌面图标设置

二、如何进入Windows安全模式

“安全模式”是Windows系统用来排查故障的重要工具，很多电脑故障是由第三方驱动或者软件引发的。在“安全模式”中，系统仅加载最基本的驱动和服务，所以一般情况下不会有问题。在此模式下，可以逐渐开启认为有问题的软件，以便排查问题所在；或者可以执行一些安全操作，比如查毒杀毒等任务。想要进入该模式，在正常启动情况下，按Win（Windows徽标）+R键组合打开“运行”，然后执行msconfig，在“系统配置”中选中“安全引导”后，再根据在安全模式下的任务类型选择需要开启的服务。比如需要联网，那么就选最后一个“网络”，不需要这些就可以直接使用默认的“最小”，然后点击“确定”后重启电脑即可，如图2-3所示。

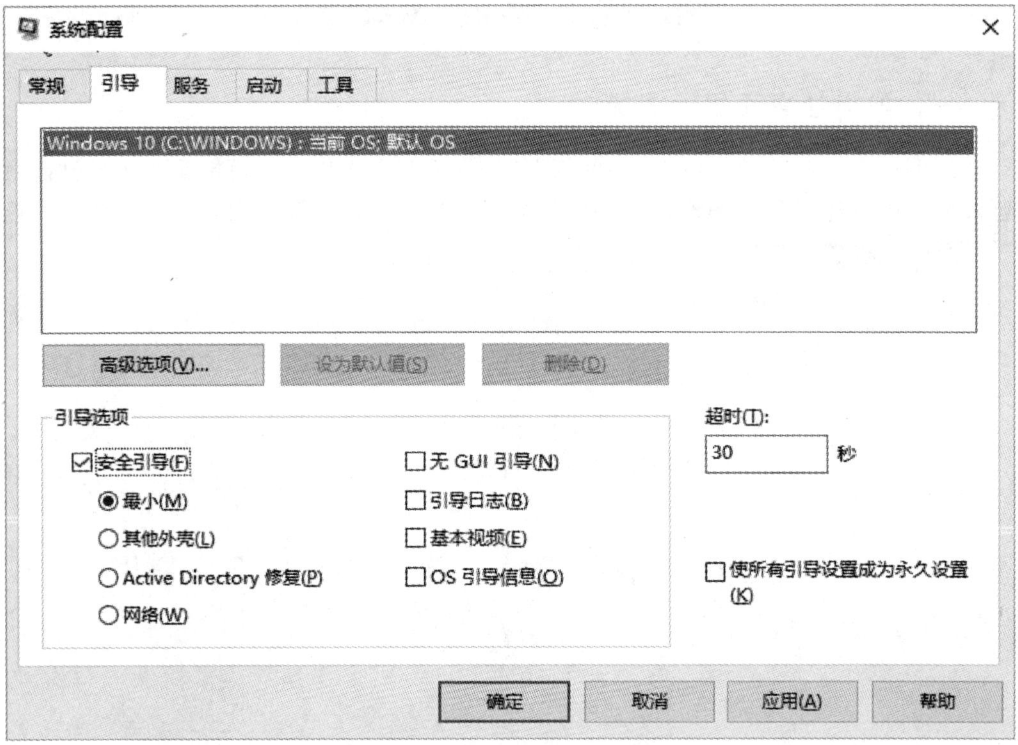

图2-3　进入Windows安全模式

三、卸载Windows更新程序

在安装了Windows更新程序以后，如果由于兼容性问题，造成与硬件或者软件冲突。这时就需要将已经安装的更新程序进行卸载操作，以恢复硬件或者软件的功能。具体操作如下：控制面板→程序和功能→查看已安装的更新，双击需要卸载的更新，点击“确定”即可，如图2-4所示。

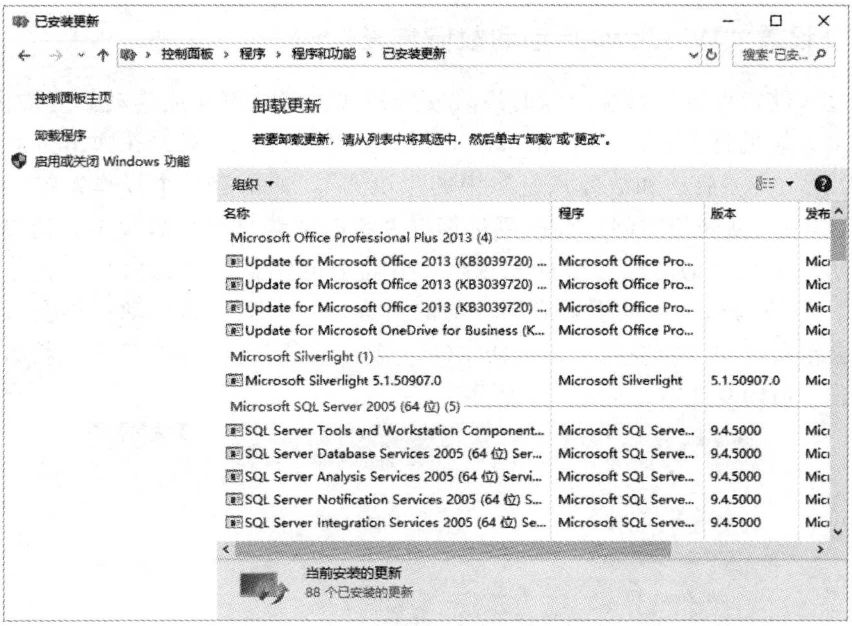

图2-4　卸载Windows更新程序

四、设置Windows系统时间和日期

如果需要对系统日期或者时间进行调整，在任务栏右边的日期上点击右键，执行“调整日期/时间”，将自动设置时间项设为“关”，利用“更改日期和时间”功能就可以修改系统日期和时间，如图2-5所示。

图2-5　设置Windows系统时间和日期

五、设置“Windows启动和故障恢复”

通过该设置可以为系统故障时进入安全模式、调试模式或启动修复提供帮助，尤其是多系统的计算机。按下Windows徽标键+PauseBreak键，在弹出页面内选择“更改设置”→“启动和故障恢复”中的“设置”。如果有多个操作系统，请选中“显示操作系统列表的时间”前的复选框，并将时间调整至合适大小。选中“在需要时显示恢复选项的时间”前的复选框，并将时间调整为合适大小，推荐设置为5~10秒。取消勾选“自动重新启动”前的复选框。自动重新启动并不会有多大帮助，且会浪费时间。如果经常下载新软件，可以勾选此复选框。选中“将事件写入系统日志”前的复选框，如图2-6所示。

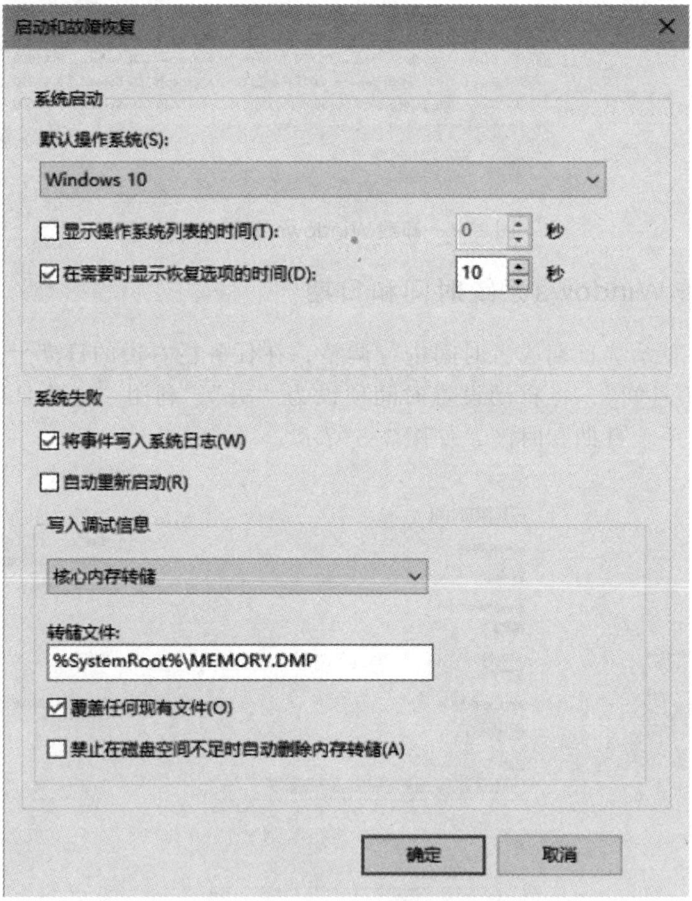

图2-6　设置“Windows启动和故障恢复”

六、禁用Guest账户

黑客和病毒木马可以通过Guest账户获取系统的高权限，从而对系统进行一系列的更改。因此，在没有特殊应用的情况下，可以禁用这个账户。右键点击“此电脑”，选择“管理”，依次点开“本地用户和组”“用户”，右键点击“Guest”，选择属性，勾选“账户已禁用”，如图2-7所示。

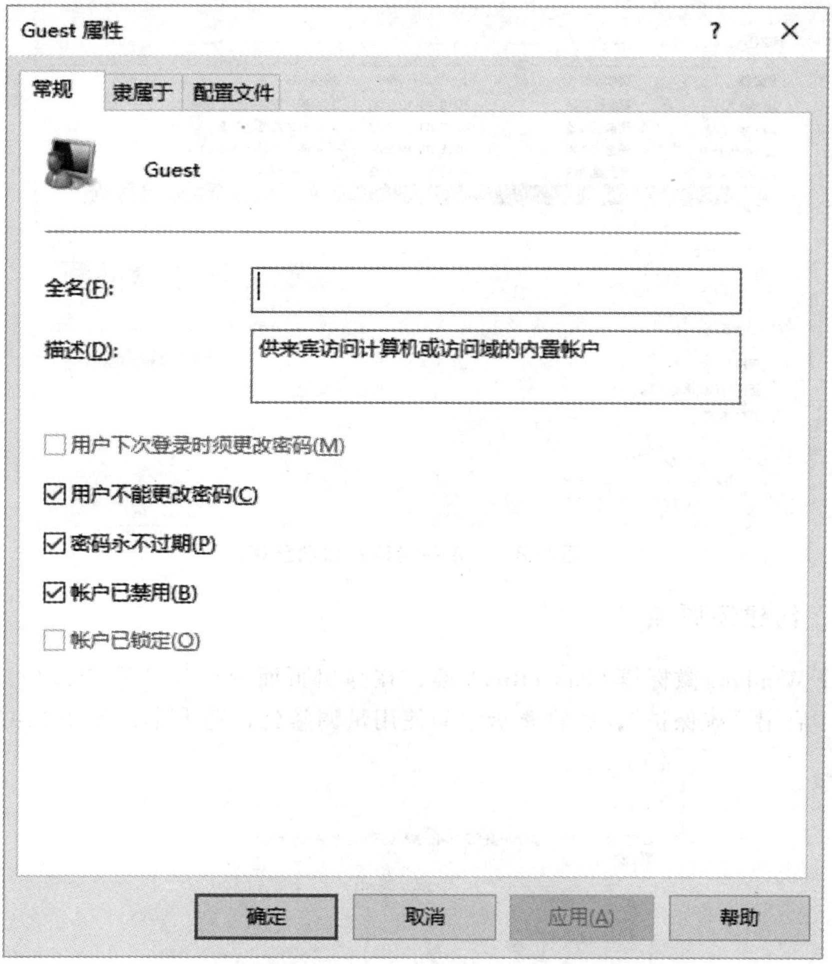

图2-7 禁用Guest账户

七、开启磁盘碎片自动整理

如果使用的是机械硬盘，一般需要打开Windows 10的磁盘碎片自动整理，以提高系统运行速度。打开“此电脑”，右键单击存放系统的分区（也就是系统盘），选择“属性”，在属性窗口中切换到“工具”选项卡，选择“对驱动器进行优化和碎片整理”中的“优化（O）”，在“优化驱动器”窗口中，如果没有开启自动整理，则下方会显示“驱动器未自动优化”，这时点一下右边的“启用（T）”，在弹出的窗口中选择“按计划运行（推荐）（R）”，频率推荐设置为“每周”，并勾选下方的“如果连续错过三次计划的运行，则通知我（N）”，同时点击“选择（H）”，勾选“全选”和“自动优化新驱动器（A）”，然后按“确定”返回即可，如图2-8所示。

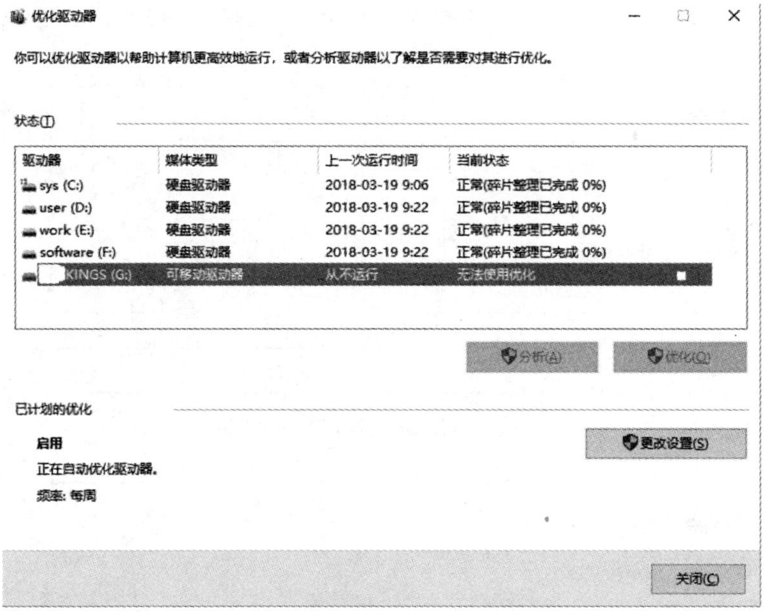

图2-8　开启磁盘碎片自动整理

八、创建还原点

按下Windows徽标键+PauseBreak键，在弹出页面内选择“系统保护”→“配置”→“启用系统保护”，并将磁盘空间使用量调整到合适大小，如图2-9所示。

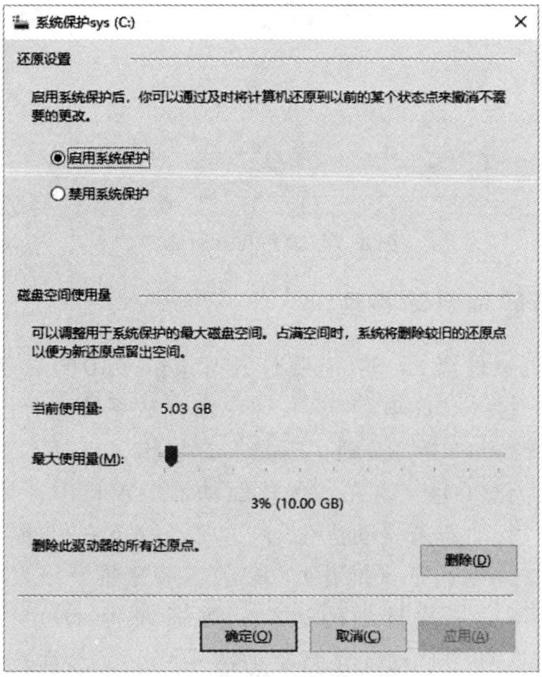

图2-9　创建还原点

九、禁止软件开机自启

使用新系统一段时间后，常常会感觉电脑越来越卡，速度变慢了，其实这在很大程度上是某些软件随系统启动以及在后台运行导致的，所以可以通过禁止某些软件的开机自启来提高计算机的速度和运算能力。右键单击任务栏，选择“任务管理器”，选择“详细信息”，再切换到“启动”选项卡，把不需要的软件选中，再点击“禁用”，只留下Windows Defender等即可，如图2-10所示。

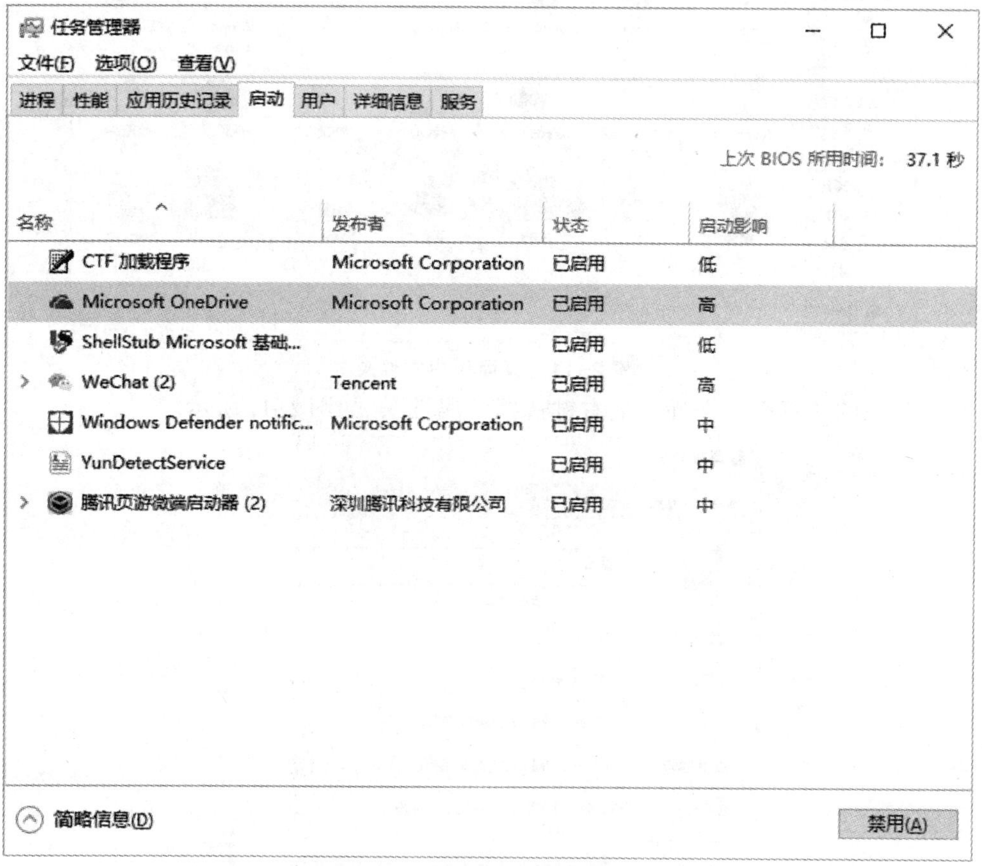

图2-10　禁止软件开机自启

十、设置桌面文件夹位置

通常情况下，用户会将常用文件放在桌面。这样的好处是方便操作，但是也存在问题。那就是当操作系统出现故障需要恢复或者重装时，由于桌面文件夹默认的位置是在系统安装分区（比如C：\），需要先把桌面的用户文件进行备份，当无法进入系统时，桌面存放的用户文件就会丢失。为了既方便用户操作，又能防止出现上述问题，可以自行设置桌面文件夹的位置。具体操作如下：

打开桌面的用户文件夹，如图2-11所示。

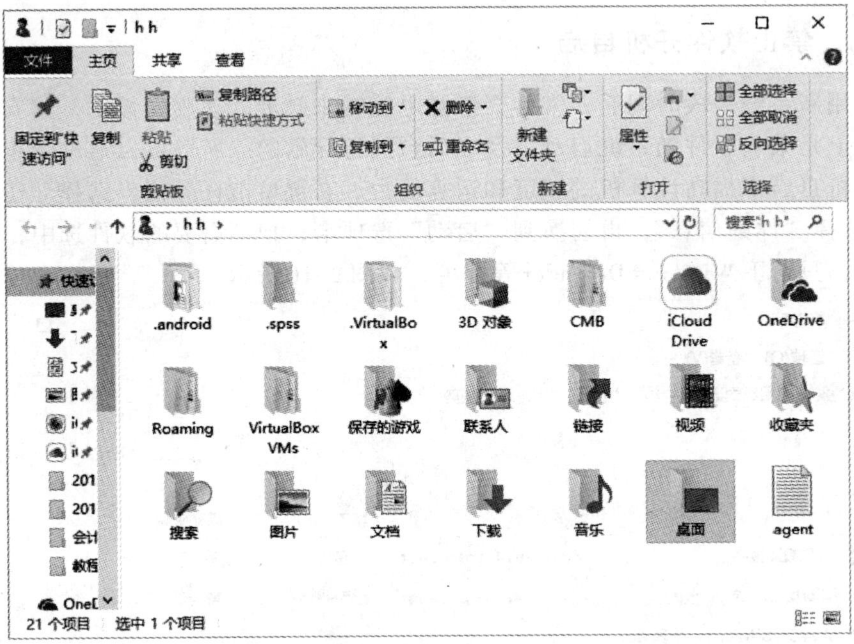

图 2-11　桌面用户文件夹

在其中的“桌面”文件夹上右键选择“属性”，如图 2-12 所示。

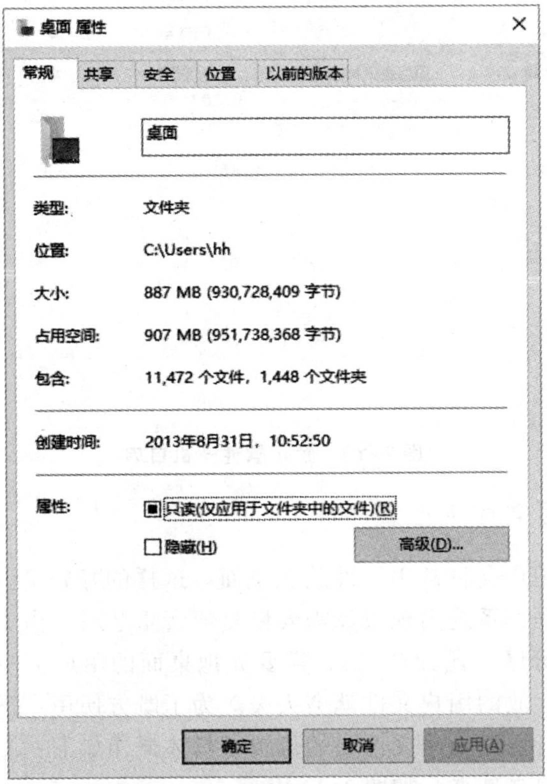

图 2-12　桌面文件夹属性

可以看到系统默认桌面文件夹的位置是C：\Users。点击“位置”页框，如图2-13所示。

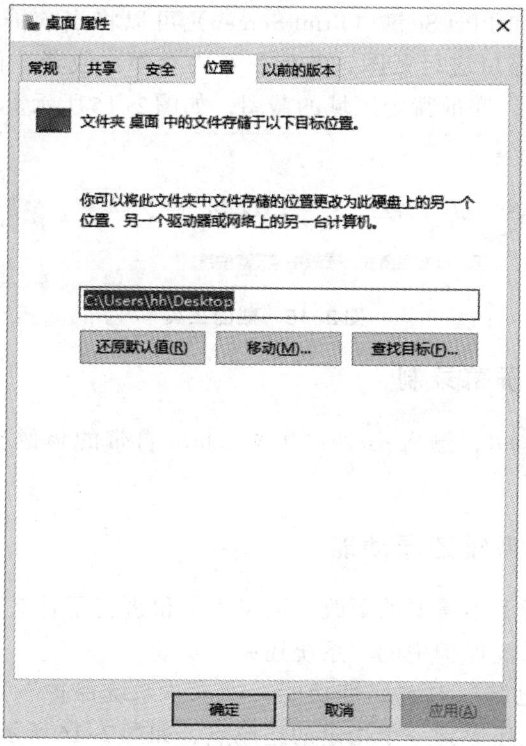

图2-13　位置页框

在文本框输入用户希望转移到的路径即可。

第二节　Windows功能

一、如何开启电脑的虚拟键盘

如果键盘某个按键失灵，则可以调出虚拟键盘来辅助使用。按住Windows键+R输入“osk”，就可以打开虚拟键盘，用鼠标点击就可以输入了，如图2-14所示。

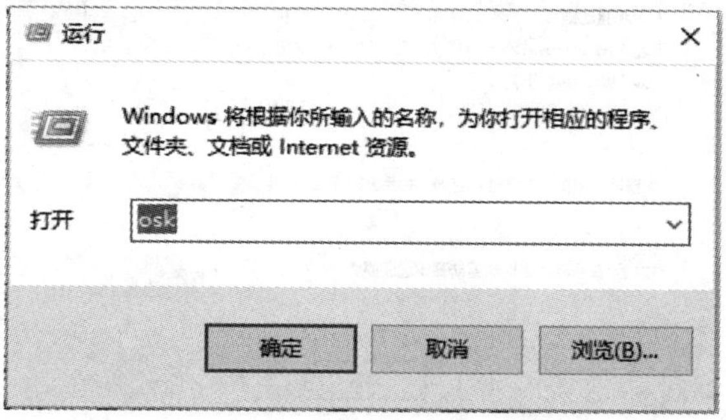

图2-14　开启电脑的虚拟键盘

二、如何使用截图工具

通过使用键盘上的Prt Sc键（Print Screen）可以将当前屏幕进行截图，ALT+Prt Sc键可以将当前窗口进行截图，并保留在内存中。或者，使用Windows附件中的“截图工具”程序，完成特定区域的截图，如图2-15所示。

图2-15　截图工具

三、开启自带屏幕录制

按下Windows键+R，输入psr，调出Windows自带的录像功能，就可以开始录制了。

四、如何使用系统还原功能

如果对系统进行了不需要的更改，而又不记得进行了什么更改，希望回到更改前状态，可以使用系统保护中的“系统还原”功能。

执行桌面“此电脑”右键属性功能，进入“系统保护”页框，执行“系统还原”功能可以将系统还原到一个指定的还原点，如图2-16所示。

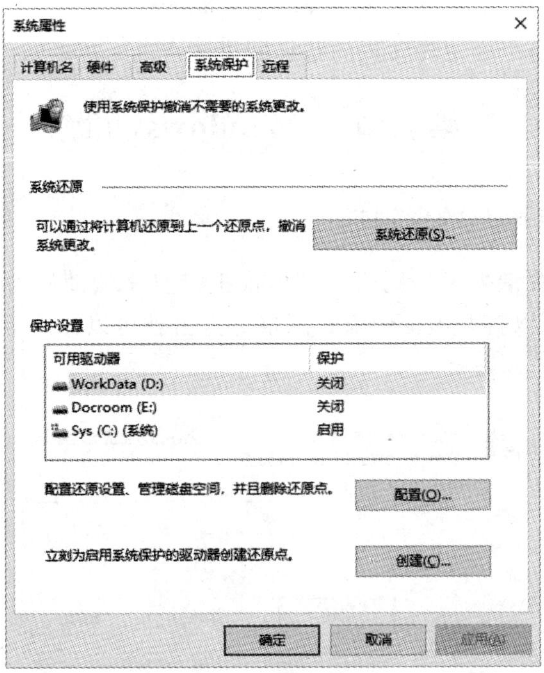

图2-16　系统还原功能

五、如何使用远程桌面功能

当某台计算机开启了远程桌面连接功能后，就可以在网络的另一端控制这台计算机了，通过远程桌面功能可以实时操作这台计算机，在上面安装软件、运行程序，所有的一切都好像是直接在该计算机上操作一样，这就是远程桌面的最大功能。通过该功能网络管理员可以在家中控制单位的服务器，而且由于该功能是系统内置的，所以比其他第三方远程控制工具使用更方便、更灵活。

执行Windows附件中的“远程桌面连接”，输入相关参数即可以访问远程计算机，如图2-17所示。

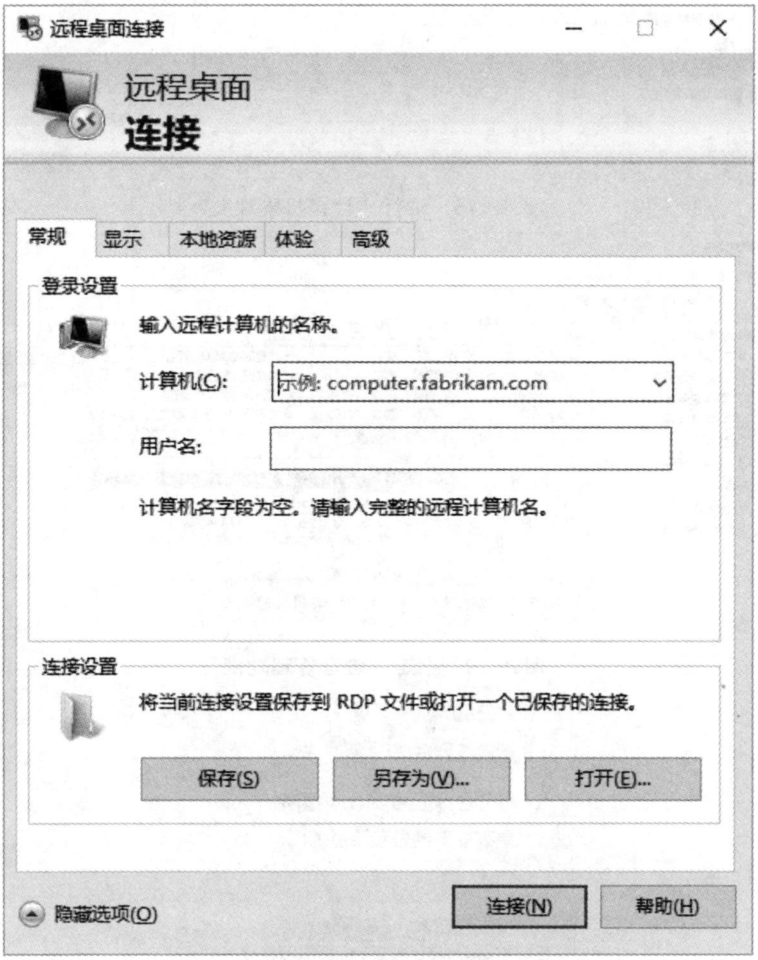

图2-17　远程桌面功能

六、如何进行逻辑硬盘分割

如果需要将一个物理硬盘进行逻辑分区的设定，例如，将一个只有C分区的硬盘分割为C、D分区或者更多分区，可以使用Windows自带的磁盘管理功能来完成。

运行“Windows管理工具”中的“计算机管理”，指定“磁盘管理功能”，在需要分割的分区上点击右键，执行“压缩卷”功能即可，如图2-18、图2-19和图2-20所示。

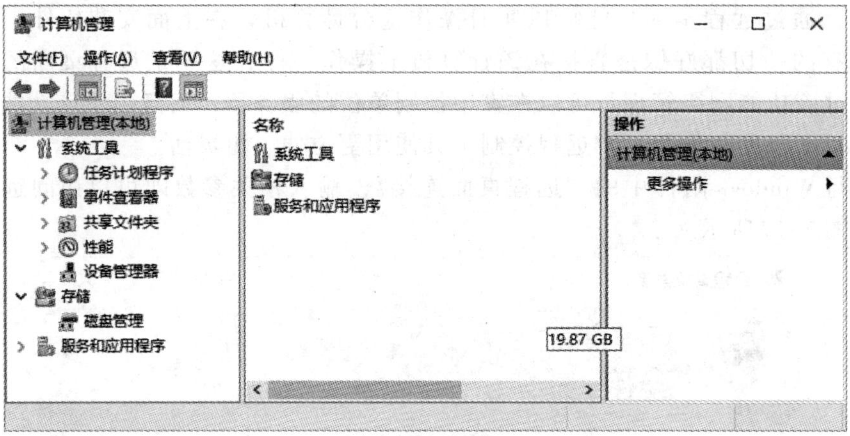

图2-18 运行“计算机管理”

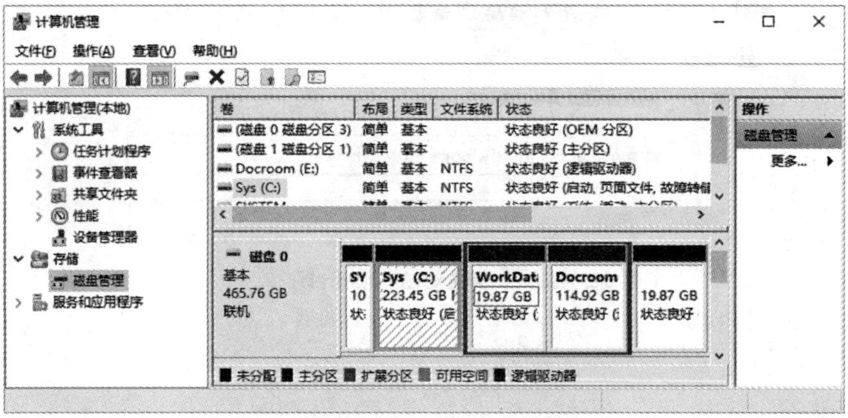

图2-19 指定“磁盘管理功能”

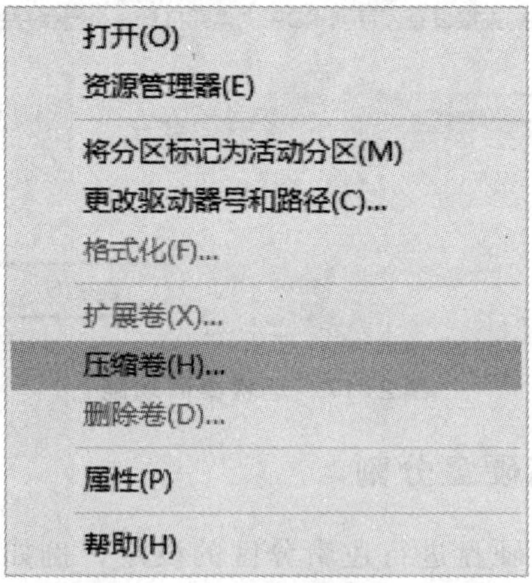

图2-20 执行“压缩卷”功能

七、如何使用Windows Defender杀毒

Windows自带了一个查杀毒软件，如果需要执行查毒、杀毒任务，可双击任务栏右端的Defender图标，进入安全中心，执行相关功能，如图2-21所示。

图2-21　使用Windows Defender杀毒

计算机综合应用实验报告二

【实验名称】Windows应用

【实验目标】

1. 了解Windows的基本设置；

2. 掌握Windows的功能软件应用。

【实验内容】

1. Windows操作系统设置；

2. Windows操作系统功能应用。

【实验结果】

1. 操作系统的主要功能有哪些？

2. 如何进行逻辑硬盘的分割？

3. 如何使用远程桌面功能？

4. 如何显示桌面常用图标？

5. 本章操作内容的截图。

第三章

Internet应用

Internet，中文正式译名为因特网，又叫作国际互联网，是20世纪最伟大的发明之一。它是由那些使用公用语言互相通信的计算机连接而成的全球网络，一旦连接到它的任何一个节点上，就意味着计算机已经连入Internet了。Internet目前的用户已经遍及全球。

第一节 无线路由器设置

一、上网方式

要实现Internet应用，必须先进行上网设置，根据上网方式的不同，设置方式稍有差异，常见的上网方式有以下几种：

1.拨号上网方式

拨号上网是以前使用最广泛的Internet接入方式，它通过调制解调器和电话线将电脑连接到Internet中，并进一步访问网络资源。拨号上网的优点是安装和配置简单，一次性投入成本低，用户只需从ISP（网络运营商）处获取一个上网账号，然后将必要的硬件设置连接起来即可；缺点是速度慢和接入质量差，而且用户在上网的同时不能接听电话。这种上网方式适合于上网时间比较少的个人用户。

2.ISDN上网方式

ISDN是Integrated Service Digital Network的缩写，即窄带综合业务数字网，俗称“一线通”，它也是利用现有电话线来访问Internet的。这种接入Internet的方式具有如下特点：

多业务性：可以实现电话、传真、可视图文、可视电话等多种业务。

数字化：提供端到端之间的数字连接，终端到终端之间完全实现数字化，信息交换质量较高。

使用方便性：只需一个入网接口，使用一个统一号码，在这个接口上可以连接不同种类的多个终端。

使用ISDN上网的缺点是费用较高，因为使用ISDN需要专用的终端设置（包括网络终端NT1和ISDN适配器）。

3.宽带上网方式

ADSL英文全称为Asymmetric Digital Subscriber Line，即非对称数字用户线。ADSL技术是一种在普通电话线上高速传输数据的技术，它使用了电话线中一直没有被使用过的频率，所以可以突破调制解调器的56kbps速度的极限。

ADSL技术的主要特点是可以充分利用现有的电话网络，在线路两端加装ADSL设备即可为用户提供高速宽带服务。另外，ADSL可以与普通电话共存于一条电话线上，在一条普通电话线上接听和拨打电话的同时进行ADSL传输而又互不影响。

ADSL宽带上网的优点是采用星型结构、保密性好、安全系数高、速度快以及价格低；缺点是不能传输模拟信号。

4.光纤上网方式

光纤上网是指采用光纤线取代铜芯电话线，通过光纤收发器、路由器和交换机接入Internet中。这种接入Internet的方式可以使下载速度最高达到6Mbps，上传速率达到640kbps。

光纤上网的优点是带宽独享、性能稳定、升级改造费用低、不受电磁干扰、损耗小、安全和保密性强以及传输距离长。

5.无线上网方式

无线上网就是指不需要通过电话线或网络线，而是通过通信信号来连接到Internet中。只要用户所处的地点在无线接入口的无线电波覆盖范围内，再配上一张兼容的无线网卡就可以轻松上网了。

以下以最常见的无线上网方式为例，介绍无线路由器（以TP-link为例，其他大同小异）的设置方法。

二、把路由器连接到外网

将前端上网的宽带线连接到路由器的WAN口，上网电脑连接到路由器的LAN口。需要确认入户宽带的线路类型。入户宽带线路分为电话线、光纤、网线三种接入方式，以常见的电话线或光纤为例，连接方法如图3-1所示。

线路连好后，路由器的WAN口和有线连接电脑的LAN口对应的指示灯都会常亮或闪烁，如果相应端口的指示灯不亮或电脑的网络图标显示红色的叉，则表明线路连接有问题，请检查确认网线连接是否牢靠或尝试换一根网线。

三、设置路由器上网

设置路由器上网的具体步骤如下：

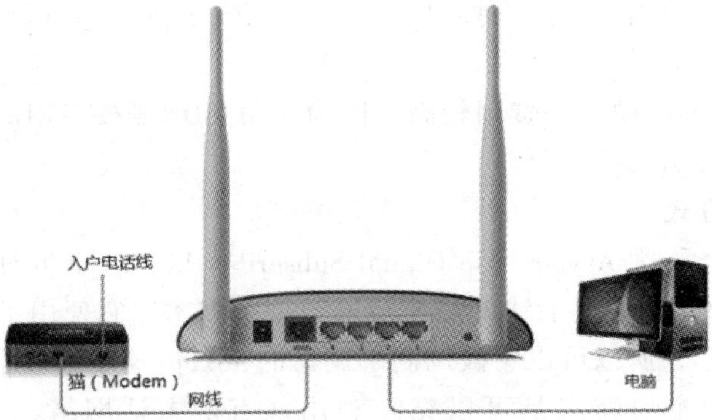

图3-1　路由器联网

①打开浏览器，根据路由器上的提示信息，在地址栏输入tplogin.cn（早期的路由器管理地址是192.168.1.1)，并在弹出的窗口中设置路由器的登录密码（密码长度为6~15位)，该密码用于以后管理路由器（登录界面)，如图3-2所示。

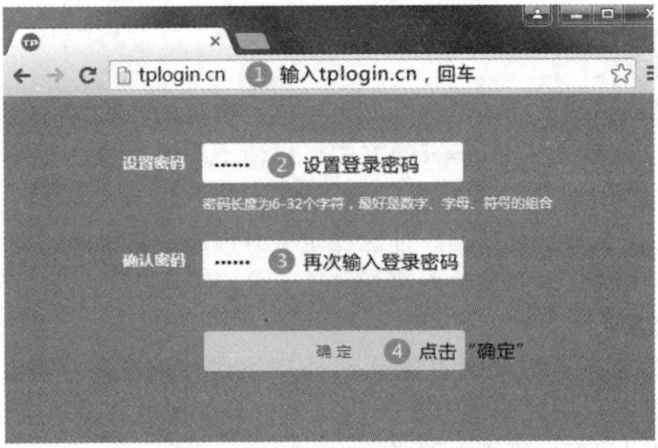

图3-2　设置路由器的登录密码

②登录成功后，路由器会自动检测上网方式，如图3-3所示。

图3-3　检测上网方式

③根据检测到的上网方式，填写该上网方式的对应参数，如图3-4所示。

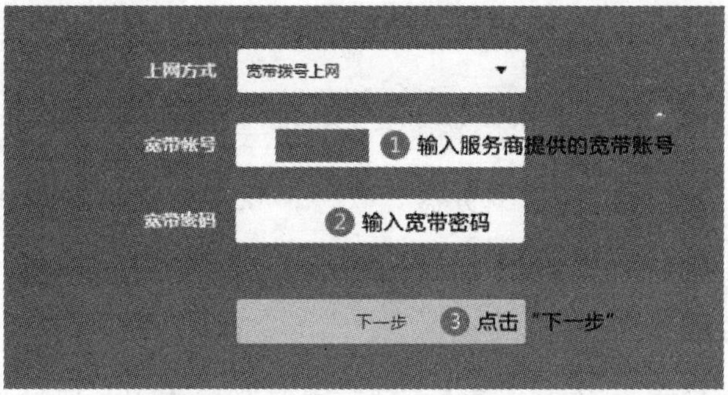

图3-4 填写该上网方式的对应参数

④设置无线名称和密码，如图3-5所示。无线名称建议设置为字母或数字，尽量不要使用中文、特殊字符，避免部分无线客户端不支持中文或特殊字符而导致搜索不到或无法连接。TP-LINK路由器默认的无线信号名称为“TP-LINK_XXXX”，且没有密码。为确保网络安全，建议一定要设置无线密码，防止他人蹭网。

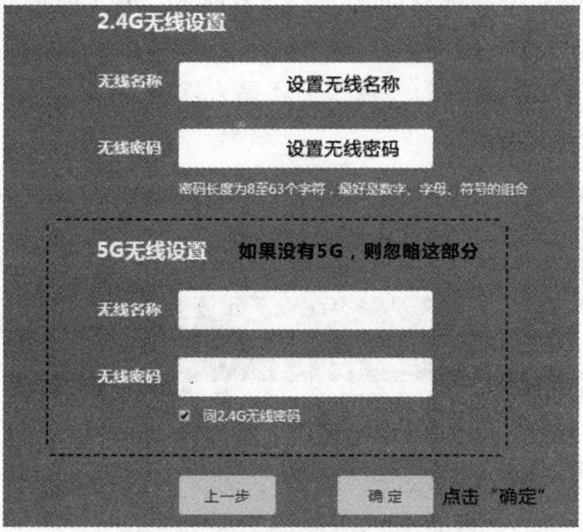

图3-5 设置无线名称和密码

路由器设置完成以后，通过网线连接到路由器的电脑就可以打开网页尝试上网了。如果还有其他台式机、网络电视等有线设备想上网，将设备用网线连接到路由器1/2/3/4任意一个空闲的LAN口，直接就可以上网，不需要再配置路由器了。路由器设置完成有了参数后，就不用再使用电脑上的“宽带连接”来进行拨号上网了。

四、无线终端连接路由器上网

如果无线终端设备要通过路由器上网，比如手机、iPad、笔记本电脑等，则需要将无线设备连接到设置好的无线路由器上。这时需要使用到在路由器里设置的两个无线参数：一个是无线信号的名称；另一个是无线密码（第一次连接无线信号需要输入的密码）。如果不确定以上参数，可通过已连接上路由器的电脑登录到路由器的管理界面tplogin.cn，在网络状态中查看无线名称和密码。

第二节 信息查询

进入Internet后就可以通过浏览器等软件，在各个网络和各种计算机上进行信息查询，获取自己需要的各种资源。

一、浏览信息

WWW服务是目前应用最广泛的一种基本互联网应用。通过WWW服务使用超文本链接，可以很方便地从一个信息页转换到另一个信息页。它不仅能查看文字，还可以欣赏图片、音乐、动画。该服务使用的主要技术包括：超文本传输协议（Hypertext Transfer Protocol，HTTP）与超文本标记语言（Hypertext Markup Language，HTML）。其中，HTTP是WWW服务使用的应用层协议，用于实现WWW客户机与WWW服务器之间的通信；HTML是WWW服务的信息组织形式，用于定义在WWW服务器中存储的信息格式。通过使用不同公司提供的浏览器（例如，微软Edge、谷歌Chrome等），在地址栏输入需要访问的网址即可到达目的网站进行信息浏览，如图3-6所示。

图3-6 浏览信息

二、搜索特定信息

如果要从互联网提供的海量信息中搜索特定信息，就需要使用搜索引擎。搜索引擎（Search Engine）是指根据一定的策略、运用特定的计算机程序从互联网上搜集信息，在对信息进行组织和处理后，为用户提供检索服务，将用户检索相关的信息展示给用户的系统。

搜索引擎包括全文索引、目录索引、元搜索引擎、垂直搜索引擎、集合式搜索引擎、门户搜索引擎与免费链接列表等。一个搜索引擎由搜索器、索引器、检索器和用户接口四个部分组成。搜索器的功能是在互联网中漫游，发现和搜集信息。索引器的功能是理解搜索器所搜索的信息，从中抽取出索引项，用于表示文档以及生成文档库的索引表。检索器的功能是根据用户的查询在索引库中快速检出文档，进行文档与查询的相关度评价，对将要输出的结果进行排序，并实现某种用户相关性反馈机制。用户接口的作用是输入用户查询、显示查询结果、提供用户相关性反馈机制。常用的搜索引擎有百度、谷歌等（如图3-7所示）。具体使用方法如下：

图3-7　搜索引擎

①简单查询：在搜索引擎中输入关键词，然后点击“搜索”就行了，系统很快会返回查询结果，这是最简单的查询方法，使用方便，但是查询的结果不准确，可能包含许多无用的信息。

②高级查询：给要查询的关键词加上双引号（“”，半角，以下要加的其他符号同此），可以实现精确查询，这种方法要求查询结果精确匹配，不包括演变形式。例如，在搜索引擎的文字框中输入“电传”，它就会返回网页中有“电传”这个关键字的网址，而不会返回诸如“电话传真”之类的网页。

使用加号（+）：在关键词的前面使用加号，也就等于告诉搜索引擎该单词必须出现在搜索结果中的网页上，例如，在搜索引擎中输入“+电脑+电话+传真”就表示要查找的内容必须要同时包含“电脑、电话、传真”这三个关键词。

使用减号（-）：在关键词的前面使用减号，也就意味着在查询结果中不能出现该关键词，例如，在搜索引擎中输入“电视台-中央电视台”，它就表示最后的查询结果中一定不包含“中央电视台”。

使用通配符（*和?）：通配符包括星号（*）和问号（?），前者表示匹配的数量不受限制，后者匹配的字符数要受到限制，主要用在英文搜索引擎中。例如，输入“computer*”，就可以找到“computer、computers、computerised、computerized”等单词，而输入“comp? ter”，则只能找到“computer、compater、competer”等单词。

使用布尔检索：所谓布尔检索，是指通过标准的布尔逻辑关系来表达关键词与关键词之间逻辑关系的一种查询方法，这种查询方法允许我们输入多个关键词，各个关键词之间的关系可以用逻辑关系词来表示。and，称为逻辑“与”，用and进行连接，表示它所连接的两个词必须同时出现在查询结果中，例如，输入“computer and book”，它要求查询结果中必须同时包含computer和book。or，称为逻辑“或”，它表示所连接的两个关键词中任意一个出现在查询结果中就可以，例如，输入“computer or book”，就要求查询结果中可以只有computer，或只有book，或同时包含computer和book。not，称为逻辑“非”，它表示所连接的两个关键词中应从第一个关键词概念中排除第二个关键词，例如，输入“automobile not car”，就要求查询的结果中包含automobile（汽车），但同时不能包含car（小汽车）。

③使用元词检索。大多数搜索引擎都支持“元词”（Metawords）功能，依据这类功能，用户把元词放在关键词的前面，就可以告诉搜索引擎自己想要检索的内容具有哪些明确的特征。例如，在搜索引擎中输入“title：北京大学”，就可以查到网页标题中带有北京大学的网页。在键入的关键词后加上“domainrg”，就可以查到所有以org为后缀的网站。

其他元词还包括：image：用于检索图片；link：用于检索链接到某个选定网站的页面；URL：用于检索地址中带有某个关键词的网页。

④区分大小写。这是检索英文信息时要注意的一个问题，许多英文搜索引擎可以让用户选择是否要求区分关键词的大小写，这一功能对查询专有名词有很大的帮助。例如，Web专指万维网或环球网，而web则表示蜘蛛网。

⑤特殊搜索命令。intitle是多数搜索引擎都支持的针对网页标题的搜索命令。例如，输入“intitle：家用电器”，表示要搜索标题含有“家用电器”的网页。

三、查阅专业文献

在进行科技论文或者其他文档的写作之前，通常需要先查阅相关的专业文献或者查找相关的数据，这时就需要在特定的数据库中进行查阅（需要付费），常见的数据库包括：中国学术期刊网络出版总库、万方数字资源系统、重庆维普中文科技期刊、Wind资讯金融终端、国泰安数据库、Web of Science-SCI、SpringerLink期刊、Wiley在线期刊、数图外文文献检索、Emerald全文期刊库等。

下面以中国知网为例进行介绍：

在浏览器地址栏输入www.cnki.net进入中国知网首页，如图3-8所示。

可以直接在首页的检索框中输入检索词进行检索，但是这种检索结果数量比较庞大，如果想更精准地进行检索，可以利用以下五个检索技巧进行检索：

第一，利用关键词推送控制，如图3-9所示，在检索“国际经济”主题时，如果想检索的是关于国际经济“发展”方面的信息，即可直接点击关键词一栏中的“发展”，这时显示的资源就是经过筛选后的“国际经济发展”方面的资源。

第二，利用高级检索将检索结果具体化。利用右上方的“高级检索”，点击进入后呈现如图3-10所示的界面，可以输入多个检索词，对检索条件进行“并且”“包含”“不含”的逻辑条件限定，从而更精准地找到所需资源。

图3-8　中国知网首页

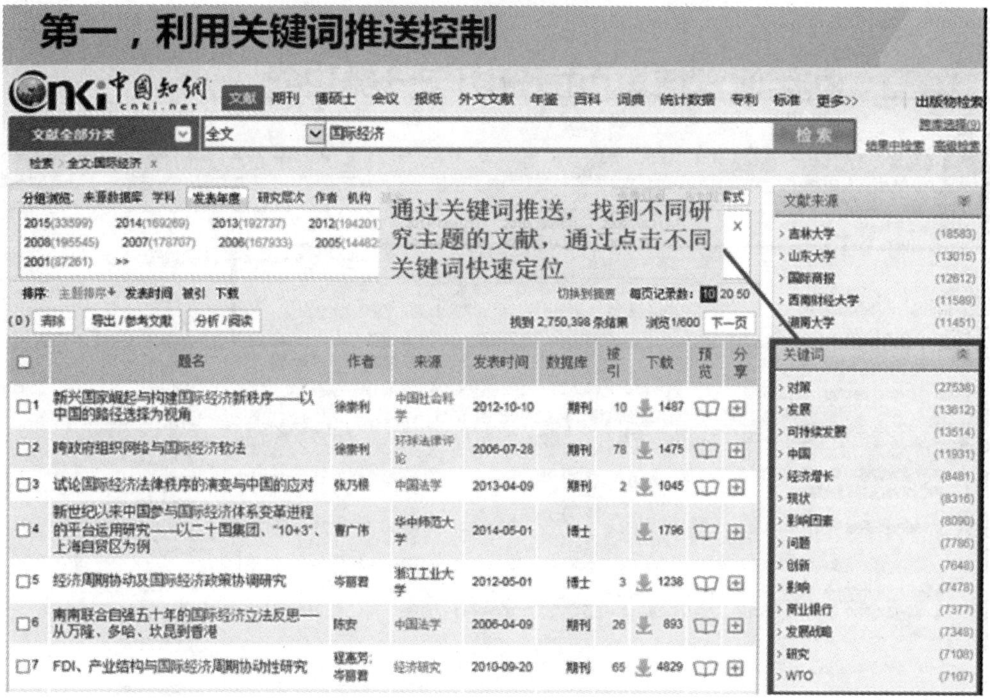

图3-9　利用关键词推送控制

第三，利用检索结果页面分组与分类功能，如图3-11所示，可以在检索结果页面利用“分组浏览”功能检索到更精准的资源。例如，想检索2015年的资料，就可以直接在“发表年度”下选择2015年，如有其他需求可直接利用“来源数据库”“学科”“研究层次”“作者”“机构”“基金”分组进行限定。

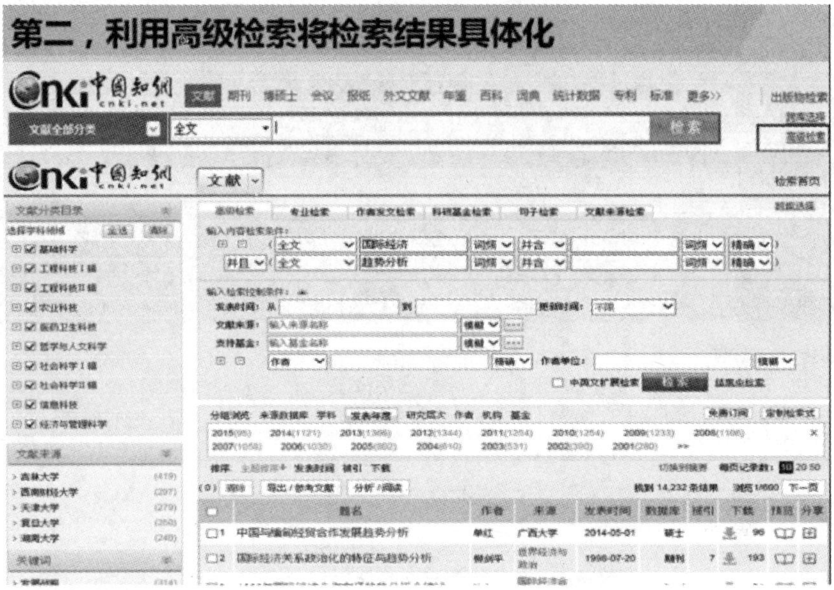

图 3-10　利用高级检索将检索结果具体化

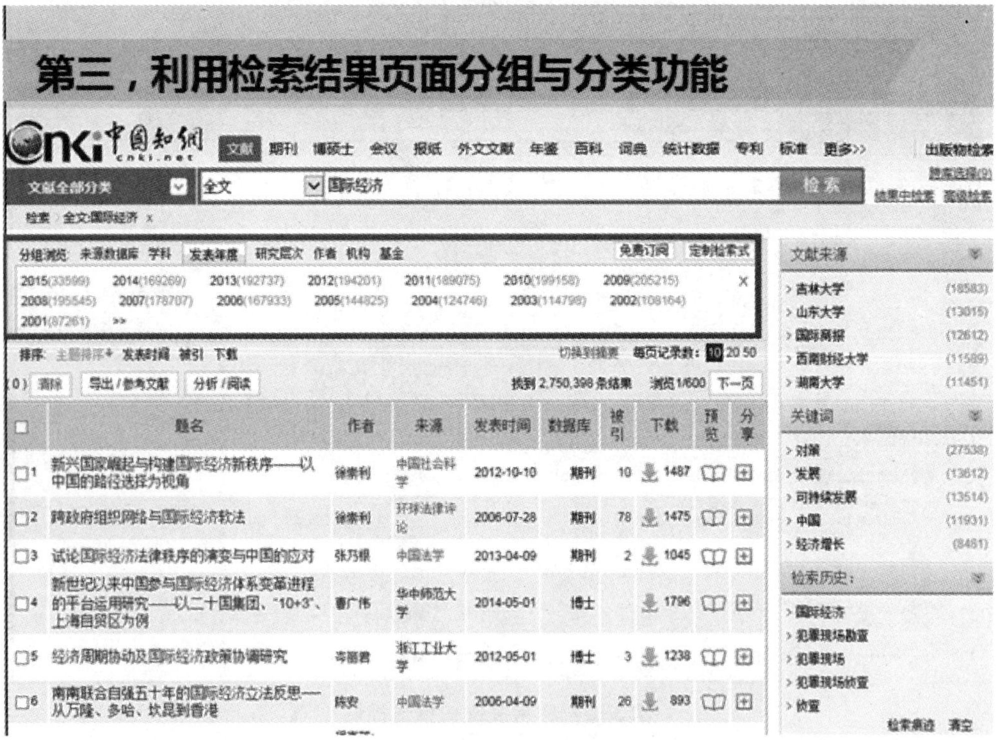

图 3-11　利用检索结果页面分组与分类功能

第四，利用学科分类细分主题，如图 3-12 所示，利用左上角的“文献全部分类”，按照学科的分类更精准地查找所需学科的资料文献（中国知网的文献总共10个专辑、168个专题）。

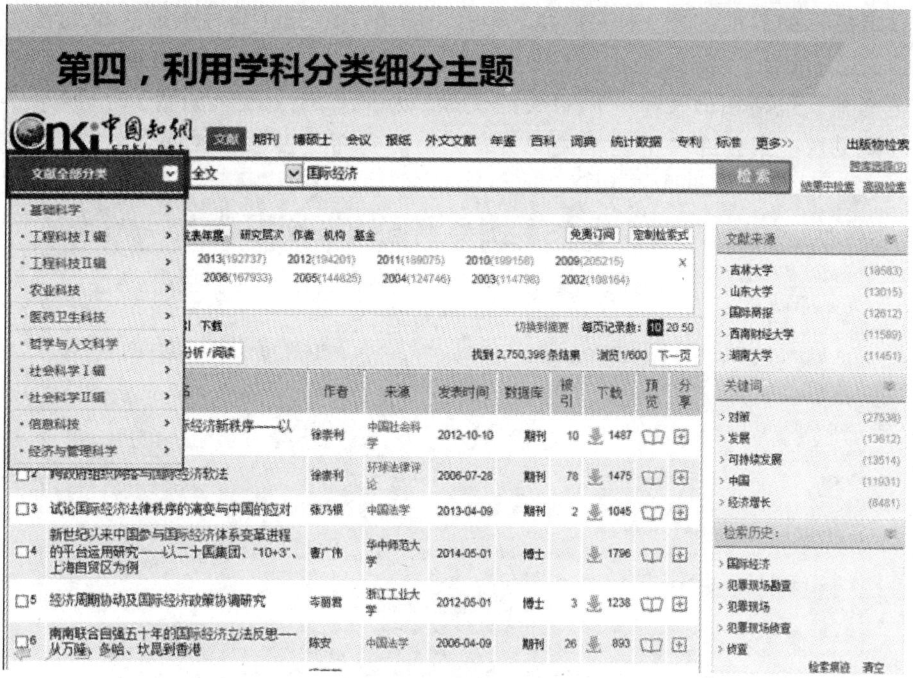

图3-12　利用学科分类细分主题

第五，利用文献引证关系由点到面。在检索结果页面中利用“排序”功能，将检索结果按“被引”排序（通常被引频次较高文章的质量较好），选择被引频次最高的一篇文献，点击进入查看其知网节信息，如图3-13所示。

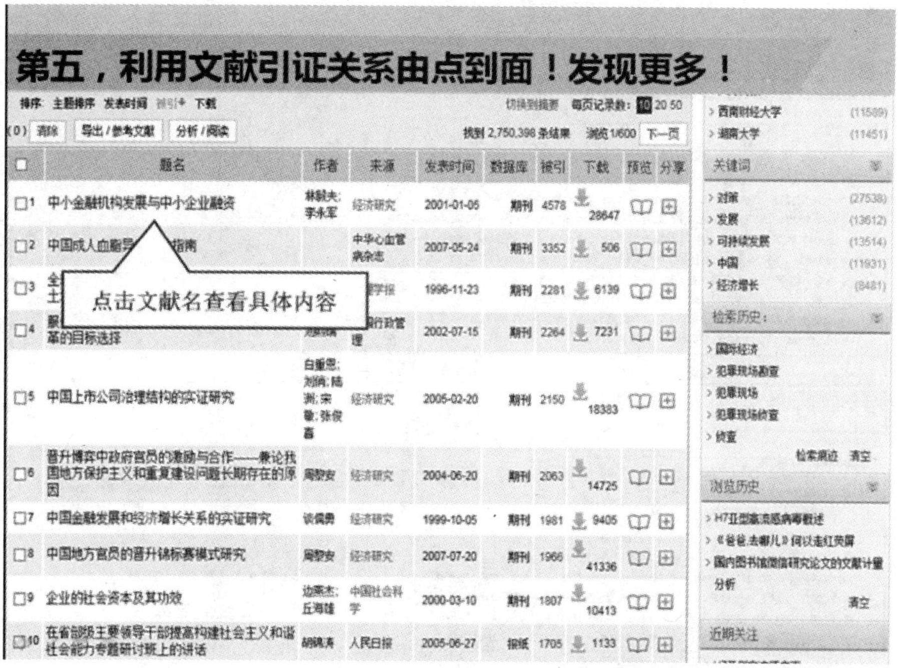

图3-13　利用文献引证关系由点到面

点击进入的界面如图3-14所示，从引文网络图中可以看到本篇文章的参考文献和引证文献，帮助了解这个主题的研究脉络。将本网页往下拉，会看到该主题相关的推送资源，包括相似文献、同行关注文献、相同作者文献，如图3-15所示。这样就由一篇文章检索到许多主题相关的文章，由点到面更多地了解这个主题的资源。

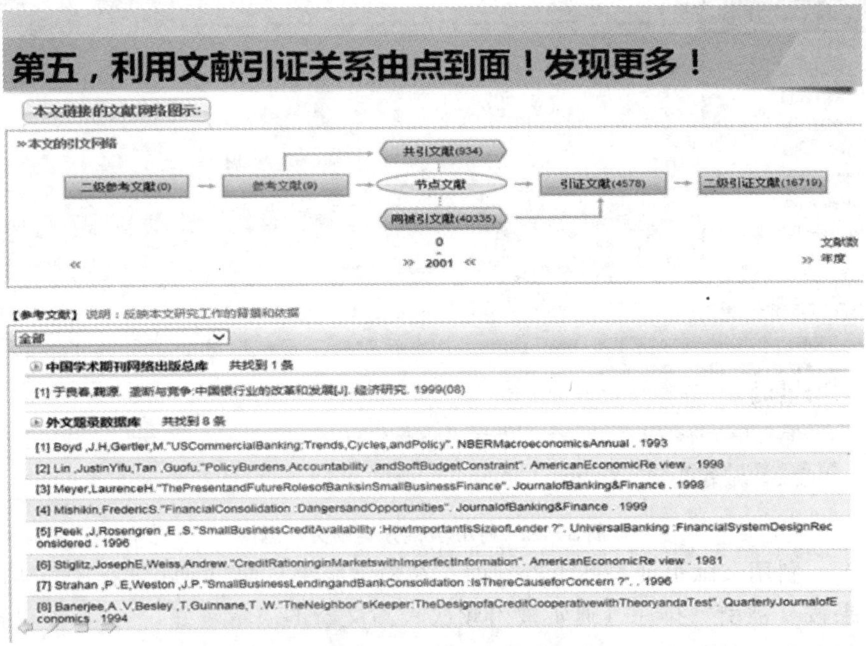

图3-14 引文网络图

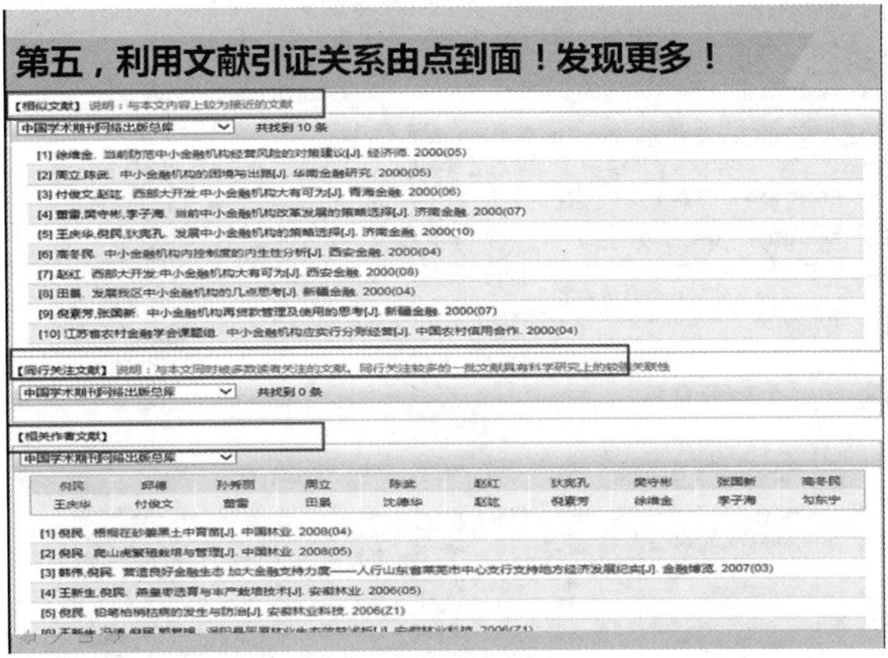

图3-15 推送资源

利用检索技巧进行检索可以更精准地找到所需的资源，节省文献检索的时间。

第三节 网络通信

通过Internet，可以同世界各地的人们自由通信和交换信息，比如通过聊天软件实时聊天，或者通过电子邮箱发送邮件。

一、QQ、微信聊天

通过下载安装QQ客户端软件，申请一个QQ号以后，就可以通过网络与其他在线的人进行聊天，既可以进行文字聊天，也可以进行语音、视频聊天，如图3-16所示。

在移动端，微信是一个应用广泛的聊天工具，通过申请微信号可以通过手机上网的方式与其他人进行在线联系。

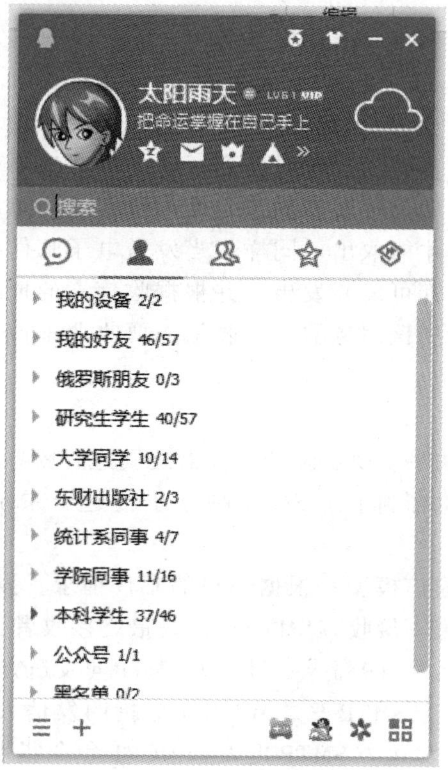

图3-16 QQ好友界面

二、基于网页的电子邮件（E-mail）服务

电子邮件是一种用电子手段提供信息交换的通信方式，是互联网应用最广的服务之一。通过网络的电子邮件系统，用户可以以非常快速的方式与世界上任何一个角落的网络用户联系。

电子邮件可以是文字、图像、声音等多种形式。同时，用户可以得到大量免费的新闻、专题邮件。电子邮件的存在极大地方便了人与人之间的沟通与交流，促进了社会的发展。电子邮箱登录界面如图3-17所示。

图3-17 电子邮箱登录界面

电子邮件在Internet上发送和接收的原理可以很形象地用日常生活中邮寄包裹来形容：当要寄一个包裹时，首先要找到任何一个有这项业务的邮局，在填写完收件人姓名、地址等之后包裹就寄到了收件人所在地的邮局，那么对方取包裹的时候就必须去这个邮局才能取出。同样，当发送电子邮件时，这封邮件是由邮件发送服务器（任何一个都可以）发出，并根据收信人的地址判断对方的邮件接收服务器而将这封信发送到该服务器上，收信人要收取邮件也只能访问这个服务器才能完成。

1.电子邮件的发送

SMTP是维护传输秩序、规定邮件服务器之间进行哪些工作的协议，它的目标是可靠、高效地传送电子邮件。SMTP独立于传送子系统，并且能够接力传送邮件。

SMTP基于以下的通信模型：根据用户的邮件请求，发送方SMTP建立与接收方SMTP之间的双向通道。接收方SMTP可以是最终接收者，也可以是中间传送者。发送方SMTP产生并发送SMTP命令，接收方SMTP向发送方SMTP返回响应信息。

连接建立后，发送方SMTP发送MAIL命令指明发信人，如果接收方SMTP认可，则返回OK应答。发送方SMTP再发送RCPT命令指明收信人，如果接收方SMTP也认可，则再次返回OK应答；否则将给予拒绝应答（但不中止整个邮件的发送操作）。当有多个收信人时，双方将如此重复多次。这一过程结束后，发送方SMTP开始发送邮件内容，并以一个特别序列作为终止。如果接收方SMTP成功处理了邮件，则返回OK应答。

对于需要接力转发的情况，如果一个SMTP服务器接受了转发任务，但后来发现由于转发路径不正确或者其他原因无法发送该邮件，那么它必须发送一个“邮件无法递送”的消息给最初发送该信的SMTP服务器。为防止因该消息可能发送失败而导致报错消息在两台SMTP服务器之间循环发送的情况，可以将该消息的回退路径置空。

2. 电子邮件的接收

POP3是用于提供一种实用的方式来动态访问存储在邮件服务器上的电子邮件的，一般来说，就是指允许用户主机连接到服务器上，以取回那些服务器为它暂存的邮件。POP3不提供对邮件更强大的管理功能，通常在邮件被下载后就被删除。更多的管理功能则由IMAP4来实现。

邮件服务器通过侦听TCP的110端口提供POP3服务。当用户主机需要使用POP3服务时，就与服务器主机建立TCP连接。当连接建立后，服务器发送一个表示已准备好的确认消息，然后双方交替发送命令和响应，以取得邮件，这一过程一直持续到连接终止。一条POP3指令由一个与大小写无关的命令和一些参数组成。命令和参数都使用可打印的ASCII字符，中间用空格隔开。命令一般为3~4个字母，而参数可以长达40个字符。

IMAP4提供了在远程邮件服务器上管理邮件的手段，它能为用户提供有选择地从邮件服务器接收邮件、基于服务器的信息处理和共享信箱等功能。IMAP4使用户可以在邮件服务器上建立任意层次结构的保存邮件的文件夹，并且可以灵活地在文件夹之间移动邮件，随心所欲地组织自己的信箱，而POP3只能在本地依靠用户代理的支持来实现这些功能。如果用户代理支持，那么IMAP4甚至还可以实现选择性下载附件的功能，假设一封电子邮件中含有5个附件，用户可以选择下载其中的2个，而不是所有。

与POP3类似，IMAP4仅提供面向用户的邮件收发服务。邮件在因特网上的收发还是依靠SMTP服务器来完成。

电子邮件地址的格式由三部分组成。第一部分“USER”代表用户信箱的账号，对于同一个邮件接收服务器来说，这个账号必须是唯一的；第二部分“@”是分隔符；第三部分是用户信箱的邮件接收服务器域名，用以标注其所在的位置。

很多互联网公司为了吸引人气，增加网站流量，都对外提供免费的电子邮件服务，比如网易、新浪等，需要使用的用户只要在网站注册一个电子邮箱，就可以进行邮件的收发，方便快捷地进行通信了。有些公司在客户申请了某项服务以后，会赠送一个邮箱给客户，例如，在腾讯网站申请QQ账号以后，会自动获得以QQ号为名的QQ邮箱。中国移动自动给用户提供以手机号为名的邮箱。

三、客户端的电子邮件管理——Foxmail

随着互联网的普及，电子邮件被越来越多的人使用。目前，绝大多数人使用的是门户网站，如腾讯、网易、新浪、搜狐等，或其他网站提供的免费电子邮件收发系统，必须登录邮件系统主页面才能进行邮件收发的相关操作。显然，这种操作方式会出现一些问题，比如网速太慢、邮件系统主页面可能打不开等，这样就无法进行相关操作；如果计算机上不了网，以前储存在邮件系统中的电子邮件也就无法访问；从安全角度来看，邮件仅有一份存储在提供商的服务器中，一旦服务器出现问题，电子邮件的安全也难以保证。为了解决这些问题，可以使用电子邮件收发的客户端程序（如Foxmail、Outlook Express、Windows Live Mail等）。通过使用这些软件，电子邮件的管理变得更加方便。下面以Foxmail为例加以介绍。

①启动Foxmail，系统提示新建邮件账号，输入自己电子邮箱及密码，如图3-18所示。

图3-18　新建账号

②系统可从邮件服务器上收取邮件至本地计算机，如图3-19所示。

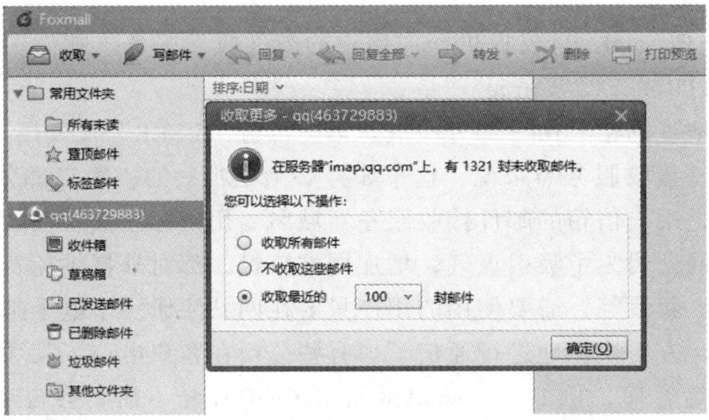

图3-19　收取邮件

③如果拥有多个电子邮箱，可以使用软件提供的账号管理功能将这些邮箱都加入到系统中，这样就可以同时对多个邮箱进行维护了，如图3-20所示。

④在Foxmail中设置好邮箱以后，收发邮件就非常简单了。不需登录邮件系统主页面，只要执行“收取”功能，系统就可以自动从邮件服务器上把所有设置的电子邮箱中的邮件接收到本地硬盘上，这对于多个邮箱的邮件接收尤其方便。若要发送电子邮件，只需运行“写邮件”功能即可，如图3-21所示。

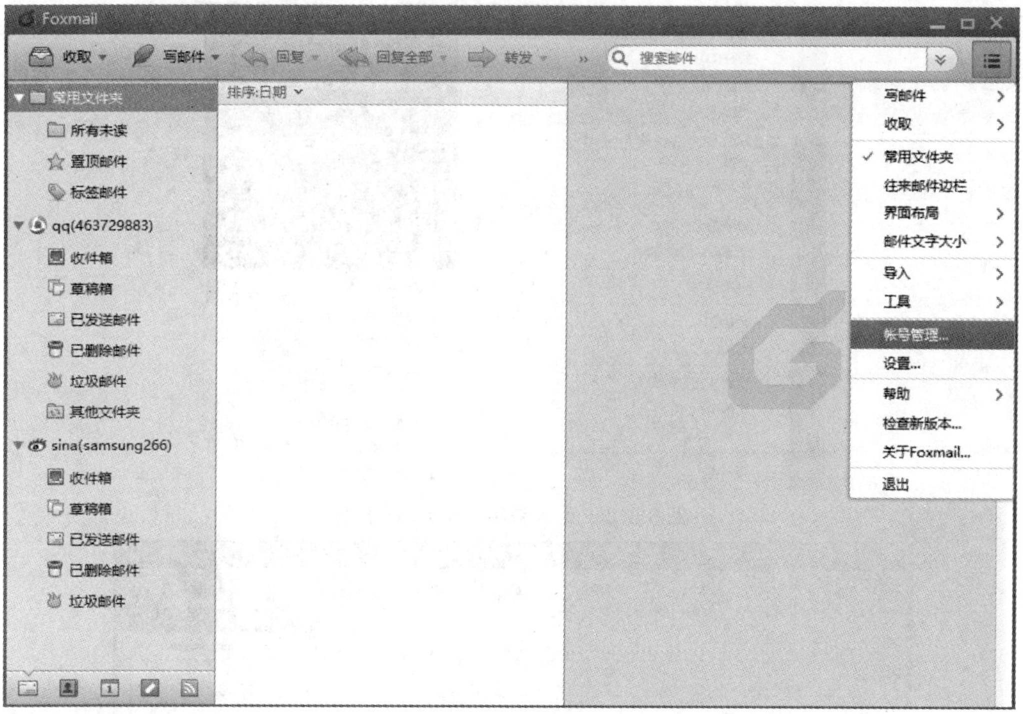

图 3-20　账号管理

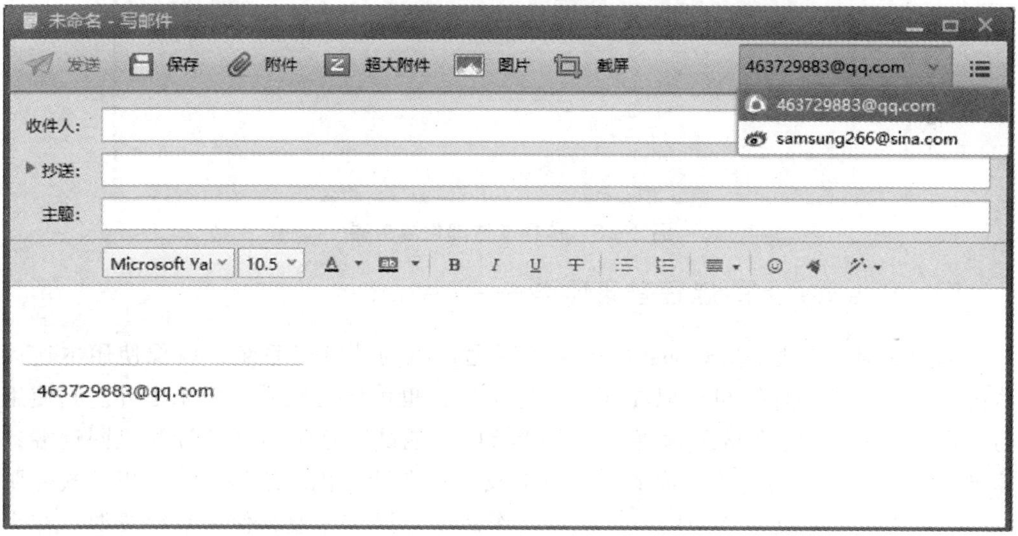

图 3-21　写邮件

⑤若要发送带附件的电子邮件，只需要选择发送的文件后点右键，执行“发送到”中的“Foxmail”命令，这样就可以调用客户端程序编写邮件和发送了，如图 3-22 所示。

⑥若设置了多个电子邮箱，可选择其中一个作为默认的发送邮件服务器，或者直接从发件人下拉列表框中选择，如图 3-23 所示。

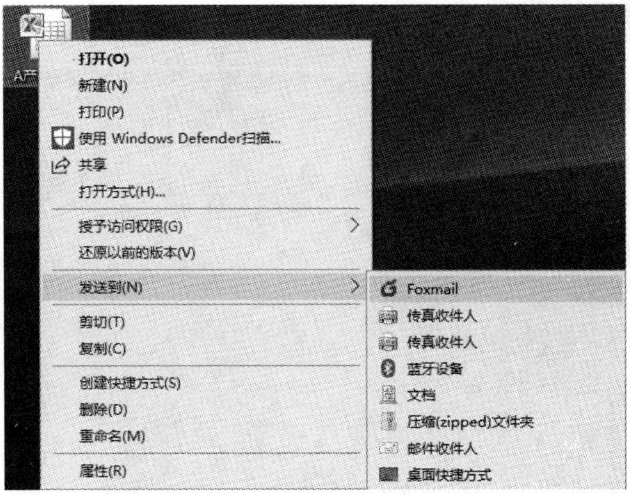

图 3-22　发送带附件的电子邮件

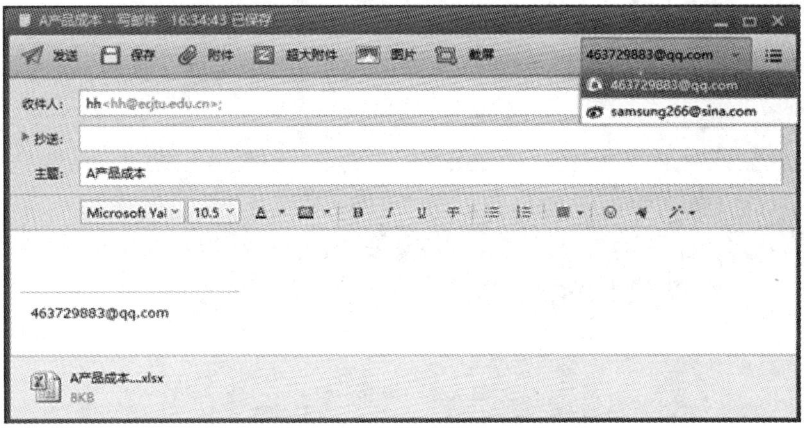

图 3-23　选择发送邮件服务器

四、Internet上的远程登录服务——Telnet

远程登录就是通过Internet进入和使用远距离的计算机系统，就像使用本地计算机一样。远端的计算机可以在同一间屋子里，也可以远在数千千米之外。它使用的工具是Telnet。它在接到远程登录的请求后，就试图把你所在的计算机同远端计算机连接起来。一旦连接，你的计算机就成为远端计算机的终端。你可以正式注册（Login）进入系统成为合法用户，执行操作命令，提交作业，使用系统资源。在完成操作任务后，通过注销（Logout）退出远端计算机系统，同时也退出Telnet。

五、Internet上的文件传输服务——FTP

FTP（文件传输协议）是Internet上最早使用的文件传输程序。它同Telnet一样，使用户能登录到Internet上的一台远程计算机，把其中的文件传送回自己的计算机系统，或者反过来，把本地计算机上的文件传送并装载到远端的计算机系统。

利用这个协议，可以下载免费软件，或者上传自己的主页。

计算机综合应用实验报告三

【实验名称】Internet应用

【实验目标】

1. 了解Internet的信息浏览；
2. 掌握Internet的通信功能应用。

【实验内容】

1.Internet的信息浏览；
2.Internet的通信功能应用。

【实验结果】

1. 常用的网页浏览器有哪些？
2. 在自己电脑上使用Foxmail进行电子邮件设置。
3. 在知网上以“电子商务”为关键字查询硕博论文。
4. 设置无线路由器有哪些步骤？
5. 本章操作内容的截图。

第四章

Word应用

Microsoft Office Word是微软公司的一个文字处理应用程序。作为微软公司Office套件的核心程序，Word提供了许多易于使用的文档创建工具，同时也提供了丰富的功能用于创建复杂的文档。与该软件功能类似的有WPS。

第一个Word版本产生于1983年，然后以近乎每2年一个版本的频率升级，但是在不同版本中核心功能的操作都类似。在Word 2010版本中，主要的功能集成在开始、插入、页面布局、引用、邮件、审阅、视图这7个菜单项中，功能设置在文件菜单的选项中进行，如图4-1所示。

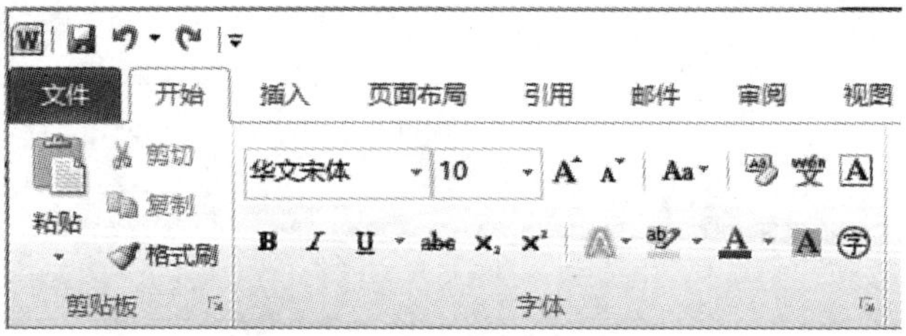

图4-1　Word 2010功能菜单

第一节　选项设置和开始功能

在使用Word进行文档编辑之前，可以根据用户的特殊操作需要对系统默认的选项进行个性化的设置，这些可供设置的内容集成在文件菜单项中的“选项”中，如图4-2所示。在开始菜单项中，包括Word常用的功能，比如剪贴板、字体设置、段落设置、样式、编辑等。

一、在编辑文档时自动保存

设置Word的自动保存功能，可避免在编辑文档的过程中遇到断电或死机等意外情况而造成工作内容丢失。选择“文件”→“选项”，进入Word选项对话框，单

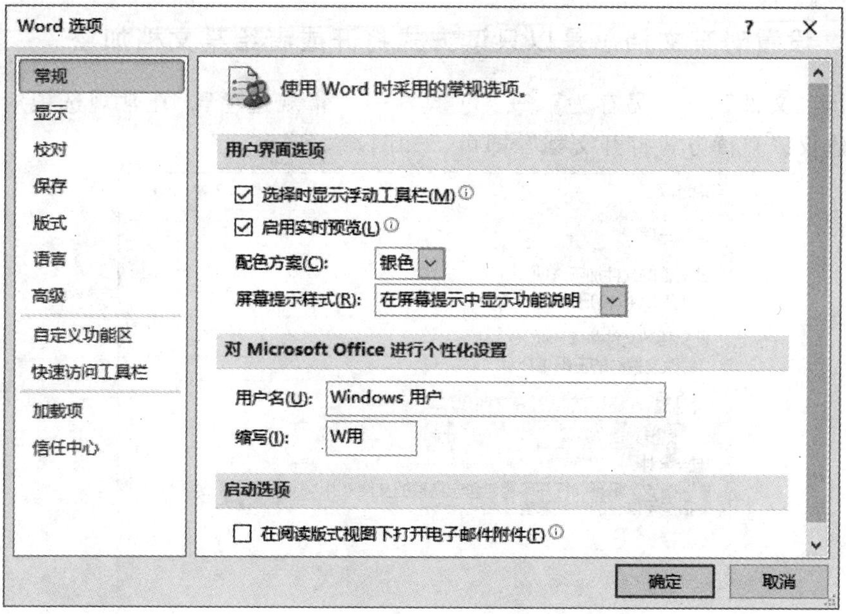

图 4-2 Word 选项

击“保存”选项卡，选中“保存自动恢复信息时间间隔”复选框，然后在“分钟”数值框中设置要自动保存的时间间隔，如图 4-3 所示。

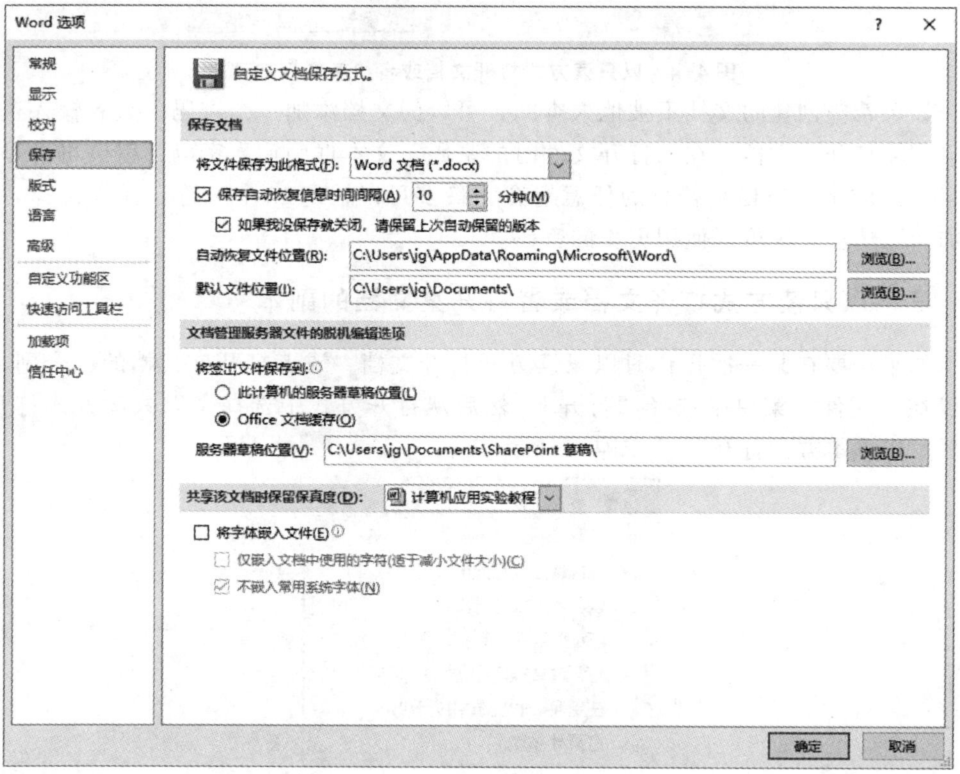

图 4-3 自动保存文档

二、设置对某文档总是以只读方式打开或者给某文档加密

执行“文件”→“另存为”→“工具”→“常规选项”，在常规选项对话框中选择“建议以只读方式打开文档”即可，如图4-4所示。

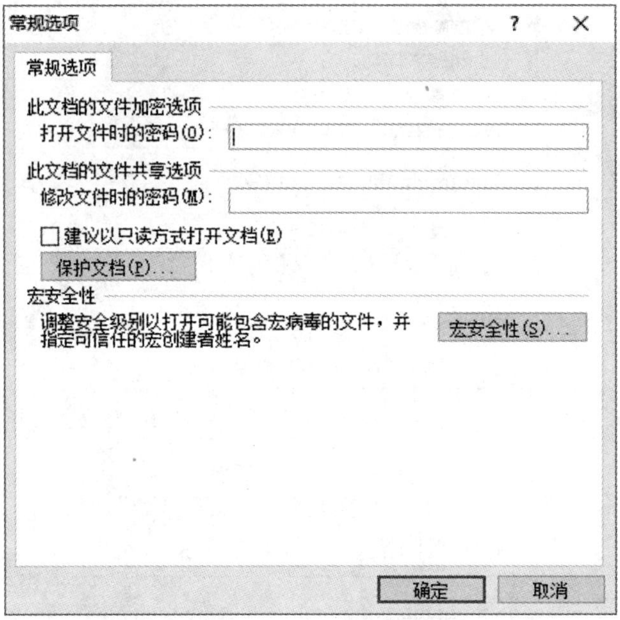

图4-4 以只读方式打开文档或者给某文档加密

如果希望创建的文档不被他人查阅，可以为文档添加一个密码，只有输入正确密码才能打开该文档。在“打开文件时的密码”文本框中输入密码，密码可以是包含字母、数字、空格和符号的任意组合，最多可以输入15个字符，如果选择“高级加密”选项，则可以使用更长的密码。

三、以只读方式打开文档或者打开某文档的副本

如果需要在某一次操作时以只读方式打开文档，或者打开该文档的一个副本，可以在“文件”菜单中选择“打开”，然后从打开方式中选择“以只读方式打开”或者“以副本方式打开”，如图4-5所示。

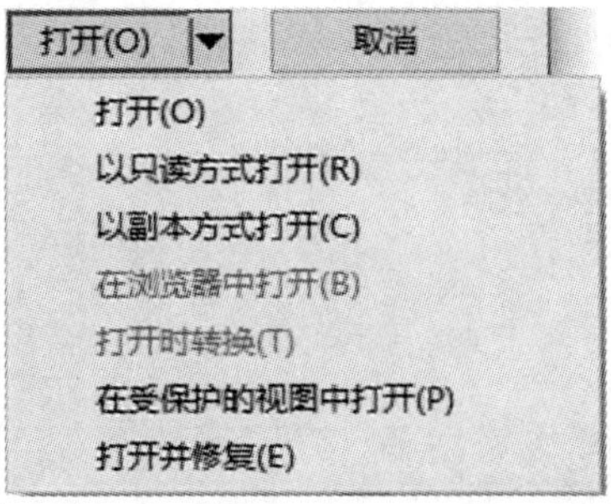

图4-5 以只读方式或者副本方式打开某文档

四、取消Word自动编号

在编辑Word文档时，系统会默认添加一些项目符号和编号，这有时会令操作很不方便。进行如下操作可以去掉自动编号：

①单击菜单栏上的“文件”→“选项”，在选项中选择“校对”，如图4-6所示。

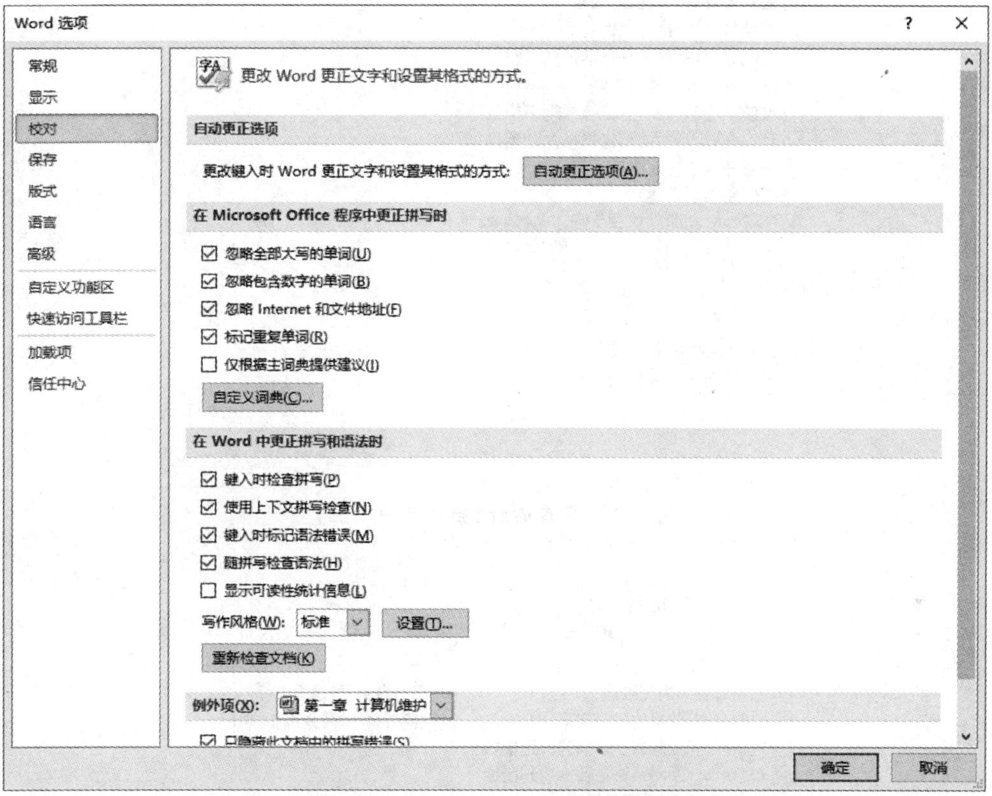

图4-6 取消Word自动编号（一）

②打开“自动更正选项”，选中“自动套用格式”页框，把“自动项目符号列表（U）”前的钩去掉，如图4-7所示。

③再选中“键入时自动套用格式”页框，取消“自动项目符号列表”和“自动编号列表”选项，如图4-8所示。

五、取消自动添加超级链接功能

在文档中输入网址或邮箱地址时，Word会自动将其转换为超级链接。如果不需要此功能，可以采用下列方法将其功能取消：

①选择菜单“文件”→“选项”，打开“校对”对话框。

②打开“自动更正选项”，单击“键入时自动套用格式”页框，然后清除“Internet及网络路径替换为超链接”复选框，如图4-9所示。

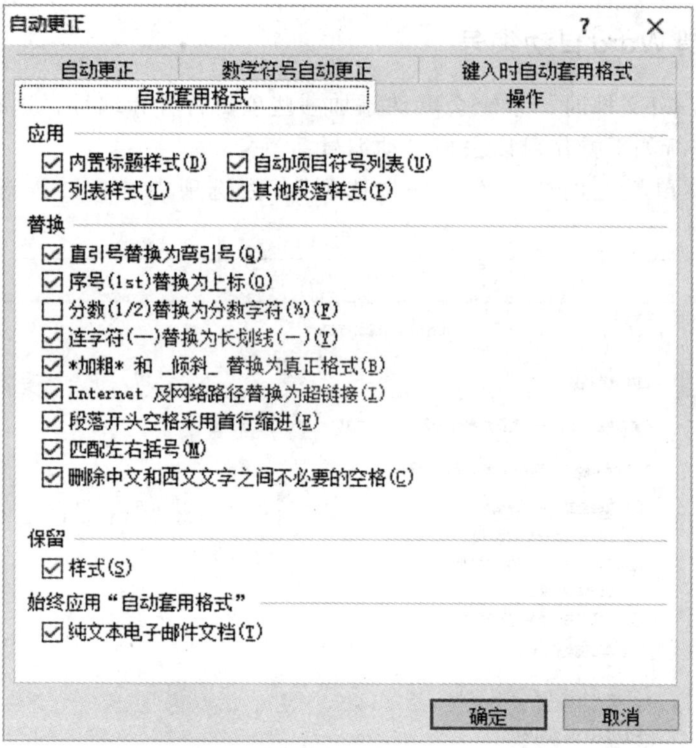

图 4-7　取消 Word 自动编号（二）

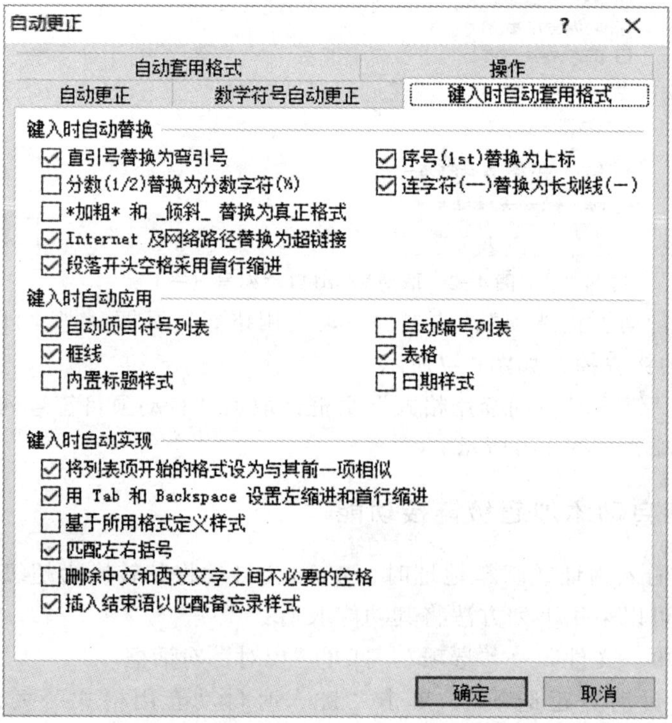

图 4-8　取消 Word 自动编号（三）

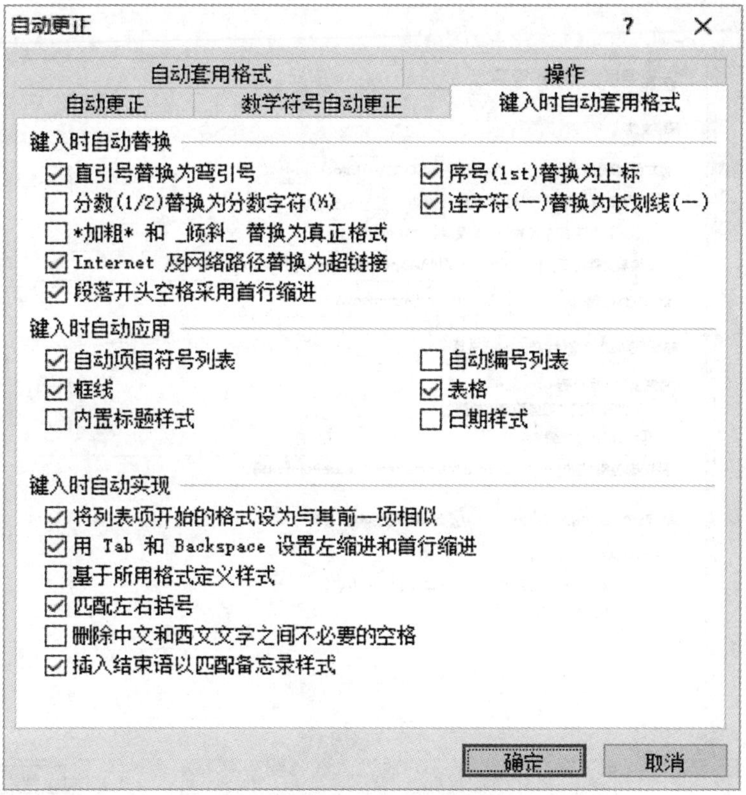

图 4-9　取消自动添加超级链接功能

六、使用文档恢复功能

如果在编辑文档时遇到Word程序没有响应，或者遇到死机等情况，重新启动后，可以运用文档恢复功能试着恢复文档。方法如下：

执行“文件”→“选项”→“保存”，查看系统默认的自动恢复文件位置，如图4-10所示。

自动恢复文件位置默认为“C：\Users\hh\AppData\Roaming\Microsoft\Word\”，找到待恢复的文档，其扩展名为.asd，打开按钮右侧的下三角，选择“打开并修复”。

七、使Word文档向低级版本兼容

用高版本Word编辑好的文档在较低级版本的Word中可能不兼容而无法正常打开。在保存时选择保存类型为较低版本的Word文档可以实现兼容性，如图4-11所示。

八、快速定位文档的页面

开始编辑或者设置文档之前，需要先定位到编辑对象，可通过如下方式：

图 4-10　文档恢复功能

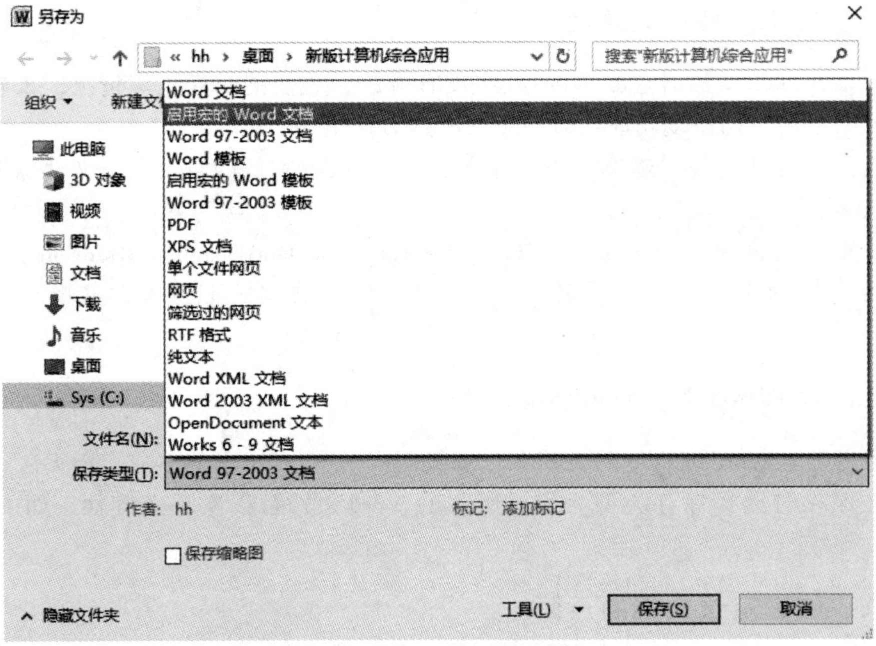

图 4-11　文档向低级版本兼容

①单击菜单“开始”→“编辑”→“替换”→“定位”，或直接用快捷键“Ctrl+G”。

②选择定位目标，如页或者节、行等，然后输入具体数字，完成定位，如图4-12所示。

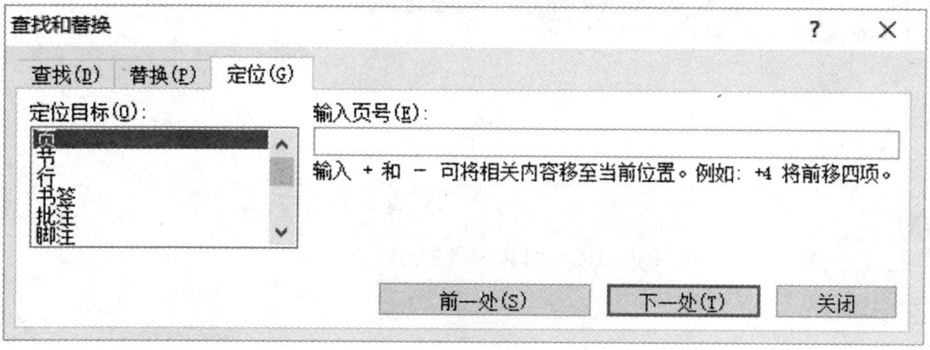

图4-12　快速定位文档的页面

九、快速选择大块文本

在编辑长文档时，如果需要选择大块文本，用鼠标选取拖动非常困难，可以使用下面的操作方法快速方便地选择多页文本：

①先将鼠标的光标置于选取范围的起始处。

②按F8键激活扩展式选定功能，如图4-13所示。

图4-13　激活扩展式选定功能

③通过单击边框的滚动条移动按钮等方式翻页，找到选取范围结束处。

④用鼠标将光标移动到选取范围的结束处，这时就选取大块文档了。

十、将网页文字复制到Word文档中并去除网页中的格式

将网页文字复制到Word文档中的时候往往会带上许多网页中的格式，要去除这些格式，一般可以用以下三种方法：

①单击右键，在粘贴选项中选择“只保留文本”粘贴方式，如图4-14所示。

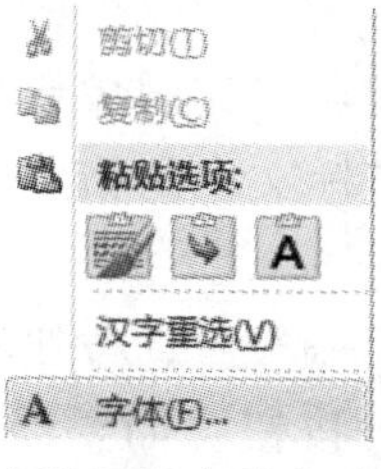

图4-14　去除网页中的文字格式（一）

②在Word文档中点击菜单“开始”→“剪贴板”→“粘贴”命令，然后在选择框中选择“无格式的Unicode文本”，如图4-15所示。

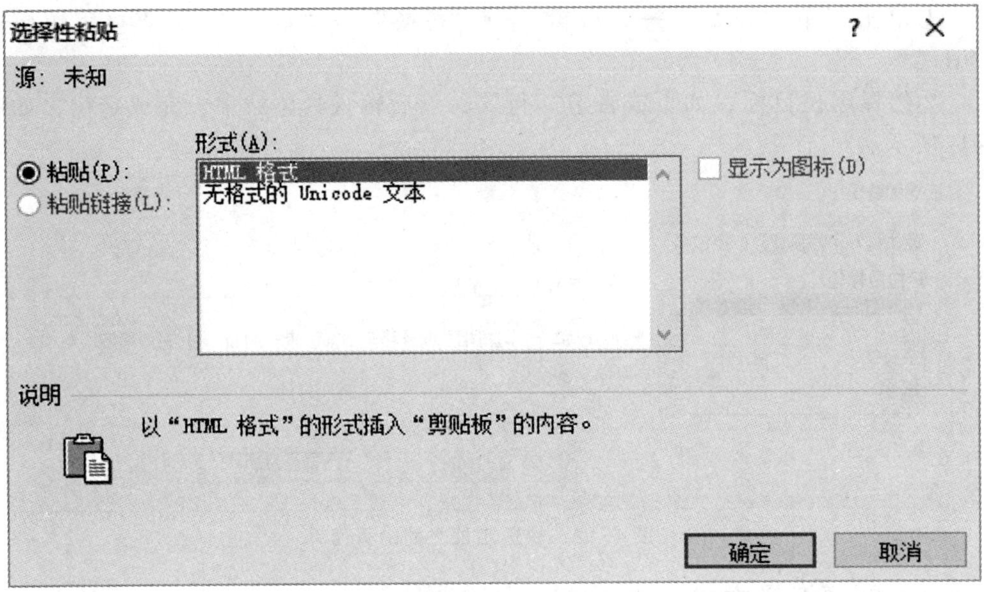

图4-15　去除网页中的文字格式（二）

③打开Windows自带的纯文本编辑器记事本，将网页内容首先粘贴到记事本上，然后再将其复制粘贴到Word文档中。

注意：上面三种方法只能在编辑复制网页中文字时有效，如果网页中有图片、表格等内容，采用上述方式将使图片、表格丢失。

十一、使用格式刷

在“开始”→“剪贴板”菜单项中有一个“格式刷”功能按钮，通过格式刷可以实现以某一段落或文字的排版格式为蓝本，将其他段落或文字均设置成此格式，提高编辑效率。具体操作方法包括：

1.对于段落

①先将光标停在源段落（蓝本），然后点格式刷按钮，此时鼠标指针变成一把小刷子。

②将刷子在目标段落上单击一下，目标段落格式便变成与源段落格式一致。

2.对于文字

①先将源文字标记成块，然后点格式刷按钮，此时鼠标指针变成一把刷子。

②将目标文字标记成块，则目标文字的格式变成与源文字格式一致。

提示：

①单击“格式刷”按钮，使用一次后，按钮将自动弹起，不能继续使用；如要连续多次使用，可双击“格式刷”按钮。如要停止使用，可按键盘上的Esc键，或再次单击“格式刷”按钮。执行其他命令或操作（如“复制”），也可以自动停止使用格式刷。

②复制格式的组合键：Ctrl+Shift+C、Ctrl+Shift+V。Ctrl+Shift+V还有一个特点：

只要曾经复制过某种格式，就可以反复使用此快捷键将此格式应用到其他段落或文字上，不受其间其他操作的影响，直到复制了一种新的格式。

③使用上述方法，可以在不同的Word文档间进行格式复制。

十二、Word中输入带圈的字符

①点击菜单“开始”→“字体”→“带圈字符”。

②在对话框中选择一种圈的“样式”，然后在“文字”下面输入框中的字符，此输入框只允许输入最多两个字节的长度。如果是在英文输入法的半角输入状态，可以输入两个字母或数字；在中文输入法状态下，只能输入一个中文。最后在圈号里选择一种文字外面要套用的圈的形状，如图4-16所示。

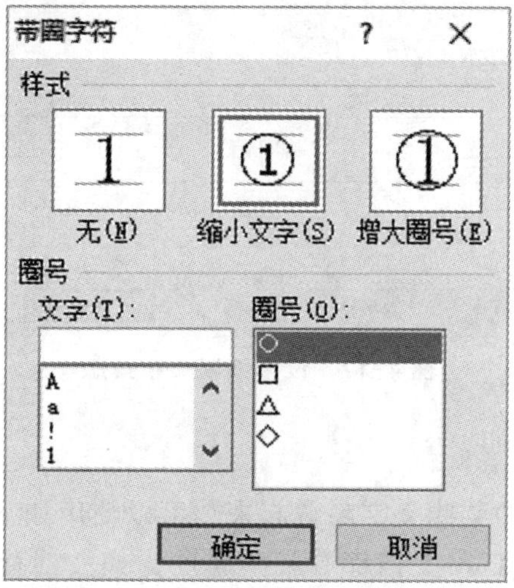

图4-16 输入带圈的字符

十三、快速去掉文字中所有的超级链接

从网上复制的含有大量超级链接内容的文字，粘贴到Word文档中后，再对这些超级链接内容进行编辑时，非常不方便。可以在这些超级链接上点击鼠标右键，在右键菜单中选择“超级链接”中的“取消超级链接”来去掉这些超级链接，但如果文档中含有大量的超级链接，一个一个取消是件非常麻烦的事，此时可以采用下面的方法：

①选中所有要取消超级链接的内容，然后复制。

②再执行“选择性粘贴”，在弹出的对话框中选择“无格式文本”覆盖原来的内容，就可实现一次性取消全部超级链接。

十四、设置缩紧文字排版

①点击菜单：“开始”→“字体”命令，打开字体对话框。

②点击“高级”选项卡，将间距由“标准”改为“缩紧”，如图4-17所示。

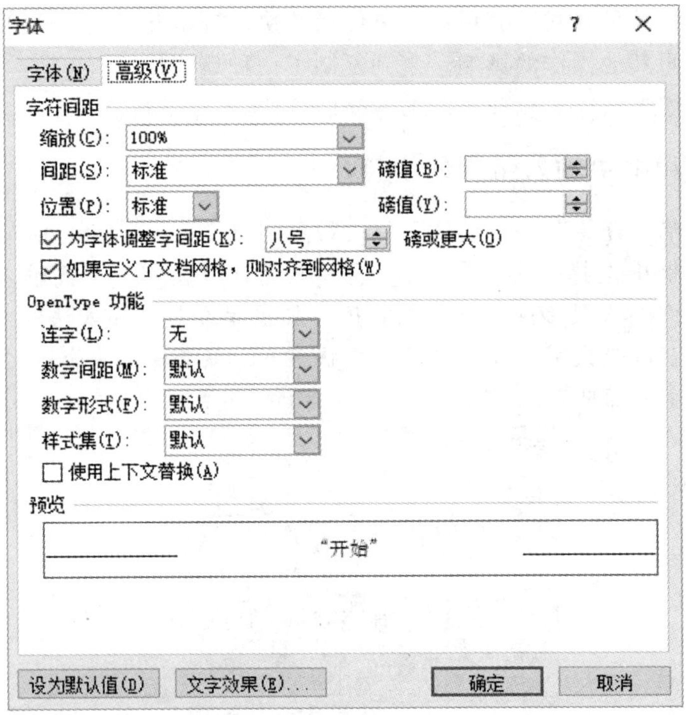

图 4-17　设置缩紧文字排版

十五、隐藏文字

如果需要将文档中的某些文字隐藏起来，可以使用如下方法：

①字体颜色设置。Word文档都有某些属性，如文档背景色、文字前景色的属性，为了能够从视觉上区分出文字，一般默认文档的背景色为白色，而Word文字前景色为黑色，一白一黑造成视觉上的明显差距，加强视觉敏感度。因此，要隐藏文字，可以选择要隐藏的文字对象，将其前景色和文档背景色调整为同一种颜色。

②使用字体的隐藏功能。选中要隐藏的文字，执行操作“开始”→“字体”，单击“字体”页框，在“效果”的“隐藏”选项前面打“√”即可，如图4-18所示。

③使用图片遮住文字。在文档中插入一张比较大的图片，设置图片的文字环绕方向为“浮于文字上方”。设置好后将图片拖放到要隐藏的文字上面就可以。

十六、调整汉字与英文字母及数字间的间距

Word文档中的汉字与英文字母或数字之间一般都存在一段无法删除的间隔，这有助于突出显示汉字与英文之间的界线，若不需要此功能，可以通过下列设置去除这段间隔。

①选中文档所有内容，选择菜单“开始”→“段落”命令，打开“段落”对话框。

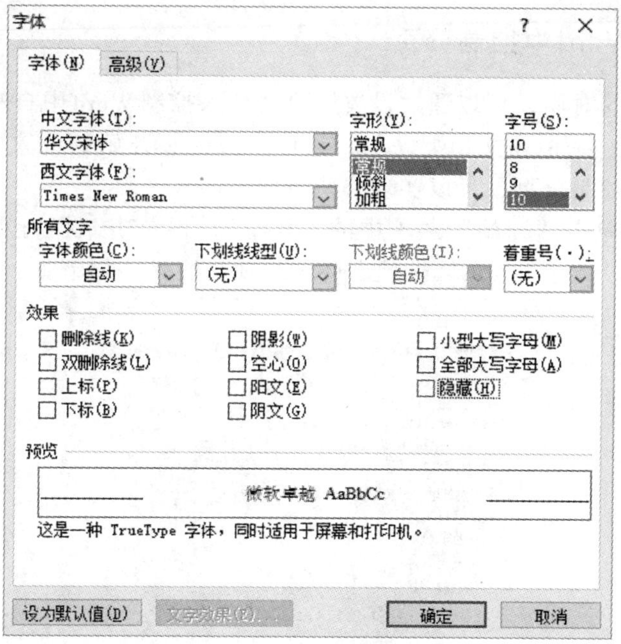

图 4-18 隐藏文字

②单击“中文版式”选项卡，清除“自动调整中文与西文的间距”复选框与“自动调整中文与数字的间距”复选框，如图 4-19 所示。

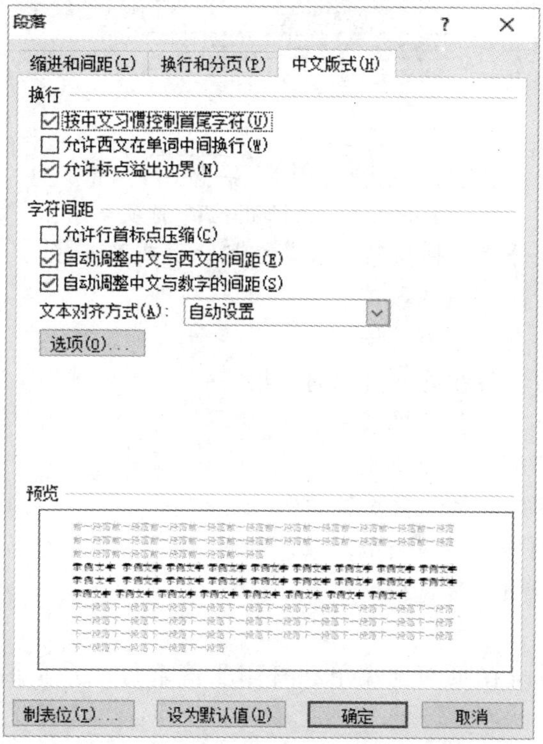

图 4-19 调整汉字与英文字母及数字间的间距

十七、在Word中控制分页

在文档编辑的时候，可以通过设置分页选项来控制Word中自动分页符的位置。所谓自动分页符，是指在文档上一页结束以及下一页开始的位置，Word自动插入的分页符。通过控制分页，可以实现一些特殊功能。

具体操作：单击“开始”菜单中的“段落”，再单击“换行和分页”选项卡，如图4-20所示。“换行和分页”选项卡中的选项功能具体如下：

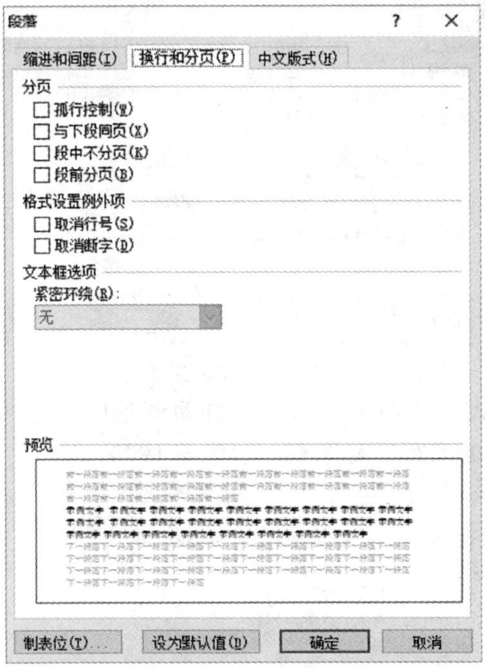

图4-20 “换行和分页”选项卡

1.段中不分页或分栏，保持某个段落在某一页或某一栏

①选定不希望段中分页的段落。

②选中“段中不分页”复选框。

2.保持某段落与下段在同一页或同一栏

①选定要保持在同一页上的段落。

②选中“与下段同页”复选框。

3.总在某个段落之前插入分页符

①选定要在其前插入分页符的段落。

②选中“段前分页”复选框。

4.孤行控制

它可以防止Word在页面顶端单独打印段落末行或在页面底端单独打印段落首行。

①选定需要对孤行加以控制的段落。

②选中“孤行控制”复选框。

十八、样式的应用

样式是指用有意义的名称保存的字符格式和段落格式的集合，它事先设置了文档中标题、题注以及正文等各个文本元素的格式。这样在编排重复格式时，只要在需要的地方套用这种样式，无须一次次地进行重复的格式化操作。在Word中使用样式可以为文档编辑提供很多方便，极大地提高工作效率。

样式显示在“开始”菜单选项卡上的“样式”组中，可以选择样式库中的样式对光标所在的段落或选中的文本进行快速格式化。

1.创建新样式

Word为用户提供了内置样式，能够满足一般情况下文档格式化的要求。当在实际应用时，内置样式不符合操作要求时，用户可以创建自定义样式。

①单击“开始”工具栏上的“样式”。

②在“样式”任务窗格中，单击左下角的“新建样式”，打开“新建样式”选择框，如图4-21所示。

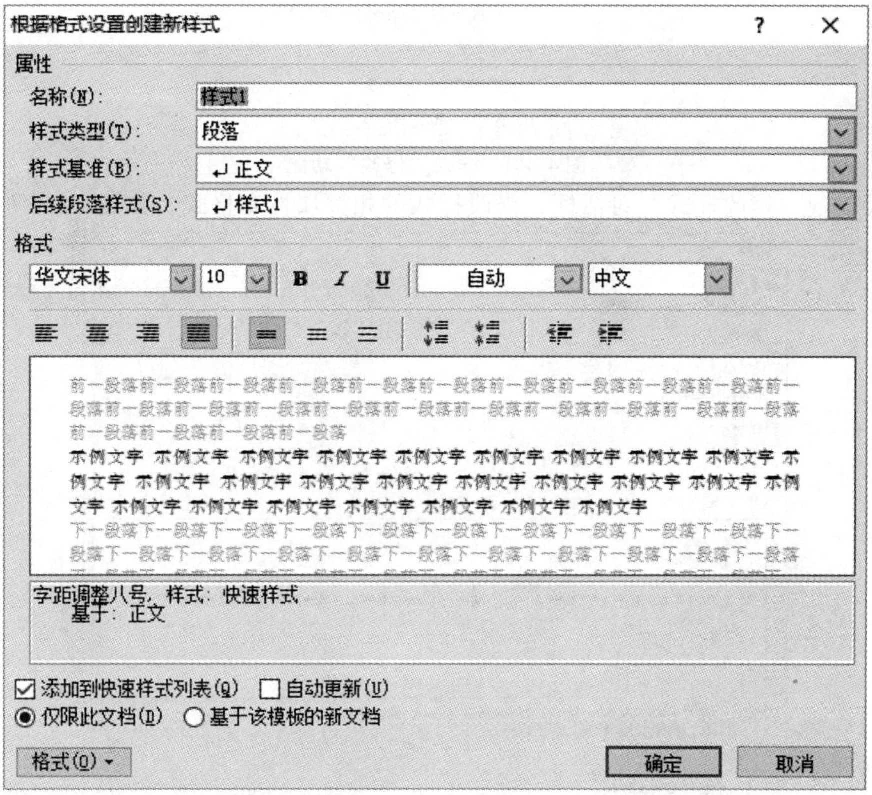

图4-21　创建新样式

③在“名称”框中键入新建样式的名称。

④在“样式类型”框中，单击“段落”、“字符”、“表格”或“列表”，指定所

创建的样式类型。

⑤选择所需的选项，或者单击“格式”以便看到更多的选项。

2.应用样式

选中需要应用某样式的文本，在样式菜单中选择事先定义好样式即可，如图4-22所示。

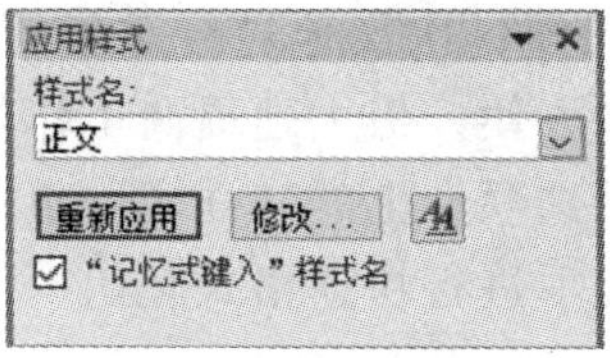

图4-22 应用样式

3.修改样式

①右键单击样式库中要修改的样式，然后在快捷菜单中左键单击“修改”功能，如图4-23所示。

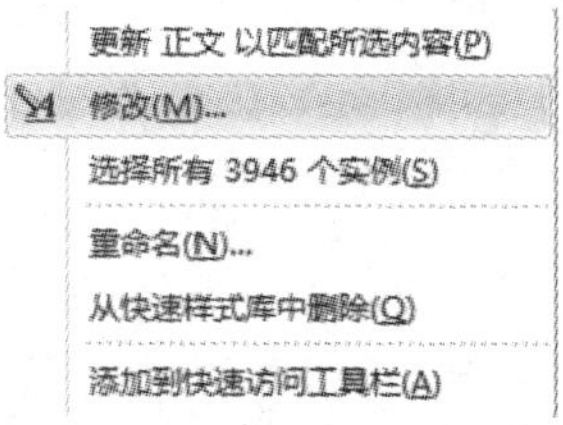

图4-23 样式“修改”功能

②出现“修改样式”对话框，修改样式的相关属性和格式，如图4-24所示。

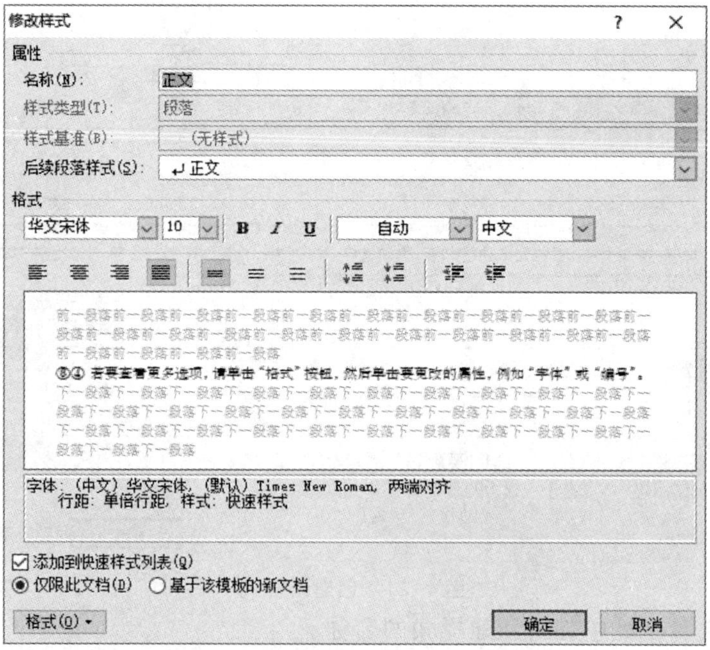

图4-24 “修改样式”对话框

③若要查看更多选项，单击“格式”按钮，然后单击要更改的属性，如“字体”或“编号”。

4.自动更新段落样式

①右键单击需要自动更新的样式。

②单击“修改”，选中“自动更新”复选框，如图4-25所示。

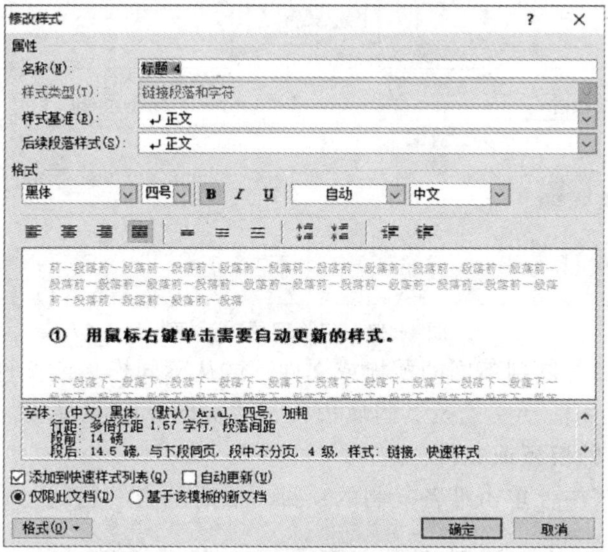

图4-25 自动更新段落样式

这样，无论何时手动设置具有该样式的段落的格式，Word都将自动重新定义该样式。默认情况下该选项是关闭的。该选项仅对“段落”样式有效，对“正文”样式不起作用。

5.将样式复制到其他文档或模板

①单击“文件”→“选项”→“加载项”，在“管理”下拉列表框中选择“模板”，然后点击“转到”，出现“模板和加载项”对话框，如图4-26所示。

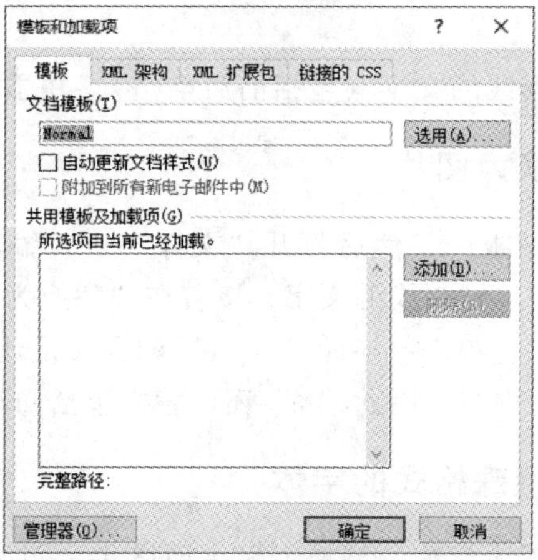

图4-26 “模板和加载项”对话框

②单击“管理器”，再单击“样式”选项卡，如图4-27所示。

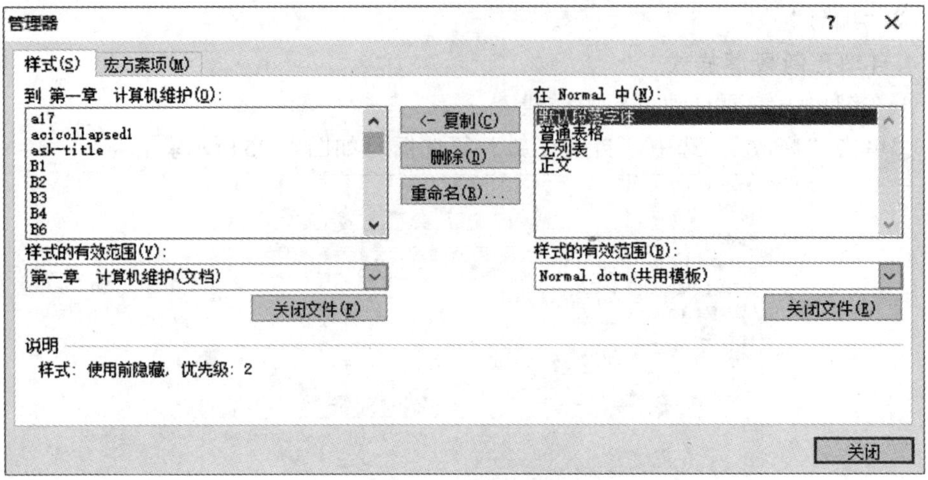

图4-27 “管理器对话框”

③若要将项目复制到不同的模板或文件，或从不同模板或文件复制项目，单击“关闭文件”以关闭活动文档及其附属模板，或关闭Normal模板。然后单击“打开文件”，打开所需的模板或文件。

④在任意列表中，单击准备复制的项目，然后单击“复制”。

十九、让Word的下划线离文字更远一些

Word中为文字添加下划线后，如果觉得下划线与文字间的距离太近了，为了满足一些特殊要求，需要让Word的下划线离文字更远一些，操作如下：

①输入需要使用下划线的文字，在所输入的文字前后各加一空格，选中需要使用下划线的文字（不包括前后空格）。

②单击“开始”→“字体”，选择“高级”页框，如图4-28所示。

③在“位置”处选择提升，在后面的“磅值”处输入数字，点击“确定”按钮。

④选中需要使用下划线的文字（包括前后空格），并添加下划线即可。

二十、将文字替换为图片

先把图片复制到剪贴板中，然后打开“文件”→“编辑”→“替换”对话框，在“查找内容”框中输入将被替换的文字，接着在“替换为”框中输入“^c”（注意：c必须是小写的半角字符），单击替换即可。“^c”的含义是让Word以剪贴板中的内容替换“查找内容”框中的内容，因此“^c”还可替换包括回车符在内的大段文本。

二十一、替换为特殊格式的字体

要将文档中的某个词或字统一替换为另一种格式，例如，将“XP”改为斜体、

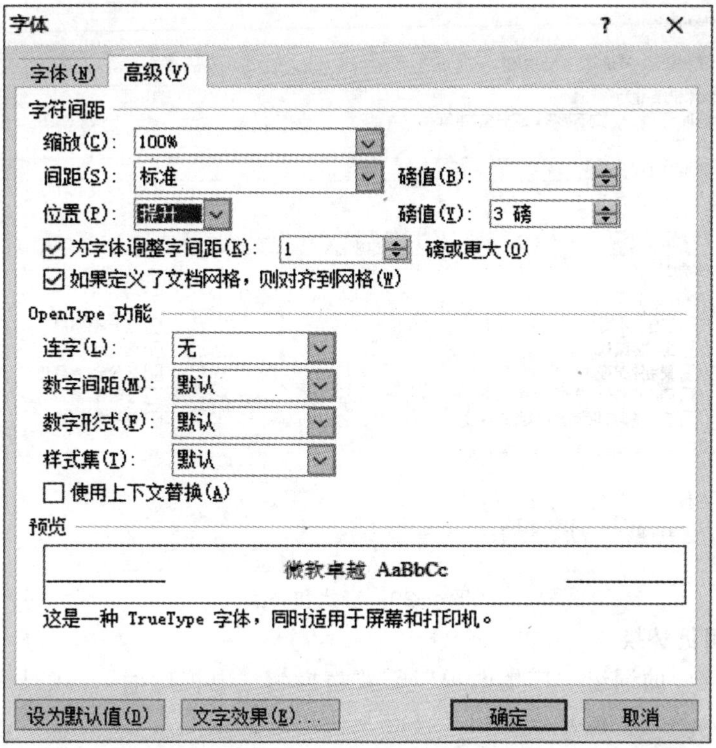

图4-28　“高级”页框

下划线的字体格式。操作步骤：单击菜单“文件”→“编辑”→“替换”，在“查找内容”中输入“XP”，在“替换为”中同样也输入“XP”，打开“格式”菜单，将字体设置为斜体、下划线，最后单击“全部替换”。

二十二、查找与替换的高级技巧

1.使用通配符查找

如果需要同时找到文档中的“网吧”和“网友”，并将找到的两个词组全部选中。需单击“编辑”菜单中的“替换”命令打开对话框（如图4-29所示），在搜索选项中选择“使用通配符”复选项，再打开“格式”按钮选择“突出显示”。在“查找内容”框中输入“网［吧友］”，然后选中“突出显示所有在该范围找到的项目”。单击“查找全部”按钮就可以将文档中的“网吧”和“网友”全部选中了，这里的通配符“［］”的作用是查找其中指定的字符（“吧”或“友”）之一。

如果在“查找内容”框中输入“网［！吧］”，单击“查找全部”按钮，就可以将文档中的“网络”“网友”等词组选中了，但是不会选中“网吧”。这里的通配符“［!］”用来查找其中指定的字符（吧）以外的任意字符。

除了通配符以外，查找时也可以使用表达式。“{n}”表示n次重复前一个字符，如果在“查找内容”框中输入了“高{2}兴{2}”，表示查找“高高兴兴”而不会查找“高兴”。

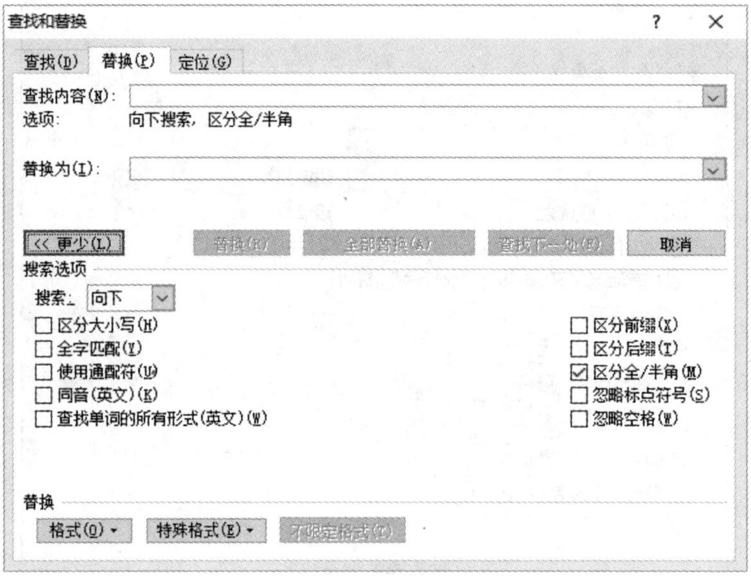

图4-29 查找和替换

2.自动颠倒替换

如果文档中的词组“广播电视”需要替换为“电视广播”，在对话框“查找内容”框中输入“（广播）（电视）”（必须使用英文括号），然后在“替换为”中输入“\2\1”。选中“使用通配符”复选项，单击“全部替换”按钮，就会把“广播电视”替换为“电视广播”，如图4-30所示。

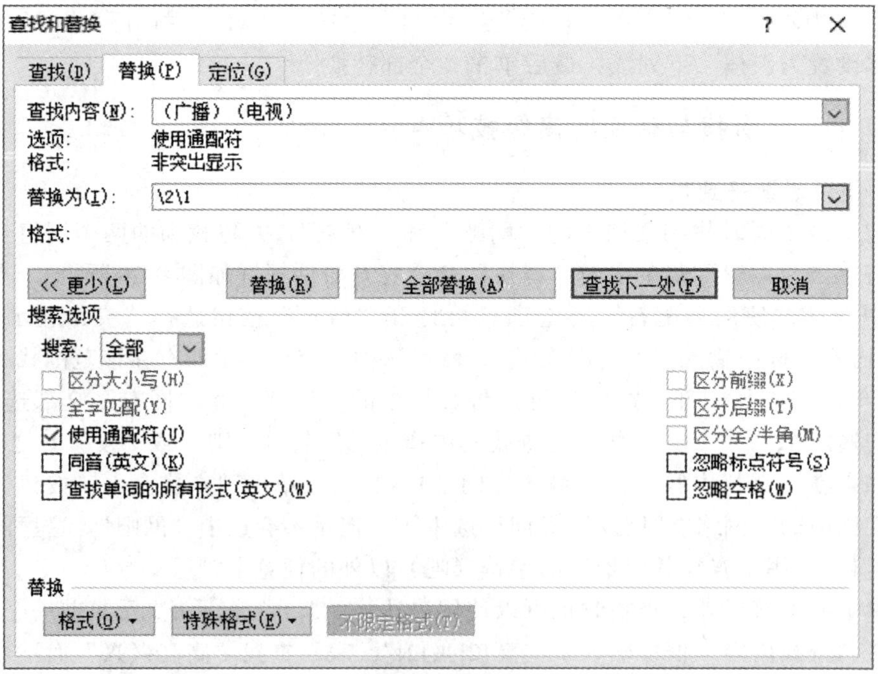

图4-30 自动颠倒替换

3.中、英文字体设置不同颜色

如果要求文档中的英文字体使用黑色、中文字体使用绿色，可以按以下方法操作：单击“编辑”菜单中的“替换”命令，选中“使用通配符”复选项，然后在“查找内容”框中输入[! a-zA-Z]，接着单击“替换为”框，再单击“格式”按钮选择菜单中的“字体”，打开“替换字体”对话框的“字体颜色”下拉列表，选择其中的绿色，再回到“查找和替换”对话框，最后单击“全部替换”就可以把文档中的中文字体全部替换为绿色了，如图4-31所示。如果替换的对象是文档中的英文字体，只需在“查找内容”框中输入[a-zA-Z]，其他仍然按上面的方法操作即可。

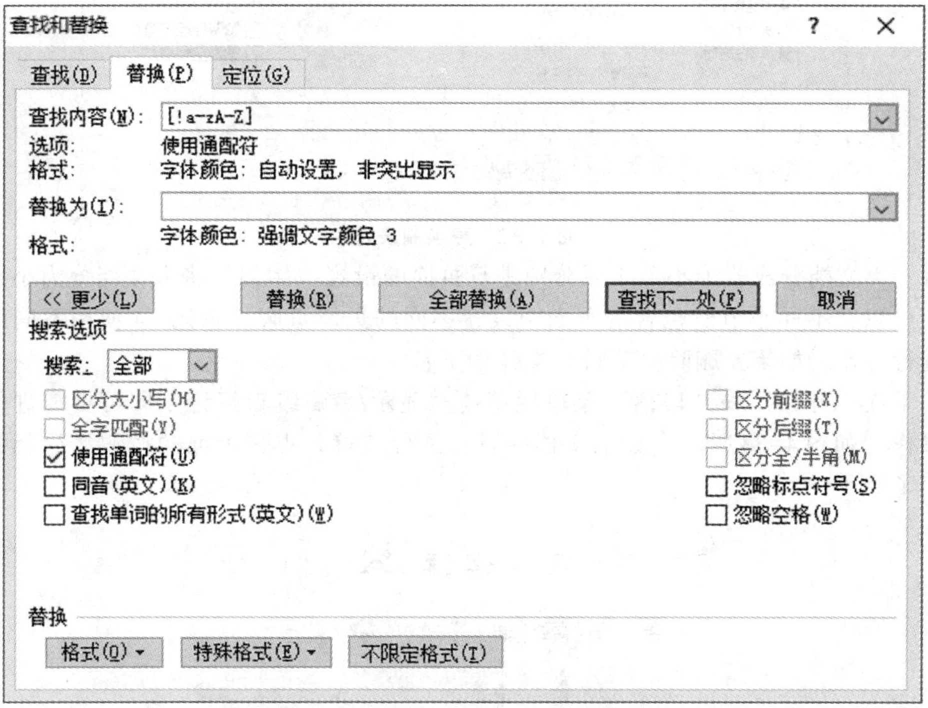

图4-31　中、英文字体设置不同颜色

4.替换制表符

Word的查找替换功能可以批量替换制表符之类的符号，方法是打开“查找和替换”对话框，选中“使用通配符”复选项。在“查找内容”框中输入“^t{1，}”（输入“^t”可以通过单击对话框中的“特殊字符”按钮，然后再打开特殊格式中的“制表符”来实现），以便查找一个或多个制表符。然后，在“替换为”框中输入替换字符（例如，逗号），单击“全部替换”就可以把文档中的制表符替换为指定的符号了，如图4-32所示。

二十三、删除看不见的Word分隔符（分节符）

分节符是在编辑文档页面格式时经常使用的一种格式标记，使用它可以很方便

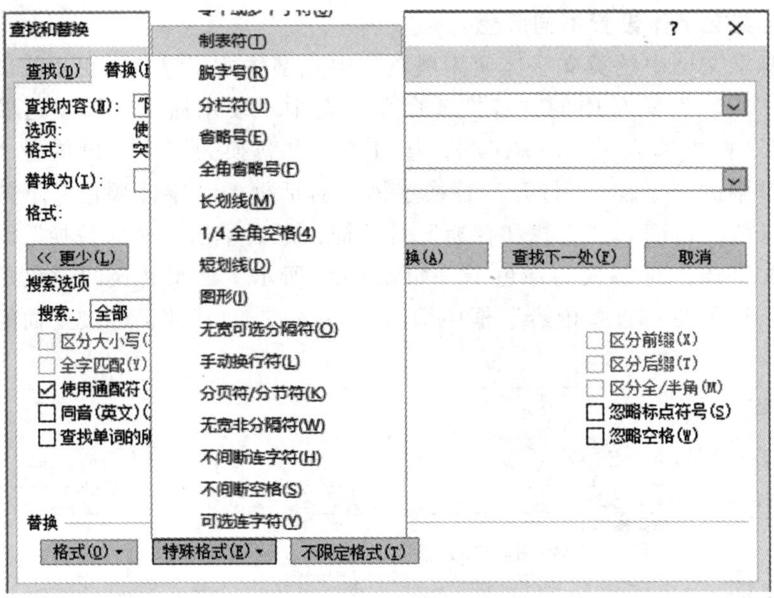

图4-32　替换制表符

地将一篇文档分成若干小节之后分别进行页面的设置。例如，将大文档分为小节之后，可以在不同小节所包含的页面中设置不同的页眉页脚（页码），使用不同的纸张进行打印。如果要删除分节符，操作如下：

①在“开始”→“段落”菜单栏单击“显示/隐藏编辑标记”即可更替进行转换操作，如图4-33所示。如果文档中看不到分节符，点了上面的按钮之后就可以看到了。

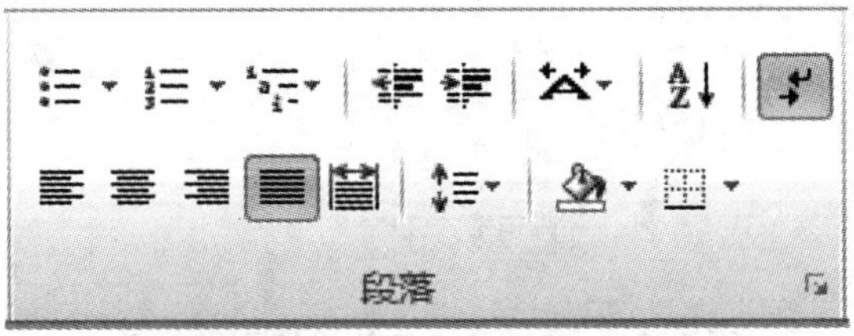

图4-33　“显示/隐藏编辑标记”按钮

②要删除分节符，只要将插入条定位到它的前面，然后按键盘上的Delete键或Del键即可。

第二节　插入功能

一、域的使用

域是Word中的一种特殊命令，可以实现数据的自动更新和文档自动化，如自动编排页码、图表题注、自动编制目录、插入时间和日期等。用Word排版时，若能熟练使用域，可增强排版的灵活性，减少重复操作，提高工作效率。

Word中的域类似数学中的公式运算。域分为域代码和域结果，域代码类似于公式，位于花括号{}中，域结果类似于公式生成的值。域的操作位于“插入”→“文本”→“文档部件”→“域”，如图4-34所示。在默认情况下，域具有灰色底纹。

如当前日期域的域代码为：{DATE\@ " yyyy′ 年′ M′ 月′ d′ 日′ " }。

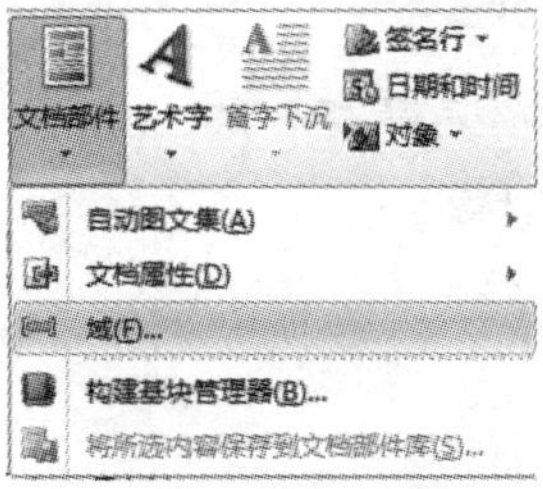

图4-34　域

二、为Word文档插入总页码

在编辑文档时，有时不仅要插入页码，还要求插入总页码，以使文件的当前页码和总页码一目了然。其具体实现步骤如下：

①依次单击菜单“插入”→“页脚”，切换到“编辑页脚”。

②依次单击菜单“插入”→“文本”→“文档部件”→“域”选项，在“类别”栏中选择“文档信息”，选择“域名”中的NumPages，再选择格式即可，如图4-35所示。

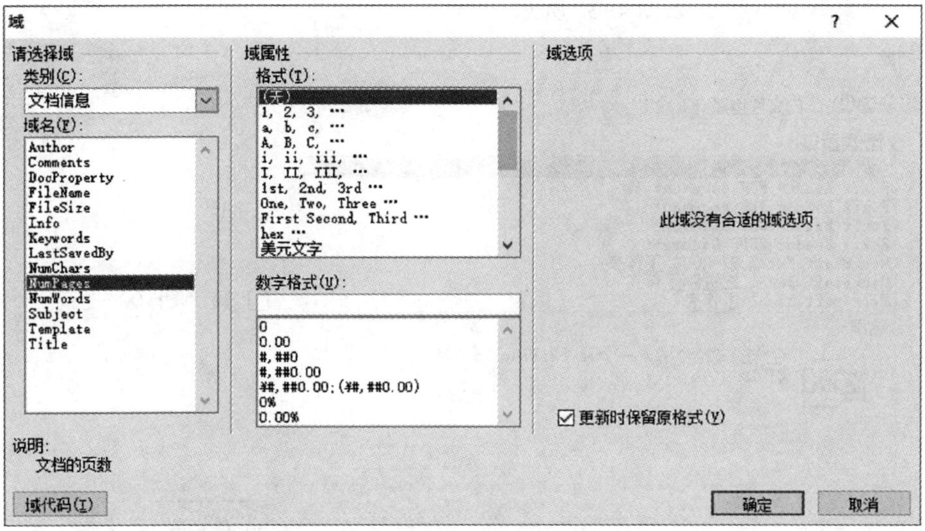

图4-35　为Word文档插入总页码

三、在文档正文中插入标题、主题、作者等文件属性

①将鼠标定位到插入点。

②点击菜单“插入”→“文本”→“文档部件”→“域”命令。

③在类别中选择“文档信息”，然后在相应域名中选择，如“Author”“FileName”“Subject”“Title”等，如图4-36所示。

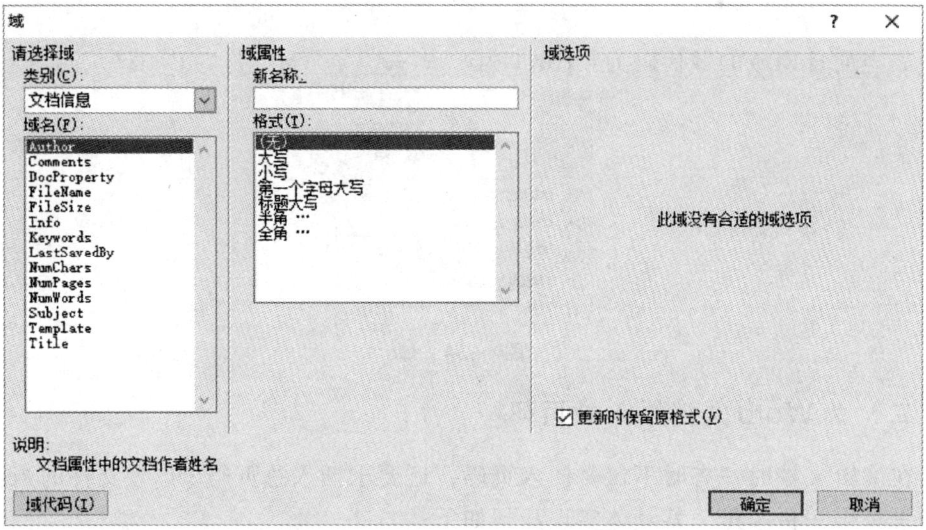

图4-36　在文档正文中插入标题、主题、作者等文件属性

四、在文档中插入Excel的数据表和数据图

①将鼠标定位在插入数据表的地方，然后点击菜单“插入”→“文本”命令，打开“对象”对话框，如图4-37所示。

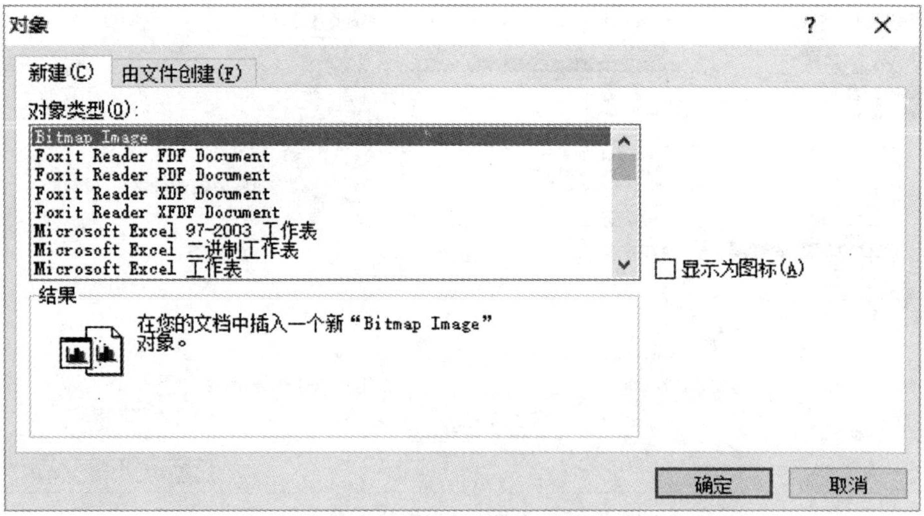

图4-37　“对象”对话框

②在“对象类型”选择列表中选择Microsoft Excel工作表或者Microsoft Excel图表，即可在产生的Excel数据表和数据图中进行编辑了；或者点击“由文件创建”，单击“浏览”，选择已有的Excel文件的保存路径，如图4-38所示。

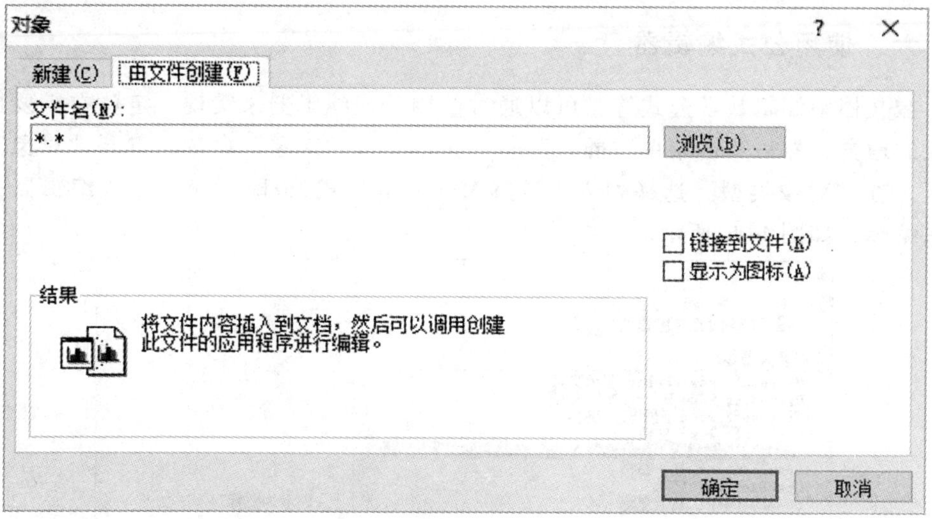

图4-38 通过“由文件创建”插入Excel文件

五、为图片创建带引出线的标注或标签

①单击“插入”菜单的“插图”，在“形状”中找到“标注”，然后单击所需的标注，如图4-39所示。

②在需要插入标注的位置单击，然后开始键入。

③通过拖动标注的尺寸控点可以调整标注的大小，也可以将标注拖动到所需的位置。

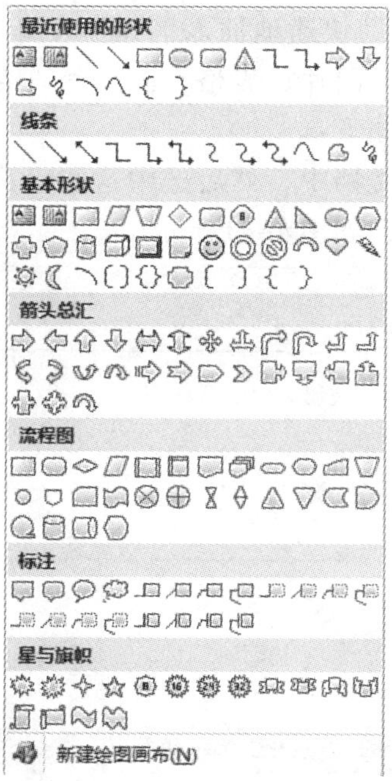

图4-39 创建标注

六、使用公式编辑器

在文档中编辑数学公式等，可以通过使用公式编辑器来实现。定位在需要插入公式的地方，然后点击菜单“插入”→“文本”→“对象”命令，打开“对象”对话框，在“对象类型”选择列表中选择Microsoft公式3.0即可使用公式编辑器进行公式编辑，如图4-40所示。

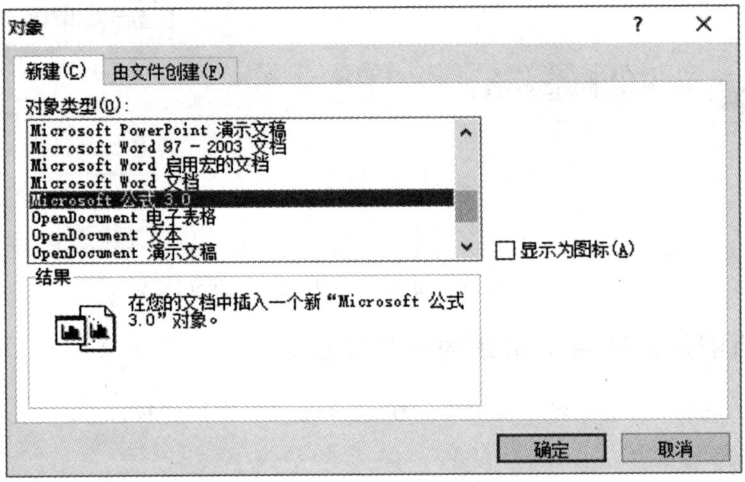

图4-40　使用公式编辑器

七、使用自动图文集

Word自动图文集能够帮助快速地插入事先保存好的内容。它相当于一个库存，可以保存常用的文字、段落、图片、表格、图文等，需要使用的时候，直接插入到文档中即可。具体操作步骤如下：

①将需要的字符输入到文档中，然后选中这些字符，执行“插入”→“文档部件”→“自动图文集”命令，如图4-41所示。

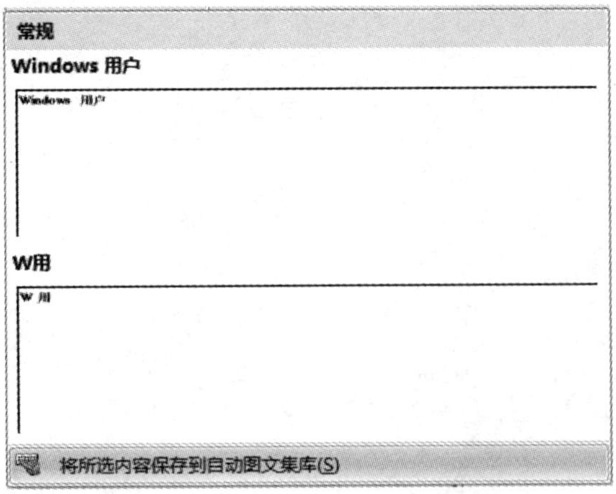

图4-41　“自动图文集”对话框

②将所选内容保存到自动图文集库，如图4-42所示。

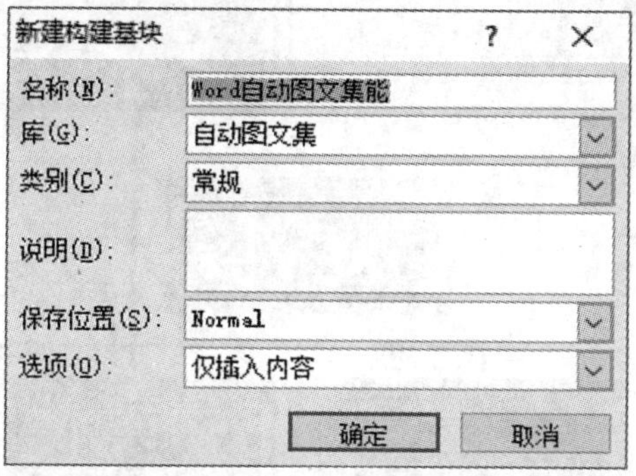

图4-42 将所选内容保存到自动图文集库

③需要输入上述字符时，只要执行“插入”→“文档部件”→“自动图文集”命令，选择事先定义好的图文集即可。也可以输入自动图文集的名称，再按F3键，就可以快速获取事先录入的内容。

八、用Word快速制作组织结构图

①执行“插入”→SmartArt”→“层次结构”命令，如图4-43所示。

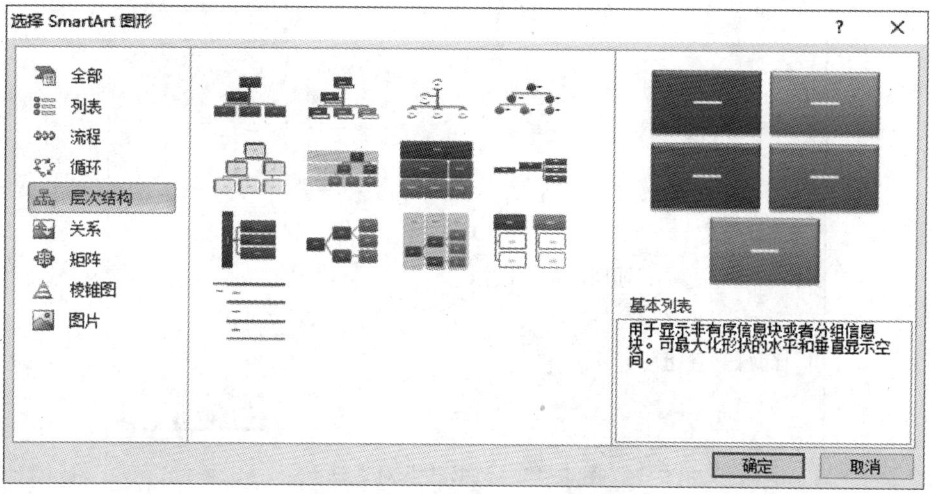

图4-43 “层次结构”选项

②在每个框中输入相应文字，如“总经理”“副经理”等，如图4-44所示。

③也可以选中其中不需用的框图，按下Del键将其删除。或者通过右键的“添加形状”功能加入其他层级内容。

九、书签的使用

书签是加以标识和命名的位置或选择的文本，以便以后引用。例如，可以使用书签来标识需要日后修订的文本。使用“书签”对话框，就无须在文档中上下滚动来定位该文本。

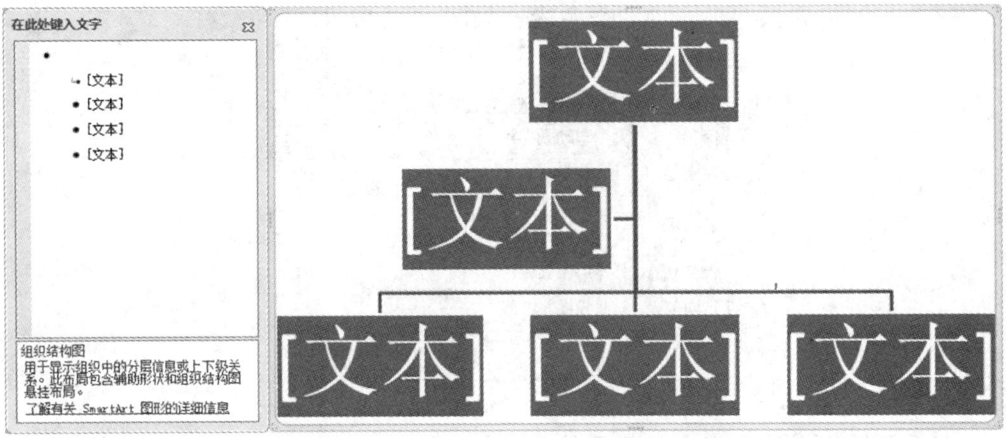

图4-44　输入文字

单击“插入”→“链接”菜单中的“书签”命令，如图4-45所示。

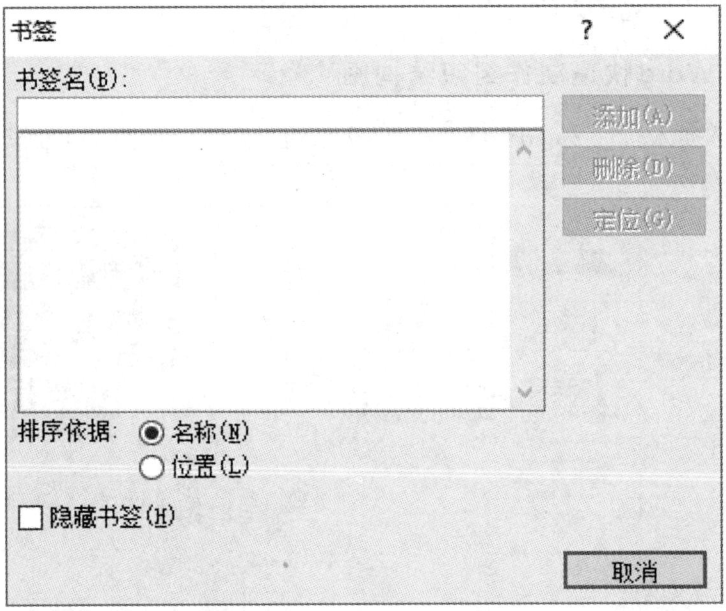

图4-45　“书签”对话框

1.添加书签

①选择要为其指定书签的项目，或单击要插入书签的位置。

②在“书签名”下，键入或选择书签名。书签名必须以字母开头，可包含数字但不能有空格。可以用下划线字符来分隔文字，例如，“标题_1”。

2.删除书签

①单击“插入”菜单中的“书签”命令。

②单击要删除的书签名，然后单击“删除”按钮。

3.定位到特定书签

①单击“插入”菜单中的“书签”命令。

②单击“名称”或“位置”对文档中的书签列表进行排序。

③如果要显示隐藏的书签，如交叉引用，选中“隐藏书签”复选框。

④在“书签名”下，单击要定位的书签，单击“定位”按钮。

十、使Word文档每一页出现同一对象

为了版面美观，有时希望在Word文档中编辑就像PPT中母版编辑一样，让某个对象出现在每一个页面，可以进行如下操作：

①进入页眉和页脚编辑状态。

②在所需位置插入一个文本框，设置成没有边框线的，然后按照需要在文本框内输入文字，或插入图形。

③编辑完毕后，可以将这个对象拖拽到任意位置。

十一、设置第1页不显示页码，页码从第2页或以后页开始显示

要使首页不显示页码，页码从第2页开始显示，可以进行如下操作：

①首先执行“插入→“页眉和页脚”→“页码”→“设置页码格式”命令，弹出“页码格式”对话框，如图4-46所示。

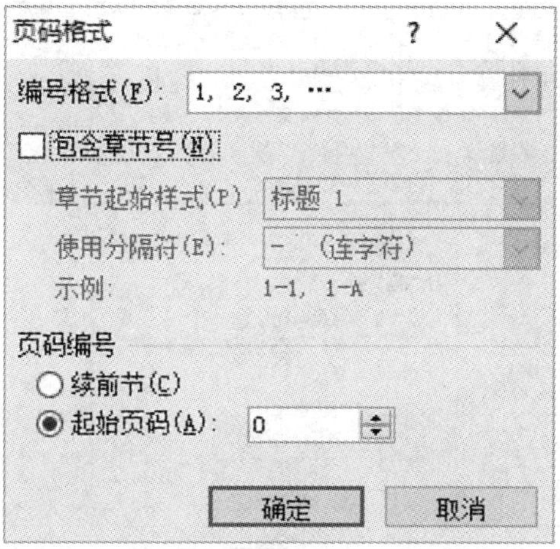

图4-46 “页码格式”对话框

②在“起始页码”处填0，点击“确定”按钮退出。

③点击菜单“页面布局”，打开“页面设置”对话框，在“版式”列表框中选中“首页不同”，如图4-47所示。

如果要让Word中的前两页不显示页码，而从第3页开始显示，操作如下：

①光标定位到第2页末，选择“页面布局”→“分隔符”命令，如图4-48所示。

②插入分节符“下一页”，然后定位到第3页的页脚，取消“链接到前一条页眉”，如图4-49所示。

③设置第3页的页码格式中“起始页码”为“1”，如图4-50所示。

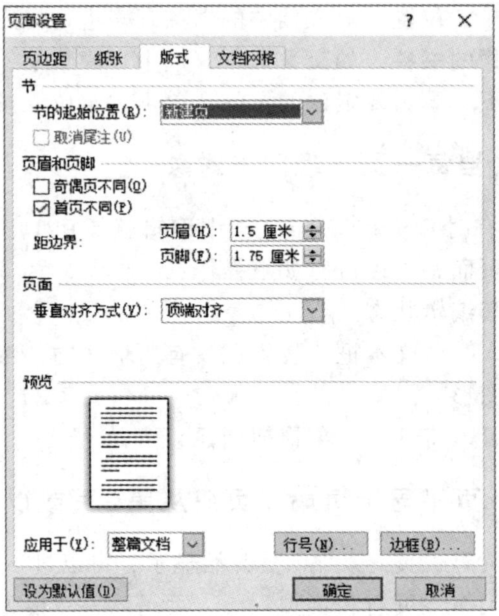

图4-47 “页面设置”对话框

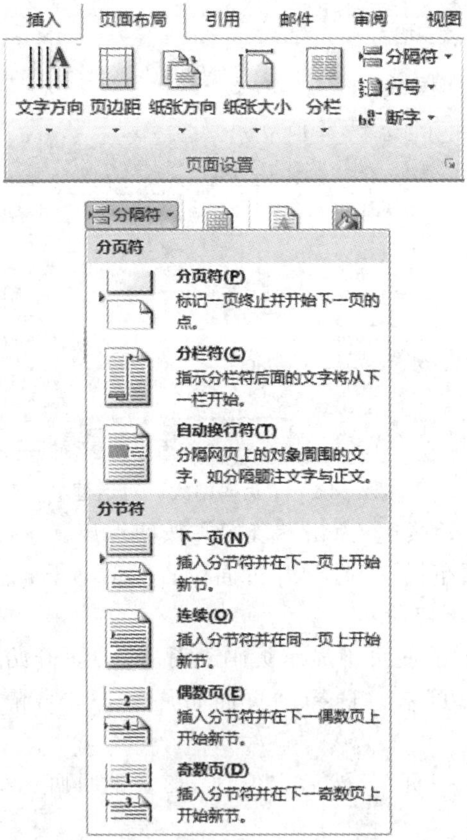

图4-48 “分隔符”选项

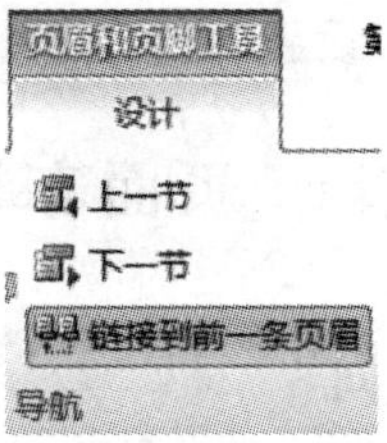

图4-49　取消“链接到前一条页眉”

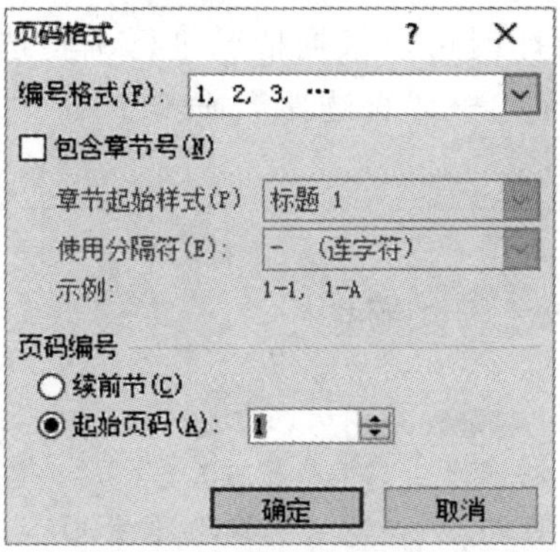

图4-50　“页码格式”对话框

④将光标放到第1页页脚，删除页码。这样第1页和第2页就没有页码显示，第3页页码从1开始。采用相同方法可以设置页码从第N页开始。

十二、如何去除页眉的横线

在页眉和页脚区输入内容后，页眉区都会出现一根横线，而且无法删除。如果不需要此横线，可以使用隐藏边框线的方法将其去除。操作方法如下：

①双击页眉横线，进入“页眉页脚”视图。

②选中页眉区的段落标记，然后选择“页面设置”→“版式”→“边框”菜单命令，打开“边框和底纹”对话框，如图4-51所示。

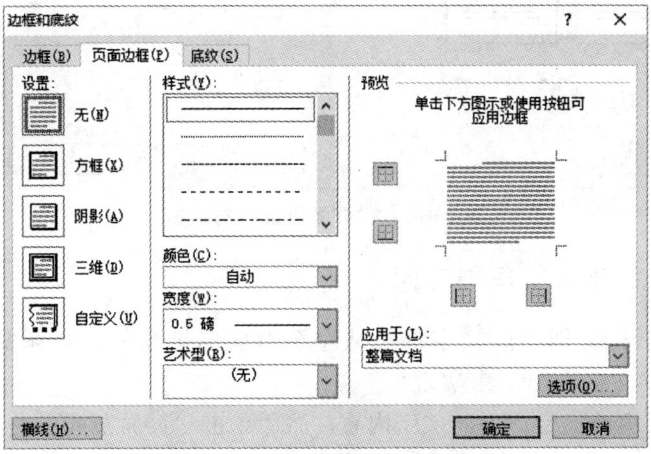

图4-51　“边框和底纹”对话框

③单击“边框”选项卡，在“设置”栏选择“无”样式。

第三节 页面布局功能

一、设置文档打印为“横向”

文档的“纵向”和“横向”可以满足不同纸张和用户的不同需求，系统默认的纸张方向是“纵向”。在打印时可以根据情况进行调整选择，方法如下：点击菜单“页面布局”→“页面设置”→“页边距”命令，在“纸张方向”的选项中选择“横向”，如图4-52所示。

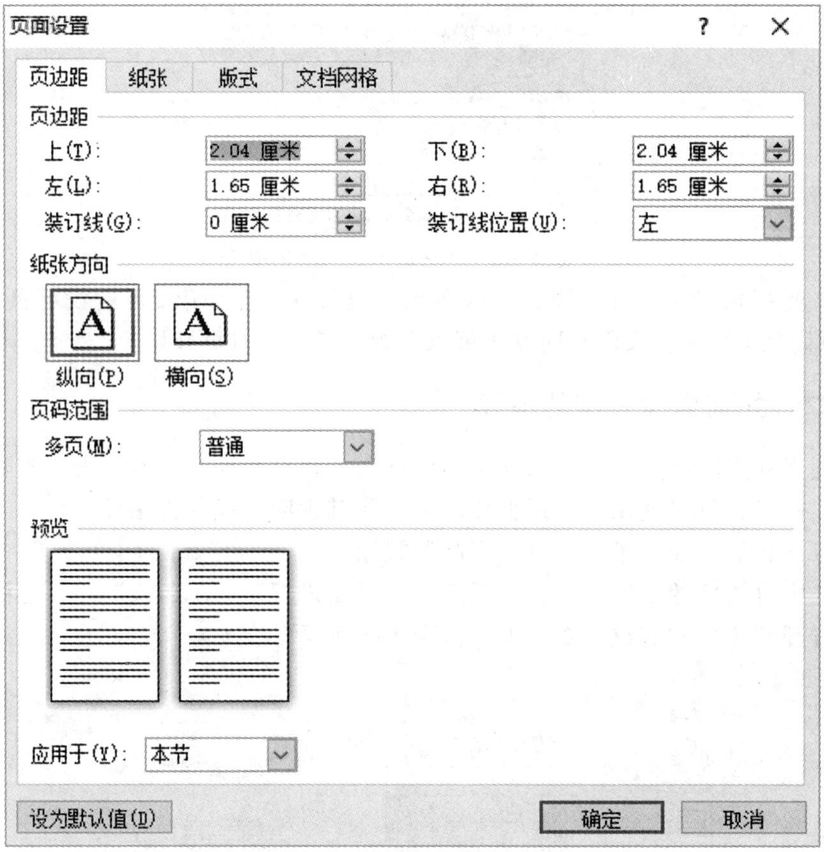

图4-52 “页面设置”对话框

二、使文字排列呈多种方向

一般情况下，文档中的文字都是从左至右横向排列的，如果需要更改文字方向，则可通过“文字方向”来实现。

先选择需要更改文字方向的文字内容，然后单击“页面布局”→“文字方向”→“文字方向选项”，选择所需要的文字方向即可，如图4-53所示。

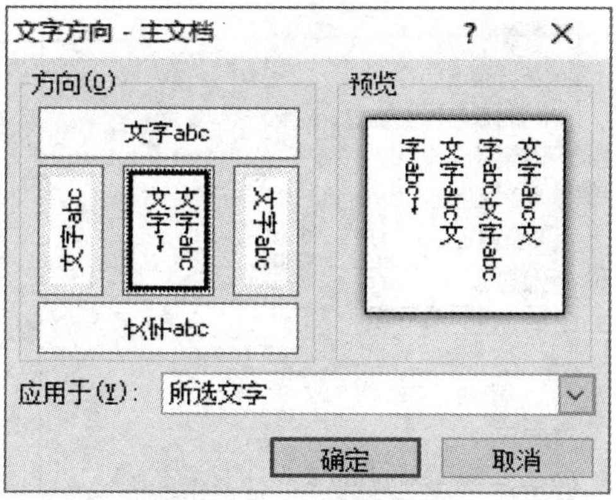

图4-53 文字方向选项

采用这种方式时，将所有文字旋转90度和270度这两个选项是不可以使用的，如果需要使文字呈更多的排列格式，可以利用“文本框”功能。

设置方法是：单击“插入”菜单中的“文本框”→按住鼠标左键确定文本框的大小→在文本框中输入文字内容→单击“页面设置”菜单下的“文字方向”→出现“文字方向”选择框后单击所要的类型，如图4-54所示。在文本框中，文字的排列方向有5种选择，比全文方式多2种。

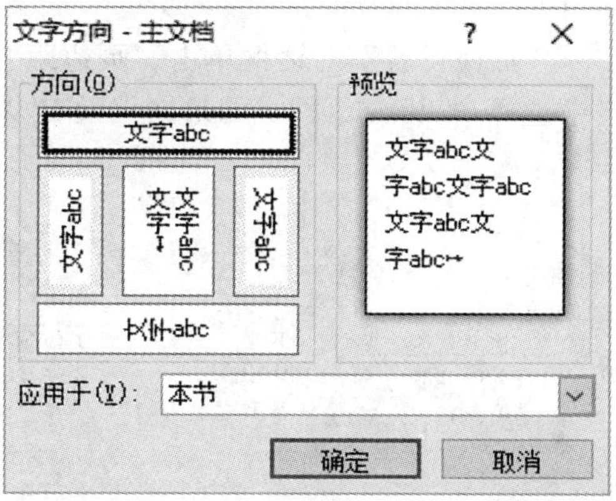

图4-54 文本框中的文字方向设置

三、精确移动图形

在文档中移动非“嵌入式”图形时，图形会自动与默认的网格线对齐，使用户不能精确移动图形，此时可以取消自动对齐功能达到精确移动图形的目的。

①选择“页面布局”→“对齐”→“网格设置”菜单命令，在“绘图网格”对话框中进行设置。

②清除“对象与其他对象对齐”复选框，如图4-55所示。

四、创建和打印折叠的小册子

创建小册子的时候，最好从一个新的空白文档开始，以便可以更好地控制文

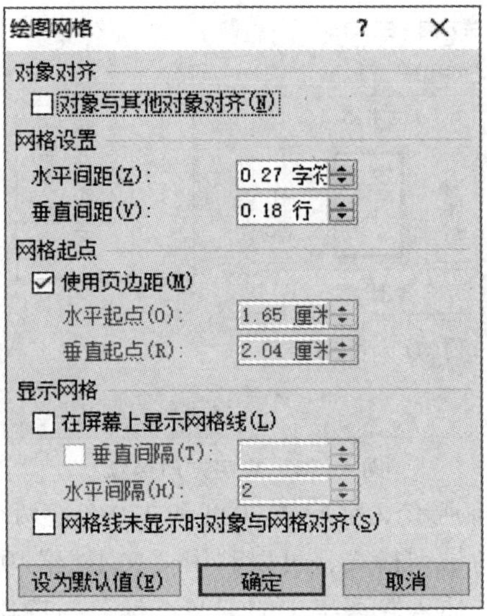

图4-55 “绘图网格”对话框

本、图形和其他元素的位置；也可以为原有文档添加书籍折页，但是添加书籍折页后，就需要重新安排一些元素。

①新建一篇空白文档。

②在“页面布局”→“页面设置”对话框单击“页边距”选项卡。

③在“多页”列表中选择“书籍折页”。如果文档没有设为横向，Word会将其设为横向，如图4-56所示。

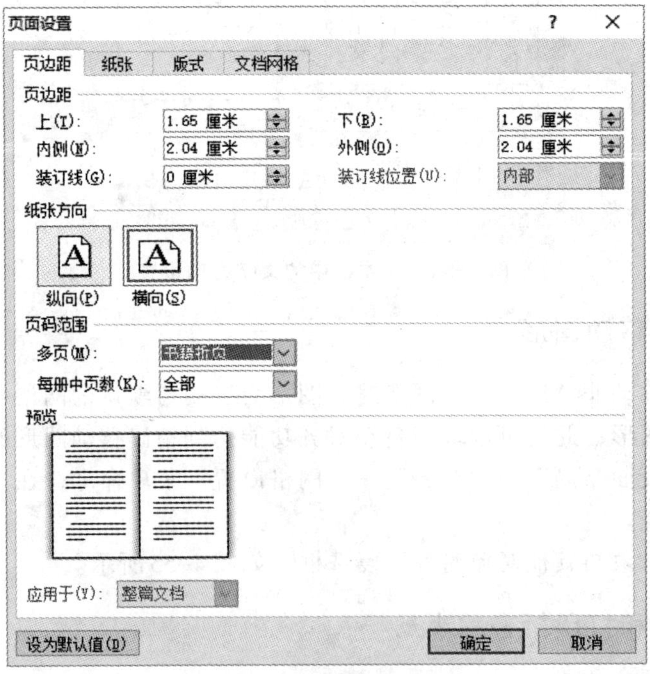

图4-56 “页边距”选项卡

④在“内侧”和“外侧”框中，键入或选择内侧和外侧页边距的距离。如果为满足装订的要求，折页需要更大的间距，请在“装订线”框中键入或选择所需间距。

⑤在“每册中页数”列表中，选择希望单个小册子包含的页数。如果文档中的页数超过了为小册子选择的页数，Word会将文档作为多个小册子来打印。

⑥在“页面设置”对话框中，选择其他所需选项。

⑦添加文本、图形、页眉和页脚以及文档中的其他元素。

五、将文字拆分成两栏或更多栏

通过使用菜单中的“页面布局”→“分栏”功能，可以将文档分成两栏或者多栏进行显示，如图4-57所示。

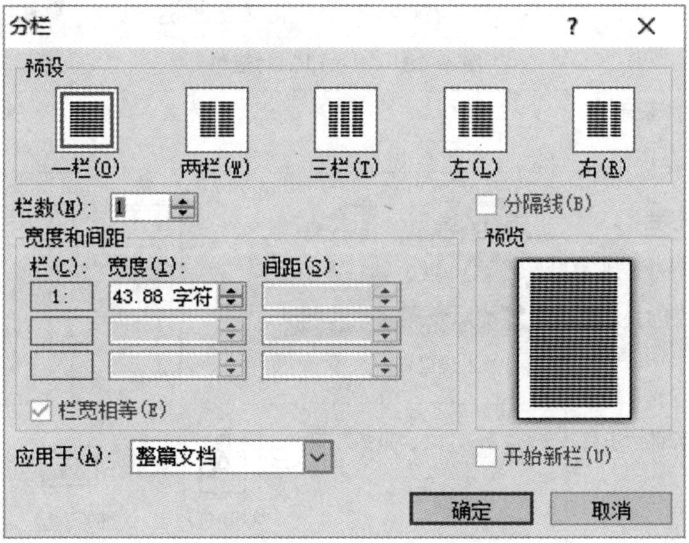

图4-57 “分栏”对话框

六、给文档添加水印

水印是一种添加于文档页面内容后面的虚影文字，用于表示警示、关注，或者防止盗版等。通过“页面布局”菜单项的“页面背景”中的“水印”功能，可以给编辑的文档插入自定义的水印标示，如图4-58所示。

七、稿纸设置

通过“页面布局”菜单项中的“稿纸设置”，可以满足一些特殊的编辑要求，如图4-59所示。

八、设置段落间距和行间距

在排版时，如果需要设置段落的段前或者段后间距，或者需要设置段落中的行

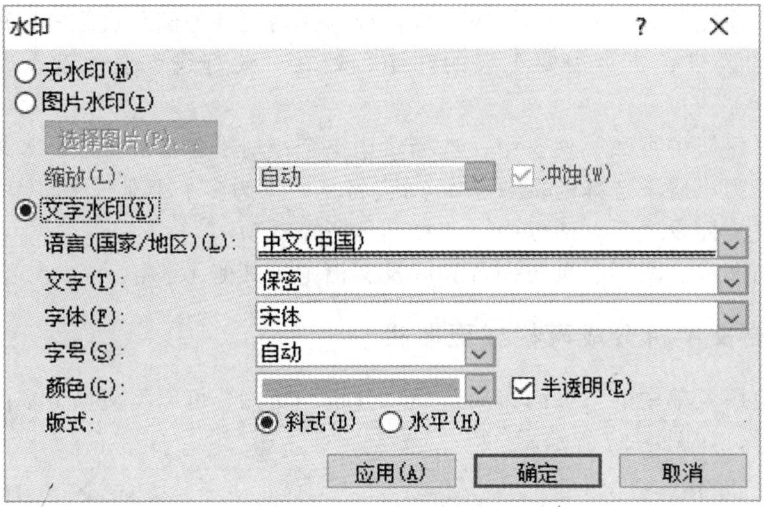

图4-58 “水印”对话框

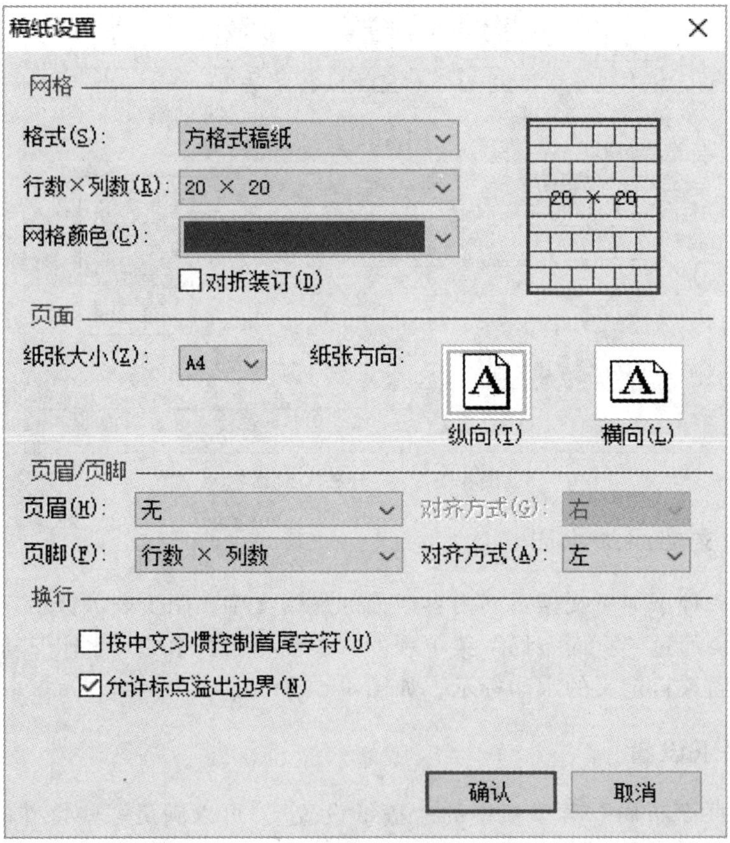

图4-59 “稿纸设置”对话框

间距离，可以通过“页面布局”→“段落”中的“缩进和间距”相关功能来实现，如图4-60所示。

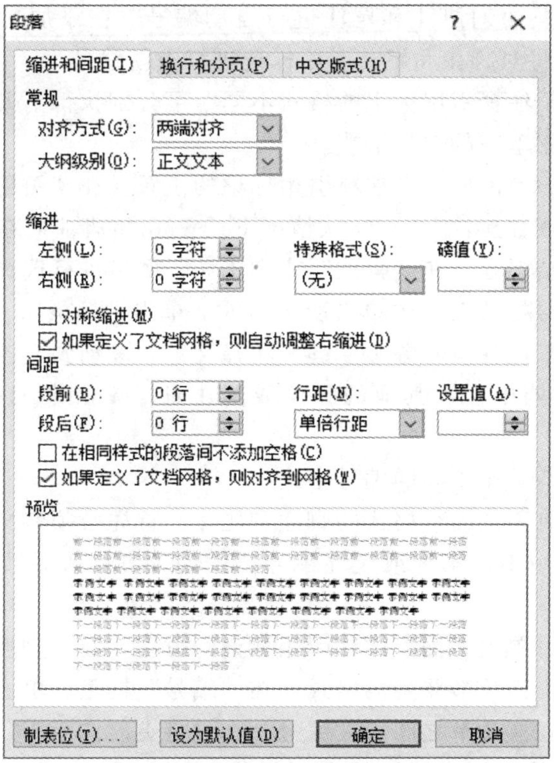

图4-60 “缩进和间距”功能

第四节 引用功能

一、脚注和尾注的使用

脚注和尾注是对文档中文本进行注释的两种方法，一般用于在文档中为文档中的文本提供解释、批注以及相关的参考资料。脚注或尾注由互相链接的两部分组成：注释标记和注释文本。脚注一般放在每页的底部，而尾注通常出现于文档的末尾。脚注和尾注还可以相互转换。脚注和尾注的相关功能选项位于“引用”菜单下，如图4-61所示。

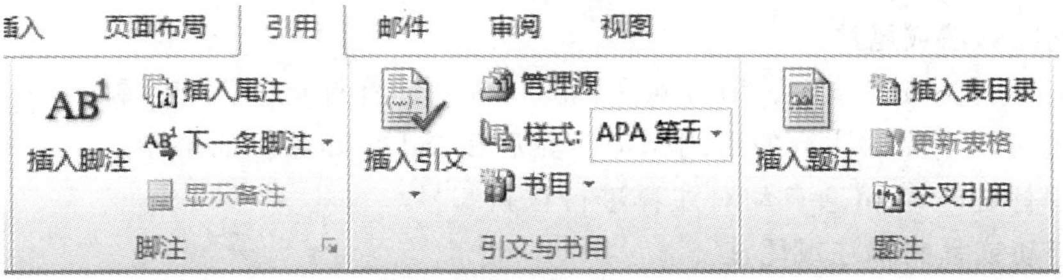

图4-61 脚注和尾注功能选项

1.插入脚注或尾注

无论是整篇文档只使用单一的编号格式，还是在文档的每节使用不同的编号格式，Microsoft Word均可对脚注和尾注进行自动编号。在添加、删除或移动自动编号的注释时，Word将对脚注和尾注引用标记进行重新编号。

根据所需的用于注释引用标记的格式不同，可分别执行下列操作之一：

①整篇文档采用单一的编号格式。

在页面视图中，单击要插入注释引用标记的位置。在“引用”→“脚注”菜单中，单击“脚注”或“尾注”。在默认情况下，Word将脚注放在每页的结尾处，而将尾注放在文档的结尾处。在“脚注”或“尾注”框里进行选择可以更改脚注或尾注的位置。在“编号格式”框中单击所需格式。单击“插入”，Word将插入注释编号，并将插入点置于注释编号旁边。键入注释文本。滚动到文档中所需的位置，并继续键入。在向文档中插入其他的脚注或尾注时，Word将自动应用正确的编号格式。

②文档的不同节采用不同的编号格式。

如果要插入具有不同编号格式的脚注和尾注，首先必须将文档分节。如果尚未创建节，请在要使用不同脚注或尾注编号格式的位置插入分节符，然后执行以下操作：

在页面视图中，单击要插入注释引用标记的位置。在“脚注”菜单中，在“编号格式”框中，单击当前节要用的格式。在“编号”框里，单击是否在每节或每页重新开始编号，或在页和节之间连续编号。在“将更改应用于”框里，选择要插入具有指定编号格式的脚注或尾注的文档部分。单击“插入”，Word将插入注释编号，并将插入点置于注释编号的旁边。键入注释文本。单击要插入不同编号格式的脚注或尾注的位置，重复上述步骤。在每节插入其他脚注和尾注时，Word将在该节上自动应用正确的编号格式。

③自定义格式。

所谓自定义格式，就是无须输入分节符即可用自定义脚注或尾注在相同页面插入带有不同格式的脚注或尾注。例如，可将星号（*）作为一个自定义注释引用标记。自定义注释引用标记不能自动重新编号。插入方法如下：

在“脚注”菜单中，选择是创建自定义标记还是使用自定义标记的符号，请执行下列操作之一：在“自定义标记”框里，输入一个标记；单击“符号”来插入一个内置符号。

2.删除脚注或尾注

要删除脚注或尾注时，请删除文档窗口中的注释标记，而非注释中的文字。在文档中选定要删除的注释的引用标记，然后按Delete即可。如果删除了一个自动编号的注释标记，Word会自动对注释进行重新编号。

3.移动或复制脚注或尾注

要移动或复制脚注和尾注时，请对文档窗口中的注释标记进行操作，而非注释中的文字。如果移动或复制了一个自动编号的注释引用标记，Word会自动对其余的注释重新编号。在文档中选定要移动或复制的注释的引用标记，选择是否移动或复制注释引用标记。如果要移动注释标记，可将其拖动到新位置。如果要复制注释标记，可按下Ctrl，然后将其拖动到新位置。

4.查看脚注和尾注

要查看Word文档中的脚注和尾注，在文档中，将指针停留在注释标记上，注释文本就将以屏幕提示的方式出现在标记之上。

二、题注与交叉引用

在Word中，题注是一种可添加到图表、表格、公式或其他对象中的编号标签。使用题注和交叉引用，可以方便地对图片、表格、公式等项目进行命名、编号和使用，使文档中的项目便于阅读和查找。

1.插入题注

选择菜单项“引用”→“题注”，执行“插入题注”功能，根据要求完成题注的设置，如图4-62所示。

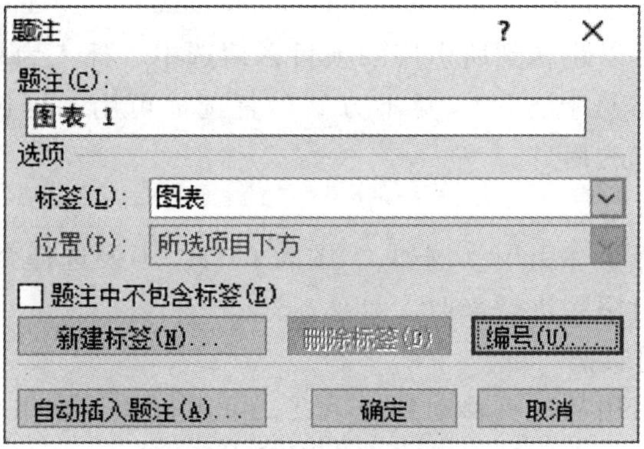

图4-62 “题注”对话框

2.创建交叉引用

交叉引用是对文档中其他位置内容的引用，建立交叉引用实际上是在插入引用的地方建立一个域，当引用源发生变化时，交叉引用的域将自动更新。例如，“请参见图1”，“图1”即是引用其他位置的内容。Word可为题注、标题、脚注、书签、段落编号等创建交叉引用，在多个不同的位置使用同一个引用源内容。选择菜单项“引用”→“题注”，执行“交叉引用”功能，根据要求完成交叉引用的设置，如图4-63所示。

一般创建的交叉引用仅可引用同一文档中的项目。若要交叉引用其他文档中的项目，首先要将文档合并到主控文档中。交叉引用的项目必须已经存在。例如，必须在交叉引用某个书签前将其插入文档。

①在文档中，键入交叉引用开头的介绍文字。例如，键入“有关详细信息，请参阅”。

②在“引用类型”框中，单击要引用的项目的类型，例如，标题。

③在“引用内容”框中，单击要在文档中插入的信息，例如，标题文字。

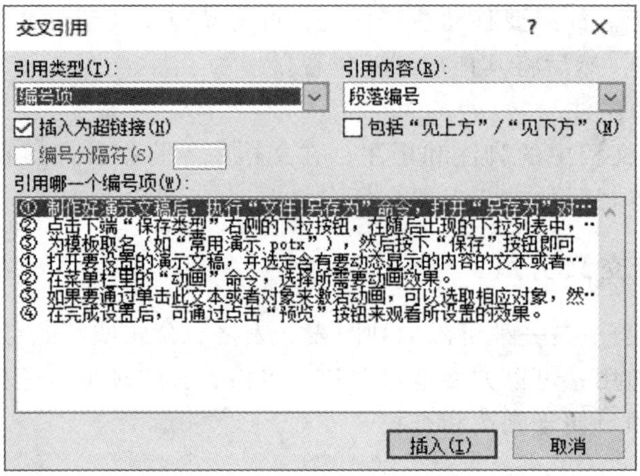

图4-63 “交叉引用”对话框

④在“引用哪一个<引用类型>”框中，单击要引用的特定项目。例如，第6章的标题。

⑤若要使用户可以跳转到所引用的项目，请选中“插入为超链接”复选框。

⑥如果“包括‘见上方’/‘见下方’”复选框可用，可选中此复选框来包含引用项目的相对位置的信息。

3.更改交叉引用

①在文档中选择交叉引用（例如，“图表1”）。不要选择介绍性文本。

②单击“交叉引用”进行修改。

4.更新交叉引用页码

如果要将交叉引用从一页移动到另一页，可进行如下操作：

①选择要更新的一个交叉引用或多个交叉引用。

②若要更新特定的交叉引用，请选定该引用；要更新所有的交叉引用，请选定整篇文档。

③用鼠标右键单击所选的域，然后单击快捷菜单中的“更新域”。

注意：也可通过选择特定的交叉引用或整篇文档，再按F9键来更新交叉引用。

三、创建目录

目录是文档的框架，可以给出文档的篇章结构，根据目录及其对应的页码，用户可以快速方便地查找到相关内容。Word提供了一个自动目录样式库，用户可以直接应用目录样式，也可以创建自定义目录。

点击菜单“引用”→“目录”→“插入目录”。创建文档目录具体方法如下：

①将文档中需要在目录项显示的标题分别选定（也可用“Ctrl”键连选）；

②在“开始”中的“样式”框中点击“标题1”“标题2”“标题3”……（按照该标题文字实际在目录中显现层次选择）；

③在创建目录的位置（一般在文档首页），点击菜单“引用”→“目录”→

"插入目录"，如图4-64所示。

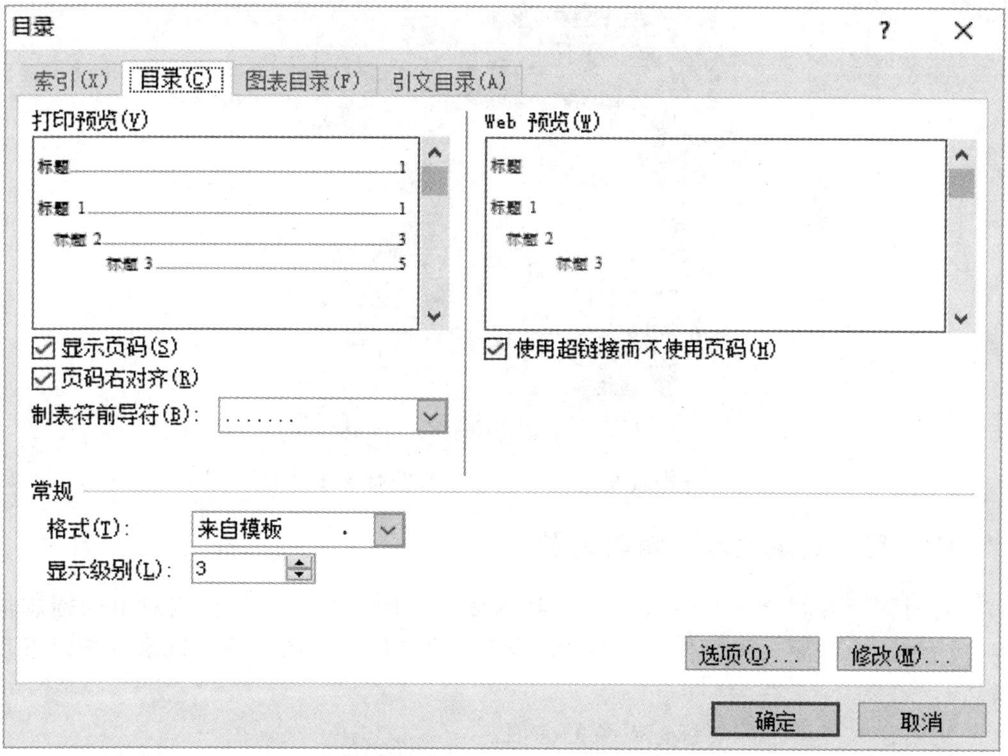

图4-64 "目录"对话框

④在"目录"对话框中点击"选项"按钮，打开"目录选项"对话框，可以修改目录包含的标题级别，如图4-65所示。

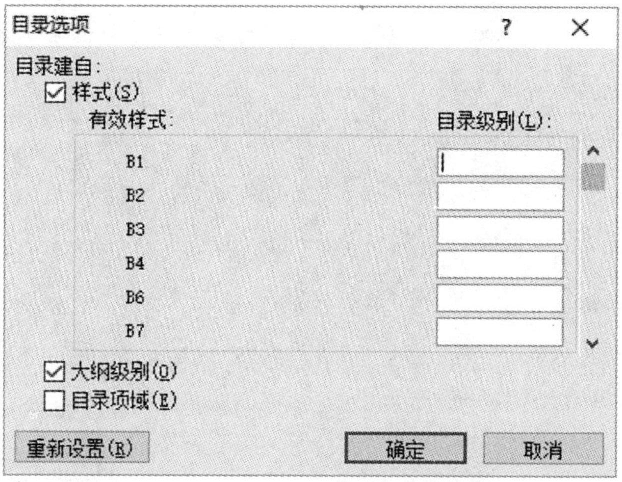

图4-65 "目录选项"对话框

⑤在"目录"对话框中，还可以点击"修改"按钮，打开"样式"选项框，选择需要修改样式的目录级别，如图4-66所示。

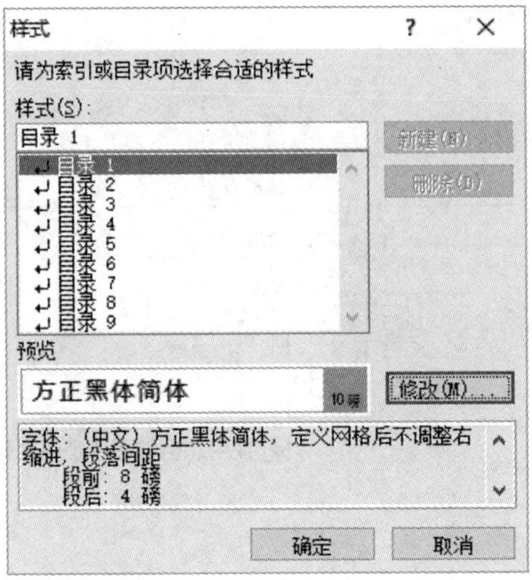

图 4-66　修改目录“样式”对话框

四、用“目录项域”编制目录

有时需要在目录中显示文档中的特殊段落、图例、图片等相应对象的标志信息，为解决此问题，可以使用“目录项域”。用“目录项域”编制目录可按以下步骤进行：

①将插入点置于所要标记对象的前面。

②执行“插入”→“文本”→“文档部件”→“域”菜单命令，打开“域”对话框，在左侧“域名”列表框中找到“TC”域并单击选择，如图 4-67 所示。

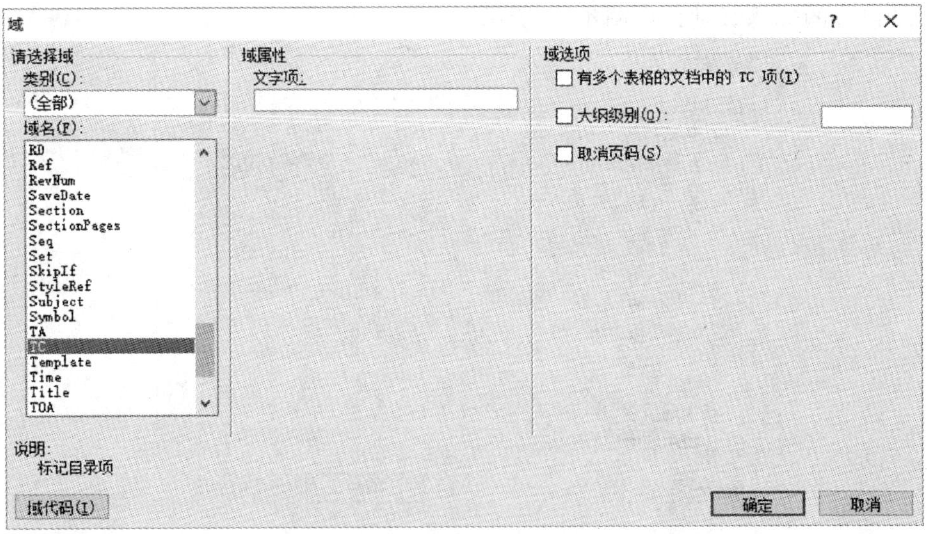

图 4-67　目录“域”对话框

③在“文字项”框中输入要显示在目录中的文字。对于段落、图片等对象，可用较短的说明性词句进行概括。

④设置其大纲级别，这将影响到“文字项”文字在目录中的显示效果。

提示：如果“大纲级别”项置空，则“文字项”文字在目录中按一级样式显示。

⑤单击“确定“按钮，就将该域插入到了指定位置，此时，已对该目录项标记完毕。重复上述步骤可继续标记其他对象。

注意：TC域的格式为隐藏文字，且不在文档中显示结果。若要查看该域，可单击“常用”工具栏上的“显示/隐藏编辑标记”。

⑥将插入点置于要插入目录的位置。

⑦执行“引用”→“目录”→“插入目录”，在“目录”选项卡下单击“选项”按钮，在“目录选项”对话框中勾选“目录项域”复选框，单击确定。

五、更新目录

编辑目录后，如果文档中内容发生了变化，如增加或删除文本使页码发生变化或者添加或删除了文档中的标题或其他目录项，则需要对目录进行更新。

更新目录的方法是：在“引用”选项卡上的“目录”组中，单击“更新目录”按钮（如图4-68所示），或者右击选中目录，在弹出快捷菜单中选择“更新域”命令，完成对目录的更新。

图4-68　“更新目录”按钮

第五节　审阅和视图功能

一、批注的使用

在查看文档时可以通过批注和修订来对文档进行注解和说明，以方便不同的人对同一文档进行沟通。

批注是用户对文档的部分内容进行的注释和说明，它的作用是只评论注释文档，而不直接修改文档。因此，批注并不影响文档的内容。“批注”功能选项位于“审阅”菜单下，如图4-69所示。

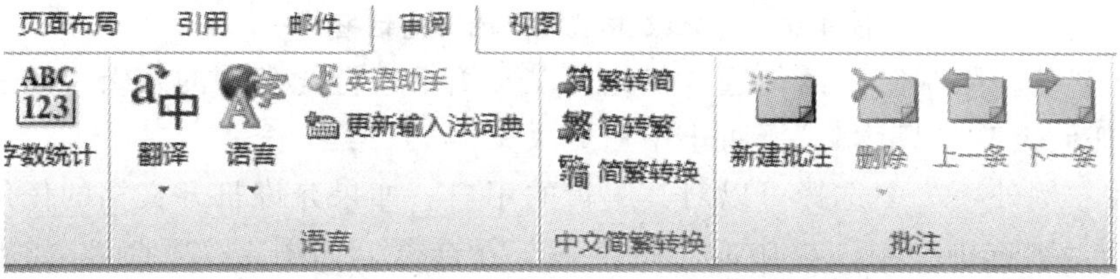

图4-69　“批注”功能选项

1.新建批注

①选择要设置批注的文本或内容，或单击文本的尾部。

②在“审阅”→“批注”菜单中，单击“新建批注”。

③在批注框中键入批注文字。

2.删除批注

若要快速删除单个批注，请用鼠标右键单击批注，然后单击“删除批注”即可，若要删除多个批注，在“批注”工具栏上，单击“删除”中的“删除文档中的所有批注”。

二、文档修订功能的应用

修订是用户对文档进行的修改，可以显示文档中所做的如插入、删除等编辑更改的标记，并可以选择是否接受这些修订，方便大家一起协同更改。

在“审阅”→“修订”选项中，单击“修订”进入文档修订状态，如图4-70所示。

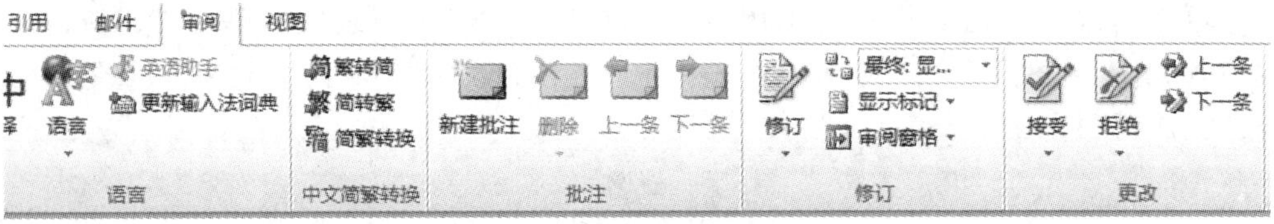

图4-70 “修订”功能选项

三、设置文档的局部保护功能

①选定需要进行编辑的（无限制的）文本，按住Ctrl键可选中不连续的内容。

②选择“审阅”→“保护”→“限制编辑”命令，如图4-71所示。

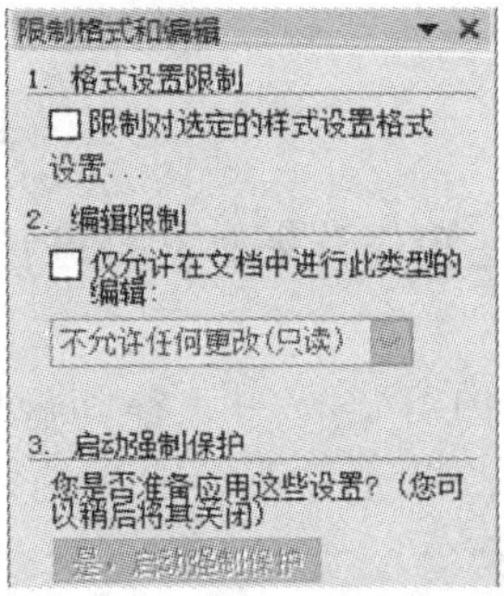

图4-71 “限制格式和编辑”对话框（一）

③在“编辑限制”下面勾选“仅允许在文档中进行此类型的编辑”列表中选中“不允许任何更改（只读）”，防止用户更改文档。

④在“例外项”中选择可以对其编辑的用户。如果允许打开文档的任何人编辑所选部分，则选中“组”框中的“每个人”复选框，如图4-72所示。如果允许特定的个人编辑所选部分，单击“更多用户”，然后输入用户名。

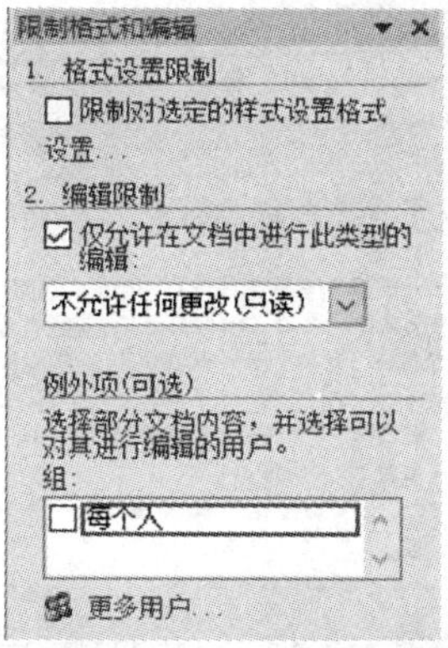

图4-72 “限制格式和编辑”对话框（二）

⑤对于允许编辑所选部分的个人，选中其名字旁的复选框，最后单击“是，启动强制保护”，并输入保护密码。

⑥如果要停止保护，可单击“保护文档”任务窗格底部的“停止保护”按钮，输入密码，即可解除保护。

四、比较文档

通过“审阅”菜单项中的“比较”功能（如图4-73所示），可以对两份文档进行对比，显示两者的差别。

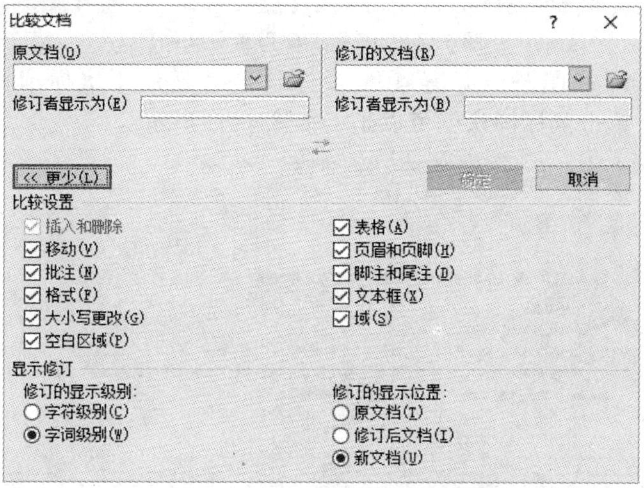

图4-73 “比较文档”对话框

五、使用多窗口查看文档

在编辑长文档的时候，要查看文档的不同部分，用多个窗口来显示同一文档的不同部分，可以大大方便查找、编辑工作。实现方法如下：

单击“视图”→“窗口”→“新建窗口”，然后再单击“全部重排”，可打开上下两个窗口来显示同一文档，如图4-74所示。

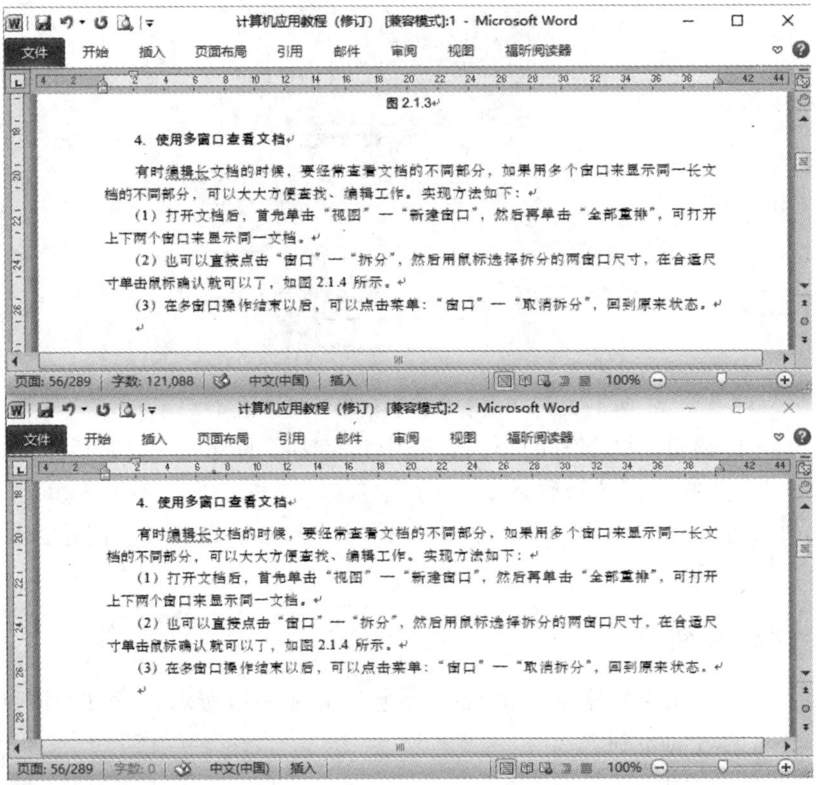

图 4-74 使用多窗口查看文档

也可以点击“视图”→“窗口”→“拆分”，然后用鼠标选择拆分的两个窗口，在合适尺寸单击鼠标确认就可以了，如图4-75所示。

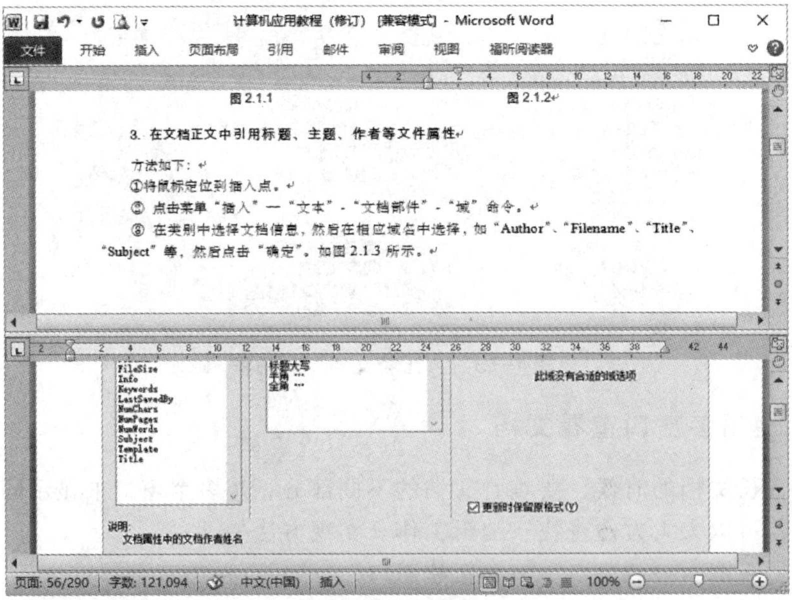

图 4-75 拆分窗口

在多窗口操作结束以后，可以点击菜单“窗口”→“取消拆分”回到原来状态。

六、宏的操作

如果需要在Word中反复执行某项任务，可以使用宏自动执行，以提高效率。宏是一系列Word命令和指令，这些命令和指令组合在一起，形成了一个单独的命令，以实现任务执行的自动化。

宏常应用于以下目的：

①加速日常编辑和格式设置；

②组合多个命令，例如，插入具有指定尺寸和边框、指定行数和列数的表格；

③使对话框中的选项更易于访问；

④自动执行一系列复杂的任务。

Word提供了两种方法来创建宏：宏录制器和Visual Basic编辑器。

1. 录制宏

①在“视图”→“宏”菜单上，执行“录制宏”，如图4-76所示。

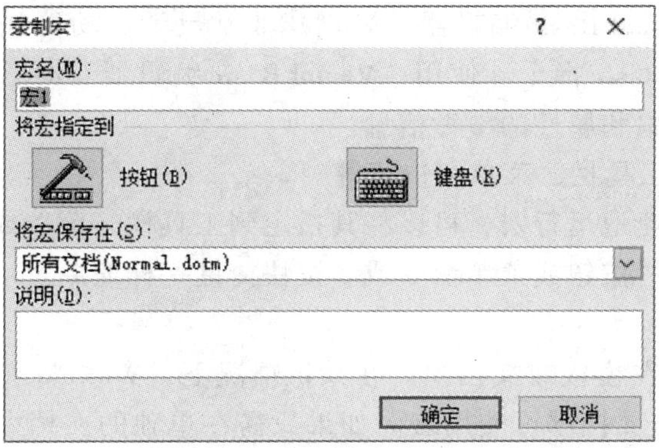

图4-76　“录制宏”对话窗口

②在“宏名”框中，键入宏的名称。

③在“将宏保存在”框中，单击将保存宏的模板或文档。

④在“说明”框中，键入对宏的说明。

⑤如果不希望将宏指定到工具栏、菜单或快捷键，请单击确定开始录制宏。若要将宏指定到工具栏或菜单，请单击“工具栏”，然后单击“命令”选项卡；在“命令”框中，单击正在录制的宏，然后将其拖动到指定的工具栏或菜单；单击“关闭”，开始录制宏。要给宏指定快捷键，请单击“键盘”；在“命令”框中单击正在录制的宏，在“请按新快捷键”框中键入所需的快捷键，然后单击“指定”；单击“关闭”，开始录制宏。

⑥执行要包含在宏中的操作。录制宏时，可以使用鼠标单击命令和选项，但不能选择文本。必须使用键盘记录这些操作。例如，可以使用F8键来选择文本，并按End键将光标移动到行的结尾处。

⑦若要停止录制宏，请单击“停止录制”按钮。

录制宏时应该注意以下事项：

①在录制宏之前，请计划好需要宏执行的步骤和命令。

②如果在录制宏的过程中进行了错误操作，更正错误的操作也将被录制。录制结束后，可以编辑宏以删除录制的不必要的操作。

③尽量预测任何Word可能显示的信息，这些信息可能阻止宏运行。

④如果宏包含“编辑”菜单中的“查找”或“替换”命令，请单击“查找”或“替换”选项卡上的“高级”按钮，然后单击“搜索范围”框中的“全部”选项。如果宏仅向上或向下进行搜索，Word会在达到文档开头或结尾时停止运行宏，并显示提示信息询问是否继续搜索。

⑤如果要在其他文档中使用正在录制的宏，请确认该宏与当前文档的内容无关。

⑥如果经常用某个宏，可将其指定给工具栏按钮、菜单或快捷键，这样，就可以直接运行该宏而不必打开“宏”对话框。

2.使用Microsoft“Visual Basic编辑器”创建宏

可以使用“Visual Basic编辑器”来创建非常灵活、功能强大的宏，其中包含无法录制的Visual Basic指令。使用“Visual Basic编辑器”时，可以获取附加的帮助，例如，关于对象和属性的参考信息。

3.将宏指定到工具栏、菜单和快捷键

如果要方便快捷地运行宏，可以将其指定到工具栏、菜单或快捷键。这样，运行宏就和单击工具栏按钮或菜单命令或者按快捷键一样简单。

4.保存宏

可以将宏保存在模板或文档中。在默认情况下，Word将宏保存在Normal模板中，这样所有Word文档都可使用宏。如果只需在单独的文档中使用宏，可以将宏保存在该文档中。文档中单独的宏保存在宏方案中，可以将该宏从文档中复制到其他文档。

5.在网页中自动执行任务

在以网页保存并发布的Word文档中，使用脚本标记和“Microsoft脚本编辑器”，而不是使用宏来自动执行任务。

脚本标记用来标记Word文档中存储脚本的位置。双击Word文档中的脚本标记会启动“Microsoft脚本编辑器”，这时就可以开始编辑脚本。在Web浏览器中显示网页时，将会运行脚本。

6.删除宏

如果要删除单个的宏，可以执行以下操作：

①在“工具”菜单上，指向“宏”子菜单，再单击“宏”。

②在“宏名”框中单击要删除的宏的名称。

③如果该宏没有出现在列表中，请在“宏的位置”框中选择其他文档或模板。

④单击“删除”按钮。

如果要删除宏方案，可以执行以下操作：

①在“工具”菜单上，指向“宏”子菜单，再单击“宏”。

②单击“管理器”按钮。

③在“宏方案项”选项卡上，单击要从任一列表中删除的宏方案，然后单击“删除”。

注意：Microsoft Word在左边的列表中显示活动文档中使用的宏方案，在右边的列表中显示Normal文档模板中使用的宏方案。

七、如何实现邮件合并功能

邮件合并功能用于创建套用信函、邮件标签、信封、目录以及大宗电子邮件和传真分发。邮件合并进程涉及三个文档：主文档、数据源和合并文档。要完成基本邮件合并进程，必须按照下列步骤操作：

①打开或创建一个主文档。在Word的邮件合并操作中，主文档包含对于合并文档的每个版本都相同的文本和图形，例如，套用信函中的寄信人地址或称呼。

②使用独特的收件人信息打开或创建数据源。数据源包含要合并到文档中的信息。例如，要在邮件合并中使用的名称和地址的列表，必须首先连接到数据源，然后才能使用该文件中的信息完成邮件合并进程。

③在主文档中可以添加或自定义合并域。合并域是在主文档中插入的占位符。例如，插入“城市”合并域可以让插入存储在“城市”数据字段中的城市名称，例如“巴黎”。

④在主文档中合并来自数据源的数据，创建一个新的合并文档。合并文档是将邮件合并主文档与地址列表合并后得到的结果文档。结果文档可以是打印结果文档或包含合并结果的新的Word文档。

实现上述操作，Word使用向导来指导完成所有步骤，从而使邮件合并变得容易，具体方法如下：

①点击“邮件”→“开始邮件合并”中的开始邮件合并功能，打开“邮件合并”向导，如图4-77所示。

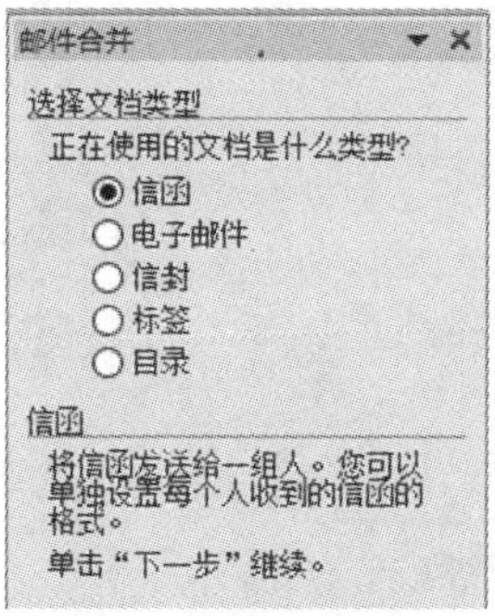

图4-77 “邮件合并”向导

②按照向导提示，分6个步骤，一步一步选择完成邮件合并。

八、如何使用控件

Word 2010控件在开发工具中默认是隐藏的，需要先打开才能使用。

依次点击菜单项“文件”→“选项”，打开“选项”界面，如图4-78所示。

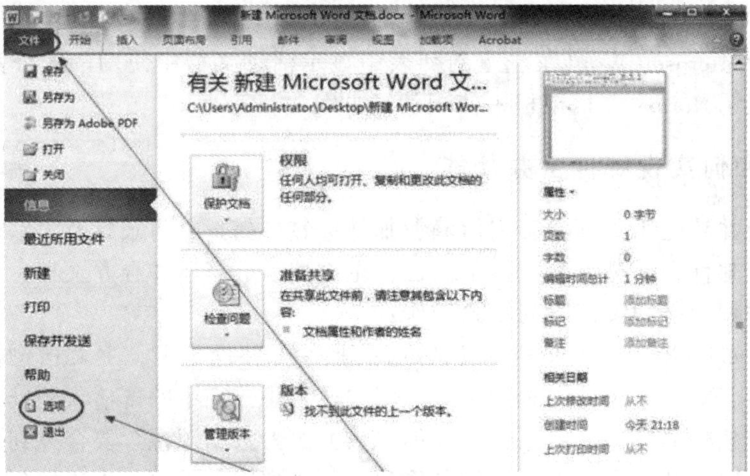

如图4-78　“选项”界面

在“选项”界面中，进入“自定义功能区”，将右边的开发工具打上“√”，然后确定退出“选项”界面，这时在Word菜单栏上就能看到“开发工具”这个菜单了，如图4-79所示。在菜单栏中出现“开发工具”菜单项后，就可以使用其中的控件了。

图4-79　“自定义功能区”界面

第六节 文档打印设置

在Word中，“页”一般是指打印时的单位，因为在文档打印时，所有的内容是以一页一页的形式打印出来的。“一节”是指使用分节符分隔的一段或者多段文字。

在使用Word进行排版和编辑时最小的单位是“字符”，用户可以根据需要对文档中的每个字符进行不同的格式设置。多个字符在一起，再加上一个段落标记，则组成一个段落，对于段落而言，可以直接设置段落的对齐方式、段落间距等的特殊格式。一个或者多个段落在一起，再加上一个分节符，则成为一节。对于每一节而言，其中的页面设置、页眉页脚都是独立的，不受其他节的影响。

Word的分节功能可以将一个文档划分为若干节，每节可以单独设置页眉页脚、页面方向、页码、栏、页面边框等格式。通过使用分节符，用户可以进行更多的文档控制及设置更多的显示效果。Word提供了四种分节符类型，分别是：

下一页：插入分节符并在下一页上开始新节。用这种分节符后，分节符无论是在文档中的任何位置，其后面的内容都会在下一页开始处进行显示。

连续：插入分节符并在同一页上开始新节。分节符不改变文档的排版结构，而是直接在文档中的任意位置将文档分为两节。

奇数页：插入分节符并在下一个奇数页上开始新节。如果使用“奇数页”分节符，分节符后面的一页则一定是奇数页，也就是说，如果在第3页后面插入一个“奇数页”分节符，则原本第3页后面应该是第4页，但是现在会变为第5页。这在一些特殊稿件的排版中经常使用，例如，在一本书中，每一个新章节的第1页一般都是从奇数页开始的。这时，就可以使用“奇数页”分节符，使排版更加清晰。

偶数页：插入分节符并在下一个偶数页上开始新节。其后面的一页必然是偶数页。

一、逆页序打印

如果有一篇很多页的文档需要打印，按照Word中的默认设置总是从第一页打印到最后一页，所以整篇文档打印完后是最后一页在最上面，第一页在最下面，这样又要手工将所有的页逆序整理一遍，十分麻烦。在打印前先在“文件”→“选项”→“高级”→“打印”选项卡中选中“逆页序打印”，即可在打印时按逆序从最后一页打印到第一页，从而打印完后所有的页是顺序排列的，如图4-80所示。

二、打印同一文档时使用不同的页面方向

如果要在一篇文档中同时使用竖向和横向两种不同的页面方向，可以先选中需要改变方向的文档内容，然后选择“页面布局”→“页面设置”命令，在弹出的“页面设置”对话框中的“纸型”选项卡中设置所需的页面方向，并在“应用于”选项栏中选中“所选文字”即可。Word是在所选内容的前后各插入一个分节符，并

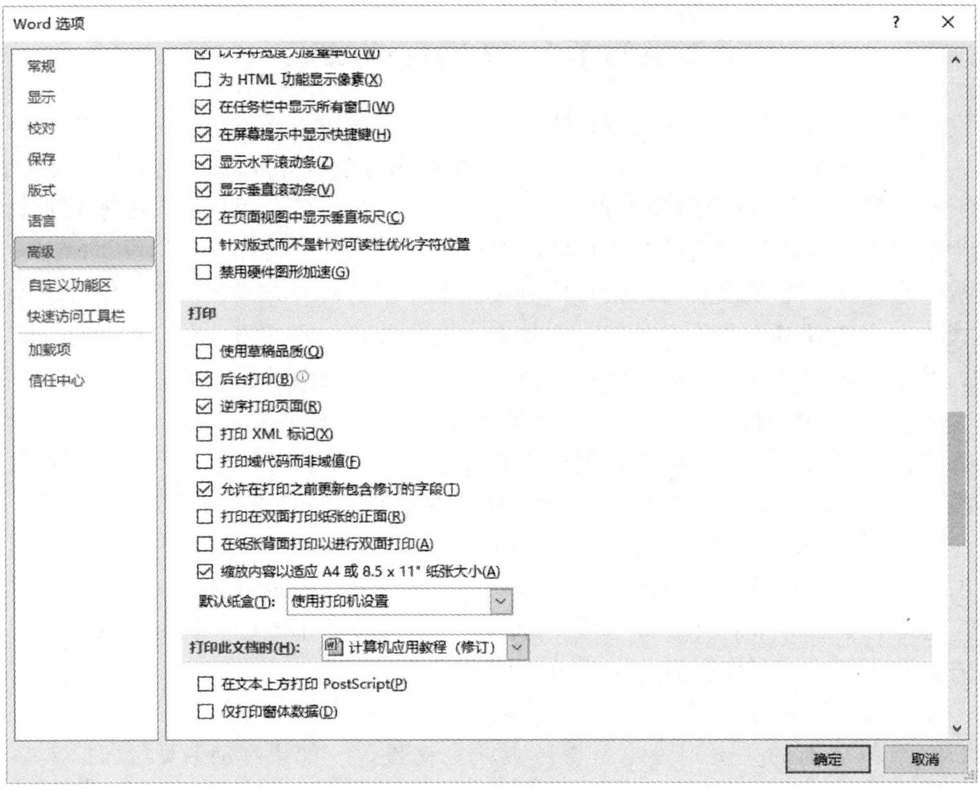

图 4-80 “打印”选项卡

仅对这一节中的内容进行页面方向更改，从而实现了在同一文档中使用不同的页面方向。

三、打印到文档

如果需要将一篇用Word编辑好的文档进行打印，而正好这台电脑又没有配备打印机，可以在“打印”对话框中选中“打印到文档”选项，在输入文件名后即可生成一个后缀名为“prn”的打印机文件，在其他配备打印机的电脑上用这个打印机文件即可将文档进行打印，即使那台电脑上没有安装Word也行。

四、在打印预览界面下编辑文档

一般在打印预览界面中通过放大和缩小来预览文档最终的打印效果，其实只要点击打印预览工具条中的“放大镜”按钮（使按钮处于不按下的状态），就可以在打印预览界面中直接编辑文档，而不用关闭打印预览。

五、打印折叠的小册子

一般页面设置选择“书籍折页”时，Word在纸的一页上打印两页。具体操作如下：

①在“文件”菜单上，单击“打印”。

②设置双面打印选项。如果用的是双面打印机（自动在纸的两面打印），单击“属性”，然后设置所需选项。如果可以设置页面方向和双面打印选项，选择横向和在文档的短边翻转；如果用的不是双面打印机，在“打印”对话框中选择“手动双面打印”复选框。Word会在纸的一面打印，再提示将纸放回纸盒，然后在另一面打印。

③选择要打印的页面范围。如果单击“当前页”或“页面”，Word会打印指定的页面加上属于同一张纸上的另外3页；如果单击“选定”，Word会使用默认的页面版式代替小册子版式来打印选定的内容。

六、预留装订线区域

为了让双面打印且比较厚的文档能够在装订后不会遮挡文字，可以预留出装订线区域。从菜单中选择“页面布局”→“页面设置”命令，显示“页面设置”对话框，选择“页边距”选项卡。在“页码范围”中设置“多页”为“对称页边距”；在“页边距”中设置“装订线”为“2厘米”，并可预览效果；在“预览”中设置“应用于”为“整篇文档”，如图4-81所示。

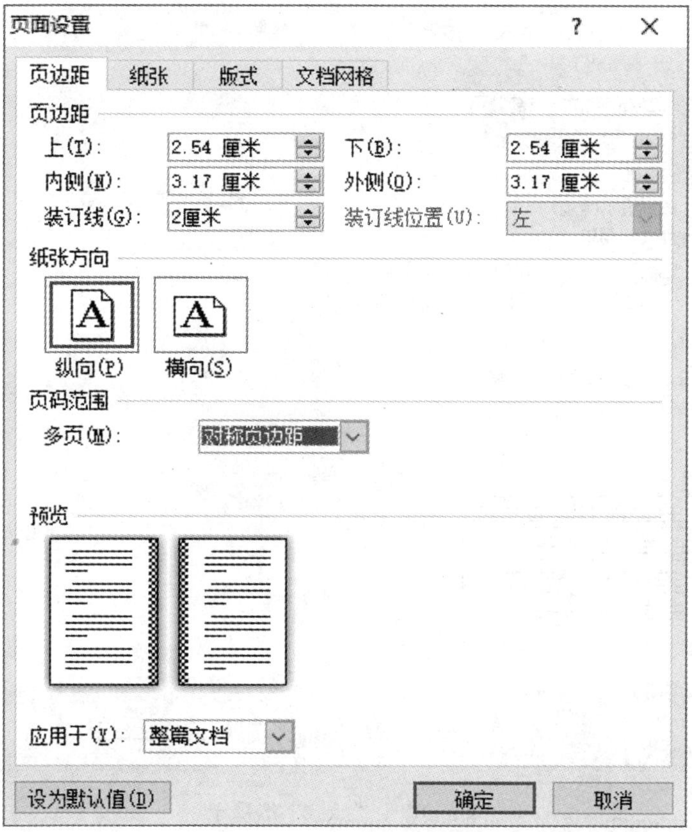

图4-81 “页边距”选项卡

七、要求奇数页总是位于书右侧页上，偶数页总是位于左侧页上

①选择“页面布局”→“页面设置”→“分隔符”→“分节符”→“下一页”，在每一章的后面插入分节符，如图4-82所示。

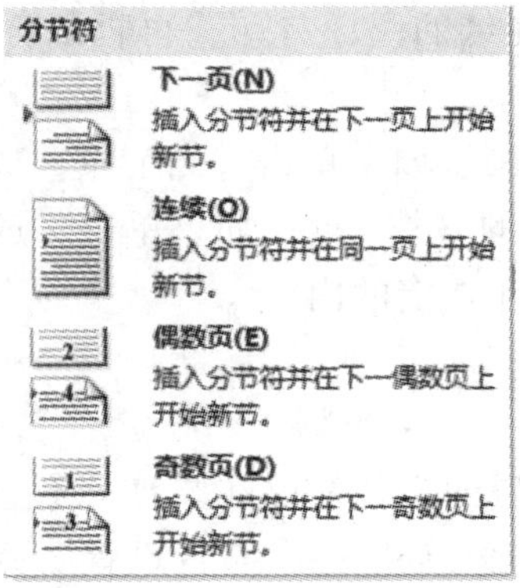

图4-82　“分节符”选项卡

②在“页面设置”对话框中选择“版式”选项卡，如图4-83所示。

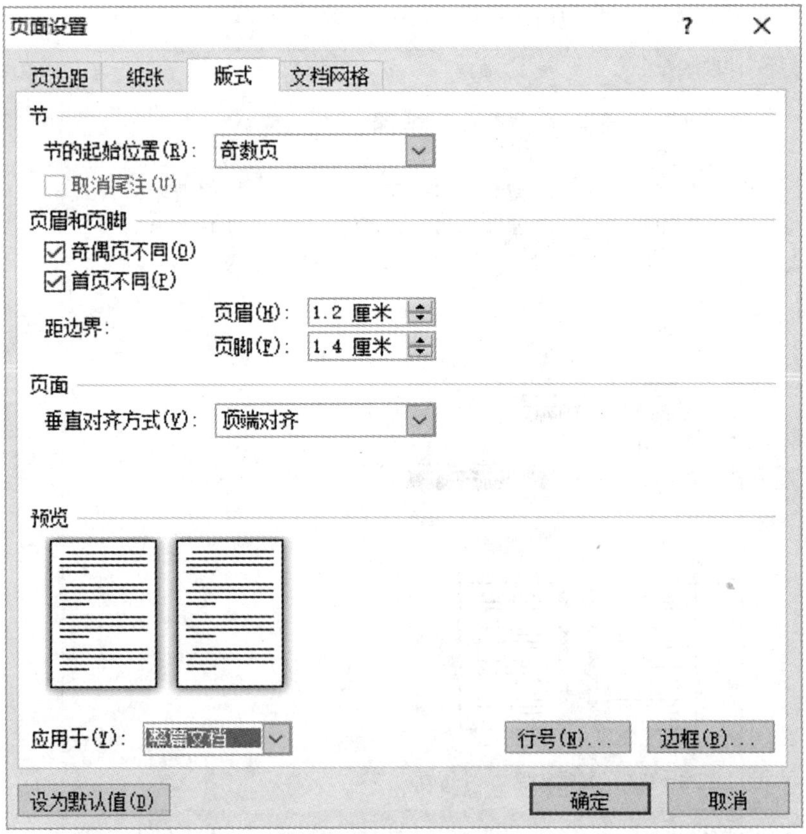

图4-83　“版式”选项卡

③在“节”中选择“节的起始位置”为“奇数页”，这样可以让每一节都从奇

数页开始，从而让每章的首页位于奇数页。如果此时打印预览，会看到在目录前和第1章前等位置出现空白页。这是因为每一节都从奇数页开始的缘故。当上一节的文字在奇数页就结束时，为了让本节从奇数页开始，就会自动加入空白页。特别要注意，这个空白页只有打印预览时才可看到，在编辑状态下无法看到，不要误以为没有加入空白页。

八、目录和正文部分采用不同的页码格式，并且都从1开始编号

一般在杂志和书中，目录和章节可以分别采用不同类型的页码。例如，目录的页码用罗马数字Ⅰ、Ⅱ、Ⅲ等，章节的页码用阿拉伯数字1、2、3等。

①将各部分需要添加不同类型页码的内容之间通过“页面布局”→“页面设置”插入“下一页”分节符。

②按“Ctrl+Home”快捷键定位到文档开始位置，从“插入”菜单选择进入“页眉和页脚”页框。执行“页眉”或“页脚”中的“编辑页眉”或者“编辑页脚”功能。首先显示的是第1节首页页脚，第1节是封面，不需要添加页码。

③在“页眉和页脚工具”页框单击“下一节”按钮，显示第2节的首页页脚。第2节是目录，需要添加罗马数字的页码。在第2节首页页脚的右上方显示“与上一节相同”，表示与第1节首页相同，显然，需要断开和第1节之间的链接。在“页眉和页脚工具”页框单击“链接到前一个”按钮，“与上一节相同”提示文字消失。从菜单选择“插入”→“页码”→“页面底端”，然后选择“页码”→“设置页码格式”功能，显示“页码格式”对话框，可设置页码的格式和起始编号，如图4-84所示。

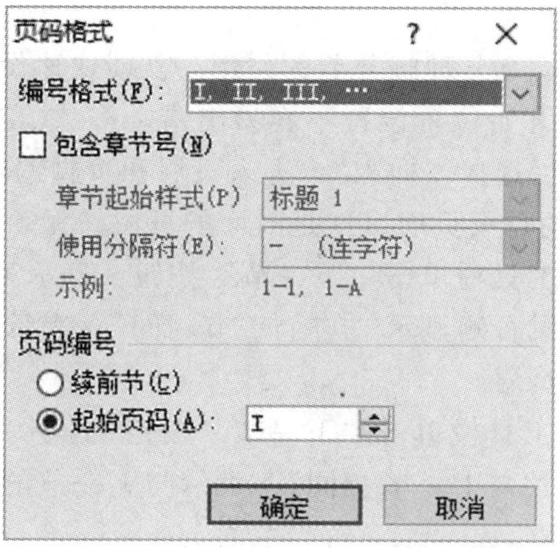

图4-84 “页码格式”对话框

在“编号格式”中选择罗马数字格式“Ⅰ，Ⅱ，Ⅲ，…”，在“页码编号”中选择“起始页码”为“Ⅰ”。这样就出现罗马数字格式的页码，如图4-85所示。

如果目录较长，在目录的第2页会显示偶数页页脚，其将自动采用罗马数字格式，无须再进行设置。

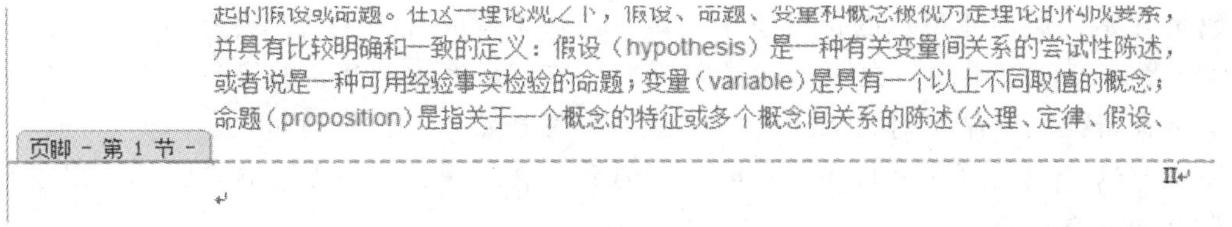

图4-85　罗马数字格式页码

④在“页眉和页脚”工具栏单击“显示下一项”按钮，显示第3节的首页页脚。第3节的首页页脚会显示“与上一节相同”提示文字。在“页眉和页脚”工具栏单击“链接到前一个”按钮，“与上一节相同”提示文字消失。在“页眉和页脚”工具栏单击“设置页码格式”按钮，显示“页码格式”对话框。在“数字格式”中选择“1，2，3，…”，在“页码编排”中选择“起始页码”为1。设置完毕，后面的所有节都会按阿拉伯数字格式延续页码的设置和编号，如图4-86所示。

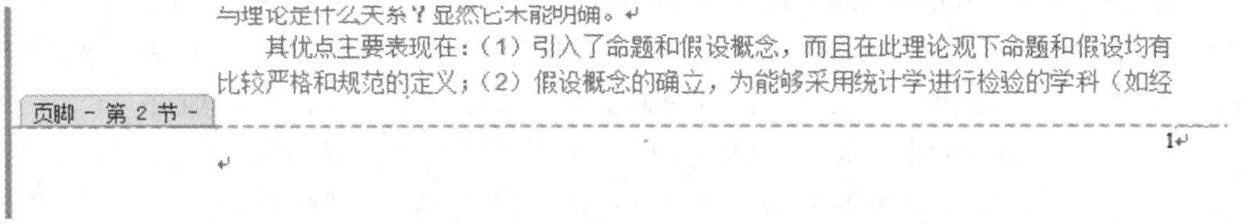

图4-86　阿拉伯数字格式页码

九、奇偶页的页眉不同

在“页眉和页脚”中选中“奇偶页不同”和“首页不同”，这样可以分别添加奇数页、偶数页和每一节的首页的页眉和页脚，并使其内容不同。在“预览”中选择“应用于”为“整篇文档”。

在添加页眉时，只要充分理解分节的作用，就能快速设置出复杂的页眉。设置页眉和页脚时，从文档开始位置设置不容易出错。按“Ctrl+Home”快捷键定位到文档开始位置，从菜单栏选择“插入”，进入页眉和页脚编辑状态。

首先会显示第1节的首页页眉，这是封面的页眉，无须设置。

在“页眉或页脚”工具栏单击“下一节”按钮，显示第2节的首页页眉，这是目录。第2节的首页页眉右侧显示“与上一节相同”，表示与上一节的首页页眉相同，目录同样无须设置页眉。

在“页眉或页脚”工具栏单击“下一节”按钮，显示第3节的首页页眉。第3节的首页页眉右侧显示“与上一节相同”，表示与上一节的首页页眉相同，每一章的首页同样无须设置页眉。

在“页眉或页脚”工具栏单击“下一节”按钮，显示第3节的偶数页页眉。在本文档中，这是第一次出现正文中的偶数页页眉的内容。如果文档的前面部分也有偶数页页眉（例如，目录比较长时，就有可能在目录节首先出现偶数页页眉），就应该使此处的偶数页页眉与上一节不同。在“页眉和页脚”工具栏单击“同前”按钮，使“与上一节相同”消失。在页眉处输入本文档的大标题（一般是杂志名或书名），并使其左对齐。

在“页眉和页脚”工具栏单击“下一节”按钮，显示第3节的奇数页页眉。在本文档中，这是第一次出现正文中的奇数页页眉的内容。如果文档的前面部分也有奇数页页眉（例如，目录比较长时，就有可能在目录节首先出现奇数页页眉），就应该使此处的奇数页页眉与上一节不同。在“页眉和页脚”工具栏单击“同前”按钮，使“与上一节相同”消失。奇数页的页眉要显示每章的标题，如果按照常用方法，可以录入标题内容，但是，必须在以后的每一节录入不同的标题，比较麻烦。可以利用插入域的方法，一次性设置好所有奇数页的标题，并使标题自动采用该节的标题。由于在每一章的标题都采用了“标题1”样式，所以可以用一个域引用“标题1”样式，这样就能自动根据当前节的“标题1”样式显示它所对应的文字内容，无须反复录入。

定位到页眉中，从菜单栏选择“插入”→“文本”→“文档部件”→“域”命令，显示“域”对话框，如图4-87所示。

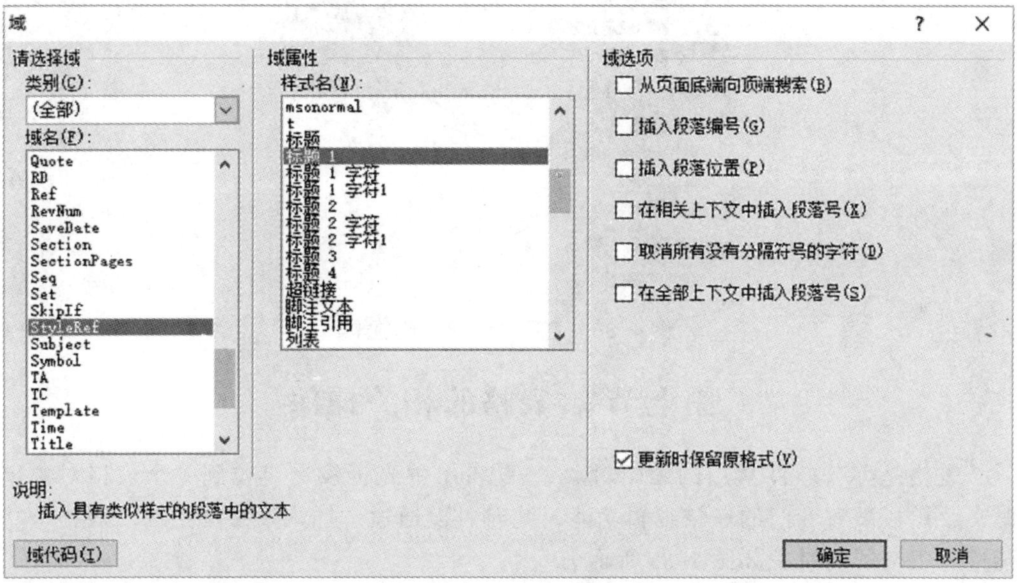

图4-87　“域”对话框

在“域名”中选择“StyleRef”域，并在“样式名”中选择“标题1”样式，表示引用“标题1”样式中的文字，即可将本节“标题1”样式对应的文字插入页眉，设置页眉对齐方式等项。

在“页眉或页脚”工具栏连续单击“下一节”按钮，显示其他节的首页、偶数页和奇数页页眉，此时都保持默认设置即可，让每个页眉都与上节相同。其中奇数页页眉会根据当前节的“标题1”样式所对应的文字的变化自动改变。

十、分别打印奇数页和偶数页

如果先打印所有的奇数页，再在所有奇数页的背面打印偶数页，就能比较快速地完成双面打印。从菜单栏选择“文件”→“打印”命令，显示“打印”对话框，在“打印”中选择打印范围“奇数页”，如图4-88所示。打印完毕，会得到按1，3，5…顺序排列的所有奇数页。将这些奇数页重新放入纸匣，应将背面未打印的部分朝向正面。还需要注意纸张方向，不要使背面在打印出来后文字颠倒。在“打印”对话框中设置打印范围为“偶数页”。

图4-88　打印“设置”选项卡

第七节　表格的相关操作

表格是办公软件常用的编辑对象，在Word中光标没有定位到一个表格对象上时，菜单栏没有专门的表格编辑功能，此时可以通过“插入”菜单中的“表格”功能进行表格的绘制，如图4-89所示。

当光标定位到了一个表格对象上时，菜单栏会出现一个“表格工具”敏感菜单项，其中包括针对表格对象的“设计”和“布局”功能，可以利用这些功能对表格对象进行编辑，如图4-90所示。

一、如何让文字自动适应单元格大小

向表格中输入文字时，表格的列宽会自动增加以适应文字，但如果对单元格的尺寸有要求，则可以自动调整文字间距以适应单元格。要启动这项功能，可进行如下设置：

①选中单元格，在单元格上单击右键，从快捷菜单中选择“表格属性”，如图4-91所示。

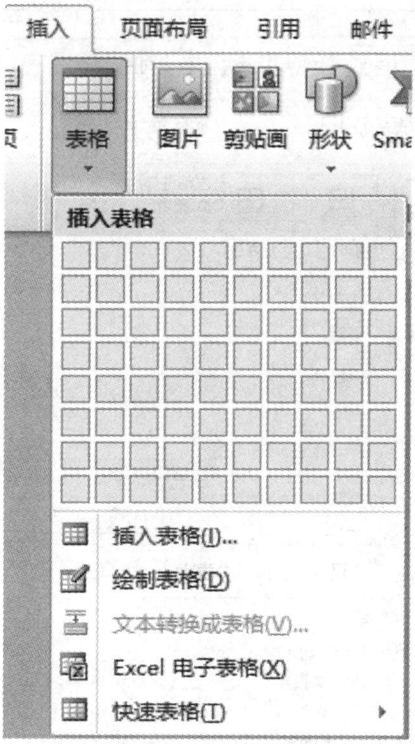

图 4-89　“表格”功能

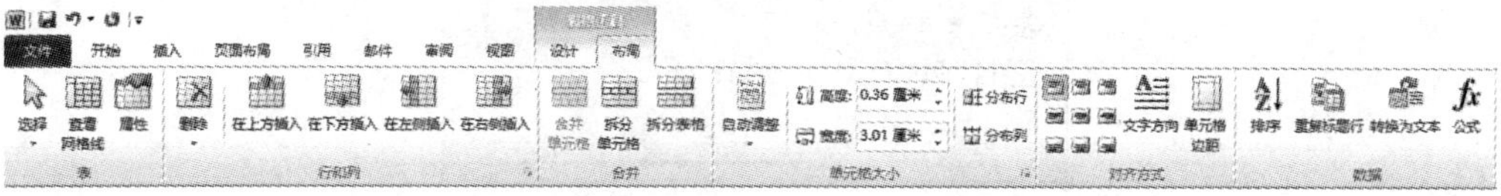

图 4-90　“表格工具”敏感菜单项

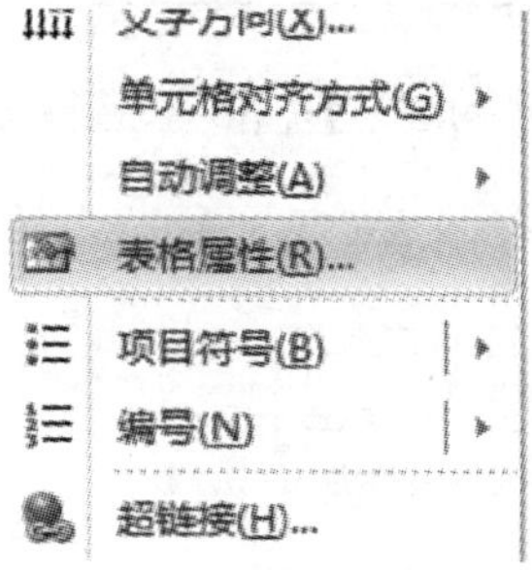

图 4-91　选择“表格属性”

②在“表格属性”对话框的“表格”选项卡中，单击“选项”按钮，如图 4-92 所示。

③在弹出的“表格选项”对话框中，清除“自动重调尺寸以适应内容”复选框以固定表格尺寸，如图 4-93 所示。

④在“表格属性”的“单元格”选项卡中，单击“选项”按钮，如图 4-94 所示。

图 4-92　“表格”选项卡

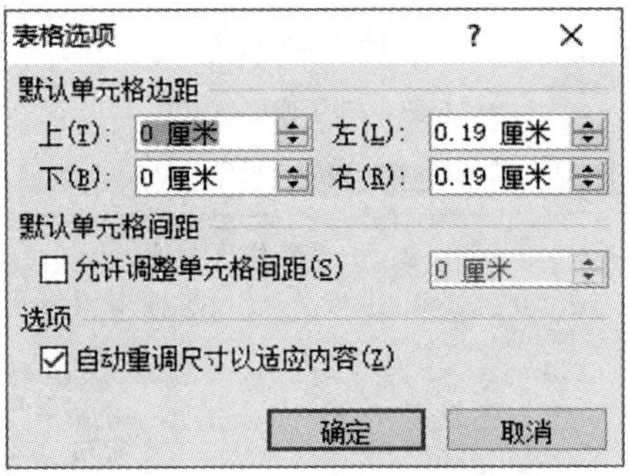

图 4-93　“表格选项”对话框

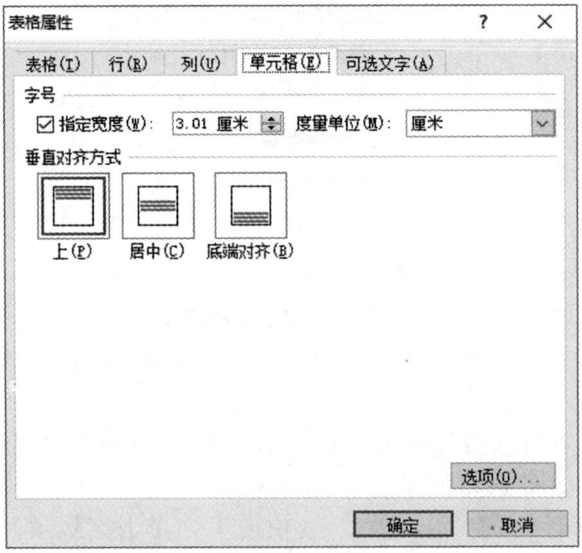

图 4-94　“单元格”选项卡

⑤弹出“单元格选项”对话框（如图4-95所示），单击选中“适应文字”复选框。为了让单元格容下尽量多的文字，还可以把单元格边距全都设为零。

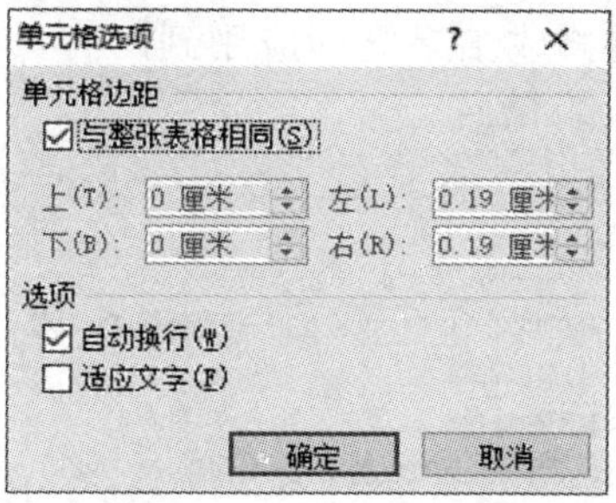

图4-95 单元格选项”对话框

二、在Word中快速实现表头重复

①在制作表格时，通过快捷菜单的“合并单元格”将第一行合并为一个单元格，如图4-96所示。

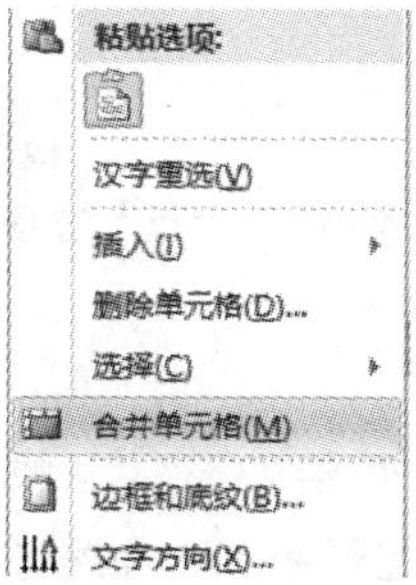

图4-96 选择“合并单元格”

②选中第一行的单元格，通过快捷菜单，打开“边框和底纹”对话框，如图4-97所示。在“边框”选项卡中，选择“自定义”，并设置只显示“下边框线”，这样表头就不显示边框线了。

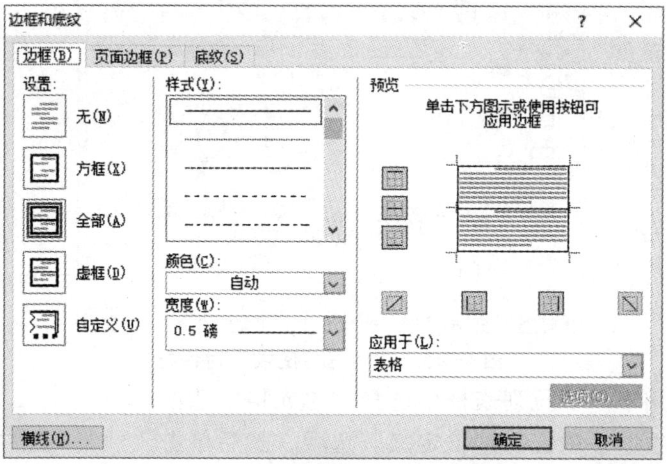

图4-97 “边框和底纹”对话框

③选中“表格属性”对话框中的“行”选项卡，在选项中勾选“在各页顶端以标题行形式重复出现”，如图4-98所示。这样，要编辑或修改表头内容，只能对第一页的表头进行操作，并将修改结果立即应用到所有页的表头中。

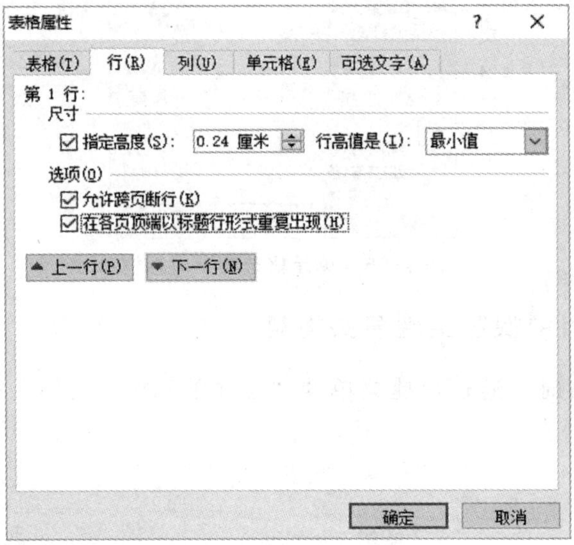

图4-98　“行”选项卡

三、并排两个表格

要在Word中的表格两侧插入其他表格，一般将表格属性设置为“环绕”版式，然后拖动实现。此外，还可以通过隐藏部分行线的方法将一个表格一分为二，从而间接得到并排的双表格，方法如下：

①根据所需插入的表格，选中表格中间的某列，然后选择快捷菜单的“边框和底纹”命令，打开“边框和底纹”对话框，如图4-99所示。

图4-99　“边框与底纹”对话框

②在“应用于”下拉列表框中选择“单元格”选项。

③在“设置”栏中选择“自定义”选项，然后单击“预览”栏中的所有行线按钮，将该列单元格的行线隐藏。

四、对表格行与列求和

对表格中位于同行或同列单元格的数据进行求和运算，可以按以下步骤操作：

①将光标置于需要求和的行或列的最后一个数据下面的单元格中（该单元格最好是空白单元格，且列中输入的都是符合标准的数字，如果某些单元格中没有数据，需要用0代替）。

②选择“表格工具”→“布局”→“数据”→“公式”命令，可以自动执行求和等操作，如图4-100所示。

图4-100 “公式”选项

五、将表格转换成文字

①在表格中选中要转换为文字的单元格。选择“表格工具”→“布局”→“数据”→“转换为文本”。

②可将表格转换为文字，原来每列单元格中的内容以制表符隔开，每一行为一个段落标记。

六、实现文本与表格之间的转换

①在要划分列的位置插入所需的分隔符。例如，在一行有两个字的列表中，在第一个字后插入逗号或制表符，从而创建一个两列的表格。

②选择要转换的文本。

③执行“插入”→“表格”→“文本转换成表格”命令，如图4-101所示。

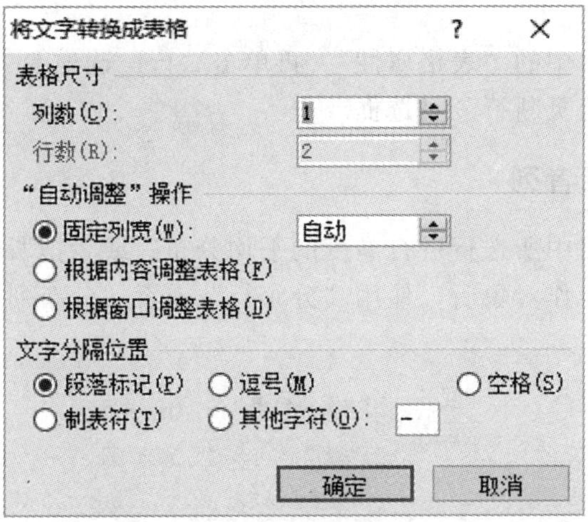

图4-101 “将文本转换成表格”对话框

④在“文字分隔位置”下，单击所需的分隔符选项。

七、对表格中的数据进行排序

①在表格中选定欲排序的数据范围。选择“表格工具”→“布局”→“数据”→“排序”，打开“排序”对话框，如图4-102所示。

②选定关键字、类型、升降序等内容。

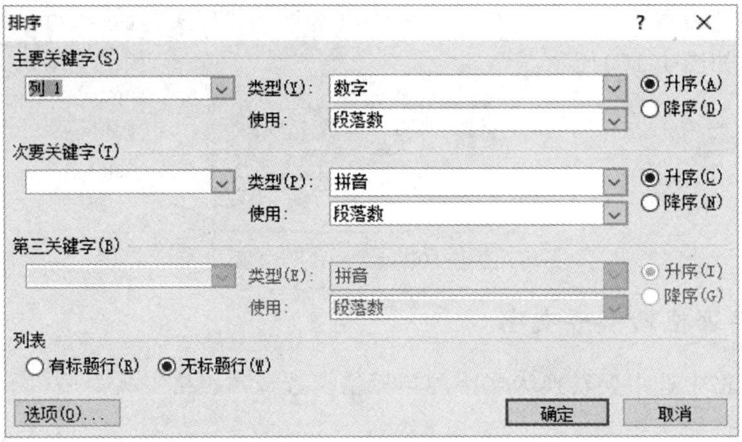

图4-102　“排序”对话框

八、绘制斜线表头

①单击要添加斜线表头的表格。

②单击菜单“表格工具”→“设计”，利用“绘制表格”命令就可以画斜线表头。

九、防止表格跨页断行

①右键单击表格。

②打开快捷菜单中的“表格属性”，再单击“行”选项卡。

③清除“允许跨页断行”复选框。

十、分布行或者列

如果需要把表格中所选行进行高度的平均分布，或者把所选列进行宽度的平均分布，可以在选择操作对象后，使用“分布行”或者“分布列”功能来完成，如图4-103所示。

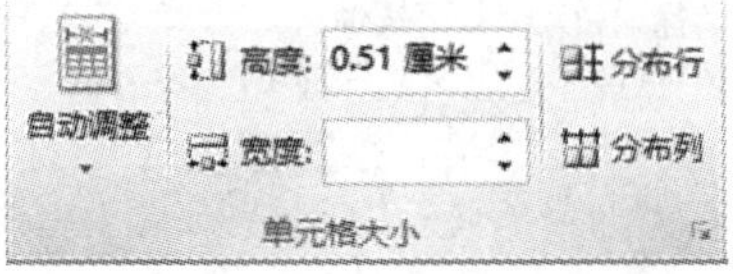

图4-103　“分布行”“分布列”功能选项

附录　Word快捷键

1. 用于基本编辑的快捷键（见表4-1）

表4-1　　　　　　　　用于基本编辑的快捷键

快捷键	作 用	快捷键	作 用
Ctrl+B	使字符变为粗体	Ctrl+J	两端对齐
Ctrl+I	使字符变为斜体	Ctrl+L	左对齐
Ctrl+U	为字符添加下划线	Ctrl+R	右对齐
Ctrl+Q	删除段落格式	Ctrl+M	左侧段落缩进
Ctrl+Spacebar	删除字符格式	Ctrl+Shift+M	取消左侧段落缩进
Ctrl+C	复制所选文本或对象	Ctrl+T	创建悬挂缩进
Ctrl+X	剪切所选文本或对象	Ctrl+Shift+T	减小悬挂缩进量
Ctrl+V	粘贴文本或对象	Ctrl+Q	取消段落格式
Ctrl+Z	撤销上一操作	Ctrl+Shift+S	应用样式
Ctrl+Y	重复上一操作	Alt+Ctrl+K	启动“自动套用格式”
Ctrl+Shift+F	改变字体	Ctrl+Shift+N	应用“正文”样式
Ctrl+Shift+P	改变字号	Alt+Ctrl+1	应用“标题1”样式
Ctrl+Shift+>	增大字号	Alt+Ctrl+2	应用“标题2”样式
Ctrl+Shift+<	减小字号	Alt+Ctrl+3	应用“标题3”样式
Ctrl+]	逐磅增大字号	Ctrl+Shift+L	应用“列表”样式
Ctrl+[	逐磅减小字号	Shift+方向键	选择区域
Ctrl+D	改变字符格式，相当于“格式”菜单中的“字体”命令	Shift+F1	显示代码
Shift+F3	改变字母大小写	Ctrl+Shift+D	为选定文本添加双下划线
Ctrl+Shift+A	将所有字母设为大写	Alt+F4	退出
Ctrl+Shift+K	将所有字母设成小写	Ctrl+R	向右对齐段落中的文本
Ctrl+Shift+W	只给字、词加下划线，不给空格加下划线	F1	帮助

续表

快捷键	作 用	快捷键	作 用
Ctrl+Shift+D	给文字添加双下划线	Alt+Shift+X	标记索引项
Ctrl+Shift+H	应用隐藏文字格式	Alt+Shift+I	标记引文目录项
Ctrl+＝（等号）	应用下标格式（自动间距）	Alt+Shift+O	标记目录项
Ctrl + Shift ++（加号）	应用上标格式（自动间距）	Ctrl+P	打印
Ctrl+Shift+Z	取消人工设置的字符格式	Ctrl+H	替换
Ctrl+Shift+Q	将所选部分设为 Symbol 字体	Ctrl+O	检索文件（相当于“打开”命令）
Ctrl + Shift + *（星号）	显示非打印字符	Ctrl+S	保存
Shift+F1	查看文字格式	F12	另存为
Ctrl+Shift+C	复制格式	Ctrl+F	查找
Ctrl+Shift+V	粘贴格式	Ctrl+Shift+K	小写
Ctrl+1	单倍行距	F7	拼写
Ctrl+2	双倍行距	Ctrl+F6	切换文档
Ctrl+5	1.5倍行距	Shift+F7	词典
Ctrl+0	在段前添加一行间距	Ctrl+F2	查看文档（相当于“打印预览”命令）
Ctrl+E	段落居中		

2. 插入的快捷键（见表4-2）。

表4-2 **插入的快捷键**

快捷键	作 用	快捷键	作 用
Ctrl+F9	域	Alt+Ctrl+R	注册商标符号
Shift+Enter	换行符	Alt+Ctrl+T	商标符号
Ctrl+Enter	分页符	Alt+Ctrl+.（句点）	省略号
Ctrl+Shift+Enter	列分隔符	Alt+Ctrl+F	脚注
Ctrl+－	可选连字符	Alt+Ctrl+D	尾注
Ctrl+Shift+－	不间断连字符	Alt+Ctrl+M	批注
Ctrl+Shift+空格	不间断空格	Alt+Shift+D	日期
Alt+Ctrl+C	版权符号		

3. 选定文字和图形的快捷键（见表4-3）。

表4-3 **选定文字和图形的快捷键**

快捷键	作 用	快捷键	作 用
Shift+→	右侧的一个字符	Ctrl+Shift+↑	段首
Shift+←	左侧的一个字符	Shift+Page Down	下一屏
Ctrl+Shift+→	单词结尾	Shift+Page Up	上一屏
Ctrl+Shift+←	单词开始	Ctrl+Shift+Home	文档开始处
Shift+End	行尾	Ctrl+Shift+End	文档结尾处
Shift+Home	行首	Alt+Ctrl+Shift+Page Down	窗口结尾
Shift+↓	下一行	Ctrl+A	包含整篇文档
Shift+↑	上一行	Ctrl+Shift+F8+↑或↓	纵向文本块（按Esc键取消选定模式）
Ctrl+Shift+↓	段尾	F8+箭头键	文档中的某个具体位置（按Esc键取消选定模式）

4. 选定表格中的文字和图形的快捷键（见表4-4）。

表4-4 **选定表格中的文字和图形的快捷键**

快捷键	作用
Tab键	选定下一单元格的内容
Shift+Tab	选定上一单元格的内容
按住Shift键并重复	按某箭头键将所选内容扩展到相邻单元格
Ctrl+Shift+F8然后按箭头键	扩展所选内容（或块）
Shift+F8	缩小所选内容
Alt+数字键盘上的5	选定整张表格

5. 移动插入点的快捷键（见表4-5）。

表 4-5　**移动插入点的快捷键**

快捷键	作　用	快捷键	作　用
←	左移一个字符	Home	移至行首
→	右移一个字符	Alt+Ctrl+Page Up	移至窗口顶端
Ctrl+←	左移一个单词	Alt+Ctrl+Page Down	移至窗口结尾
Ctrl+→	右移一个单词	Page Up	上移一屏（滚动）
Ctrl+↑	上移一段	Page Down	下移一屏（滚动）
Ctrl+↓	下移一段	Ctrl+Page Down	移至下页顶端
Shift+Tab	左移一个单元格（在表格中）	Ctrl+Page Up	移至上页顶端
Tab	右移一个单元格（在表格中）	Ctrl+End	移至文档结尾
↑	上移一行	Ctrl+Home	移至文档开头
↓	下移一行	Shift+F5	移至前一处修订；对于刚打开的文档，移至上一次关闭文档
End	移至行尾		

6. 在表格中移动的快捷键（见表 4-6）。

表 4-6　**在表格中移动的快捷键**

快捷键	作　用
Tab	一行中的下一个单元格
Shift+Tab	一行中的上一个单元格
Alt+Home	一行中的第一个单元格
Alt+End	一行中的最后一个单元格
Alt+Page Up	一列中的第一个单元格
Alt+Page Down	一列中的最后一个单元格
↑	上一行
↓	下一行

7. 用于处理文档大纲的快捷键（见表 4-7）。

表4-7　　**用于处理文档大纲的快捷键**

快捷键	作 用	快捷键	作 用
Alt+Shift+←	提升段落级别	Alt+Shift+ −	折叠标题下的文本
Alt+Shift+→	降低段落级别	Alt+Shift+A	扩展或折叠所有文本或标题
Ctrl+Shift+N	降级为正文	数字键盘上的斜杠(/)	隐藏或显示字符格式
Alt+Shift+ ↑	上移所选段落	Alt+Shift+L	只显示首行正文或显示全部正文
Alt+Shift+ ↓	下移所选段落	Alt+Shift+1	显示所有具有“标题1”样式的标题
Alt+Shift+ +	扩展标题下的文本	Alt+Shift+n	显示从“标题1”到“标题n”（指标题级别）的所有标题

8. 切换至其他视图的快捷键（见表4-8）。

表4-8　　**切换至其他视图的快捷键**

快捷键	作用
Alt+Ctrl+P	切换到页面视图
Alt+Ctrl+O	切换到大纲视图
Alt+Ctrl+N	切换到普通视图
Ctrl+\\	在主控文档和子文档之间移动

9. 语言栏相关快捷键（语音和手写识别）（见表4-9）。

表4-9　　**语言栏相关快捷键**

快捷键	作 用
左Alt+Shift	在语言或键盘布局之间切换
+V	在开关麦克风之间切换
+T	在“声音命令”模式和“口述”模式之间切换
+C	显示一个更正可选项列表
+H	打开或关闭手写
Alt	在101键盘上打开或关闭日语输入法编辑器（IME）
右Alt	在101键盘上打开或关闭朝鲜语IME
Ctrl+空格键	在101键盘上打开或关闭中文IME

还可以在“高级键设置”对话框中设置用于在语言或键盘布局之间切换的按键组合。若要打开“高级键设置”对话框，请用鼠标右键单击“语言”栏，再单击“设置”。在“首选项”下，单击“键设置”。

计算机综合应用实验报告四

【实验名称】Word应用

【实验目标】

1.熟练掌握Word的各项高级应用技巧；

2.能够运用Word独立完成文档的排版及编辑工作。

【实验内容】

1.文档排版。

2.图像、表格等元素的高级应用。

3.对象的嵌入。

4.页面设置、保存技巧及打印设置。

5.宏的使用。

6.文档综合编辑的高级应用。

7.按下列要求完成Word的基本操作：

（1）先插入一个横版文本框，然后在文本框中录入下列文字：

刘禹锡

陋室铭

山不在高，有仙则名；水不在深，有龙则灵。斯是陋室，惟吾德馨。苔痕上阶绿，草色入帘青；谈笑有鸿儒，往来无白丁。可以调素琴，阅金经；无丝竹之乱耳，无案牍之劳形。南阳诸葛庐，西蜀子云亭。孔子云：“何陋之有？”

——摘自《唐代名作精选》

（2）设置文本字体为“楷体”、五号；文本框高6厘米，宽7厘米，如样张所示；填充色为淡蓝色；边框为深蓝色双线、粗细5磅。

（3）将文本框复制，放在右侧。文字方向设为竖排版。

（4）将两个文本框“组合”在一起。

（5）插入页眉“练习在Word文档中插入各种对象”，字体为“隶书”、五号、加粗，位置居中。页脚“计算机综合训练Word训练”，字体为“宋体”、五号，位置在左。右侧插入页码。

（6）插入艺术字“插入对象美化页面”，作为标题，如样张所示。

（7）插入自选图形（笑脸、云形标注、五角星），如样张所示。

（8）插入剪贴画（提示：搜索文字“树”可快速找到所需图片），排列与形状如样张。

（9）画一条曲线。

（10）插入“横卷形”旗帜自选图形，设置填充色、边框线颜色及粗细，添加文字，给图形设置阴影，如样张所示。

该文档样张如图4-104所示。

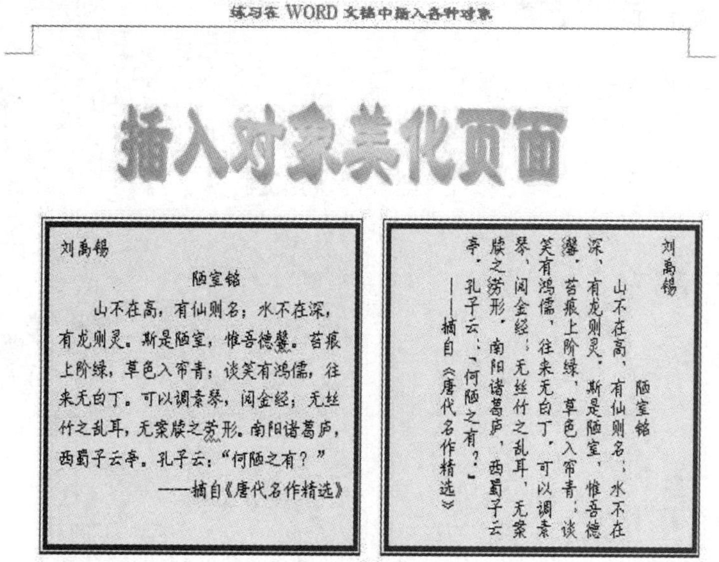

（a）

（b）

图4-104　文档样张

【实验结果】

1.请列出常用的Word操作快捷键。

2.利用Word对文档进行排版一般包括哪些工作？需要注意哪些问题？

3.本章操作内容的截图。

第五章

Excel应用

第一节　Excel数据输入与编辑

一、Excel界面介绍

启动Excel后，可以看到如图5-1所示的Excel主界面。

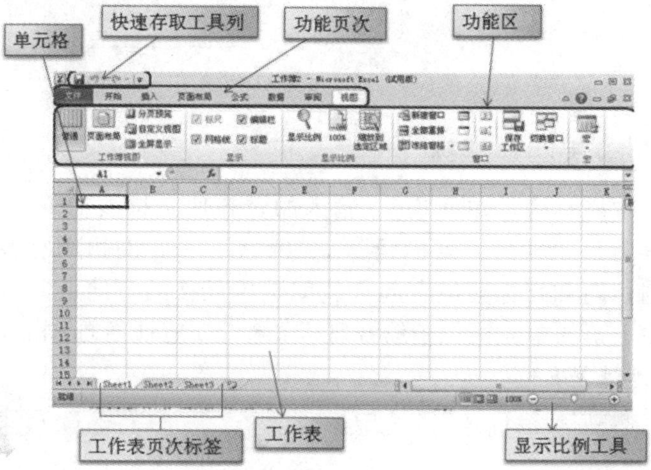

图5-1　Excel主界面

Excel中所有的功能操作分门别类为8大页次，包括“文件”“开始”“插入”“页面布局”“公式”“数据”“审阅”“视图”。各页次中收录相关的功能群组，方便使用者切换、选用。例如，“开始”页次就是基本的操作功能，如“字体”“对齐方式”等的设定，只要切换到该功能页次即可看到其中包含的内容。

除了使用鼠标来点选页次标签及功能区内的按钮外，也可以按一下键盘上的Alt键，即可显示各页次标签的快速键提示信息。当按下页次标签的快速键之后，会显示功能区中各功能按钮的快速键，以键盘来进行操作。如图5-2所示，快速键1为保存，F为文件页。

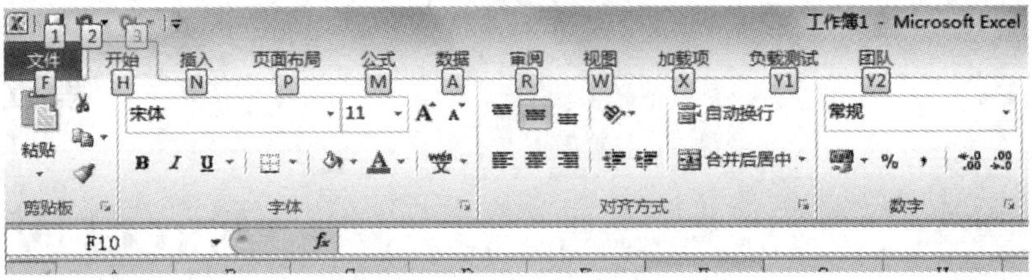

图5-2　快速键示例

二、认识工作簿与工作表

工作簿是Excel使用的文件架构，可以将它想象成一个文件夹，但它实际上是一个Excel文件。而在这个工作夹里面有许多工作纸，这些工作纸就是工作表，如图5-3所示。

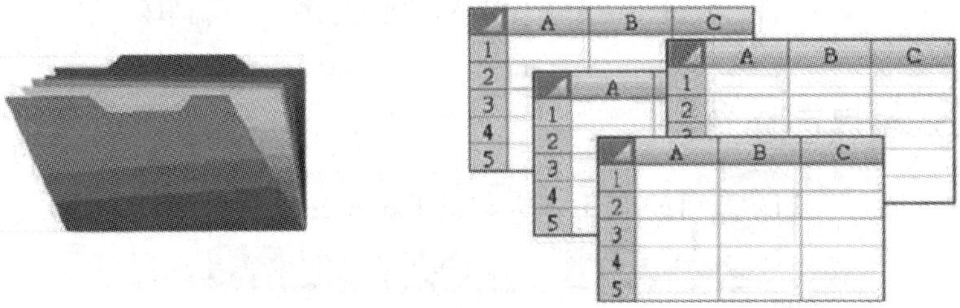

图5-3　文件夹和工作表

三、单元格与单元格地址

工作表内的方格称为“单元格”，输入的资料便是排放在一个个的单元格中。在工作表的上面有每一栏的“列标题”A、B、C、…，左边则有各列的行标题1、2、3、…，将列标题和行标题组合起来，就是单元格的“地址”。例如，在图5-4中，工作表最左上角的单元格位于第B列第1行，其地址便是B1，同理，E栏的第3行单元格，其地址是E3。

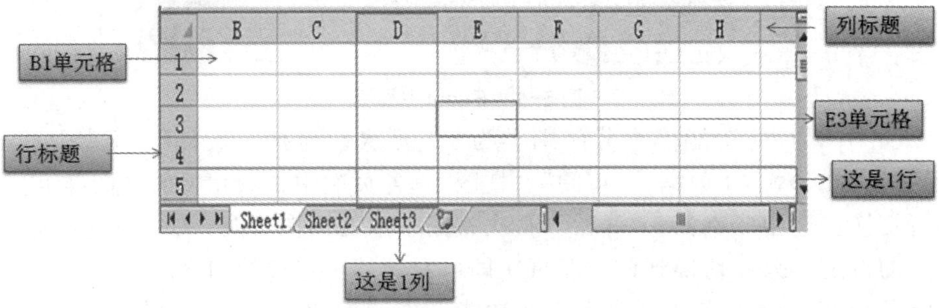

图5-4　单元格与单元格地址

四、如何用自动填充的方式实现批量输入

第一种方法，直接拖曳填充柄。

选中包含起始值的单元格，然后拖动填充柄（填充柄是位于选定区域右下角的小黑方块。用鼠标指向填充柄时，鼠标的指针更改为黑十字），涵盖要填充的整个范围。如要输入“星期一、星期二、星期三、星期四、星期五、星期六、星期天”一组文字，可以先在单元格中输入“星期一”，然后直接用拖曳填充柄的方法，得到其他系列数据，如图5-5所示。

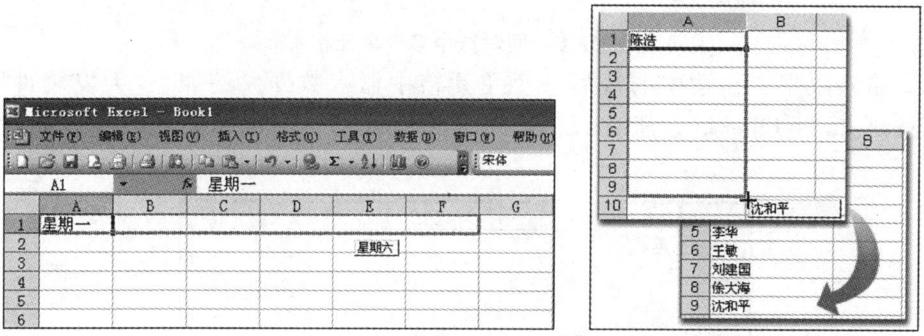

图5-5 直接拖曳填充和自定义的自动填充

在工作表中填充文本或数据之后，“自动填充选项”按钮可能刚好在填充的所选内容下方出现。例如，如果在单元格中键入一个日期，然后将此单元格向下拖动以填充其下方的单元格，则“自动填充选项”按钮可能会出现。当单击此按钮时，会出现一个确定如何填充文本或数据的选项列表。列表中的可用选项与填充的内容、填充内容所在的程序以及填充的文本或数据的格式有关。

第二种方法，自定义填充。

如果填充的数据比较特殊，就需要使用自定义填充。可以选择“文件”→“选项”→“高级”中的“编辑自定义列表”按钮。例如，在图5-5中，无须键入即可自动填充班级成员列表。具体方法是：第一次手动输入所有同学的姓名，然后选中全部姓名，选择“文件”→“选项”→“高级”中的“编辑自定义列表”按钮，单击“导入”。当下次需要输入该列表时，先键入第一个姓名，然后使用填充柄来填写该列表。

五、如何同时在多个单元格中输入相同数据

操作步骤如下：

①选单元格：按下Ctrl键，用鼠标逐个单击要输入数据的单元格（可以是相邻的，也可以是不相邻的），如图5-6所示。

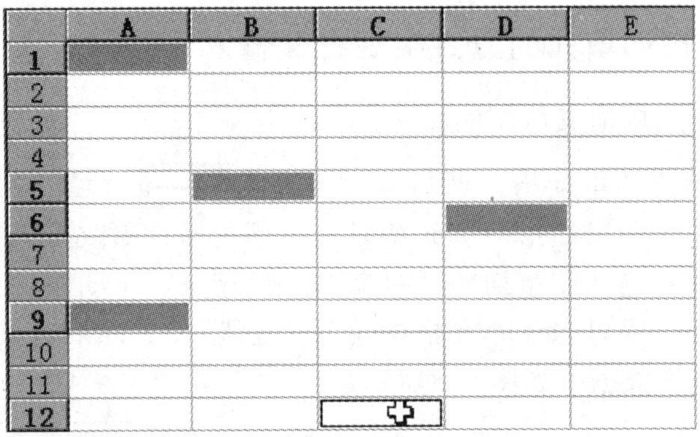

图5-6　同时选中多个单元格

②输入数据：在选中的最后一个单元格中输入数据（例如，“大发软件”），然后按下Ctrl + Enter键，所有选中的单元格中就都会出现相同的数据，如图5-7所示。

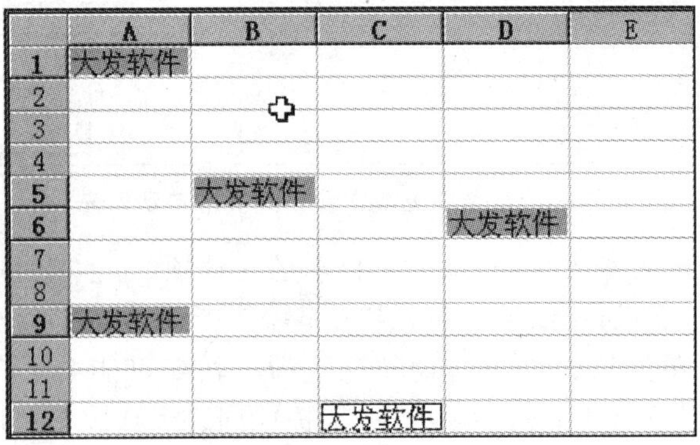

图5-7　多个单元格输入

六、如何对输入的数据进行有效性设置，防止非法数据的输入

如果要输入大量数据，怎样才能减少录入数据的错误呢？可以在输入前利用“数据”→“数据有效性”进行输入有效性数据的设置。

如人员的年龄一般为0～120岁，因此可以设置数据为整数，介于0～120，如图5-8所示。具体操作如下：

①选中要输入数据的单元格，点击“数据”→“数据有效性”。

②在有效性条件中，允许选择“整数”，数据选择最小值为0，最大值为120。

③选择“出错警告”，在错误信息中输入“请输入0到120的数据”。

④在要输入的数据区域，如果你输入的数据不在0到120以内，会弹出报错信息。

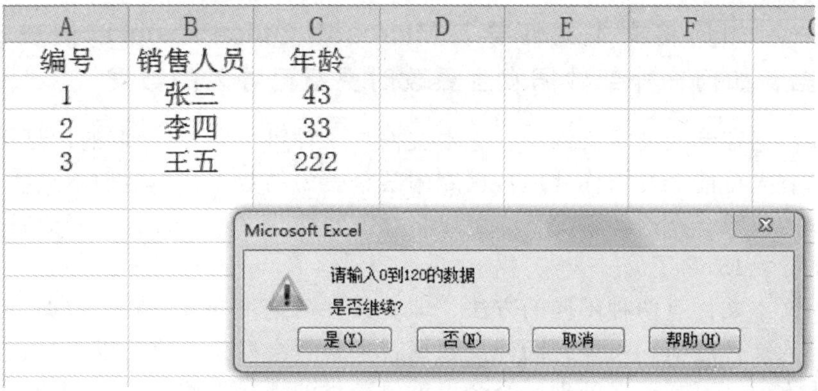

图5-8　数据的有效性设置

七、如何实现在一个区域内的快速输入而不用使用鼠标来进行单元格之间的切换

用鼠标圈定一定区域后，按Tab键可使目标单元格向后移，按Shift + Tab键可向前移。这样就可以由键盘连续输入一组数据而不需用鼠标，从而提高输入速度。

事实上，采用此方法最大的好处是，在一行的最后一个单元格，继续按Tab键，则可以转到下一行开始的单元格；在选定区域最后一行的最后一个单元格继续按Tab键，则会回到选定区域第一行第一个单元格。

同样，按Enter键或Shift + Enter键可以实现按列输入数据。

八、如何实现在一个单元格内输入内容的自动换行

在“开始”→“单元格”→“格式”对话框中，选择“设置单元格格式”，选择其中的“对齐”选项卡，选中“文本控制”下的“自动换行”，按“确定”按钮后，关闭对话框。再在选中的单元格中输入数据，要换行时，按Alt + Enter键就可以跳到下一行继续输入，而不会跳出单元格。

九、如何实现在一个单元格内输入文字的竖排

选择单元格，在“开始”→“对齐方式”→“方向”下拉列表中选“竖排文字”，即可在选择的单元格中输入竖排文字。当然，也可以通过同种方法选择其他方向。

十、在Excel中输入如“1-1”“1-2”之类的格式后它即变成1月1日、1月2日等日期形式，如何处理

这是由于Excel自动识别为日期格式所造成的，只要在选中的单元格上，点击右键主菜单的“设置单元格格式”菜单，再在“数字”菜单标签下把该单元格的格式设成文本格式就行了。

十一、如何将文本文件导入Microsoft Office Excel以便在Excel中处理数据，如何在外部数据发生更改时更新已导入的数据

某些数据存储在文本文件中，文本文件是一种可由Excel读取的常见文件格式。比方说，有人可能会要求你处理数据库的某个表内的数据，但他们不能授予你访问该数据库的权限。在这种情况下，可以将数据转换为文本文件，这样你就能很轻松地将数据导入Excel了。

导入文本文件有两种不同的方法，即“文件”菜单导入法和“数据”菜单导入法。在导入文件之前，需要判断外部数据将来是否会发生更改，以及是否在意这些更改。比方说，可能正在处理一个今天就要交付的项目，而且不关心最初的源数据将来会有怎样的变化，那么可以选择第一种导入方法，直接点击“文件”→“打开”，选择“文本文件”，找到对应的文本文件后打开，然后按向导进行。如果需要在外部数据发生更改时修改Excel数据，则应采取第二种方法。如果项目会持续较长的时间而且Excel中的数据需要保持最新，就属于这种情况。

无论文本文件的类型如何，都可以使用两种不同的方法来导入它。选择哪一种方法在一定程度上取决于个人的喜好，以及以后外部数据发生更改时是否需要更新 Excel 中的数据。

在文本文件中，数据由分隔符（分隔各个文本域的字符）分隔。下面是一些文本文件类型及各自的分隔符：

.txt文件：制表符分隔文件，通常由制表符将各列隔开。

.csv文件：逗号分隔文件，通常由逗号（,）将各列隔开。

.prn文件：固定长度或空格分隔文件，通常由一些空格将各列隔开。

假设需要处理一系列销售数据，并且要在1小时内处理完以便在经理会议中使用。由于以后不需要更新该数据，因此可以使用“文件”菜单方法导入文本文件：在“文件”菜单上，单击“打开”，然后完成其余步骤以打开该文件，如图5-9所示，最后“文本导入向导”会打开。

注意：当使用“文件”菜单方法导入 .csv 文件时，该文件会直接在Excel中打开，而不使用“文本导入向导”。如果要非常快速地打开 .csv 文件，此方法十分便捷。

如果要得到使用“文本导入向导”中选项的益处，可能需要使用“数据”菜单方法来导入文件。只要最终需要（或必须）在外部数据发生更改时更新已导入的数据，就应该使用“数据”菜单方法导入外部数据，如图5-10所示。

在“数据”菜单上，点击“自文本”，弹出“导入文本文件”对话框，选择文件后，单击“导入”，“文本导入向导”将会打开。“文本导入向导”可帮助指定要如何将文本分隔到各个列中。使用该向导，可以预览数据，以便在进行最终导入之前查看数据的外观。其优点是：如果数据的最终外观与希望的不同，可以立即再次使用该向导并进行不同的选择。

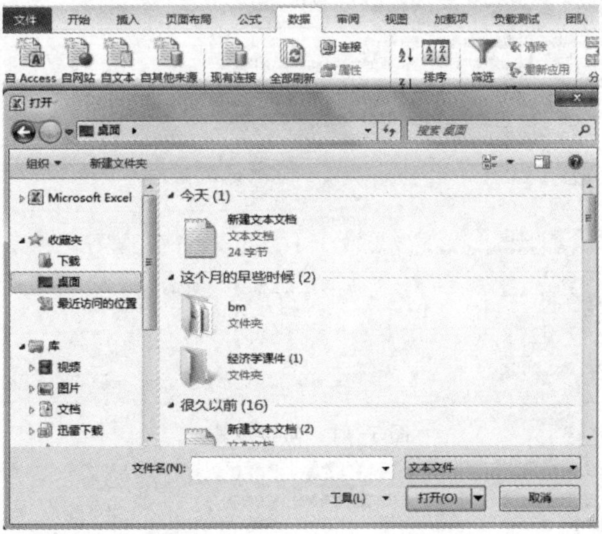

图 5-9　使用文件打开方式

图 5-10　使用导入外部数据方式

注意：在这种情况下导入.csv文件时，不会像在使用“文件”菜单时一样直接在Excel中打开它，而是会打开“文本导入向导”。这样，在将数据导入Excel以前，可以根据需要使用向导中的选项使数据看上去比较整齐，如图5-11、图5-12、图5-13所示。

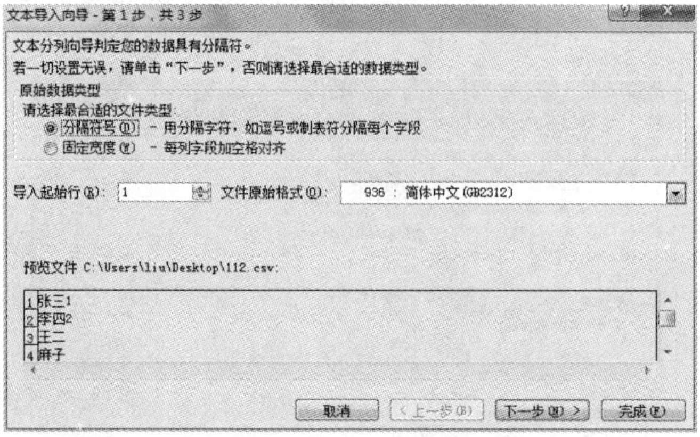

图 5-11　向导步骤一

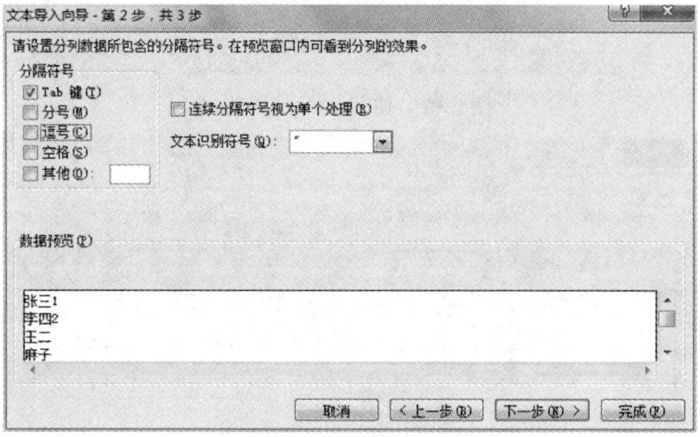

图 5-12　向导步骤二

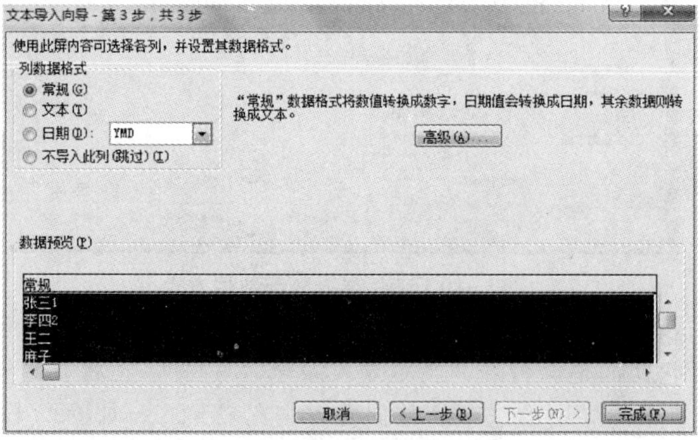

图 5-13　向导步骤三

当使用“数据”菜单导入文本文件时，可以使用“数据”→“全部刷新”工具栏更新数据，可使该报表获得最新的数据并与外部最新数据保持一致。更新时会弹出“导入文本文件”窗口，要求选择要更新的文件，如不想选择文件，可先选择要刷新的单元格，然后选“数据”→“属性”，去掉“刷新时提示文件名”勾选即可，如图5-14所示。

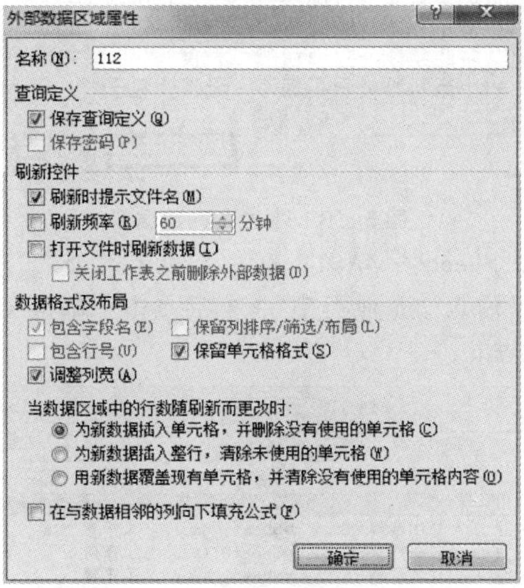

图5-14　外部数据区域属性修改

十二、如何建立二级分类下拉列表填充项

如果要将企业的名称输入到表格中，为了保持名称的一致性，可以利用“数据有效性”功能建立一个分类下拉列表填充项，如图5-15所示。

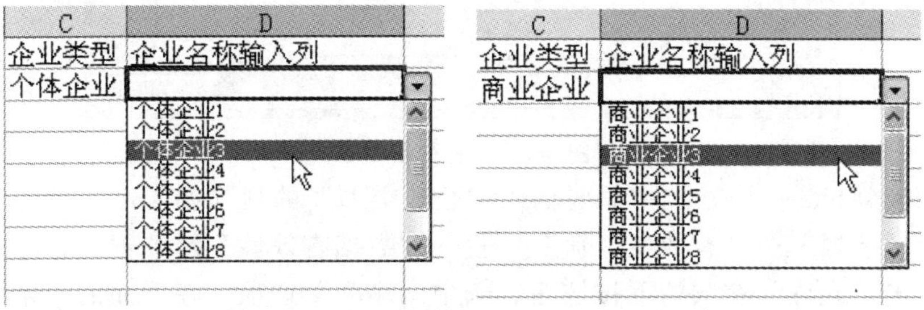

图5-15　C2为个体企业时或商业企业时

具体步骤如下：

①在Sheet2中，将企业名称按类型（如“工业企业”“商业企业”“个体企业”等）分别输入不同列中，建立一个企业名称数据库。具体如下：

选中A列（“工业企业”名称所在列），在“名称”栏内，输入“工业企业”字符后，按“回车”键进行确认。然后依次输入相关企业名称，如山东黄金等。仿照上面的操作，将B、C列分别命名为“商业企业”“个体企业”，得到如图5-16所示结果。

	A	B	C	D
1	工业企业	商业企业	个体企业	
2	山东黄金	肯德基	星星超市	
3	海尔集团	麦当劳	小东北饭店	
4	联想集团	立通百货	大食头	
5	小米科技	乐买家	天津大包子	
6				
7				

图5-16　建立名称数据库

②定义名称。选中Sheet2中$A$1：$C$1，点击“公式”→“定义名称”，在弹出的对话框的名称栏里输入“企业类型”，然后点击“确定”。在名称管理器中，即可看到如图5-17所示结果。

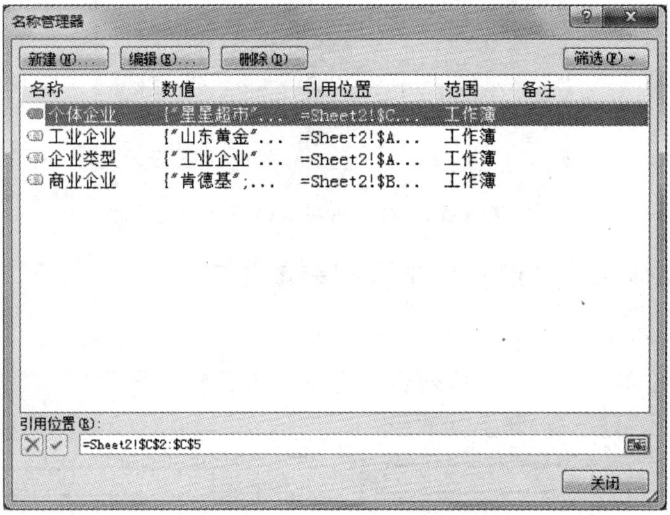

图5-17　名称管理器

③切换到Sheet1中，选中需要输入“企业类型”的列（如A列）。

执行“数据”→“有效性”命令，打开“数据有效性”对话框。在“设置”标签中，单击“允许”右侧的下拉按钮，选中“序列”选项，在下面的“来源”方框中，输入公式“=企业类型”，按“确定”后退出，此时得到如图5-18所示结果，选中单元格时，后出现下拉列表框。

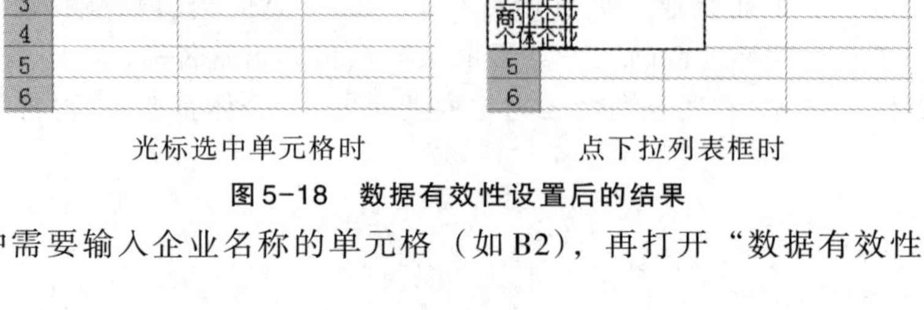

光标选中单元格时　　　　点下拉列表框时

图5-18　数据有效性设置后的结果

再选中需要输入企业名称的单元格（如B2），再打开“数据有效性”对话框，选中“序列”选项后，在“来源”方框中输入公式“=INDIRECT（A2）”，按“确定”后退出。

选中A列任意单元格（如A2），单击右侧下拉按钮，选择相应的“企业类型”填入单元格中。然后选中该单元格对应的B列单元格（如B2），单击下拉按钮，即可从相应类型的企业名称列表中选择需要的企业名称填入该单元格中。然后，使用拖曳填充的方法，对B列其他单元格进行设置，得到的结果如图5-19所示。

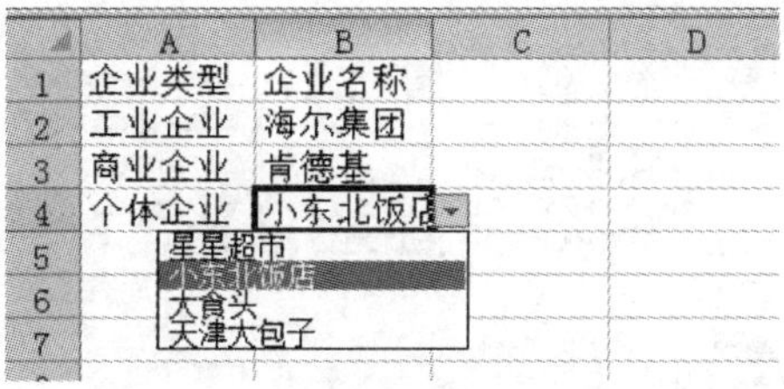

图5-19　二级分类下拉列表

十三、如何快速输入出现过的资料

在输入同一列的资料时，若内容有重复，就可以通过“自动完成”功能快速输入。例如，在工作表3的B2到B4单元格输入内容，然后在B5单元格中输入“成”字，此时“成”之后自动填入与B3单元格相同的文字，并以反白方式显示，如图5-20所示。

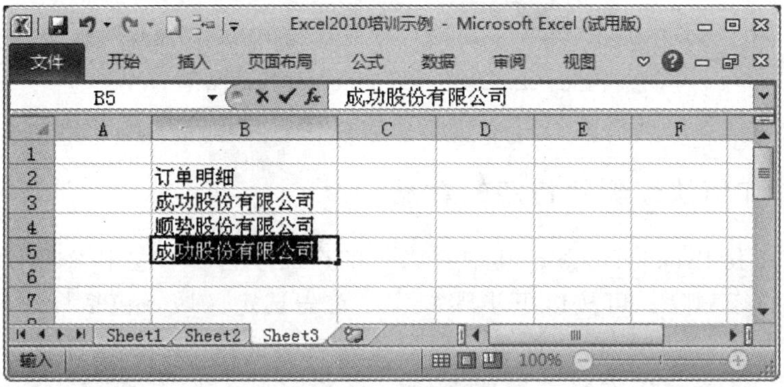

图5-20　自动完成

若自动填入的资料正好是想输入的文字，按下Enter键就可以将资料存入单元格中；若不是想要的内容，可以不予理会，继续完成输入文字的工作。“自动完成”功能，只适用于文字资料。

当同一栏单元格的数据太雷同，总是得输入到最后自动完成才能判断出正确的内容，这时可以改用从下拉式列表挑选功能来输入。

接续上例，要继续在C6单元格输入内容，先输入C2：C5的内容，然后在C6单元格按右键执行“从下拉式列表中选择”命令，如图5-21所示。

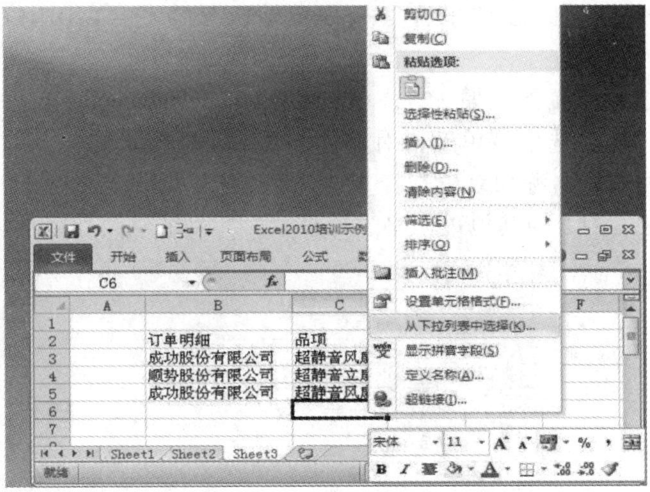

图5-21　下拉式列表中选择

选择的结果如图5-22所示。

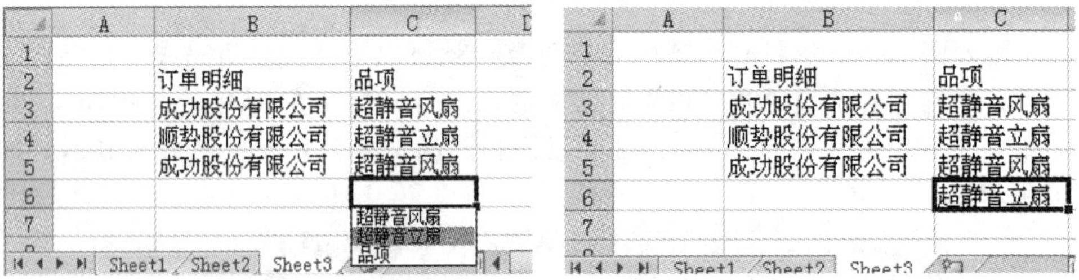

图5-22　从下拉式列表中选择的结果

从下拉式列表挑选功能与自动完成功能一样，只适用于文字数据。

十四、如何快速删除特定的数据

假如有一份Excel工作簿，其中有大量的产品单价、数量和金额，如果想将所有数量为0的行删除，可按以下步骤操作：首先选定区域（包括标题行），然后选择“数据”→“筛选”，在“数量”列下拉列表中选择“0”，这样就将列出所有数量为0的行。此时在所有行都被选中的情况下，选择“删除行”，然后按“确定”按钮即可删除所有数量为0的行。最后，取消自动筛选。

十五、如何快速删除工作表中的空行

以下几种方法可以快速删除空行：

方法一：如果行的顺序无关紧要，则可以根据某一列排序，然后可以方便地删掉空行。

方法二：如果行的顺序不可改变，则可以先选择“插入”→“列”，插入新的一列A并在A列中顺序填入整数。然后根据其他任何一列将表中的行排序，使所有空行都集中到表的底部，之后删去所有空行。最后以A列重新排序，再删去A列，恢复工作表各行原来的顺序。

方法三：使用“快速删除特定的数据”的方法，只不过在所有列的下拉列表中都选择“空白”。

十六、如何设置单元格的格式

可以通过“开始”→“单元格（格式）”→“设置单元格格式”设置，如图5-23所示；也可以使用右键中的快捷方式设置，如图5-24所示。

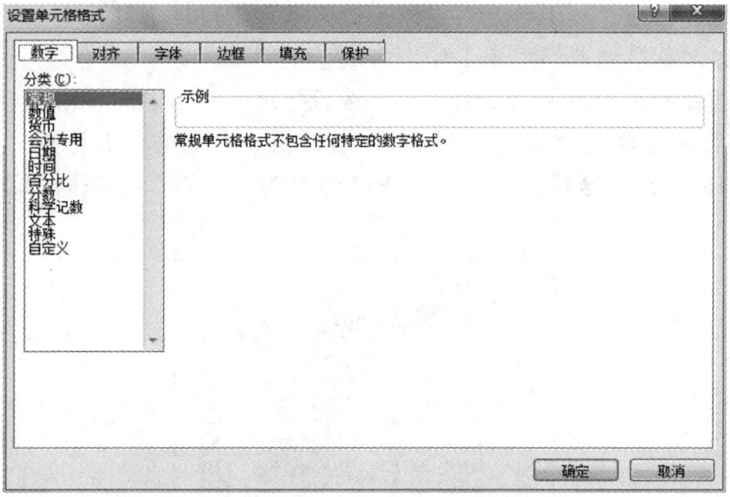

图5-23 单元格设置对话框

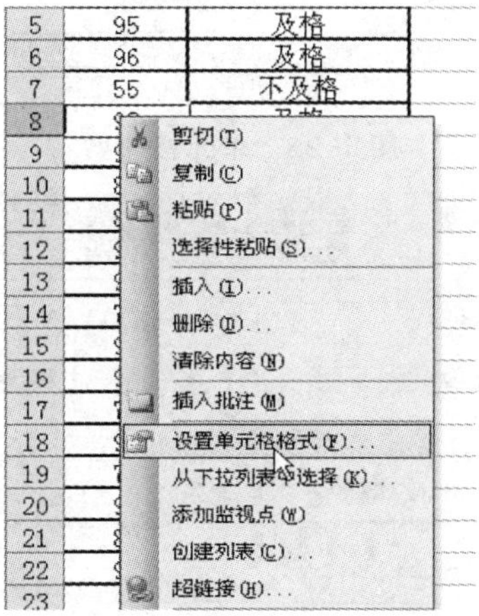

图5-24 右键设置单元格格式

十七、如何快速选取特定区域

使用F5键可以快速选取特定区域。例如，要选取A2：A1000，最简便的方法是按F5键，出现“定位”窗口，在“引用”栏内输入需选取的区域A2：A1000。

十八、如何快速选取工作表中所有包含公式的单元格

有时，需要对工作表中所有包含公式的单元格加以保护，或填入与其他单元格不同的颜色，以提醒用户注意不能在有此颜色的区域内输入数据。以下方法可以帮助快速选取所有包含公式的单元格：点“开始”→“查找或选择”，单击“定位条件”按钮，在“定位条件”对话框中选择“公式”项，按“确定”按钮即可。

十九、如何为单元格命名

如果需要经常查看某个单元格或单元格区域，则可以为其指定一个名称，这样就可以借助该名称迅速返回那个工作表区域。

例如，选择图5-25中的单元格F11，然后指定一个与该单元格内容有关的描述性名称，例如“库存”。在工作表顶部“编辑栏”左侧的“名称框”中键入该名称，然后按Enter键，这样就将单元格F11命名为“库存”。名称框位置如图5-26所示。

图5-25　单元格命名

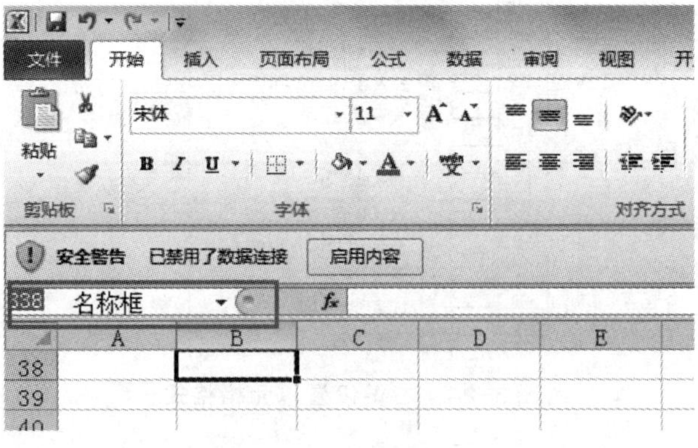

图5-26　名称框

名称中不能有空格或标点符号。如果字词之间需要留出空格，可以使用下划线(_)代替。在需要回到该位置时，单击“名称框”旁边的箭头，然后单击想要转到

的区域的名称，插入点会迅速转到所需的位置。也可以把定义好的单元格名称清除掉，方法是在“公式|名称管理器”中删除。

二十、如何将多个工作表一次设置成同样的页眉和页脚，如何一次打印多个工作表

把鼠标移到工作表的名称处（若没有特别设置的话，Excel自动设置的名称是“sheet1、sheet2、sheet3.....”），然后点右键，在弹出的菜单中选择“选择全部工作表”的菜单项，这时所有操作都是针对全部工作表的了，不管是设置页眉和页脚还是打印工作表。

二十一、如何把选定的一个或多个单元格拖放至新的位置

按住Shift键可以快速修改单元格内容的次序。具体方法是：选定单元格，按下Shift键，移动鼠标指针至单元格边缘，直至出现拖放指针箭头（空心箭头），然后按住鼠标左键进行拖放操作。

二十二、如何去掉网格线

①除去编辑窗口中的表格线

单击“视图”，找到“网格线”，使之失效。

②除去打印时的未定义表格线

有时会出现这样的情况：在编辑时未定义的表格线（在编辑窗口中看到的也是淡灰色表格线），一般情况下在打印时是不会打印出来的，可有时却偏偏给打印出来了，要除去这些表格线，只要在“页面布局”页面中取消 “网格线”中的“打印”就行了。

二十三、如何快速格式化报表

为了制作出美观的报表，需要对报表进行格式化。格式化报表有快捷方法，即自动套用Excel预设的表格样式。具体操作方法是：选定操作区域，选取“开始”页面中的“自动套用格式”按钮，在格式列表框中选取一款你满意的格式样式，按 “确定”按钮即可。

二十四、如何快速复制单元格的格式

要将某一格式化操作复制到另一部分数据上，可使用“格式刷”按钮。选择含有所需源格式的单元格，单击工具条上的“格式刷”按钮，此时鼠标变成了刷子形状，然后单击要格式化的单元格即可将格式拷贝过去。

二十五、如何快速地将数字作为文本输入

在输入数字前加一个单引号“ ‘”，可以强制地将数字作为文本输入。例如，

身份证号码过长，默认单元格格式为科学计数法，如果在数字之前加入单引号，则可将其格式转化为文本型。注意加入的单引号不要使用中文的全角符号。

二十六、如何定义局部名字

在默认情况下，工作簿中的所有名字都是全局的。其实，可以定义局部名字，使之只对某个工作表有效，方法是将名字命名为“工作表名！名字”的形式即可。

二十七、如何命名常数

有时，为常数指定一个名字可以节省在整个工作簿中修改替换此常数的时间。例如，在某个工作表中经常需要用利率4.9%来计算利息，于是可以选择“插入”→“名字”→“定义”，在“当前工作薄的名字”框内输入“利率”，在“引用位置”框中输入“=0.049”，再按“确定”按钮，这样就把常数0.049命名为“利率”了。

二十八、如何设计下拉菜单实现查询

可以运用VLOOKUP函数来实现数据的查询。VLOOKUP函数形式如下：

VLOOKUP（在数据表第一列中查找的数值，数据表，匹配值的列序号，匹配属性）

其中，最后一个参数可以省略；匹配属性为布尔值，省略或TRUE为精确匹配，FALSE、0及其他为近似匹配。

要实现对如图5-27所示数据的查询，具体实现方法为：首先为D4单元格设置数据有效性，数据源为系列，区域为A4：A7；然后在E4单元格中输入公式“=VLOOKUP（D4，A4：B7，2,）”即可，如图5-28所示。

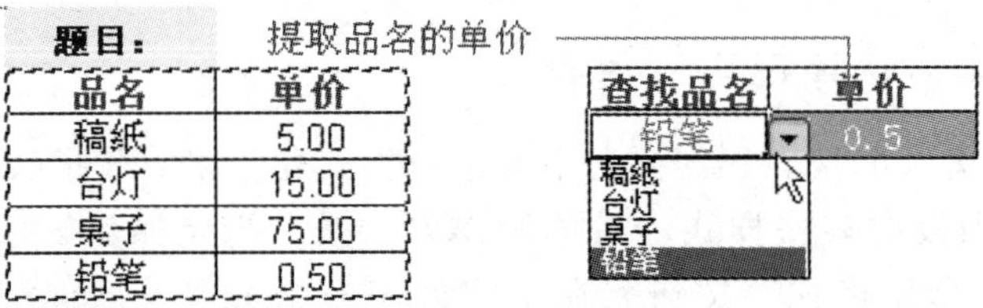

图5-27　下拉查询

图5-28　输入公式

另外，运用VLOOKUP函数及字符连接函数，还可以实现两条件符合查询。

二十九、Excel中拆分和冻结窗口有什么不同

拆分工作表窗口是把当前工作表窗口拆分为2个或4个窗格，在每个窗格中都可以通过滚动条来显示工作表的每个部分，从而可以同时显示一张大工作表的不同区域。而冻结窗口是在编辑或浏览一张大工作表时，为了在滚动窗口时仍保持行、列标题可见，固定指定的行或列。

当给一个工作表输入数据时，在向下滚动过程中，尤其是当标题行消失后，有时会记错各列标题的相对位置，这时可以使用拆分和冻结窗口。其方法是在主菜单上单击“视图”→“拆分”或“视图”→“冻结窗格”，如图5-29所示。

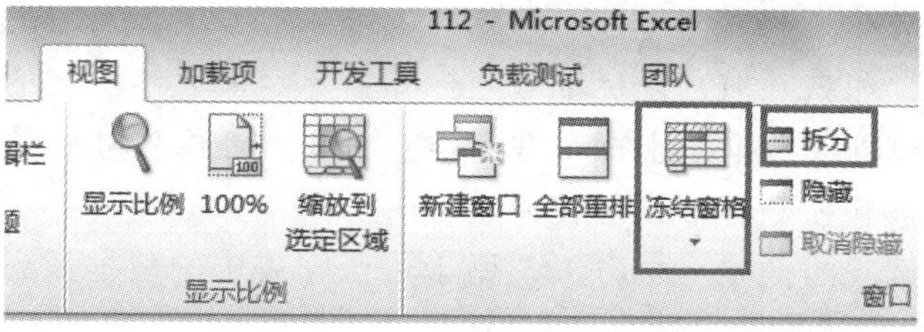

图5-29　拆分和冻结

取消拆分窗口时除了使用“视图”→“撤销拆分”命令外，还可以将鼠标指针置于水平拆分线或垂直拆分线或双拆分线交点上，然后双击鼠标，这样即可取消已拆分的窗口。

第二节　公式、图表与数据分析

一、了解图表的元素

图表中包含许多元素，如图5-30所示。默认情况下会显示其中一部分元素，而其他元素可以根据需要添加。通过将图表元素移到图表中的其他位置、调整图表元素的大小或者更改格式，可以更改图表元素的显示，还可以删除不希望显示的图表元素。

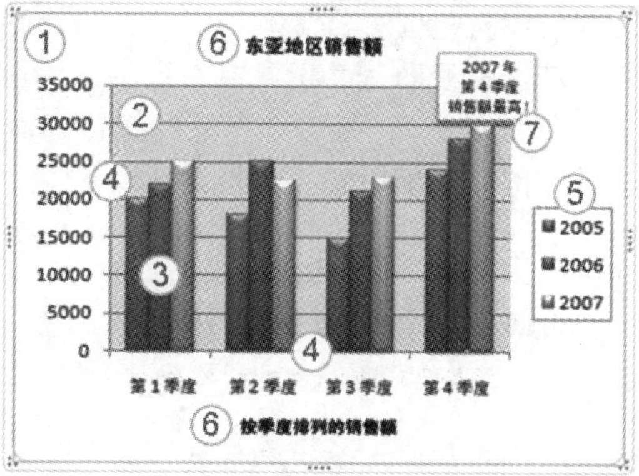

图5-30　图表的元素

①图表的图表区（图表区：整个图表及其全部元素）。

②图表的绘图区（绘图区：在二维图表中，是指通过轴来界定的区域，包括所有数据系列。在三维图表中，同样是通过轴来界定的区域，包括所有数据系列、分类名、刻度线标志和坐标轴标题）。

③在图表中绘制的数据系列（数据系列：在图表中绘制的相关数据点，这些数据源自数据表的行或列。图表中的每个数据系列具有唯一的颜色或图案并且在图表的图例中表示。可以在图表中绘制一个或多个数据系列。饼图只有一个数据系列）的数据点（数据点：在图表中绘制的单个值，这些值由条形、柱形、折线、饼图或圆环图的扇面、圆点和其他被称为数据标记的图形表示。相同颜色的数据标记组成一个数据系列）。

④横（分类）和纵（值）坐标轴（坐标轴：界定图表绘图区的线条，用作度量的参照框架。y 轴通常为垂直坐标轴并包含数据。x 轴通常为水平轴并包含分类），数据沿着横坐标轴和纵坐标轴绘制在图表中。

⑤图表的图例（图例是一个方框，用于标识图表中的数据系列或分类指定的图案或颜色）。

⑥图表以及可以在该图表中使用的坐标轴标题（图表标题是说明性的文本，可以自动与坐标轴对齐或在图表顶部居中）。

⑦可以用来标识数据系列中数据点的详细信息的数据标签（数据标签：为数据标记提供附加信息的标签，数据标签代表源于数据表单元格的单个数据点或值）。

二、运用表 5-1 中所列数据绘制出具有不同外观的图表

表 5-1　**销售人员月销售数据**　单位：箱

	一月	二月	三月
潘金	150	400	260
金永昌	125	329	160
苏术平	140	290	290

在图 5-31 中，绘图区是带有渐变填充效果的白色，这种填充使白色从浅到深渐变。该图表的绘图区周围没有边框，这是一种很简单的给图表赋予某些特性的方法。若要使用渐变填充，请选择绘图区并用鼠标右键单击，选择快捷菜单上的“绘图区格式”命令，选择“填充效果”，然后选择一种颜色。而通过布局中的图表标题、坐标轴标题、坐标轴、网格线等设置，可得到图 5-32。

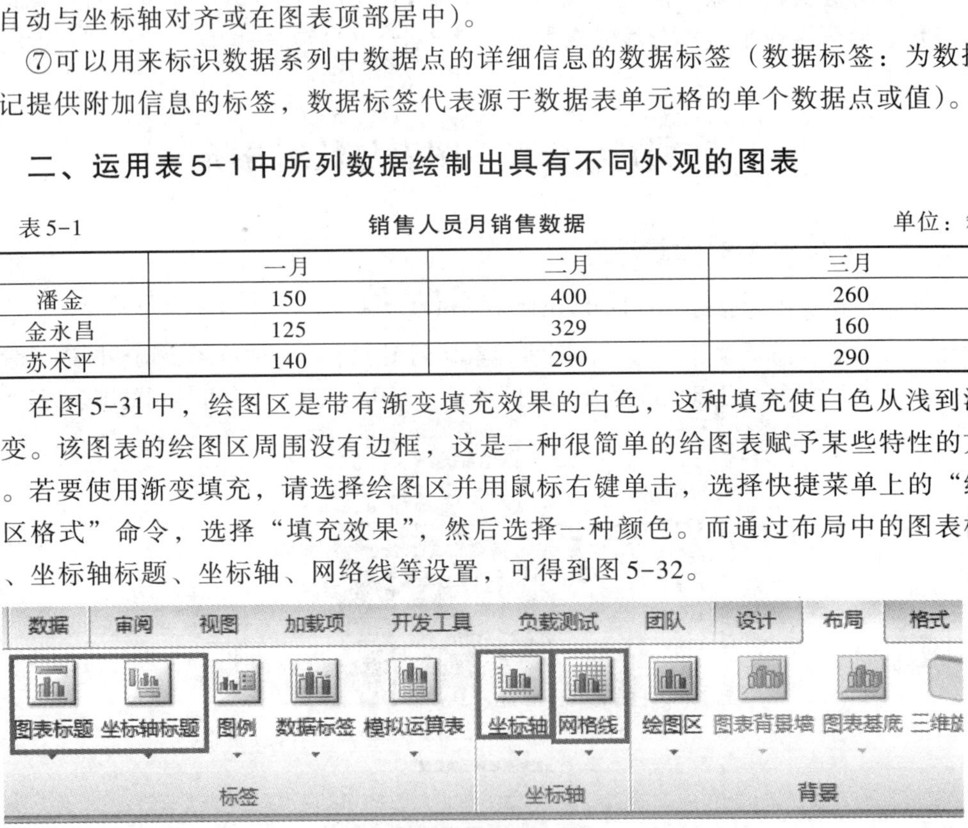

图 5-31　布局设置

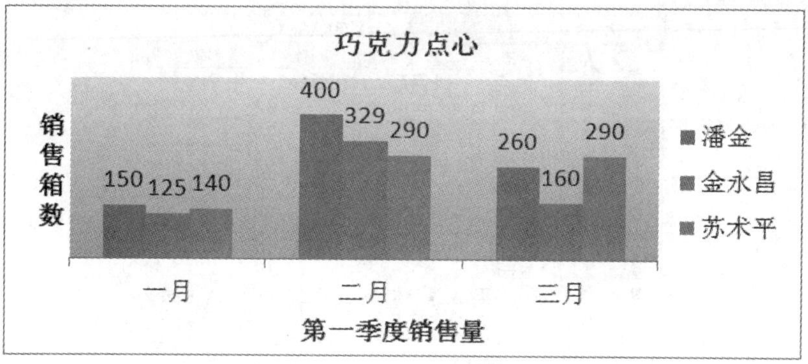

图5-32 销量图

可以通过单击“格式”菜单上的“绘图区”来完成相同的更改，还可以为图表上表示工作表数值（“数据系列”）的柱形选择其他颜色。在图5-33中，用新的颜色表示潘金、金永昌和苏术平所销售的巧克力点心的箱数。

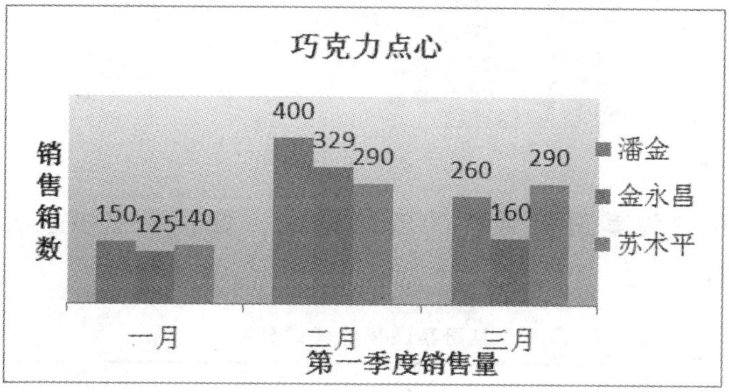

图5-33 更改数据系列颜色

三、如何在Excel中统计个数

如果统计非空单元格个数，可以用公式“=counta（B1：B10）”，就可以求出B1：B10区域内非空单元格个数；如果要根据条件进行个数统计，则可以用countif函数，如“=countif（B1：B10，“ >60”）”，可以统计出B1：B10区域内大于60的数据的个数。

四、如何进行单元格的引用

单元格引用分相对引用、绝对引用和混合引用。相对引用是当公式在复制、移动时会根据移动的位置自动调节公式中引用单元格的地址，如图5-34所示。绝对引用是在行号和列号前均加上$符号，如$I$3表示绝对引用，其在复制、移动时引用单元格将不随公式位置变化而变化，如图5-35所示。混合引用指单元格的行号或列号之前加上$，如I$3。混合引用同时具备相对引用和绝对引用的性能。相对引用与绝对引用可以在编辑公式时通过F4快捷键加以切换。

E3　=AVERAGE(C3:D3)

	A	B	C	D	E
1	No	姓名	科目A	科目B	平均成绩
2	1	唐龙	78	67	72.5
3	2	零星	90	70	80
4	3	唐星	80	69	74.5
5	4	浪翻云	81	70	75.5
6	5	陈信	82	90	86
7	6	张三丰	88	72	80
8	7	雅典娜	84	73	78.5
9	8	忘忧公主	85	90	87.5

图 5-34　相对引用

E4　=AVERAGE($C4:$D4)

	A	B	C	D	E
1	No	姓名	科目A	科目B	平均成绩
2	1	唐龙	78	67	72.5
3	2	零星	90	70	80
4	3	唐星	80	69	74.5
5	4	浪翻云	81	70	75.5
6	5	陈信	82	90	86
7	6	张三丰	88	72	80
8	7	雅典娜	84	73	78.5
9	8	忘忧公主	85	90	87.5

图 5-35　绝对引用

五、表 5-2 为某班某课程的考试分数，如何用公式实现自动评定为及格、不及格

表 5-2　某班某课程的考试分数

考分	成绩
72	
43	
72	
95	
96	
55	
93	
98	
88	
82	
95	
91	

可以使用IF函数实现，公式为“=IF（A2>=60，“及格”，“不及格”））”，结果如图5-36所示。

B2 =IF(A2>=60,"及格","不及格")

	A	B	C	D	E
1	考分	成绩			
2	72	及格			
3	43	不及格			
4	72	及格			
5	95	及格			
6	96	及格			
7	55	不及格			
8	93	及格			
9	98	及格			
10	88	及格			
11	82	及格			
12	95	及格			
13	91	及格			

图5-36 IF函数的使用

六、如何进行数据筛选

①点击“数据”→“筛选”。

②选择“自动筛选”命令，会在第一行每一列出现一个下拉箭头，用鼠标点击箭头，则可进行筛选，如图5-37所示。

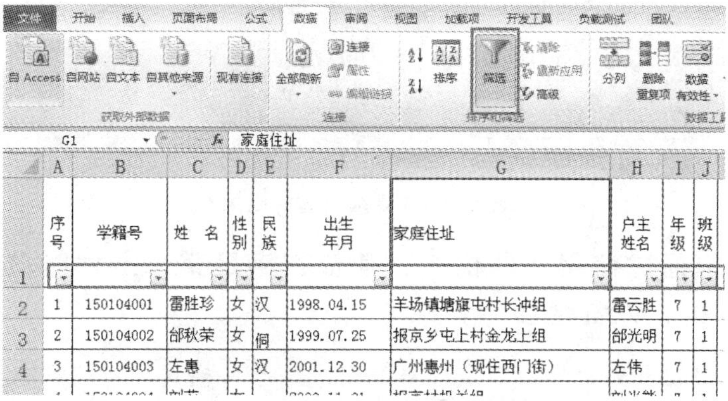

图5-37 数据筛选

再次点击“自动筛选”命令取消筛选操作。

③选择“高级筛选”命令。在“高级筛选”前需要建立条件区域，输入筛选条件，如图5-38所示，插入一行，设置：性别条件为男，班级为小于等于3。

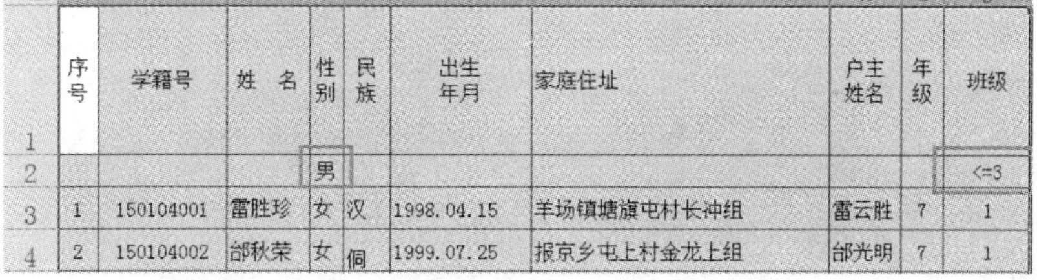

	A	B	C	D	E	F	G	H	I	J
1	序号	学籍号	姓名	性别	民族	出生年月	家庭住址	户主姓名	年级	班级
2				男						<=3
3	1	150104001	雷胜珍	女	汉	1998.04.15	羊场镇塘旗屯村长冲组	雷云胜	7	1
4	2	150104002	邰秋荣	女	侗	1999.07.25	报京乡屯上村金龙上组	邰光明	7	1

图5-38 加入高级筛选条件

④列表区域指需要进行筛选操作的数据，如图5-39所示。

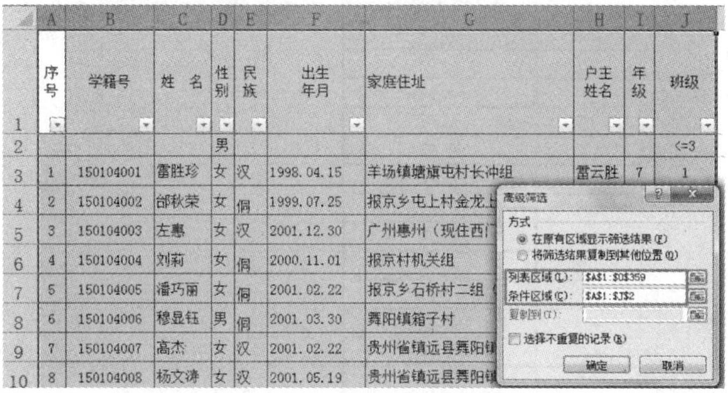

图5-39　高级筛选

⑤点击“确定”出现筛选结果，如图5-40所示，接着点击“数据”→“清除”，则重新显示全部数据。

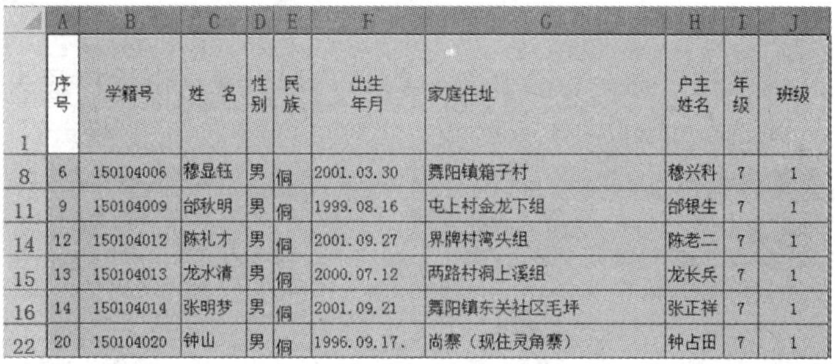

图5-40　高级筛选的结果

七、如何通过使用条件格式，使值在满足某个条件时自动更改格式（如民族为侗时，以红色显示）

先选中要设置的列，然后点击“开始”→“条件格式”→“突出显示单元格规则”→“等于”，在弹出的对话框中设置条件，如图5-41所示的“=$E$4”，然后单击“确定”按钮，则所有侗字设置为指定的颜色。

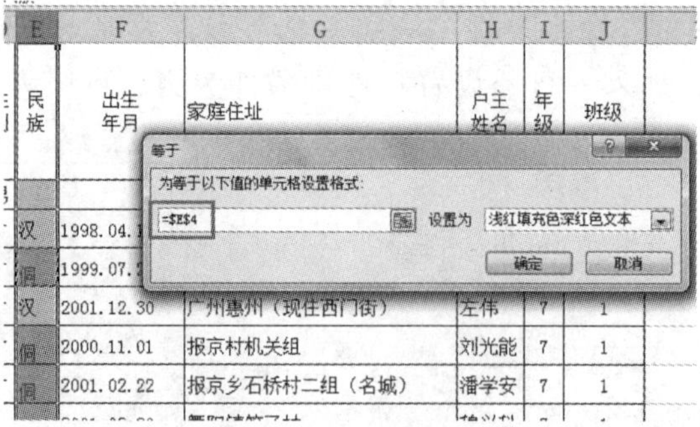

图5-41　条件格式的设置

八、某门课程的总评成绩由平时成绩和考核成绩构成，平时成绩占30%，考核成绩占70%，如何将总评成绩为85以上的筛选出来

①先设计成绩表，如图5-42所示。

	A	B	C	D	E	F	G	H
1	编号	姓名	平时成绩	考核成绩	总评成绩			
2	1	车艳芳	90	90	90			
3	2	姜帆	85	85	85			
4	3	孙蓉	90	90	90			
5	4	丁敏	85	85	85			
6	5	夏延	70	80	77			
7	6	余秀丽	80	80	80			
8	7	文琳	90	86	87.2			
9	8	曹雪	85	83	83.6			
10	9	熊熹	90	90	90			
11	10	汪荷珍	90	90	90			
12	11	沈海鹤	85	83	83.6			
13	12	张乔	80	82	81.4			
14	13	郎志岩	85	83	83.6			
15	14	黎冠科	90	90	90			

1/2/3-1/3-2/4/5/7/6/8/9/10/11

就绪　　数字

图5-42　成绩表

②此时按下Ctrl+`键，会显示出计算公式，如图5-43所示。

编号	姓名	平时成绩	核成	总评成绩
1	车艳芳	90	90	=C2*0.3+D2*0.7
2	姜帆	85	85	=C3*0.3+D3*0.7
3	孙蓉	90	90	=C4*0.3+D4*0.7
4	丁敏	85	85	=C5*0.3+D5*0.7
5	夏延	70	80	=C6*0.3+D6*0.7
6	余秀丽	80	80	=C7*0.3+D7*0.7
7	文琳	90	86	=C8*0.3+D8*0.7
8	曹雪	85	83	=C9*0.3+D9*0.7
9	熊熹	90	90	=C10*0.3+D10*0.7
10	汪荷珍	90	90	=C11*0.3+D11*0.7
11	沈海鹤	85	83	=C12*0.3+D12*0.7
12	张乔	80	82	=C13*0.3+D13*0.7
13	郎志岩	85	83	=C14*0.3+D14*0.7
14	黎冠科	90	90	=C15*0.3+D15*0.7
15	李识	60	55	=C16*0.3+D16*0.7
16	赵冬	90	90	=C17*0.3+D17*0.7
17	孙永强	80	87	=C18*0.3+D18*0.7
18	王永	60	55	=C19*0.3+D19*0.7
19	张永强	85	85	=C20*0.3+D20*0.7
20	张帆	85	86	=C21*0.3+D21*0.7
21	秦建华	90	88	=C22*0.3+D22*0.7
22	曲志研	90	90	=C23*0.3+D23*0.7
23	张洪辉	80	83	=C24*0.3+D24*0.7
24	杨忠令	90	86	=C25*0.3+D25*0.7
25	乔磊	85	83	=C26*0.3+D26*0.7
26	黄维	85	83	=C27*0.3+D27*0.7
27	熊亮	70	80	=C28*0.3+D28*0.7
28	艾鹏鹏	90	80	=C29*0.3+D29*0.7
29	郑号千	80	80	=C30*0.3+D30*0.7

图5-43　显示公式

③有时工作表中行数太多，在浏览后面的数据时会看不到标题行，因此需要冻结标题行，如图5-44所示。

	A	B	C	D	E
1	编号	姓名	平时成绩	考核成绩	总评成绩
14	13	郎志岩	85	83	83.6
15	14	黎冠科	90	90	90
16	15	李识	60	55	56.5
17	16	赵冬	90	90	90
18	17	孙永强	80	87	84.9
19	18	王永	60	55	56.5
20	19	张永强	85	85	85
21	20	张帆	85	86	85.7
22	21	秦建华	90	88	88.6
23	22	曲志研	90	90	90
24	23	张洪辉	80	83	82.1
25	24	杨忠令	90	86	87.2
26	25	乔磊	85	83	83.6
27	26	黄维	85	83	83.6
28	27	熊亮	70	80	77
29	28	艾鹏鹏	90	80	83
30	29	郑号千	80	80	80

图5-44　冻结标题行

④然后对其进行筛选，如图5-45所示，显示出所有85分及以上成绩的相关行。

G	H	I	J	K
编号	姓名	平时成绩	考核成绩	总评成绩
				>=85
编号	姓名	平时成绩	考核成绩	总评成绩
1	车艳芳	90	90	90
2	姜帆	85	85	85
3	孙蓉	90	90	90
4	丁敏	85	85	85
7	文琳	90	86	87.2
9	熊熹	90	90	90
10	汪荷珍	90	90	90
14	黎冠科	90	90	90
16	赵冬	90	90	90
19	张永强	85	85	85
20	张帆	85	86	85.7
21	秦建华	90	88	88.6
22	曲志研	90	90	90
24	杨忠令	90	86	87.2

图5-45　高级筛选后的结果

九、什么是数据透视表与数据透视图

数据透视表是一种交互的、交叉制表的Excel报表，用于对多种来源（包括Excel的外部数据）的数据（如数据库记录）进行汇总和分析。数据透视表对于汇总、分析、浏览和呈现汇总数据非常有用。

在数据透视表中，源数据中的每列或每个字段都成为汇总多行信息的数据透视表字段（字段：在数据透视表或数据透视图中，来源于源数据中字段的一类数据。数据透视表具有行字段、列字段、页字段和数据字段。数据透视图具有系列字段、分类字段、页字段和数据字段）。在图5-46中，“运动”列成为“运动”字段，“高尔夫球”的每条记录在单个“高尔夫球”项（项：数据透视表和数据透视图中字段的子分类。例如，“月份”字段可能有“1月”“2月”等项）中进行汇总。

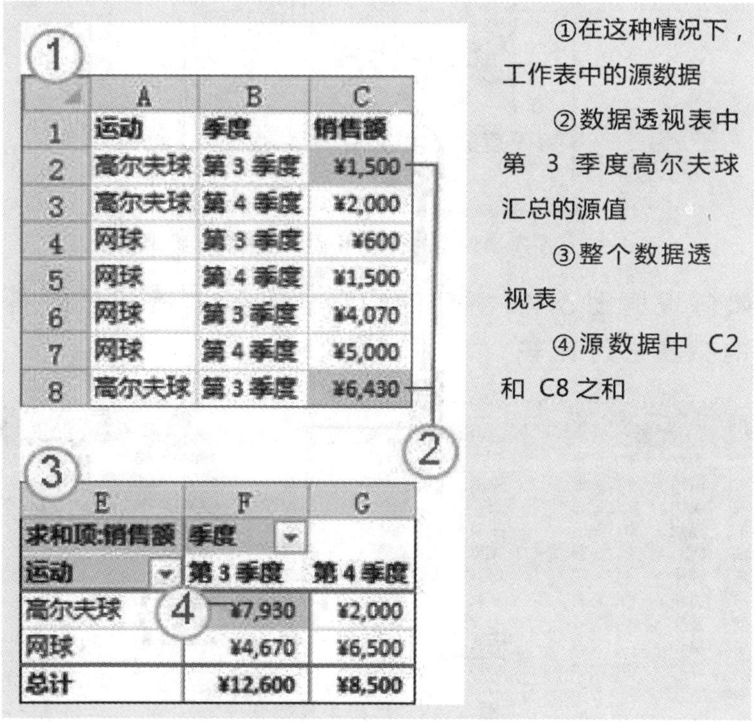

图5-46　数据透视表

值字段（如“销售小计”）提供要汇总的值。图5-46中的单元格F3包含的“销售”值小计来自源数据中“运动”列包含“高尔夫球”和“季度”列包含数据透视图“第3季度”的每一行。默认情况下，“数值”区域中的数据采用以下方式对数据透视图报表中的基本源数据进行汇总：数值使用SUM函数，文本值使用COUNT函数。

要创建数据透视表，必须定义其源数据，在工作簿中指定位置并设置字段布局。

数据透视图是提供交互式数据分析的图表，与数据透视表类似。可以更改数据的视图，查看不同级别的明细数据，或通过拖动字段和显示或隐藏字段中的项来重新组织图表的布局。数据透视图有助于形象地呈现数据透视表中的汇总数据，以便轻松查看比较、模式和趋势，如图5-47所示。两种报表都能就企业中的关键数据做出明智决策。

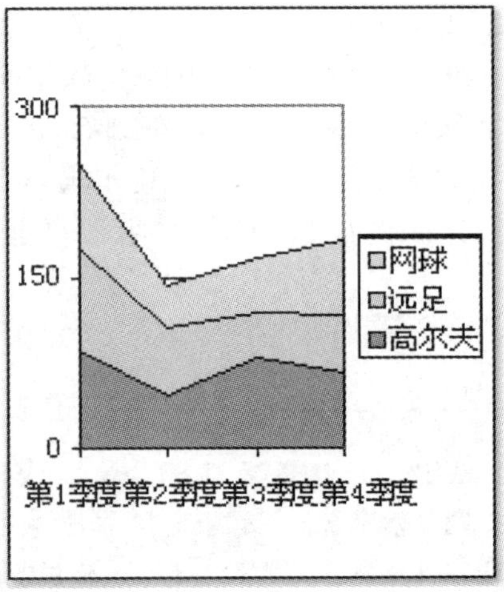

图 5-47　按季度创建的体育用品销售情况数据透视图

十、如何根据图 5-48 所示的数据建立数据透视表对各地区各种类别产品的销量进行比较

	A	B	C	D	E	F	G	H	I
1	地区	城市	公司名称	姓名	类别名称	产品名称	订购日期	数量	单价
2	华东	南京	永大企业	刘英玫	饮料	牛奶	1998-05-06	10	￥19.00
3	华东	温州	学仁贸易	张颖	饮料	牛奶	1998-05-06	24	￥19.00
4	华东	温州	学仁贸易	张颖	饮料	运动饮料	1998-05-06	2	￥18.00
5	华东	温州	学仁贸易	张颖	饮料	浓缩咖啡	1998-05-06	4	￥7.75
6	华东	南京	永大企业	刘英玫	饮料	柠檬汁	1998-05-06	2	￥18.00
7	华东	温州	学仁贸易	张颖	调味品	蕃茄酱	1998-05-06	4	￥10.00
8	华东	温州	学仁贸易	张颖	调味品	盐	1998-05-06	1	￥22.00
9	西南	重庆	祥通	郑建杰	调味品	酱油	1998-05-06	20	￥25.00
10	华东	温州	学仁贸易	张颖	调味品	酱油	1998-05-06	1	￥25.00
11	华东	温州	学仁贸易	张颖	调味品	胡椒粉	1998-05-06	2	￥40.00

图 5-48　产品销量数据

①选中所有数据，点“插入”→“数据透视表”，在弹出的对话框中检查数据源并设置透视表生成的位置，如图 5-49 所示。

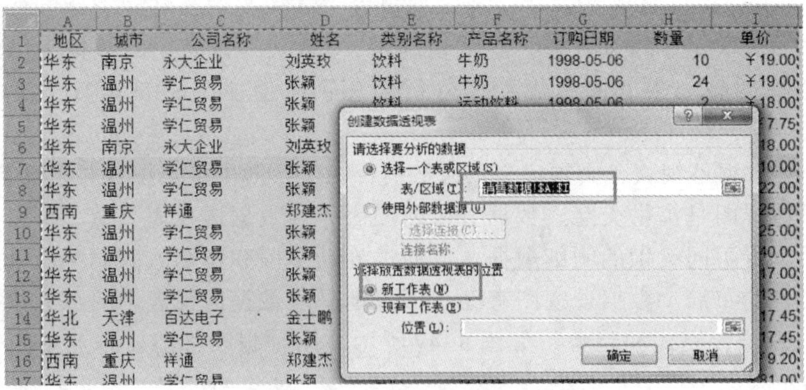

图 5-49　创建数据透视表

②在数据透视表字段列表中单击地区、类别名称、数量，并在下方“在以下区域间拖动字段”中将相应字段拖动到正确的位置，如图5-50所示。

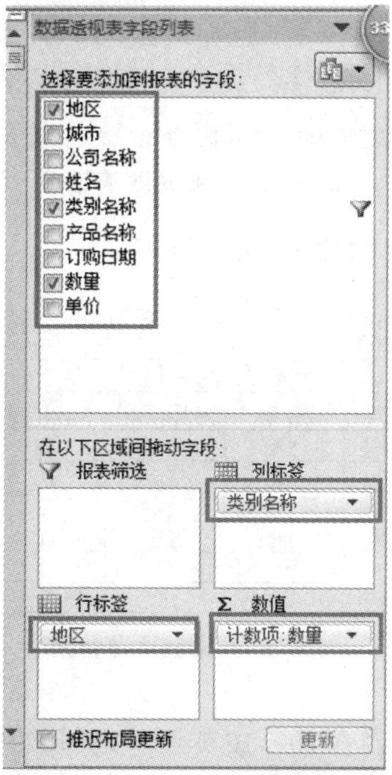

图5-50　拖动相应的字段

单击图5-50中的“计数项：数量”后的下拉框，出现“值字段设置”对话框，在“值汇总方式”中选择“求和”，如图5-51所示，点击“确定”后，得到的透视表如图5-52所示。

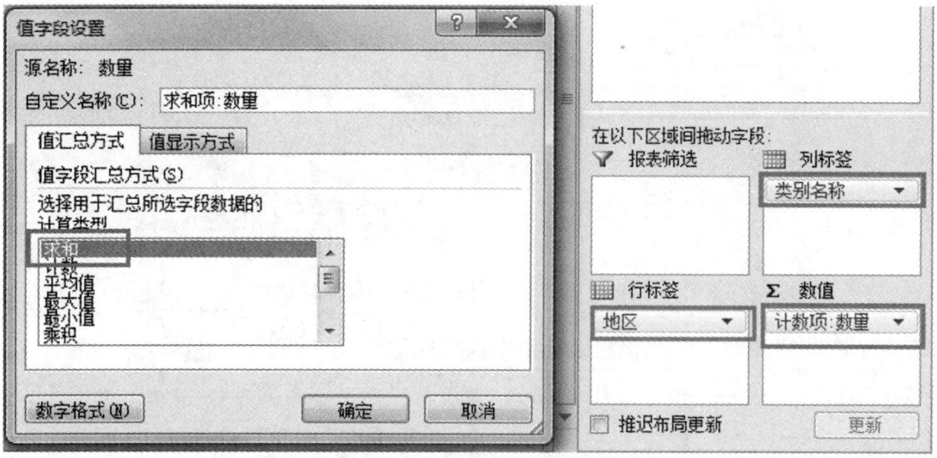

图5-51　值字段设置

	A	B	C	D	E	F	G	H	I	J
3	求和项:数量	列标签								
4	行标签	点心	谷类/麦片	海鲜	日用品	肉/家禽	特制品	调味品	饮料	总计
5	东北	298	260	166	360	197	85	161	373	1900
6	华北	3116	1655	2766	3924	1466	1339	1936	3591	19793
7	华东	1523	920	1371	1631	782	506	1112	1946	9791
8	华南	1637	1141	1647	1828	771	689	1239	2169	11121
9	西北	7	86	32	76	62	15	74	171	523
10	西南	1346	501	1699	1318	933	356	754	1284	8191
11	总计	7927	4563	7681	9137	4211	2990	5276	9534	51319

图 5-52　数据透视表结果

十一、如何根据统计数据求总利润

果园中果树的高度、使用年限、产量与利润的统计数据表如图 5-53 所示。

	A	B	C	D	E
1	树种	高度	使用年限	产量	利润
2	苹果树	18	20	14	105
3	梨树	12	12	10	96
4	樱桃树	13	14	9	105
5	苹果树	14	15	10	75
6	梨树	9	8	8	76.8
7	苹果树	8	9	6	45

图 5-53　果园统计数据

希望求出：

1. 有多少种苹果树的树高在 10 ~ 16 英尺（1 英尺约合 0.3 米）?

具体步骤如下：

①需要求解有多少种苹果树的树高在 10 ~ 16 英尺，建立查询条件：高度在 10 与 16 之间，然后使用“数据”→“高级筛选”得到查询的结果，如图 5-54 所示。

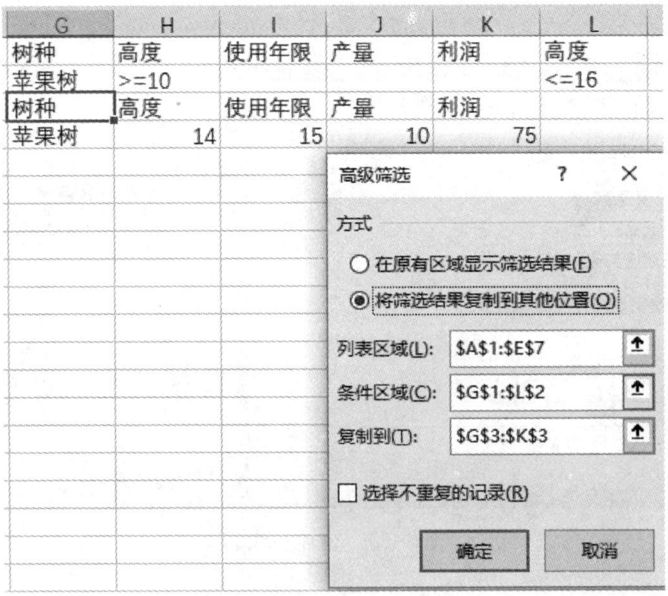

图 5-54　设定条件

②利用函数DCOUNT求解满足条件的单元格数来计算高度在10～16英尺的苹果树的种类。公式为：DCOUNT（A1：E7，H1，G1：L2），求出有1种苹果树满足条件，如图5-55所示。

L8 =DCOUNT(A1:E7,H1,G1:L2)

	A	B	C	D	E	F	G	H	I	J	K	L
1	树种	高度	使用年限	产量	利润		树种	高度	使用年限	产量	利润	高度
2	苹果树	18	20	14	105		苹果树	>=10				<=16
3	梨树	12	12	10	96		树种	高度	使用年限	产量	利润	
4	樱桃树	13	14	9	105		苹果树	14	15	10	75	
5	苹果树	14	15	10	75							
6	梨树	9	8	8	76.8							
7	苹果树	8	9	6	45							
8											数量：	1

图5-55　插入DCOUNT函数

2.高度大于10英尺的苹果树的最小利润是多少?

利用函数DMAX求出苹果树与梨树的最大利润，同理可以利用函数DMIN求出高度大于10英尺的苹果树的最小利润，如图5-56所示。

	A	B	C	D	E	F
1	树种	高度	使用年	产量	利润	高度
2	苹果树	>10				<16
3	梨树					
4	树种	高度	使用年	产量	利润	
5	苹果树	18	20	14	105	
6	梨树	12	12	10	96	
7	樱桃树	13	14	9	105	
8	苹果树	14	15	10	75	
9	梨树	9	8	8	76.8	
10	苹果树	8	9	6	45	

图5-56　求最大最小利润

具体公式为：

=DMAX（A4：E10，“利润”，A1：A3），求出苹果树与梨树的最大利润为105。

=DMIN（A4：E10，“利润”，A1：B2），求出高度大于10英尺的苹果树的最小利润为75。

3.苹果树的总利润

利用函数DSUM可以求出所有苹果树的总利润。

公式为：=DSUM（A4：E10，“利润”，A1：A2），总利润为225。

十二、根据给定的某班某课程的成绩，如何实现按成绩进行排序（见图5-57）和按成绩标明其在班内的排名（见图5-58）

	A	B	C	D	E
1	编号	姓名	平时成绩	考核成绩	总评成绩
2	1	车艳芳	90	99	96.3
3	22	曲志研	90	97	94.9
4	3	孙蓉	90	92	91.4
5	9	熊熹	90	91	90.7
6	14	黎冠科	90	89	89.3
7	10	汪荷珍	90	88	88.6
8	16	赵冬	90	88	88.6
9	21	秦建华	90	88	88.6
10	7	文琳	90	86	87.2
11	24	杨忠令	90	86	87.2
12	20	张帆	85	86	85.7
13	2	姜帆	85	85	85
14	4	丁敏	85	85	85
15	19	张永强	85	85	85
16	17	孙永强	80	87	84.9
17	8	曹雪	85	83	83.6

图5-57　部分学生成绩排序

	A	B	C	D	E	F
1	编号	姓名	平时成绩	考核成绩	总评成绩	在班名次
2	1	车艳芳	90	99	96.3	1
3	2	姜帆	85	85	85	12
4	3	孙蓉	90	92	91.4	3
5	4	丁敏	85	85	85	12
6	5	夏延	70	80	77	25
7	6	余秀丽	80	77	77.9	24
8	7	文琳	90	86	87.2	9
9	8	曹雪	85	83	83.6	16
10	9	熊熹	90	91	90.7	4
11	10	汪荷珍	90	88	88.6	6
12	11	沈海鹤	85	83	83.6	16
13	12	张乔	80	82	81.4	23
14	13	郎志岩	85	83	83.6	16
15	14	黎冠科	90	89	89.3	5
16	15	李识	60	55	56.5	28

图 5-58　部分学生考试名次

根据“数据”→“排序”菜单，按图 5-59 所示选择后，即可得到如图 5-60 所示的排序。

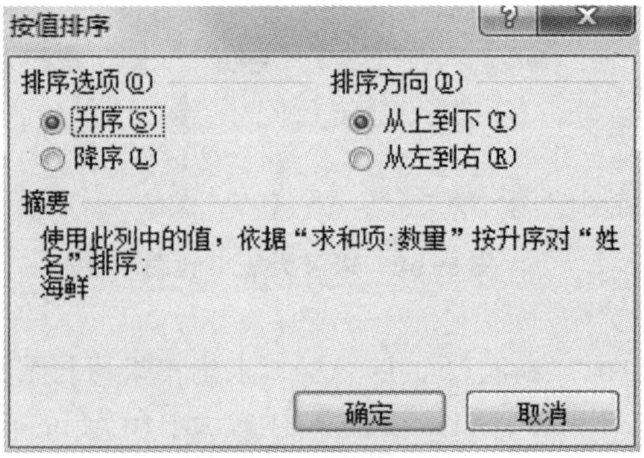

图 5-59　选项设置

F2　=RANK(E2,$E$2:$E$30)

	A	B	C	D	E	F
1	编号	姓名	平时成绩	考核成绩	总评成绩	在班名次
2	1	车艳芳	90	99	96.3	1
3	2	姜帆	85	85	85	12
4	3	孙蓉	90	92	91.4	3
5	4	丁敏	85	85	85	12

图 5-60　名次的确定

要显示成绩排名，需要使用到 RANK 函数，在 F 列第 2 行单元格中输入“=RANK（E2，$E$2：$E$30）”，然后向下拖动 F2 单元格的填充柄，即可得到如图 5-60 所示的名次标注。

十三、如何进行分类汇总

数据表的分类汇总是数据表处理中最为常见的问题，例如，对图 5-61 所示数据按树种进行分类汇总，并对利润进行求和，得到如图 5-62 所示的结果。下面介绍具体操作步骤。

	A	B	C	D	E
1	树种	高度	使用年限	产量	利润
2	苹果树	18	20	14	105
3	梨树	12	12	10	96
4	樱桃树	13	14	9	105
5	苹果树	14	15	10	75
6	梨树	9	8	8	76.8
7	苹果树	8	9	6	45

图5-61　分类汇总数据表

	A	B	C	D	E
1	树种	高度	使用年限	产量	利润
2	梨树	12	12	10	96
3	梨树	9	8	8	76.8
4	**梨树 汇总**				172.8
5	苹果树	18	20	14	105
6	苹果树	14	15	10	75
7	苹果树	8	9	6	45
8	**苹果树 汇总**				225
9	樱桃树	13	14	9	105
10	**樱桃树 汇总**				105
11	**总计**				502.8

图5-62　汇总后的结果

注意，在进行分类汇总之前一定要对数据按分类的方式进行排序，否则不会得到分类汇总的结果。因此，第一步是选中图5-61中的A1：E7区域，选择“数据”→“排序”菜单，“主要关键字”选择“树种”，得到的排序结果如图5-63所示。

	A	B	C	D	E
1	树种	高度	使用年限	产量	利润
2	梨树	12	12	10	96
3	梨树	9	8	8	76.8
4	苹果树	18	20	14	105
5	苹果树	14	15	10	75
6	苹果树	8	9	6	45
7	樱桃树	13	14	9	105

图5-63　排序后的结果

第二步就是进行分类汇总。选中图5-63中的A1：E7区域，选择“数据”→“分类汇总”菜单，弹出如图5-64所示的对话框。在其中选择分类字段“树种”，汇总方式“求和”，选择“替换当前分类汇总”和“汇总结果显示在数据下方”，点击“确定”按钮后，即得到如图5-62所示的结果，完成分类汇总。

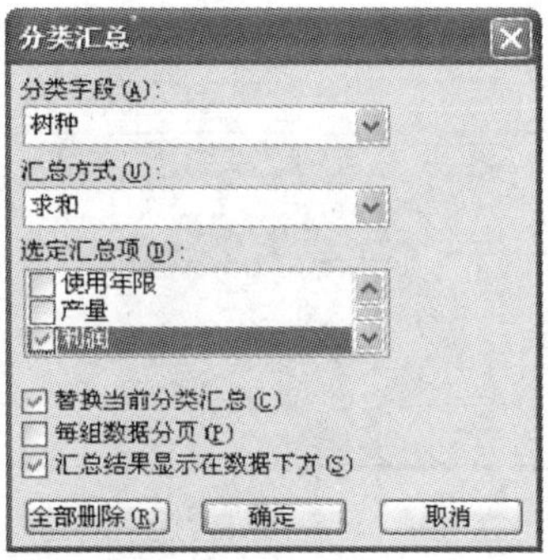

图 5-64　分类汇总对话框

十四、一种简便的工资条制作方法

在发给员工工资条时，每个工资条上都要显示标题行。制作工资条一般通过数组公式和Excel VBA编程来实现，但这两种方法都较为复杂。下面介绍一种简便的工资条制作方法，将图5-65所示的工资表制作成工资条。

	A	B	C	D	E	F	G	H	I	J	K	L	M	N
1	序号	姓名	基本工资	手机补贴	交通补贴	岗位工资	加班	扣款	应发工资	代扣款项		实发金额	签章	
2										养老金	个税			
3	1	许朵朵	4,000.00	200.00	200.00	1,100.00			5,500.00	177		5,323.00		
4	2	闻伟	1,200.00	200.00	200.00	400.00			2,000.00	177		1,823.00		
5	3	冯国成	900.00	100.00	100.00	200.00	650.00	50.00	1,900.00			1,900.00		
6	4	张立华	800.00	100.00	100.00	210.00			1,210.00	155		1,055.00		
7	5	李佳	800.00	100.00	100.00	210.00	100.00		1,310.00	155		1,155.00		
8	6	栗超群	800.00	100.00	100.00	500.00	100.00		1,600.00			1,600.00		
9	7	吴杭红	800.00	100.00	100.00	210.00	100.00		1,310.00	155		1,155.00		
10	8	强芳琴	600.00			300.00			900.00			900.00		
11	9	徐立平	1000.00				200.00		1,200.00			1,200.00		
12	10	汪慧玲	1000.00						1,000.00			1,000.00		
13	合计		11,900.00	900.00	900.00	3,130.00	1,150.00	50.00	17,930.00	819.00	0.00	17,111.00		

图 5-65　员工工资表

首先，插入一张空白表单，然后把图5-65中的A1：N2复制到空白表单，如图5-66所示。

	A	B	C	D	E	F	G	H	I	J	K	L	M	N
1	序号	姓名	基本工资	手机补贴	交通补贴	岗位工资	加班	扣款	应发工资	代扣款项		实发金额	签章	
2										养老金	个税			
3														
4														
5														

图 5-66　插入表头

然后，在A3中输入公式“=MAX（A$1：A2）+1”；在A4中输入公式“=VLOOKUP（$A3,’47’!$A$3：$N$12，COLUMN（），0）”，并在C4：N4区域复制A4中公式。公式中“47”是图5-65“员工工资表”工作表的名称。完成上述操作后，结果如图5-67所示。

	A	B	C	D	E	F	G	H	I	J	K	L	M	N
1	序号	姓名	基本工资	手机补贴	交通补贴	岗位工资	加班	扣款	应发工资	代扣款项		实发金额	签章	
2										养老金	个税			
3	1	许朵朵	4000	200	200	1100	0	0	5500	177	0	5323		
4														

图 5-67　输入公式

之后选中A1：N4区域，用向下拖曳的方式完成A1：N4的相关文字和公式的复制，拖曳的深度根据员工工资表中数据的行数而定。完成后，结果如图

5-68所示。

	A	B	C	D	E	F	G	H	I	J	K	L	M	N
1	序号	姓名	基本工资	手机补贴	交通补贴	岗位工资	加班	扣款	应发工资	代扣款项		实发金额	签章	
2										养老金	个税			
3	1	许朵朵	4000	200	200	1100	0	0	5500	177	0	5323		
4														
5	序号	姓名	基本工资	手机补贴	交通补贴	岗位工资	加班	扣款	应发工资	代扣款项		实发金额	签章	
6										养老金	个税			
7	2	闻伟	1200	200	200	400	0	0	2000	177	0	1823		
8														
9	序号	姓名	基本工资	手机补贴	交通补贴	岗位工资	加班	扣款	应发工资	代扣款项		实发金额	签章	
10										养老金	个税			
11	3	冯国成	900	100	100	200	650	50	1900	0	0	1900		
12														
13	序号	姓名	基本工资	手机补贴	交通补贴	岗位工资	加班	扣款	应发工资	代扣款项		实发金额	签章	
14										养老金	个税			
15	4	张立华	800	100	100	210	0	0	1210	155	0	1055		
16														
17	序号	姓名	基本工资	手机补贴	交通补贴	岗位工资	加班	扣款	应发工资	代扣款项		实发金额	签章	
18										养老金	个税			
19	5	李佳	800	100	100	210	100	0	1310	155	0	1155		
20														
21	序号	姓名	基本工资	手机补贴	交通补贴	岗位工资	加班	扣款	应发工资	代扣款项		实发金额	签章	
22										养老金	个税			
23	6	栗超群	800	100	100	500	100	0	1600	0	0	1600		

图5-68 复制工资条

第三节 文件管理、打印及其他高级操作

一、如何对工作簿进行安全保护

如果不想让别人打开或修改工作簿，可以给工作簿加个密码。打开工作簿，选择“文件”→“信息”→“保护工作簿”→“用密码进行加密”，如图5-69所示，在“加密文档”对话框中，输入密码，重复输入密码一次，点“确定”可完成设置。如要修改文件口令，可按同样方法进入，即可进行修改。

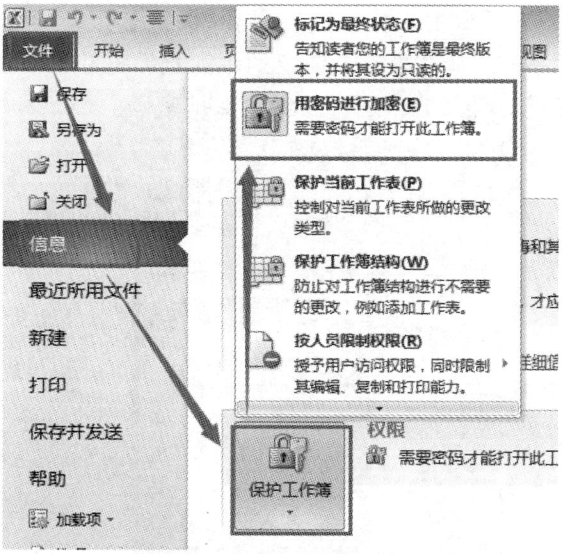

图5-69 对当前工作簿进行密码保护

二、如何保护部分单元格

有时候需要用户无法操作某些单元格，可以对其锁定，达到保护部分单元格的目的，具体操作步骤如下：

按住Ctrl+A，选择当前所有单元格，然后按住Ctrl+1设置单元格格式，将最后的“保护”中的锁定前面的钩去掉。因为Excel是默认对所有单元格进行保护的，因此本操作是取消对所有单元格的保护，如图5-70所示，然后点“确定”。

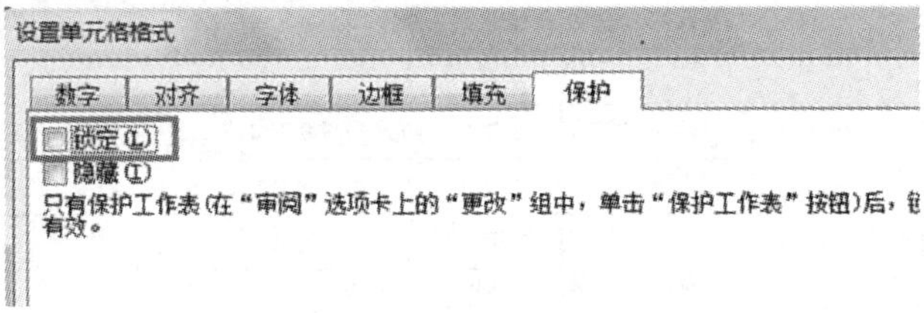

图5-70　取消锁定

然后选择需要保护的单元格，按Ctrl+1设置单元格格式，在最后的“保护”中的“锁定”前面打钩，如图5-71所示，并点“确定”。

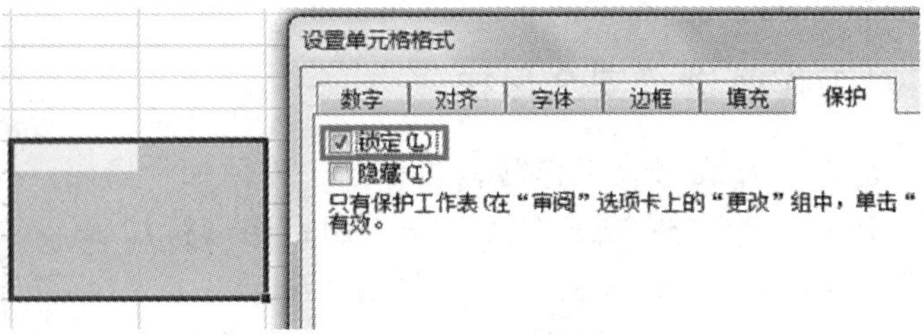

图5-71　锁定部分单元格

然后点“审阅”→“保护工作表”，弹出“保护工作表”对话框，取消第一项“选定锁定单元格”，第二项“选定未锁定的单元格”选中，如图5-72所示，然后点“确定”。如果需要密码保护，还可以设置保护密码。

图5-72　设置保护工作表

三、工作表保护的口令忘记了怎么办

如果想使用一个保护了的工作表，但口令又忘记了，这时可这样操作：选定工作表，选择“编辑”→“复制”，再将其“粘贴”到一个新的工作簿中（注意：一定要是新工作簿），这样就可以超越工作表保护。

四、如何设置文件下拉窗口最下面的最近运行的文件个数

点“文件”→“选项”，再选“高级”→“显示”，在“最近使用的文档”后面的输入框中改变文件数目即可。

五、用Excel打印多页的表格时，如何在不使用页眉的情况下，仅设置一个标题行，即实现打印时每页的第一行（或几行）相同，即具有相同的表头

通过Excel的“页面布局”→“页面设置”→“打印标题”，可进行顶端或左端标题设置，再按下折叠对话框按钮，用鼠标划定范围即可。这样Excel就会自动在各页上加上你划定的部分作为表头。

六、如何使单元格中的颜色和底纹不打印出来

对那些加了保护的单元格，还可以设置颜色和底纹，以便让用户一目了然，从颜色上看出哪些单元格加了保护不能修改，从而可增加数据输入时的直观感觉。但这样做会带来一个问题，即在黑白打印时如果连颜色和底纹都打出来，表格的可视性就大打折扣。解决这个问题的办法是：选择“页面布局”→“页面设置”→“工作表”，在“打印”栏内选择“单元格单色打印”选项，之后打印出来的表格就不会出现颜色和底纹了。

七、什么是宏，它有何作用

若要自动执行重复任务，可以在 Microsoft Office Excel 中快速录制宏（宏：可用于自动执行任务的一项或一组操作），可用 Visual Basic for Applications 编程语言录制宏。

也可以使用 Microsoft Visual Basic for Applications （VBA） 中的 Visual Basic 编辑器（Visual Basic 编辑器：一种环境，用于编写新的 Visual Basic for Applications 代码和过程，并编辑已有的代码和过程。Visual Basic 编辑器包括完整的调试工具集，用于查找代码中的语法、运行时和逻辑问题）编写自己的宏脚本，或将所有或部分宏复制到新宏中来创建一个宏。

在创建宏之后，可以将宏分配给对象（如工具栏按钮、图形或控件），以便能够通过单击该对象来运行宏。如果不再需要使用宏，可以将其删除。

八、在Excel 2010中如何启用宏

要编写一个宏，必须先从最重要的事情开始，即打开“Visual Basic编辑器”。方法是：在“工具”菜单上，指向“宏”，然后单击“Visual Basic编辑器”。在开始编写宏之前，需要先想好将宏保存在哪里。模块是存储宏的容器，它通过一个名为“VBA项目”的更大的容器附加到工作簿中。

①在工具栏空白处右击，选择“自定义功能区”，选择添加“开发工具”选项并点“确定”，如图5-73所示。

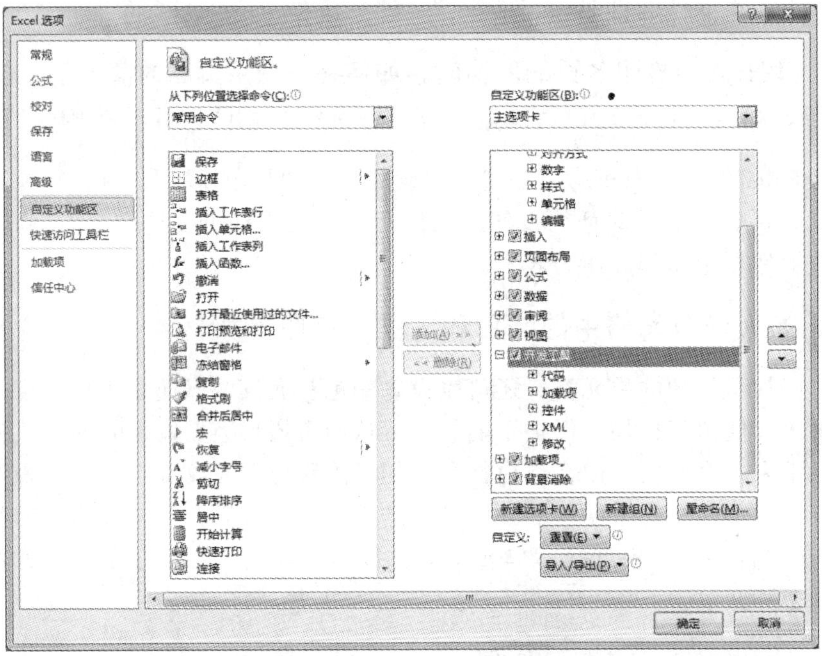

图5-73　在工具栏加入开发工具页面

然后，会发现工具栏下增加了开发工具页面，如图5-74所示。

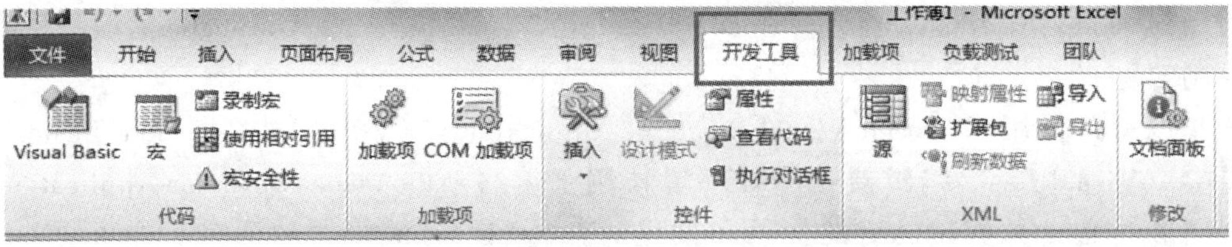

图5-74　增加开发工具页面后界面

②点开“开发工具”→“宏安全”，选中ActiveX设置，选中右边的“无限制启用所有控件并且不进行提示”选项，取消选中安全模式，结果如图5-75所示。

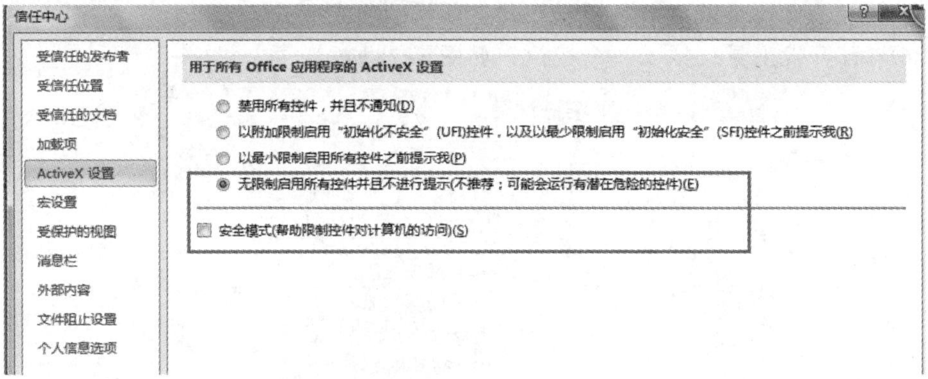

图 5-75　启用控件

③选中“宏设置”菜单，选中右边“启用所有宏”选项，选中“开发人员宏设置”选项，得到图 5-76，并点“确定”。

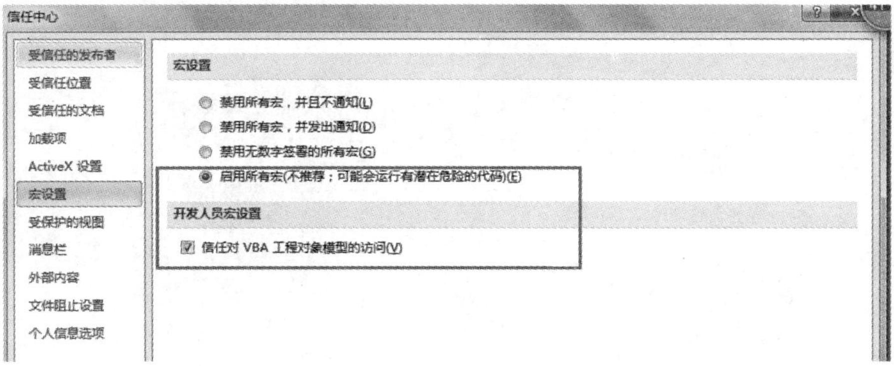

图 5-76　启用宏

④将 Excel 文档另存为“Excel 启用宏的工作簿”格式，如图 5-77 所示。

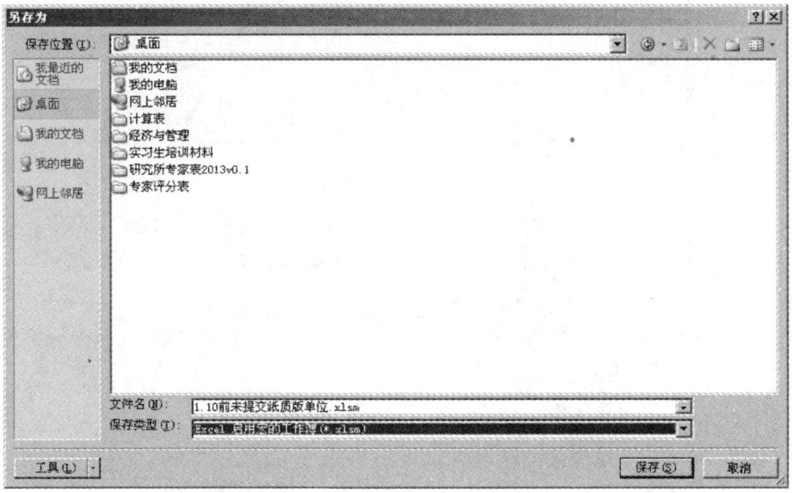

图 5-77　存为指定格式

⑤打开该文档，就可以录制宏，并且能够执行宏了。

⑥打开开发工具，插入一个按钮，如图5-78所示。

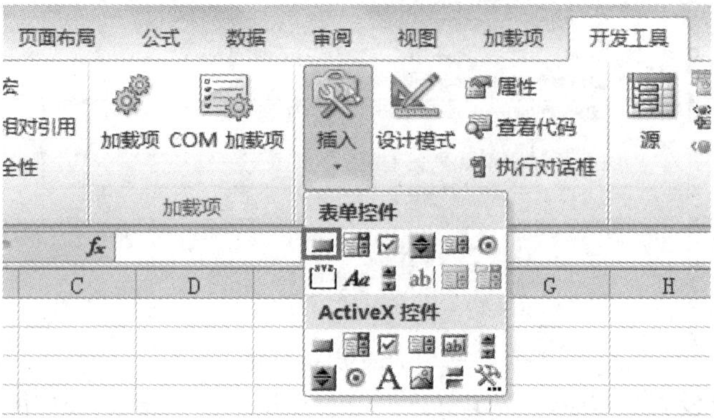

图5-78　插入表单控件

⑦弹出选择“指定宏”菜单，在弹出框中输入宏名，点击“新建”按钮，如图5-79所示。

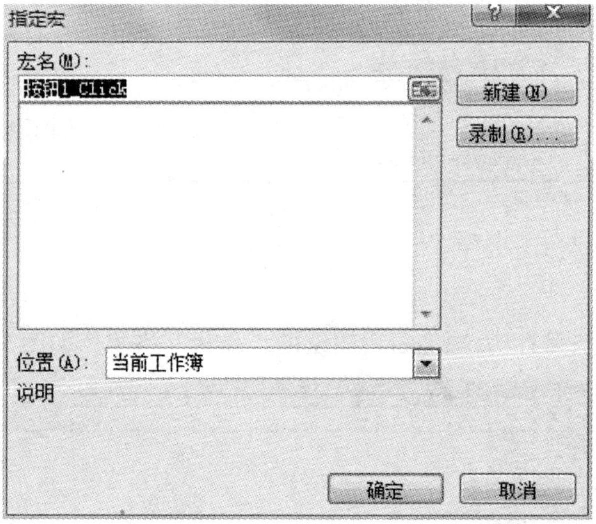

图5-79　指定宏名称

⑧确定后，就可以进入后台，编写VBA代码了。例如，在“按钮1_Click（）”方法里写入代码MsgBox（“helloworld”），如图5-80所示。

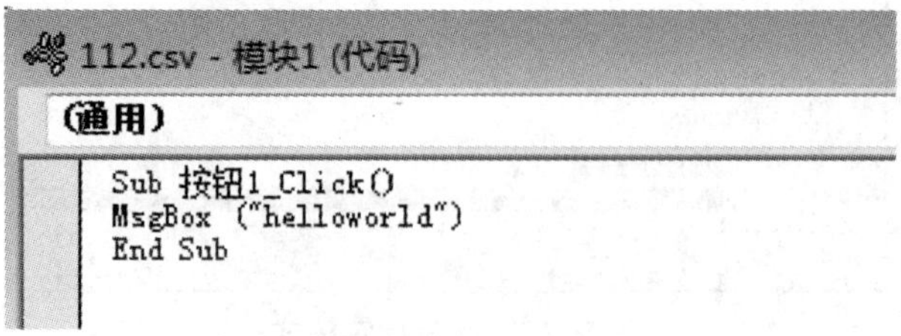

图5-80　代码编写

⑨回到Excel，点击“按钮1”后，就弹出一个消息“hello world”，如图5-81所示。

图5-81　点击按钮后显示结果

九、根据数据清单生成或打印为卡片格式

在实际工作中，常需要根据数据清单生成或打印为卡片格式。例如，根据图5-82所示的员工登记数据，自动生成如图5-83所示的Word文档。

	A	B	C	D	E	F	G	H	I	J
1	序号	学籍号	姓　名	性别	民族	出生年月	家庭住址	户主姓名	年级	班级
2	1	150104001	雷胜珍	女	汉	1998.04.15	羊场镇塘旗屯村长冲组	雷云胜	7	1
3	2	150104002	邰秋荣	女	侗	1999.07.25	报京乡屯上村金龙上组	邰光明	7	1
4	3	150104003	左惠	女	汉	2001.12.30	广州惠州（现住西门街）	左伟	7	1
5	4	150104004	刘莉	女	侗	2000.11.01	报京村机关组	刘光能	7	1
6	5	150104005	潘巧丽	女	侗	2001.02.22	报京乡石桥村二组（名城）	潘学安	7	1
7	6	150104006	穆显钰	男	侗	2001.03.30	舞阳镇箱子村	穆兴科	7	1

图5-82　数据清单

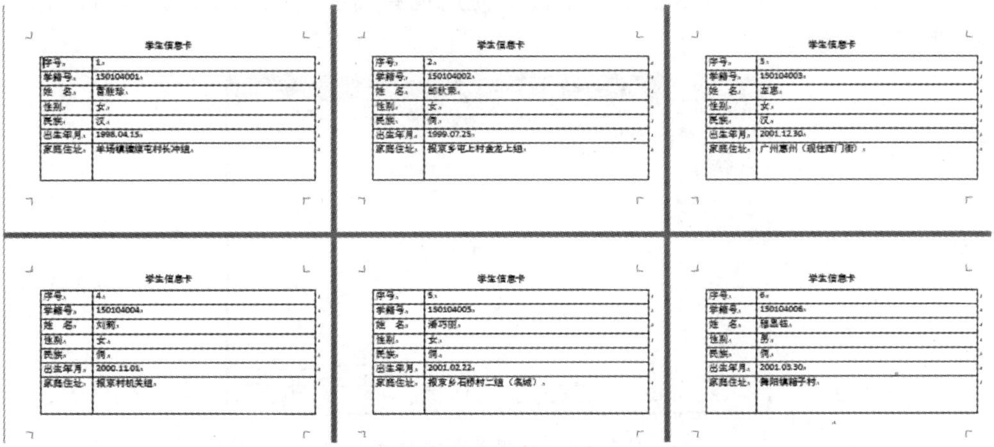

图5-83　合并到新文件的部分结果

使用邮件合并功能，可以实现员工信息卡片的批量生成。具体操作步骤如下：

①新建一个Word文档，设置好卡片的格式，如图5-84所示。

图5-84　卡片格式示例

②在Word中执行“邮件”→“开始邮件合并”→“邮件合并分步向导”命令，右侧出现邮件合并向导，向导共有6个步骤，如图5-85所示。第1步和第2步中均采用默认设置。

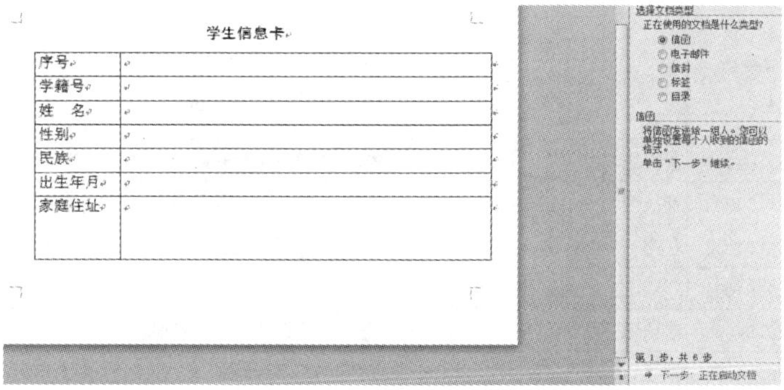

图5-85　邮件合并向导

③在邮件合并向导第3步中，单击“使用现有列表”中的“浏览”，得到如图5-86所示的对话框。

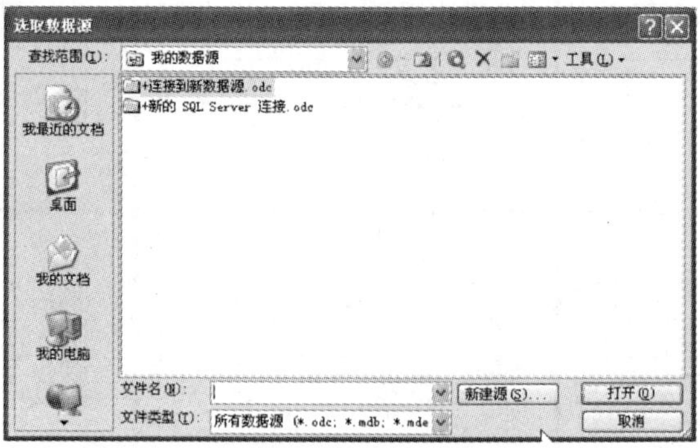

图5-86　选取数据源对话框

④找到数据清单文档所在的位置，打开它，弹出如图5-87所示的表格选择对话框。

图5-87　表格选择对话框

⑤选择相应的工作表清单，点“确定”，则得到如图5-88所示的对话框。

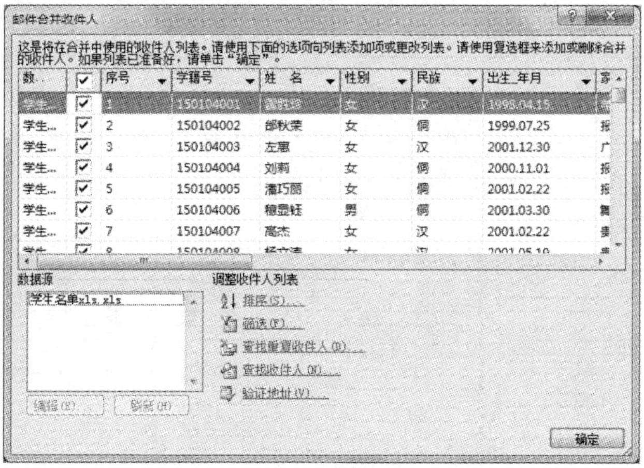

图5-88　邮件合并收件人对话框

⑥先全部清除之，然后勾选需要的行，如图5-89所示。

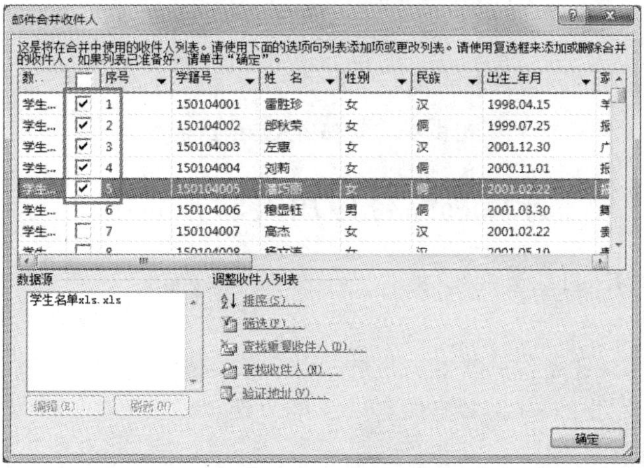

图5-89　数据选择

⑦在Word文档中，选中编号后的单元格，单击“插入域”按钮，然后得到图5-90中右侧的对话框。重复上述插入，得到图5-90中左侧的结果。

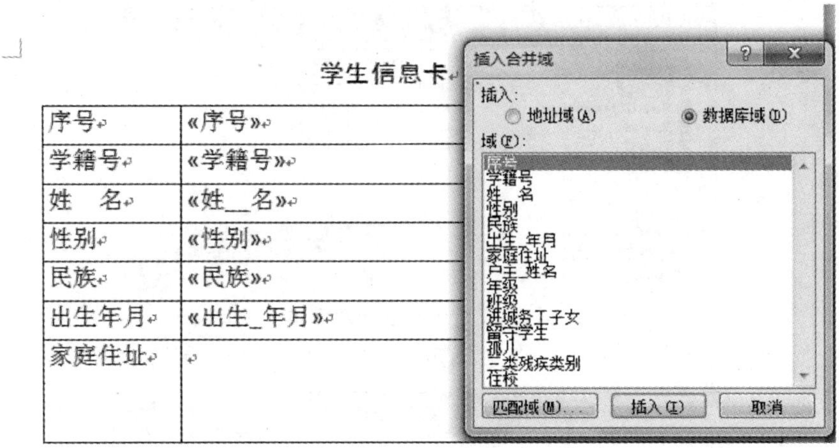

图5-90　插入域

⑧单击“邮件”→“完成并合并”→“编辑单个文档”，则批量卡片生成的任务完成，缩小视图，得到如图5-91所示的结果。

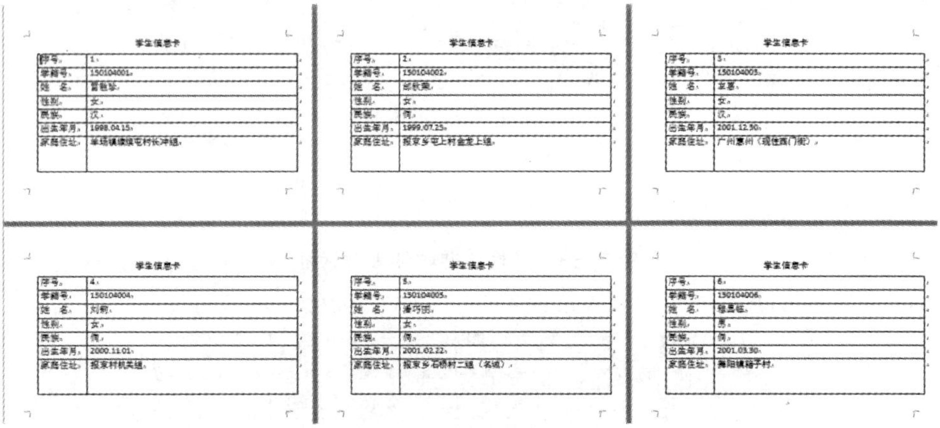

图5-91　全部插入后的结果

计算机综合应用实验报告五

【实验名称】Excel综合应用

【实验目标】

1.熟练掌握Excel的各项基本应用技巧；

2.能够综合运用Excel独立完成复杂表格的设计与应用。

【实验内容】

1.数据快速录入；

2.公式的高级应用；

3.数据分析与汇总；

4.高级打印设置；

5.宏的使用。

【实验结果】

1.如何进行分类汇总，请简要说明。

2.根据给定的移动电话卡的相关调查数据，分析各种电话卡的市场占有率。原数据见表5-1，运用数据透视表，得出如图5-92所示的结果。

表5-1　　电话卡相关调查数据

城乡	每周通话次数	数字移动电话类型	性别
城市	20	神州行	男
农村	20	神州行	男
农村	40	神州行	男
城市	30	全球通	男
城市	10	全球通	男
城市	20	全球通	女
城市	20	长白行	男
城市	40	神州行	男
城市	60	全球通	男
城市	20	全球通	男
城市	20	全球通	男
城市	20	全球通	男
城市	20	全球通	男
城市	20	长白行	男
城市	20	全球通	男
城市	25	全球通	男
城市	30	全球通	男
城市	7	全球通	女
城市	20	全球通	男
城市	10	全球通	男

I	J	K	L
计数项:数字移动电话类型	性别		
数字移动电话类型	男	女	总计
长白行	21.91%	20.17%	21.70%
其它	0.23%	0.84%	0.30%
全球通	65.83%	64.71%	65.70%
神州行	12.03%	14.29%	12.30%
总计	100.00%	100.00%	100.00%

图5-92　每种移动电话卡的市场占有率

3.新年前，大量的明信片需要填写，请设计相应的地址数据，利用Word的“邮件合并功能”，设计一份自动批量打印出来的Word文档，给同学亲友送去问候吧。请给出实现的具体过程，附上结果，并列出制作过程中所遇到的问题。

4.本章操作内容的截图。

第六章

PowerPoint应用

第一节　PowerPoint编辑与设置

一、如何自定义快速访问工具栏

自定义，意思就是自己定制。快速访问工具栏是一个可自定义的工具栏，它包含一组独立于当前所显示的选项卡的命令。自定义快速访问工具栏，可以把经常使用的工具按钮汇集在快速访问工具栏中，也可以把工具栏中没有的命令加到工具栏中，这样使用起来既方便又快捷。具体操作如图6-1所示，点击PowerPoint 2010主界面上自定义快速访问工具栏按钮，在显示出的下拉框中选取所需要的命令，如果所需命令不在列表中，点击“其他命令”按钮，在如图6-2所示的自定义快速访问工具栏对话框中选择添加或删除相应命令。

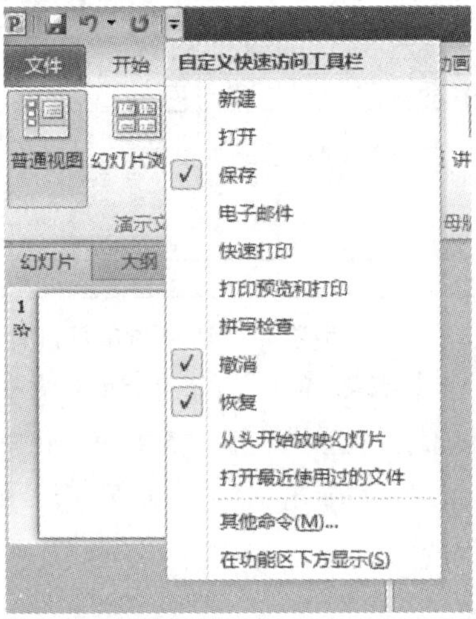

图6-1　自定义快速访问工具栏选项卡

图 6-2　自定义快速访问工具栏对话框

二、PowerPoint 中常用的链接技巧

在 PowerPoint 中，经常要用到链接操作，以下是链接中经常使用的一些技巧：

1. 更改链接文字的颜色

如果不喜欢 PowerPoint 中默认的链接文字颜色和单击后链接的文字颜色，可以执行“设计”→“颜色”命令，在下拉框中点击“新建主题颜色”（如图 6-3 所示），然后在“新建主题颜色”对话框中更改“超链接”和“已访问的超链接”的颜色（如图 6-4 所示）。

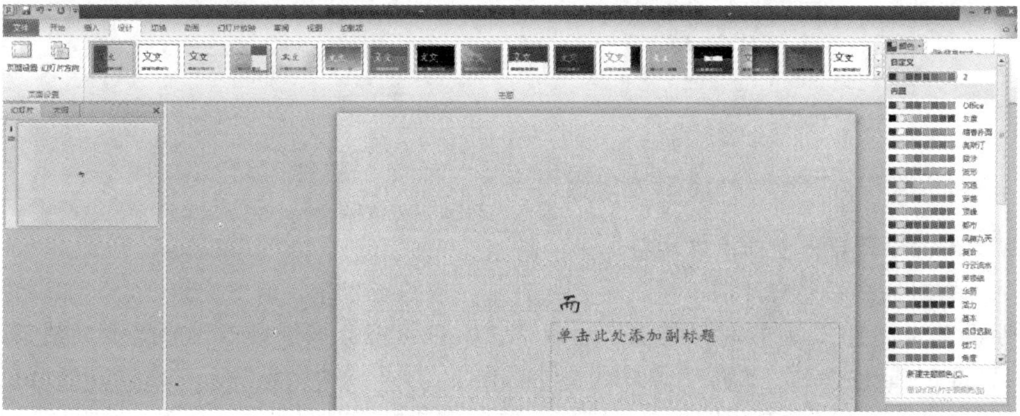

图 6-3　“颜色”命令

图6-4　“新建主题颜色”对话框

2. **去掉链接文字的下划线**

如果想去掉链接文字的下划线，可通过向幻灯片中插入一个新的文本框（不要使用幻灯片版式中自带的文本框），输入文字标题后，选中整个文本框再设置该文本框的超链接，这样就看不到链接文字的下划线了。

3. **添加链接提示信息**

如果希望在幻灯片中添加链接提示信息效果，只需在“插入超链接”对话框中单击“屏幕提示”按钮，输入相应的提示信息即可（如图6-5所示）。

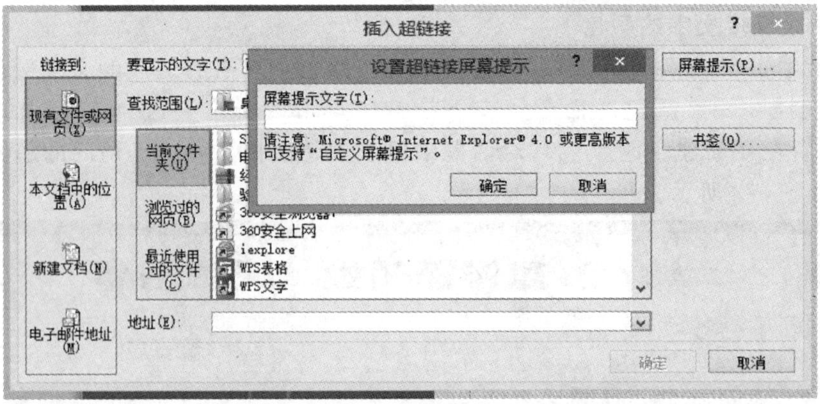

图6-5　“插入超链接”对话框

4. **链接可执行文件出现病毒提示的问题**

有时需要在幻灯片演示过程中链接到某一可执行程序，但即使将“宏”的安全性设置为“低”，链接时系统仍会出现“该文件可能会携带病毒”的提示。其实，只需选中链接标题，执行“文件”→“动作”，打开“动作设置”对话框，然后在“运行程序”下选择相应的可执行文件，就可以避免类似问题了（如图6-6所示）。

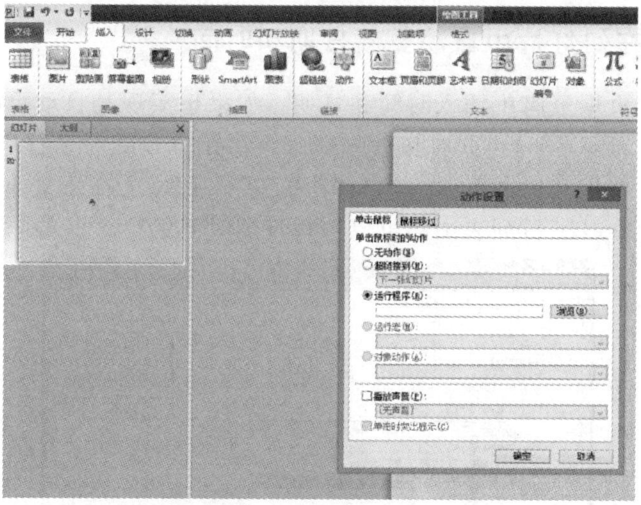

图6-6 “动作设置”对话框

三、如何修改PowerPoint文件的标题、作者等信息

执行“文件”→“信息”命令，在窗口右边继续点击“属性”→“高级属性”（如图6-7所示），然后就可以在“属性”对话框中设置标题、主题、作者等信息。

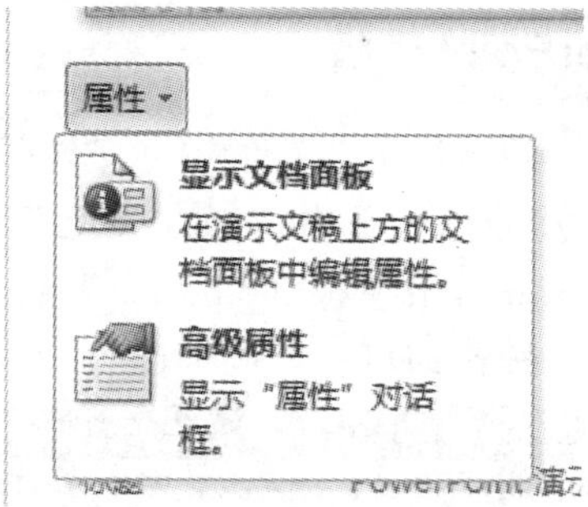

图6-7 “属性”对话框

四、如何更改PowerPoint文件页面设置

执行“设计”→“页面设置”命令，即可进行幻灯片大小、宽度、高度、编号起始值、方向等相关设置，如图6-8所示。

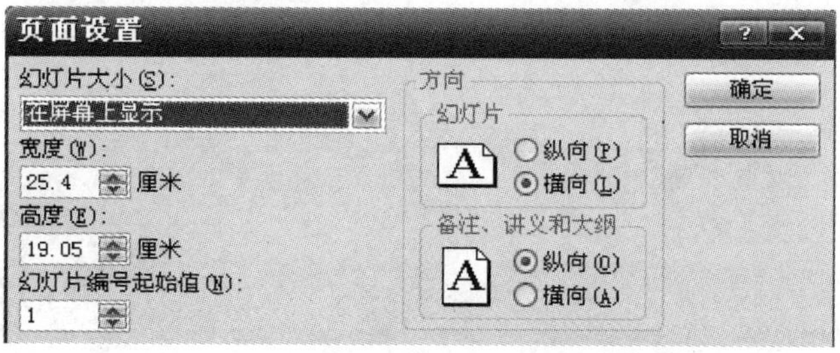

图6-8 “页面设置”对话框

五、如何在幻灯片中自动更新日期和时间

在幻灯片的页眉页脚中插入时间和日期，如果想实现其自动更新，可以进行下述操作：执行“插入”→“页眉和页脚”命令，在打开的对话框中选择“幻灯片”选项卡，选中“日期和时间”，选择“自动更新”，则每次打开文件，系统会自动更新日期与时间。在其下拉列表中还可以选择日期时间的格式，如图6-9所示。

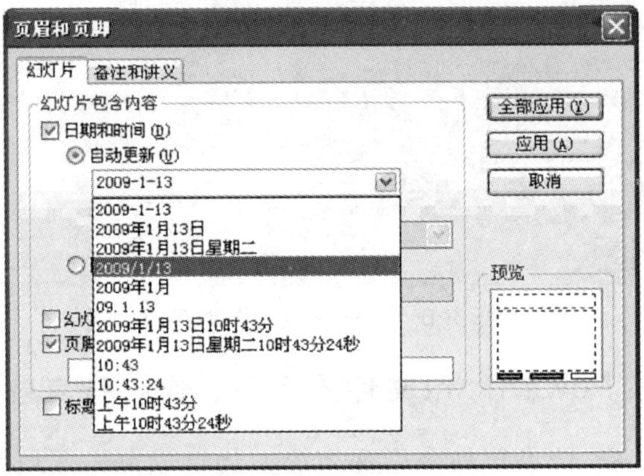

图6-9 “页眉和页脚”对话框

六、如何创建PowerPoint模板

在制作好演示文稿后，首先执行“文件”→“另存为”命令，打开“另存为”对话框（如图6-10所示），然后点击下端“保存类型”右侧的下拉按钮，在随后出现的下拉列表中，选择“PowerPoint模板（*.potx）”选项，再为模板取名（如“常用演示.potx”），按“保存”按钮即可。

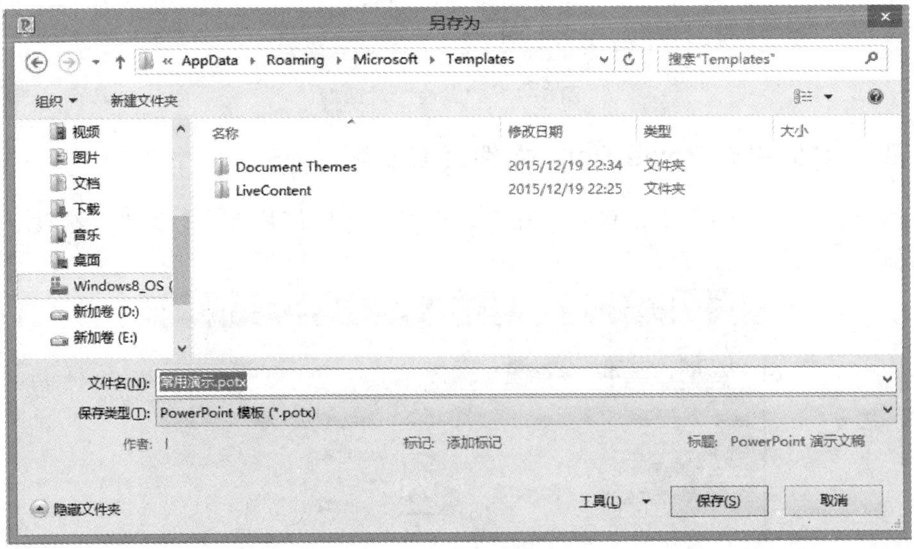

图6-10 “另存为”对话框

七、如何实现一个PowerPoint文件中包含多个不同主题的幻灯片

在PowerPoint中，采用“主题”功能来实现对模板的选取。一个PowerPoint文件往往包含多页幻灯片，有时希望不同页幻灯片采用不同的主题，此时只需按如下步骤操作：

①选取一个主题模板为默认主题，在PowerPoint页面中，执行“设计”命令，选取所需要的主题，点击右键，执行“设置为默认主题”命令（如图6-11所示）。

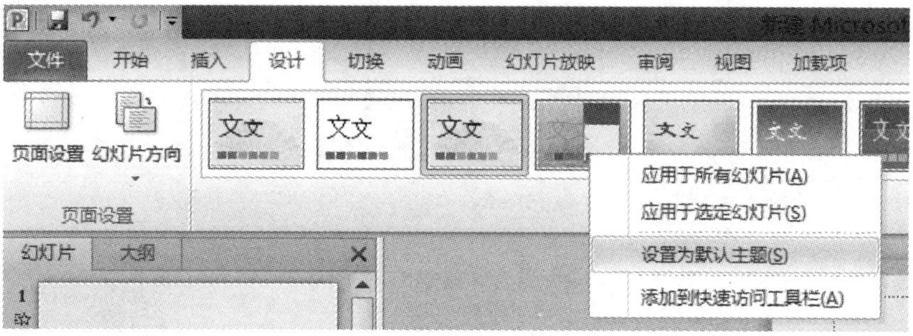

图6-11　“设置为默认主题”命令

②在右侧幻灯片视图中选取所需设置为不同幻灯片主题的页面（可以通过“Ctrl”键进行多选），执行“设计”命令，点击右键，执行“应用于选定幻灯片”（如图6-12所示）。

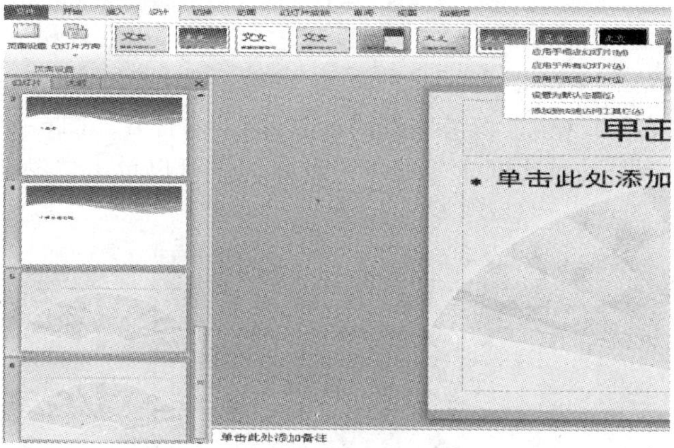

图6-12　执行“应用于选定幻灯片”

③按需要反复执行步骤②。

八、如何查看PowerPoint文稿统计信息

在PowerPoint中点击“文件”→“信息”命令，在窗口右边继续点击“属性”→“高级属性”，然后在“属性对话框”中，单击“统计”选项卡，就会列出当前编辑的演示文稿字数、段落等信息，如图6-13所示。

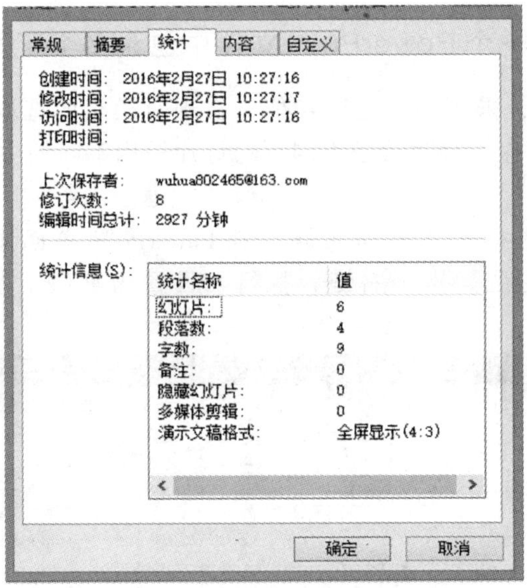

图6-13 “统计”选项卡

九、如何设置自定义动画

步骤如下：

①打开要设置的演示文稿，并选定含有要动态显示的内容的文本或者对象。

②打开菜单栏里的“动画”命令，选择所需要的动画效果。

③如果要通过单击此文本或者对象来激活动画，可以选取相应对象，然后在右边动画窗格中，点击“单击开始”（如图6-14所示）；如果要它自动启动动画，请单击“从上一项之后开始”；如果单击“计时”，可以打开如图6-15所示的对话框，输入前一动画到当前动画之间希望的等待秒数，还可以单击“触发器”，选择触发形式。

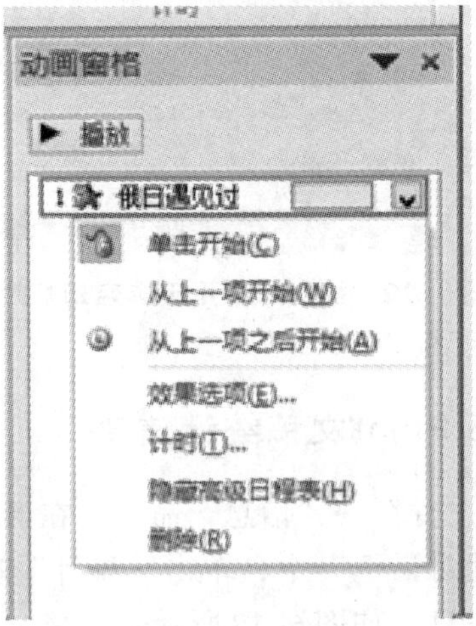

图6-14 动画窗格

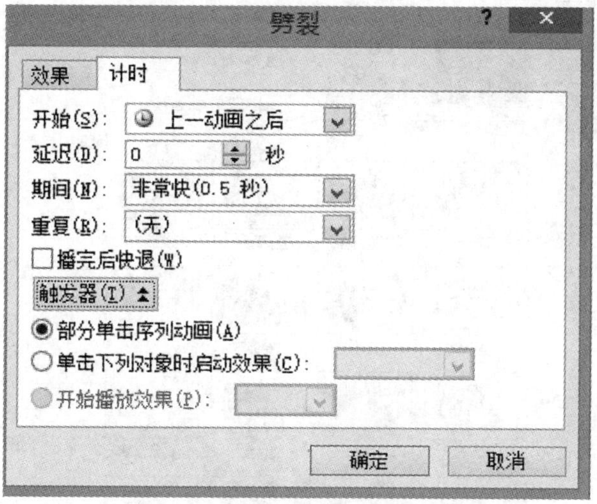

图6-15 “计时”选项卡

④在完成设置后，可通过点击“预览”按钮来观看所设置的效果。

十、如何实现播放动画后更改文本的颜色

完成此过程之前，必须已经对文本应用动画效果。选取相应对象，在如图6-14所示的状态下，单击“效果选项”命令，在“效果”选项卡的“增强”之下，单击“动画播放后”列表中的某种颜色或单击“其他颜色”以获得更多选项（如图6-16所示）。

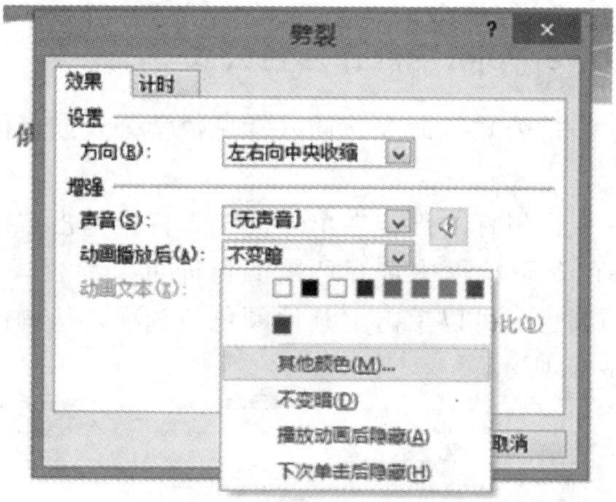

图6-16 “效果”选项卡

十一、如何更改主题的相应设置

对于选定的主题，还可以对其相应的设置进行更改。执行“设计”命令，选取所需设计主题后，可以修改相应主题的颜色、字体、效果及背景样式等。只需单击相应选项（如图6-17所示），在所对应下拉框中进行选择和设置。

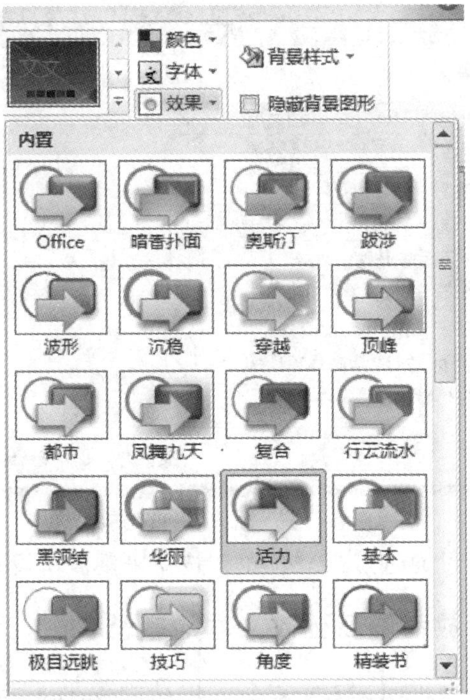

图 6-17　更改主题的相应设置

第二节　PowerPoint中插入对象

一、如何在PowerPoint中制作彩色公式

①执行“插入”→“公式”命令，插入常见数学公式或者使用数学符号构造自己的数学公式。

②选取该公式，点击鼠标右键，在出现的工具栏中单击“字体颜色”或“形状填充”，在“主题颜色”下拉框中选择所需颜色即可以为公式或者背景选定颜色。如果没有自己想选的颜色，可以单击“其他颜色”选项，从调色板中选择需要的颜色。操作界面如图6-18所示。

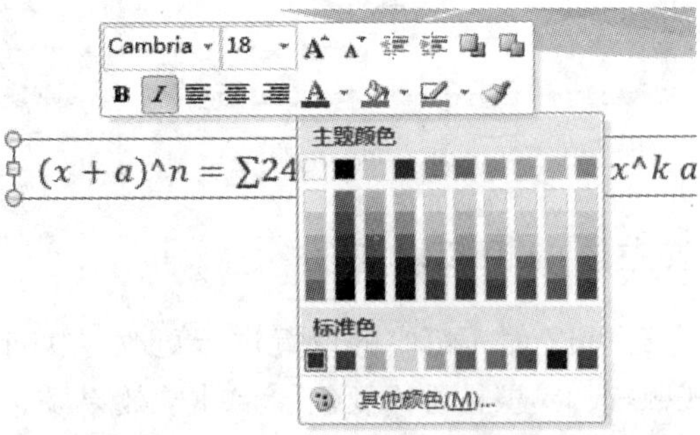

图 6-18　“主题颜色”下拉框

二、如何使相同对象出现在每张幻灯片上

一般可以使用编辑母版的方式使得相同对象出现在每张幻灯片上。具体操作如下：

①点击菜单栏的“视图”→“幻灯片母版”，进入母版编辑页面。

②可以在母版中插入相应对象，则在所有的幻灯片中都会出现该对象。

③添加完需在每个幻灯片重复的所有对象后，单击“关闭母版视图”。

三、如何对幻灯片中的图形对象进行一些基本操作，如对齐、翻转、组合等

插入图形对象后，将需要执行相应操作的对象选定，这时菜单栏中会自动出现“绘图工具”一栏。单击“绘图工具”栏“格式”按钮，就可以选择对图像对象进行诸如组合、对齐及翻转等基本操作。对所选图形对象进行对齐操作如图6-19所示。

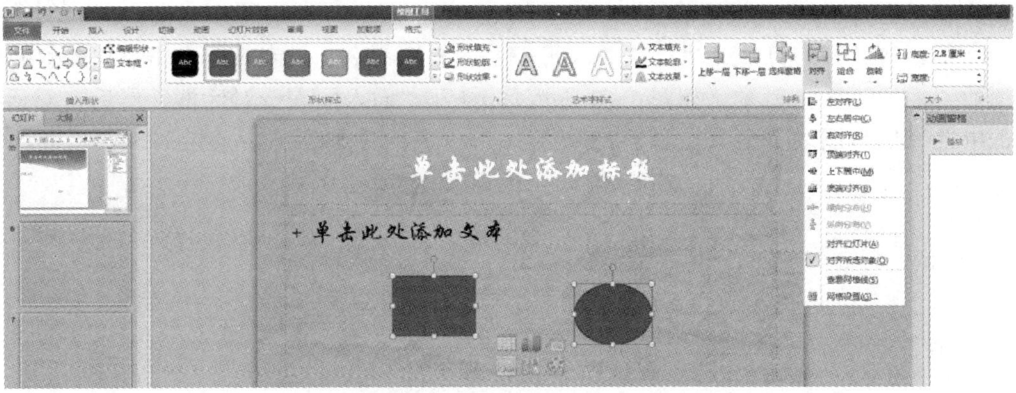

图6-19　对齐所选图形对象

四、如何实现多个对象一起运动

先将多个对象选定（可以用Shift键选定或者直接用鼠标选择多个对象），然后单击“绘图工具”栏“格式”按钮，单击“组合”，如图6-19所示。将多个对象组合后，就可以实现对多个对象一起运动的操作，比如旋转、拖拽等。

五、如何自定义某对象的动作路径

自定义对象的动作路径的意思就是：你随心所欲地为某个对象画出一条路线，这个对象就会按你指定的路线进行移动。具体实现方法如下：先选定一个对象，然后执行“动画”命令，选择“动作路径”→“自定义路径”，如图6-20所示。此时鼠标指针就会变成笔形，在幻灯片中随意画出一条曲线。

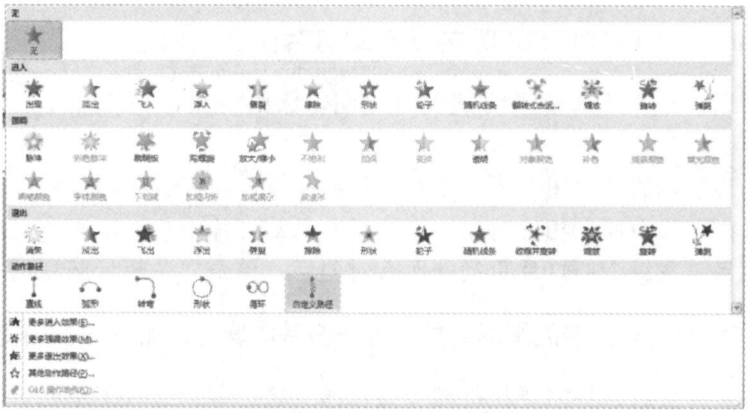

图6-20 动作路径选择

六、如何在PowerPoint文件中插入图表并进行编辑

1.创建PowerPoint图表

①新建一张幻灯片，执行“插入”→“图表”命令，或者直接点击空白幻灯片中的“插入图表”命令（如图6-21所示），打开“插入图表”对话框，然后在对话框中选择所需图表类型（如图6-22所示）。

图6-21 “插入图表”命令

图6-22 “插入图表”对话框

②点击幻灯片中插入的图表，这时就可以直接将用于创建图表的数据填入到数据表了。填写好以后，单击图表外任意位置，完成图表的创建。

2.图表的编辑

在PowerPoint中创建的图表，不仅可以像操作其他对象一样进行大小、位置的调整，而且还可以更改图表的类型，修饰图表区域、绘图区、背景墙和更改序列中的某个元素的颜色等。下面以改变图表类型和改变序列中某个元素的颜色为例进行说明。

①类型的编辑。

- 双击要改变图表类型的图表，让它进入编辑状态。
- 选择菜单栏“图表工具”下“设计”→“更改图表类型”命令，或者直接点击鼠标右键后选择“更改图表类型”命令，弹出“更改图表类型”对话框，如图6-23所示。

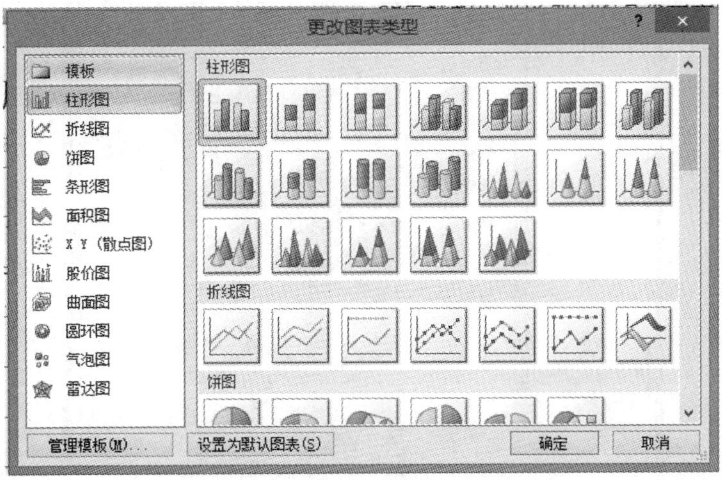

图6-23 “更改图表类型”对话框

- 选择所需图表类型，单击“确定”按钮。

②颜色的编辑。

以圆柱图为例，如果希望对某圆柱颜色进行修改。可以首先双击图表进入编辑状态后，鼠标左键选定需要修改颜色的圆柱，然后单击鼠标右键，在出现的工具栏中单击“形状填充”，在显现的“主题颜色”框中选择相应颜色（如图6-24所示）。

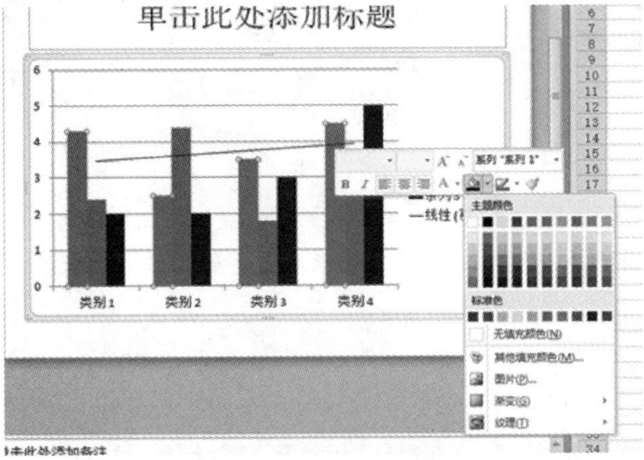

图6-24 图表颜色的编辑

③还可以在选取图表或者图表中某列数据后，单击鼠标右键，选择“设置绘图区格式”或“设置数据系列格式”，在对应出现的对话框（如图6-25和图6-26所示）中进行诸如背景、边框等颜色的选择，这样就可以方便地对组成图表的各元素进行修饰。

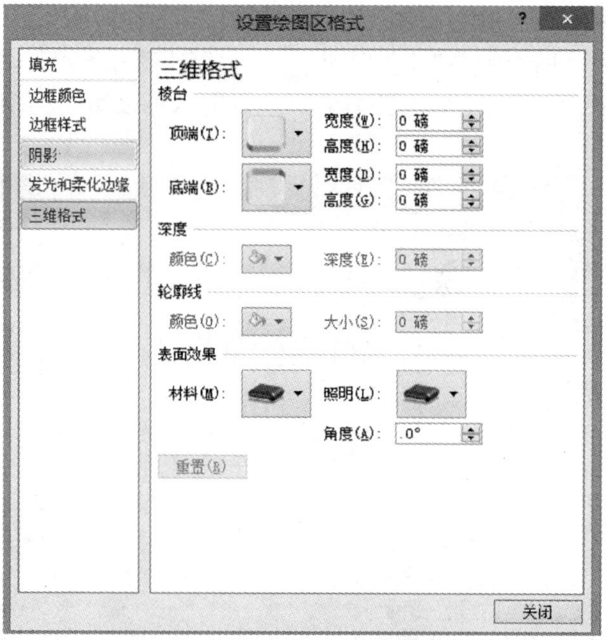

图6-25 “设置绘图区格式”对话框

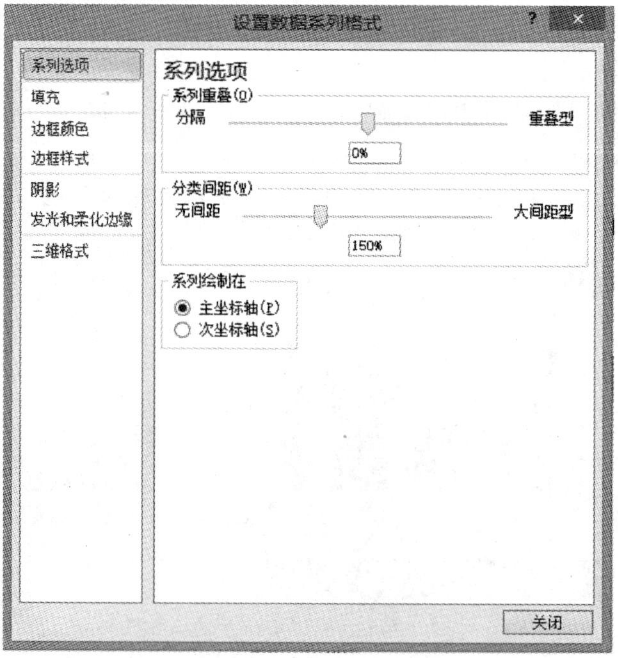

图6-26 “设置数据系列格式”对话框

七、如何在PowerPoint中制作动态按钮

首先，建立一张空白演示文稿。之后执行以下操作：

①执行“插入”→“形状”→“基本形状”命令，选取椭圆，按住Alt键，拖出一个正圆形。

②双击图形，打开“设置形状格式”对话框，点击“填充”选项卡，选取“渐变填充”选项后，在“预设颜色”的下拉按钮，选择相应类型（如图6-27所示）。

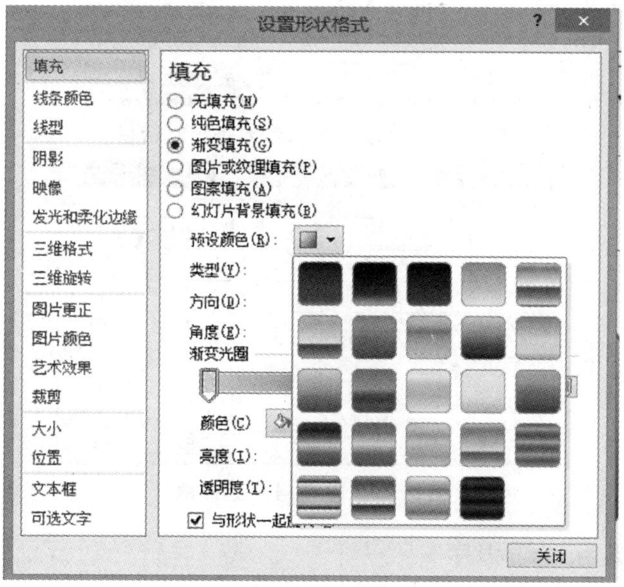

图6-27 颜色和填充类型的设置

③为了使按钮看起来有立体感，需去边。点击“线条”选项卡，选择“无线条”。

④在按钮上输入文字“播放”：选择文本框，在按钮上单击一下，输入文字“播放”。

⑤复制该幻灯片：在大纲栏里选择该幻灯片，复制并粘贴，产生第二张幻灯片。

⑥修改第二张幻灯片的按钮图案：与步骤②相同，“变形”框中选择第二项。

⑦对每个按钮设置鼠标移过的超级链接：右击该按钮，选择“动作设置”，第一张幻灯片的按钮链接到第二张，第二张幻灯片的按钮就链接到第一张。

八、如何自定义项目符号

将鼠标放在需要自定义项目符号的地方，执行菜单命令“开始”→“项目符号”或者“开始”→“编号”，单击底端“项目符号和编号”，调出“项目符号和编号”对话框，如图6-28所示；点击“自定义”，弹出“符号”选择框，如图6-29所示，在其中可以选择需要的符号。另外，还可以在颜色选项中选择自定义符号的颜色。

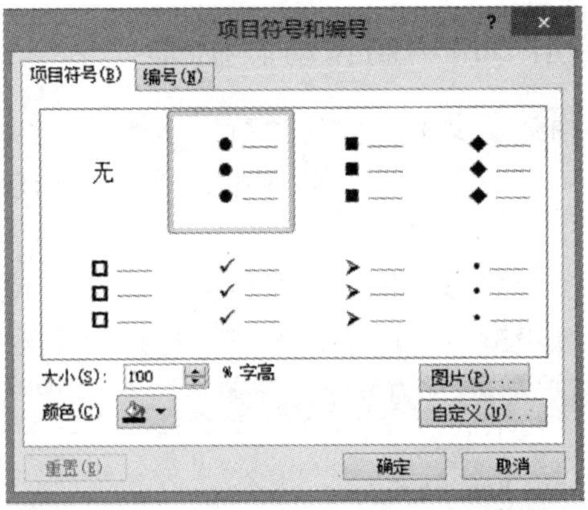

图 6-28　“项目符号和编号”对话框

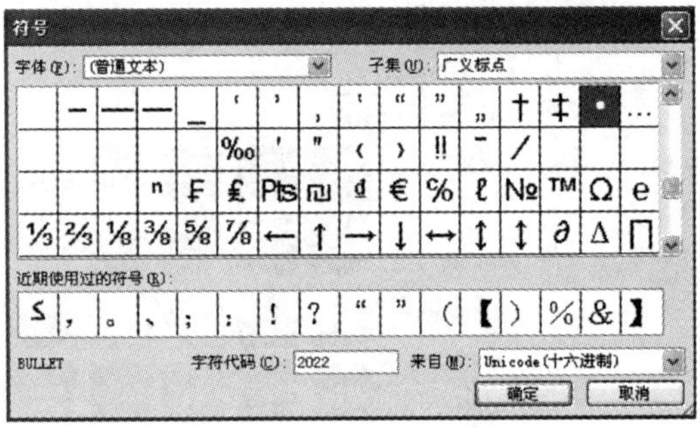

图 6-29　“符号”选择框

九、如何调用外部程序

选取一个对象，执行“插入”→“动作”命令，打开“动作设置”对话框；选中“运行程序”，点击“浏览”，选择相应外部程序的路径后点击“确定”即可。操作界面如图 6-30 所示。

图 6-30　“动作设置”对话框

十、如何将Word文本插入PowerPoint文稿中

Word是常用的文字处理软件，PowerPoint是演示文稿制作软件，我们可以使用下面几种方法，快速地将Word文本转换到PowerPoint演示文稿中。

1.直接拖动法

①启动Word，打开相应的文档。

②启动PowerPoint 2010，新建一个空白演示文稿。

③让上述两个窗口在桌面上并排排列。

④在Word窗口中，选中需要转换的文本，然后将其拖拉到PowerPoint窗口中的幻灯片编辑区中，松开鼠标，文本即刻复制过来。

本方法同样适用于将Excel中的内容转换到PowerPoint中。

2.在PowerPoint文稿中导入Word文档

要在PowerPoint文稿中直接导入Word文档，导入前需要对Word文档进行一些格式上的调整，一般可将原来Word文件中需要导入的文字内容格式上转换成大纲标题形式。

转换完毕后，可以在PowerPoint中执行菜单命令“文件”→“打开”。在“打开”对话框中，点击“文件类型”右边的下拉箭头，然后选择“所有文件”。双击想要在PowerPoint中打开的Word文档，它就会像打开新的演示文稿一样被打开。

如果在一张幻灯片中出现了太多的文字，可以用“自动调整”功能把文字分割成两张幻灯片。点击文字区域就能够看到区域左侧的“自动调整”按钮（它的形状是上下带有箭头的两条水平线），点击该按钮并从子菜单中选择“将文本拆分到两个幻灯片”，如图6-31所示。

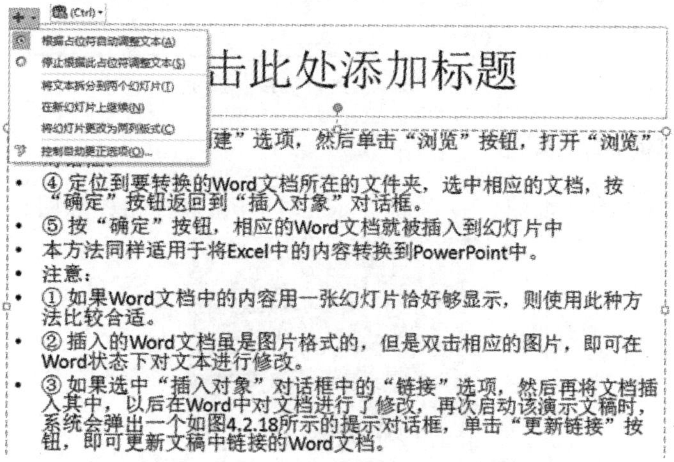

图6-31 “自动调整”功能示意图

3.链接法

①启动PowerPoint 2010，新建一个空白演示文稿。

②执行“插入”→“对象”命令，打开“插入对象”对话框，如图6-32所示。

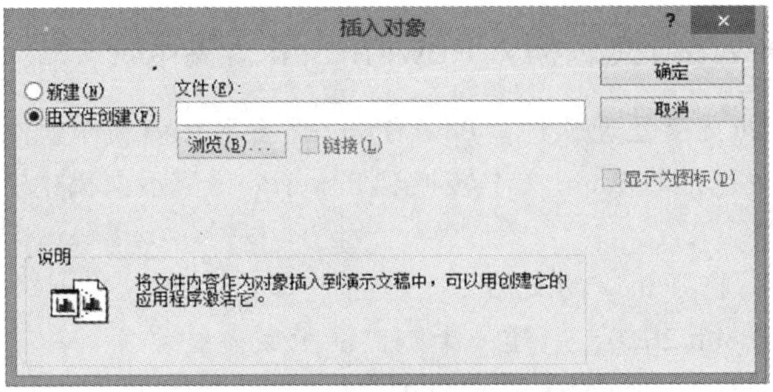

图6-32 “插入对象”对话框

③选中“由文件创建”选项，然后单击“浏览”按钮，打开“浏览”对话框。

④定位到要转换的Word文档所在的文件夹，选中相应的文档，按“确定”按钮返回到“插入对象”对话框。

⑤按“确定”按钮，相应的Word文档就被插入到幻灯片中

本方法同样适用于将Excel中的内容转换到PowerPoint中。

需要注意以下几点：

①如果Word文档中的内容用一张幻灯片恰好够显示，则使用此种方法比较合适。

②插入的Word文档虽是图片格式的，但是双击相应的图片，即可在Word状态下对文本进行修改。

③如果选中“插入对象”对话框中的“链接”选项，然后再将文档插入其中，以后在Word中对文档进行了修改，再次启动该演示文稿时，系统会弹出一个如图6-33所示的提示对话框，单击“更新链接”按钮，即可更新文稿中链接的Word文档。

图6-33 “更新链接”提示

十一、如何添加备注

①点击菜单栏中“视图”→“备注页”，打开备注窗格，如图6-34所示。

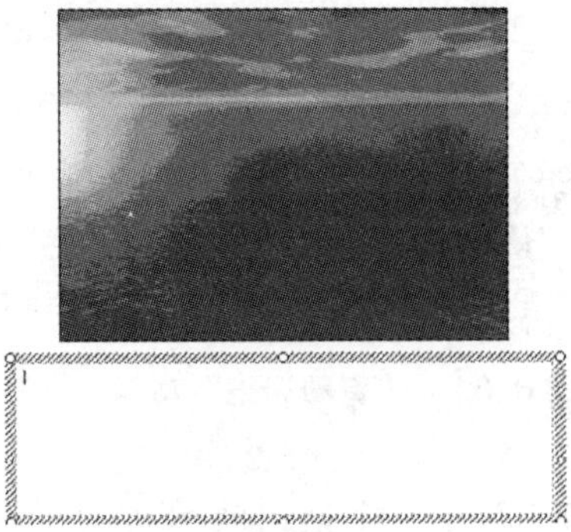

图6-34 备注窗格

②在备注窗格上，输入当前幻灯片的备注。

③若要在向备注窗格添加备注时切换幻灯片，请单击“幻灯片”选项卡上的幻灯片缩略图或单击“大纲”选项卡上的图标。

注意：如果文本大小超出了备注页上占位符的大小，Microsoft PowerPoint会随键入内容的增加而逐渐减小字号和行间距，以使文本大小合适。

十二、如何在PowerPoint演示文稿中插入Excel表格

由于PowerPoint的表格功能不太强，如果需要添加表格，可先在Excel中制作好，然后将其插入到幻灯片中。其解决步骤如下：

①执行“插入”→“对象”命令，打开“插入对象”对话框，如图6-35所示。

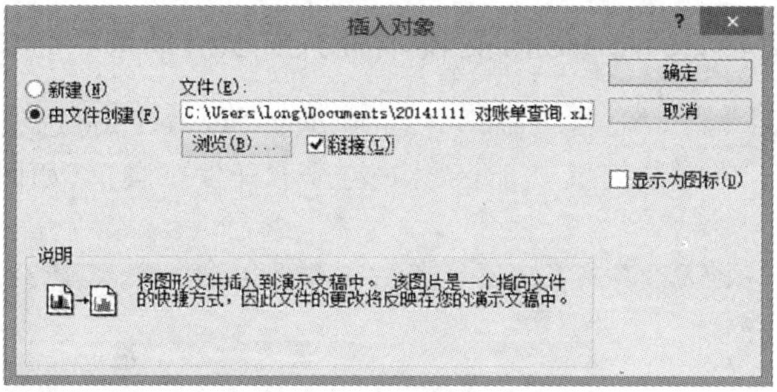

图6-35 “插入对象”对话框

②选中“由文件创建”选项，然后单击“浏览”按钮，定位到Excel表格文件所在的文件夹，选中相应的文件，单击“确定”按钮返回，即可将表格插入到幻灯片中。

③调整好表格的大小，并将其定位在合适位置上即可。

需要注意以下几点：

①为了使插入的表格能够正常显示，需要在Excel中调整好行、列的数目及宽（高）度。

②如果在“插入对象”对话框选中“链接”选项，以后在Excel中修改了插入表格的数据，打开演示文稿时，相应的表格会自动随之修改。

十三、如何向PowerPoint演示文档中插入批注

审查他人的演示文稿时，可以利用批注功能提出自己的修改意见，批注内容并不会在放映过程中显示出来。其解决步骤如下：

①选中需要添加意见的幻灯片，执行“审阅”→“新建批注”命令，即可进入批注编辑状态。

②输入相应批注内容。

③当使用者将鼠标指向批注标识时，批注内容即刻显示出来。

④右击批注标识，利用弹出的快捷菜单，可以对批注进行相应的编辑处理，如

图 6-36所示。

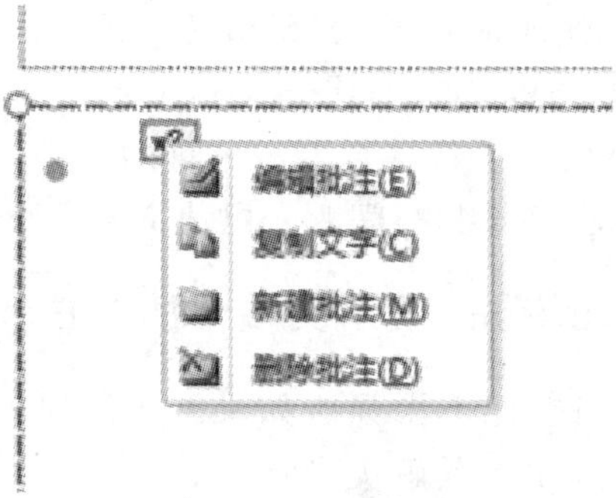

图 6-36　批注快捷菜单

十四、如何在PowerPoint文稿中插入Flash动画

①执行“文件”→“选项”命令，在弹出的“PowerPoint选项”对话框中点击“自定义功能区”，在“自定义功能区”下勾选“开发工具”（如图6-37所示），单击“确定”。

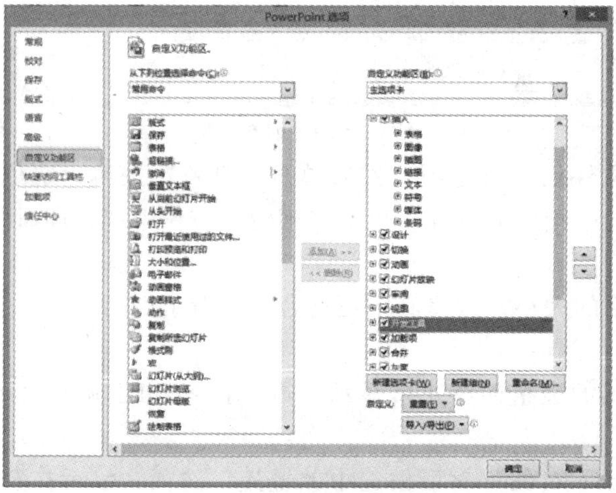

图 6-37　“PowerPoint选项”对话框

②在菜单栏上看到“开发工具”选项，单击“开发工具”，然后在“控件”区域选择“其他控件”（如图6-38所示），在随后弹出的下拉列表中选“Shockwave Flash Object”选项（如图6-39所示），然后在幻灯片中拖拉出一个矩形框（此为播放窗口）。

图 6-38　在“控件”区域选择“其他控件”

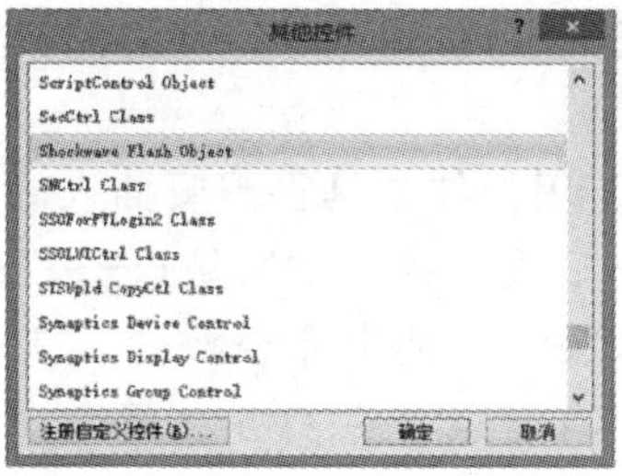

图 6-39 “Shockwave Flash Object”选项

③选中上述播放窗口，按工具栏上的“属性”按钮，打开“属性”对话框，在“Movie”选项后面的方框中输入需要插入的Flash动画文件名及完整路径，然后关闭属性窗口，如图6-40所示。

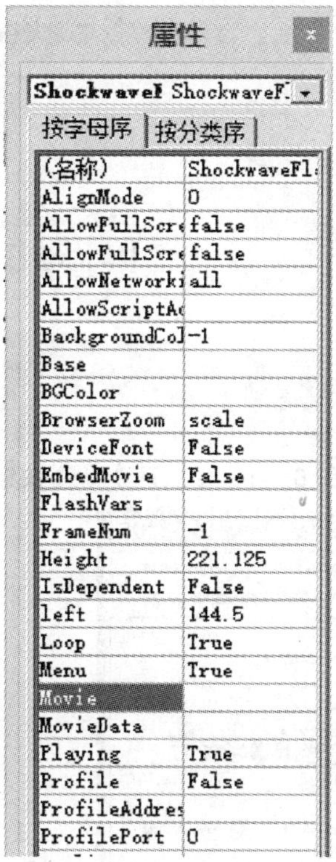

图 6-40 “Movie”选项

④调整好播放窗口的大小，将其定位到幻灯片合适位置上，即可播放Flash动画了。

建议将Flash动画文件和演示文稿保存在同一文件夹中，这样只需要输入Flash动画文件名称，而不需要输入路径了。

十五、如何在PowerPoint中实现Flash播放控制

一般在PowerPoint中插入的Flash动画本身不包括控制按钮，如果想控制动画暂停或继续播放，则可以采用控件来实现，具体方法如下：

①首先确保系统中已经安装了Shockwave Flash Object插件（只要IE中可以播放Flash动画就表明已经安装）。

②启动PowerPoint 2010，用控件工具将需要插入的Flash动画插入进来。

③单击“开发工具”，然后在“控件”区域点击“命令按钮”，然后即可在幻灯片上生成一个命令按钮。依次生成两个命令按钮，其名称分别为CommandButton1和CommandButton2，分别用右键点击它们，在属性窗口中将Caption改为“暂停”“播放”。操作界面如图6-41和图6-42所示。

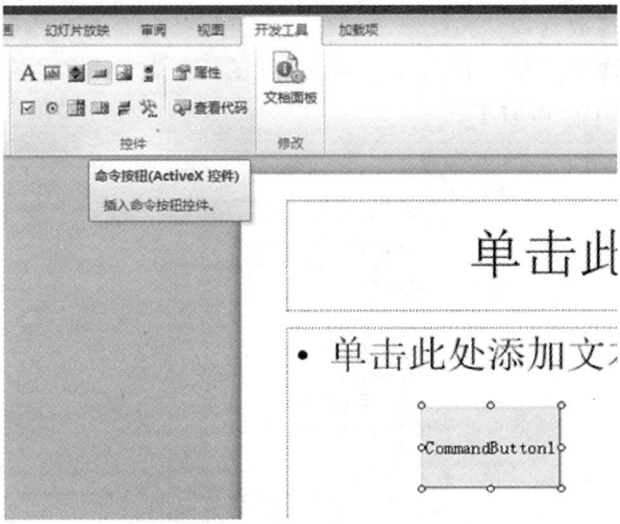

图6-41　生成两个命令按钮

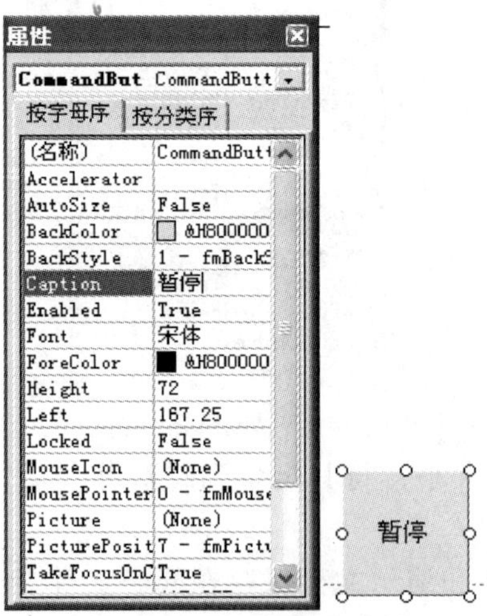

图6-42　更改按钮的属性

④双击“暂停”按钮，在代码窗口中输入“Slide1.shockwave-Flash1.Stop”，然后保存；之后双击“播放”按钮，在代码窗口中输入“Slide1.shockwave-Flash1.Play”。关闭代码编写返回幻灯片即可。

十六、如何插入声音文件

①执行“插入”→“音频”命令，选择“文件中的音频”，打开“插入音频”对话框。

②定位到需要插入的声音文件所在的文件夹，选中相应的音频文件，然后按下“插入”按钮。

③点击“音频工具”下的“播放”选项，即可设置相应选项（如图 6-43 所示），如设置开始方式等。为了保证幻灯片放映时美观，可以勾选“放映时隐藏”。

图 6-43　音频“播放”选项

十七、如何插入视频

①点击菜单栏“插入”→“视频”→“文件中的视频”，打开“插入视频文件”对话框。

②定位到需要插入的视频文件所在的文件夹，选中相应的视频文件，然后按下“插入”按钮（PowerPoint 一般支持 avi、wmv、mpg 等格式视频文件）。

③点击“视频工具”下的“播放”选项，在“视频选项”中进行相关设置（如图 6-44 所示）。

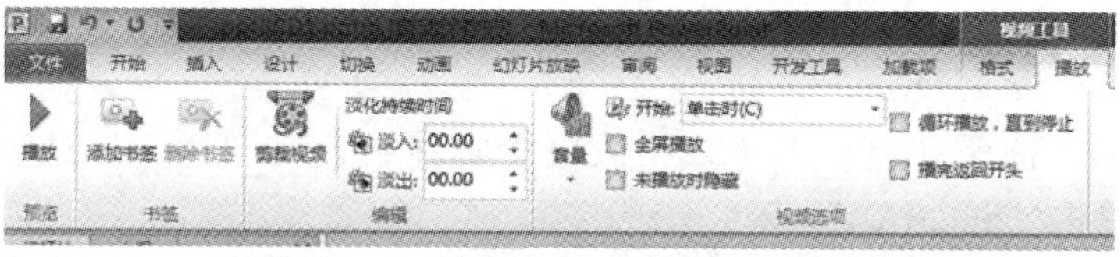

图 6-44　视频“播放”选项的设置

④调整视频播放窗口的大小，将其定位在幻灯片的合适位置上即可。

十八、在设置动画效果时如何实现多幅图片连续播放

①右键单击对象，单击“动画”按钮，并选择相应动画方式。

②设置两个动画，并选定第二个动画，在“高级动画”选项组“开始”选项上设置为“上一动画之后”，这样就可以实现两个动画连续播放了（如图 6-45 所示）。

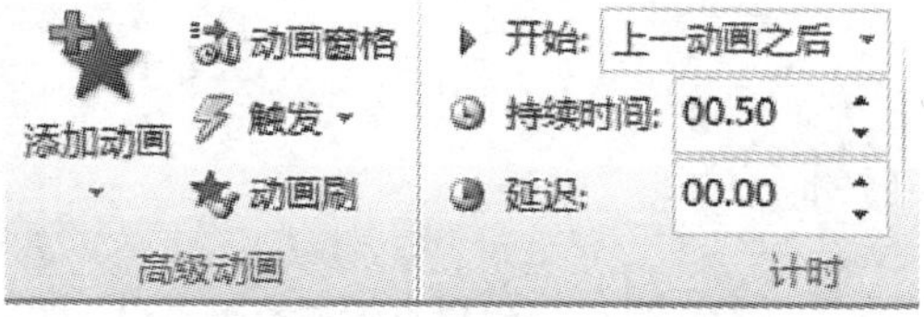

图 6-45　“高级动画”选项组

十九、如何使用动画刷复制动画

在PowerPoint中，可以使用动画刷快速轻松地将动画从一个对象复制到另一个对象。若要复制动画，请执行下列操作：

①选择包含要复制的动画的对象。

②在“动画”选项卡上的“高级动画”组中，单击“动画刷”。

③在幻灯片上，单击要将动画复制到其中的对象。

在图6-46的示例中，首先通过“自定义路径”的方式设置矩形对象的动画方式，选定后通过动画刷，就可以将该动画方式复制到椭圆对象中。

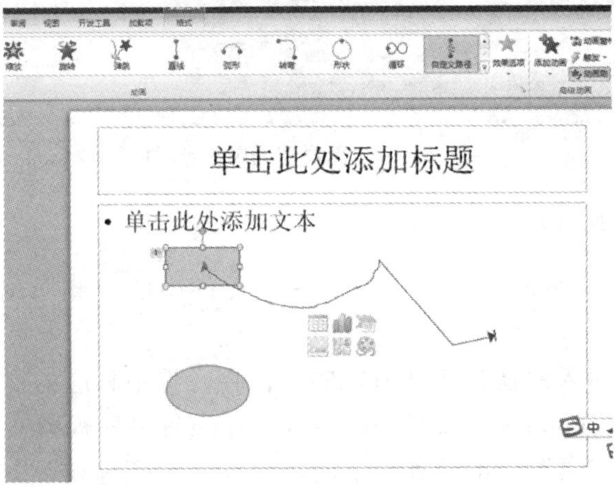

图6-46 复制动画示例

二十、创建带图片的组织结构图

①在文档、演示文稿、电子表格或电子邮件中，在“插入”选项卡上的“插图”组中，单击“SmartArt”。

②在“选择SmartArt图形”库中，单击“层次结构”，然后双击“图形图片层次结构”，在PowerPoint文档空白处生成带图片的组织结构图。在此对该组织结构图进行编辑，选定某对象，单击鼠标右键，即可进行相应操作（如图6-47所示）。

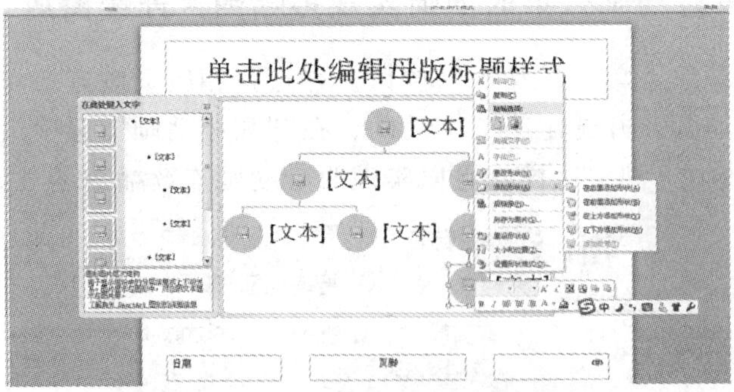

图6-47 创建组织结构图

③要添加图片，请在要添加图片的框中单击图片图标，找到要使用的图片所在的文件夹，单击该图片文件，然后单击“插入”。

④如果要输入文本，请执行下列操作之一：

• 在SmartArt图形中的一个框中单击，然后键入文本（为获得最佳结果，一般应在添加需要的所有框之后再使用此选项）。

• 单击文本窗格中的“［文本］”，然后键入文本。

• 从其他位置或程序复制文本，单击“文本”窗格中的“［文本］”，然后粘贴文本。

第三节 PowerPoint放映

一、如何设置幻灯片放映方式

幻灯片放映方式有三种：演讲者放映（全屏幕）、观众浏览（窗口）、在展台浏览（全屏幕）。设置方式时选择菜单栏“幻灯片放映”→“设置幻灯片放映”，打开“设置放映方式”对话框（如图6-48所示），在此还可以设置循环放映以及绘图笔颜色等。选择自己所需要的放映方式后单击“确定”，即可开始放映。

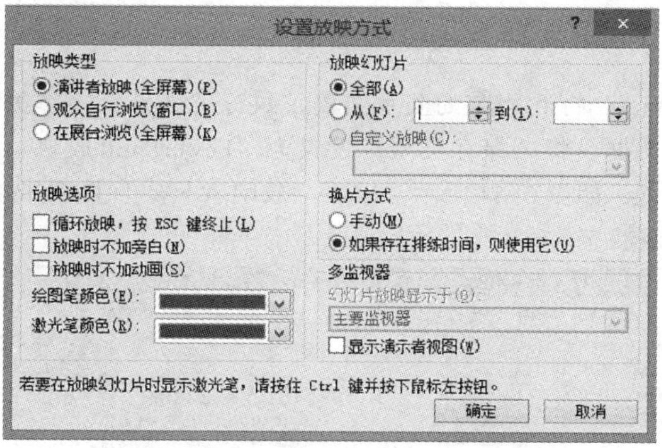

图6-48 “设置放映方式”对话框

二、如何编辑自定义放映

在幻灯片放映过程中，有时需要改变它的放映方式。也可以根据不同的幻灯片组合来创建一种或多种放映方式，并独立进行放映。通过编辑自定义放映可以帮助我们实现这些，具体操作步骤如下：

①把要设置自定义放映的演示文稿打开。

②在“幻灯片放映”菜单中点击“自定义幻灯片放映”。

③这时出现“自定义放映”对话框（如图6-49所示），点“新建”即可设置自定义放映了，还可以为创建的自定义放映设定名称，如图6-50所示。

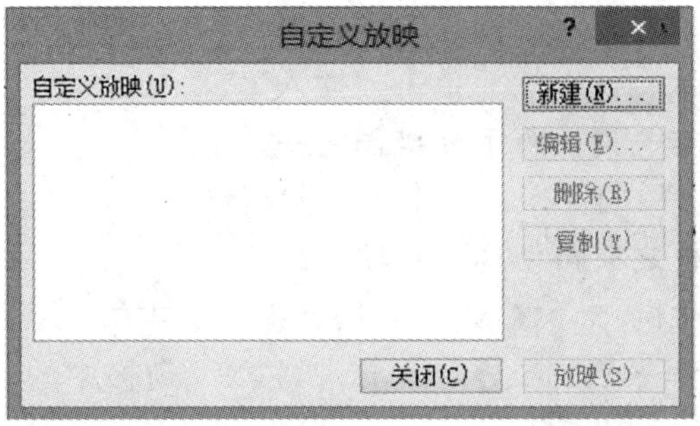

图6-49 “自定义放映”对话框

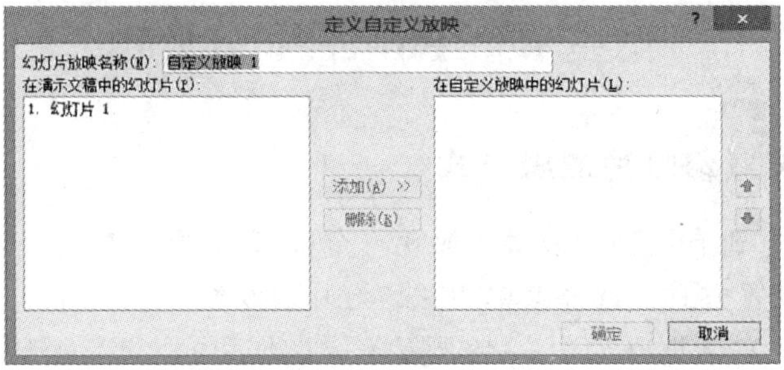

图6-50 为创建的自定义放映设定名称

三、PowerPoint文件直接激活放映

启动PowerPoint，打开相应的演示文稿，执行“文件”→“另存为”命令，打开“另存为”对话框。将“保存类型”设置为“PowerPoint放映（*.ppsx）”，然后按下“保存”按钮，如图6-51所示。以后，放映者只要直接双击上述保存的文件，即可快速进入放映状态。

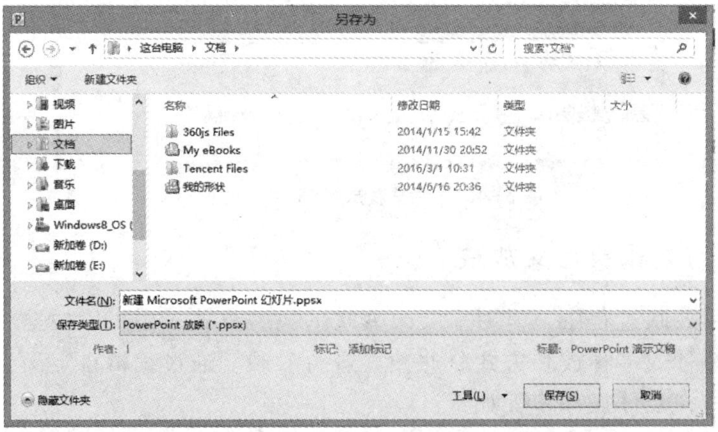

图6-51 设置为“*.ppsx”类型

四、如何让演示文稿自动播放

点击菜单栏“切换”，在换片方式选项组中选择“设置自动换片时间”（自己

定），如图6-52所示。

图6-52 选择“设置自动换片时间”

五、在PowerPoint演示文稿中隐藏幻灯片

对于制作好的演示文稿，如果希望其中的部分幻灯片在放映的时候不显示出来，可以将其隐藏起来。其解决步骤如下：

①执行“视图”→“普通视图”命令，在左侧的窗口中，按住Ctrl键，分别点击需要隐藏的幻灯片，同时选中多张不连续的幻灯片。

②右击鼠标，在随后弹出的快捷菜单中选择“隐藏幻灯片”选项即可，如图6-53所示。

需要注意以下几点：

①进行隐藏操作后，相应的幻灯片编辑上有一条删除斜线。

②如果需要取消隐藏，只要选中相应的幻灯片，再进行一次上述操作即可（如图6-54中显示的第3面幻灯片）。

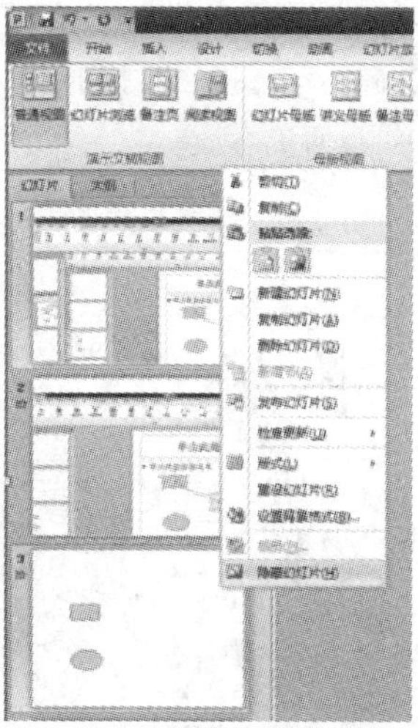

图6-53 选择“隐藏幻灯片”

图6-54 取消隐藏

六、让PowerPoint演示文稿循环播放

①进行幻灯片的切换设置。点击“切换”，在换片方式选项组中选择“设置自动换片时间”。根据播放页的内容及在阅读时需用的时间来设置换页的时间。如果每一张幻灯片换页的时间间隔设置相同，只要点击“全部应用”就行了；否则，就要根据不同幻灯片中内容的多少，设置不同的放映时间。

②进行放映方式的设置。点击“幻灯片放映”→“设置幻灯片放映”，打开

“设置放映方式”对话框，在“放映类型”中根据不同的情况进行设置。一种设置方式是点击选中“演讲者放映（全屏幕）”前的单选按钮，再点击选中“循环放映，按Esc键终止”前的复选按钮，这种设置在播放中可随时按Esc键终止。另一种设置方式是只选中“在展台浏览（全屏幕）”前的单选按钮，这种设置放映后就不能按Esc键终止播放，如果要终止播放就只能同时按下Ctrl、Alt和Del键，打开“关闭程序”对话框，选择“PowerPoint幻灯片放映-（正在播放的演示文稿的文件名）”，点击“结束任务”按钮来终止播放。

七、如何方便地切换PowerPoint播放窗口

启动PowerPoint 2010，打开需要播放的文稿，按住Alt键不放，再依次按“D、V”字母键，即可进入播放状态，且此时的播放窗口是可以随意调节的。

八、如何使用绘图笔

在放映过程中，可以在文稿中应用绘图笔画出相应的重点内容。方法如下：在放映过程中，右击鼠标，在随后出现的快捷菜单中，选择“指针选项”→“笔”选项，此时，鼠标变成一支“笔”，可以在屏幕上随意绘画。还可以通过选快捷菜单中的“指针选项”→“墨迹颜色”选项，来指定墨迹的颜色（默认为红色），如图6-55所示。如果要擦除幻灯片上的墨迹，可以点击鼠标右键，选择指针选项下的橡皮擦擦去所选绘图笔的笔迹，或者选择擦除幻灯片上所有笔迹。

图6-55　“墨迹颜色”选择

九、向幻灯片切换效果添加声音

①在包含“大纲”和“幻灯片”选项卡的窗格中，单击“幻灯片”选项卡。

②选择要向其添加声音的幻灯片的幻灯片缩略图。

③在“切换”选项卡的“计时”组中，单击“声音”旁的箭头，若要添加列表中的声音，请选择所需的声音；若要添加列表中没有的声音，请选择“其他声

音”，找到要添加的声音文件，然后单击“确定”（如图6-56所示）。

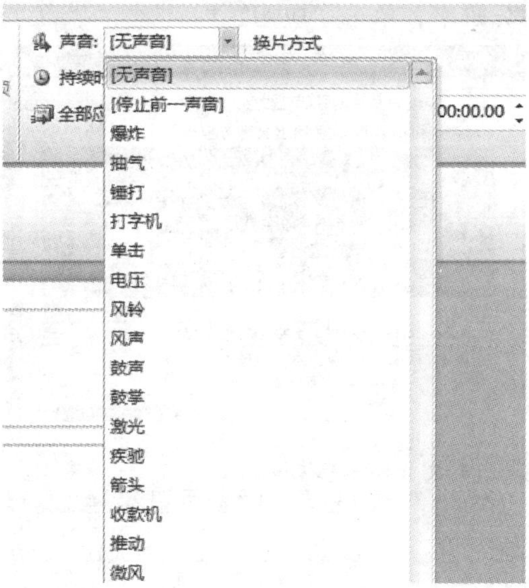

图6-56　添加声音

十、放映快捷键的使用

在文稿放映过程中，可以使用许多快捷键帮助进行相关操作。在文稿放映时按下F1功能键，各种快捷键即刻显示在屏幕上，如图6-57所示。

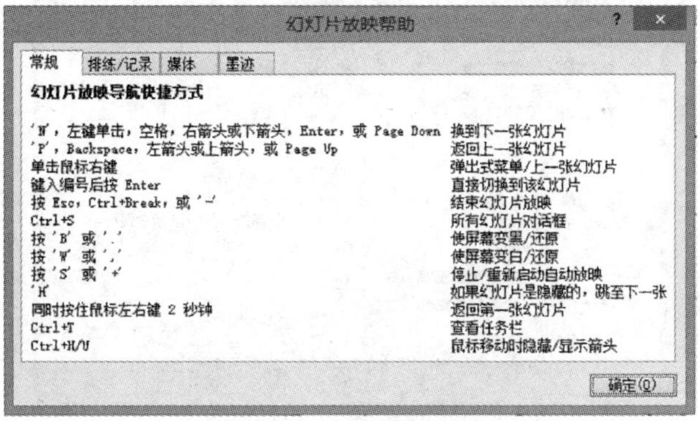

图6-57　放映快捷键

十一、如何实现PowerPoint文档在放映时备注有效显示

几乎所有人的PowerPoint使用方式都停留在投影机上放什么、演讲者的电脑上也显示什么的状态，演讲者要么看自己的电脑屏幕，要么看墙上的投影，这样“备注”就彻底失去了作用，因为根本看不见。为了实现演讲者电脑有效显示备注项，而投影仪中又正常放映文稿，可以进行如下操作：

①在电脑的“显示属性”中进行设置。如图6-58所示，在连接了外部显示器

或者投影仪的情况下，点击“2”号屏幕，并选中“将Windows桌面扩展到该显示器”，同时设置适当的分辨率，单击“应用”。

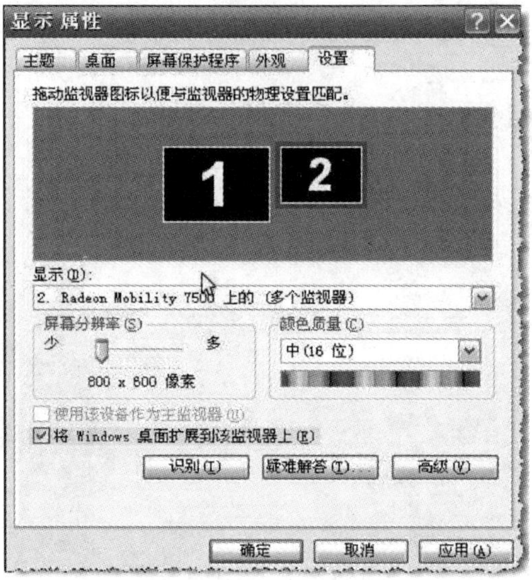

图6-58 “显示属性”对话框

②打开需要演讲的PowerPoint文稿进行放映前的准备工作。选择放映的设置，点击菜单栏“幻灯片放映”→“设置放映方式”，打开“设置放映方式”对话框，如图6-59所示。选中“显示演讲者视图”后单击“确定”，就完成了设置。

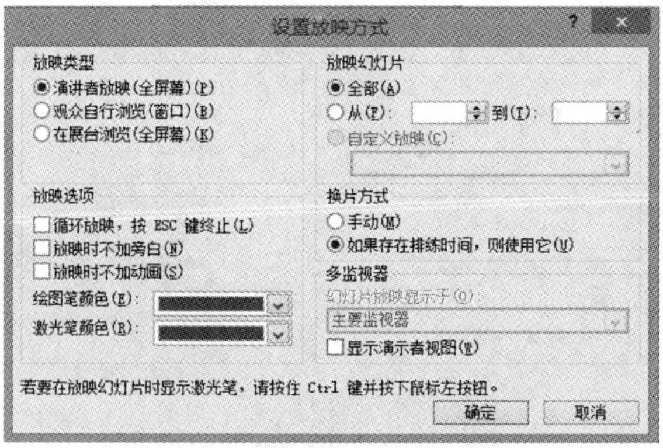

图6-59 “设置放映方式”对话框

③点击放映，就可以看到在演示者电脑中包含备注项，而在投影仪中则只能看到PowerPoint文稿放映效果。

第四节 PowerPoint其他操作

一、如何打印幻灯片讲义

点击菜单栏“文件”→“打印”，打开如图6-60所示的界面。在此可以选择要打印的范围、打印内容、打印的份数。要打印讲义，只需单击“整页幻灯片”列表，在下拉框中选择“讲义”，再选择讲义中每页包含的幻灯片数量。

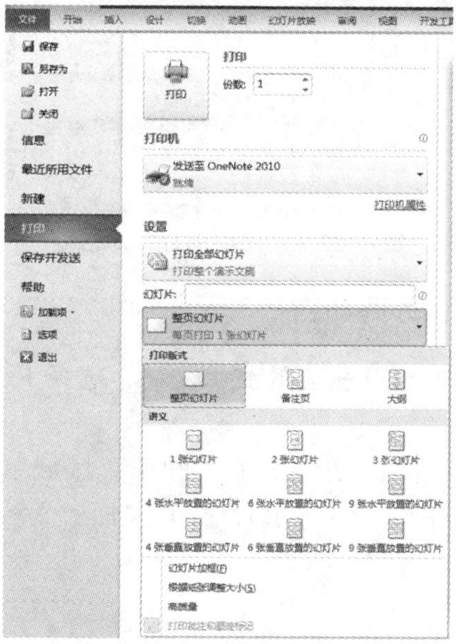

图6-60　“打印”界面

二、压缩演示文稿的容量

PowerPoint文档中如果有许多图片，则其占用容量会很大，移动和演示起来都非常不方便，通过压缩可以解决这些问题，压缩方法如下：

启动PowerPoint2010，打开文稿，执行“文件”→“另存为”命令，打开“另存为”对话框，按对话框左下方的“工具”按钮，在随后弹出的下拉菜单中，选择“压缩图片”选项，（如图6-61所示），打开“压缩图片”对话框（如图6-62所示），单击“确定”按钮返回，再取名保存即可。

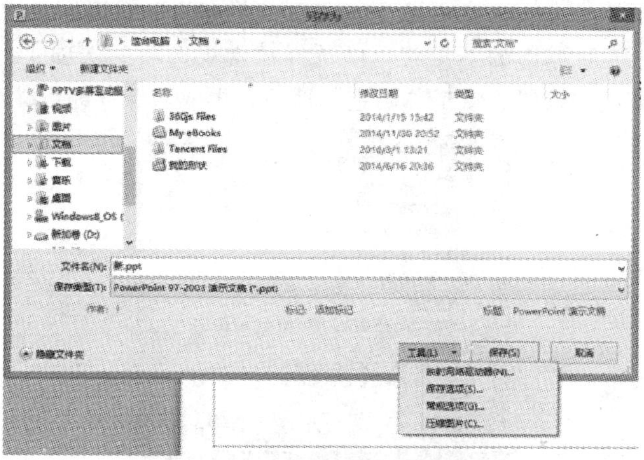

图6-61 “另存为”对话框的选择

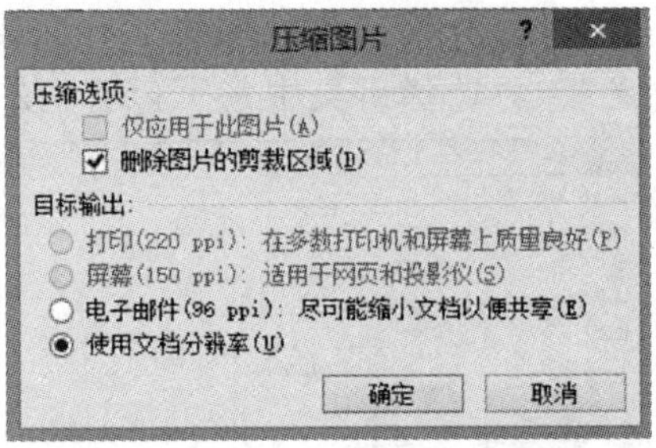

图6-62　“压缩图片”对话框

三、给PowerPoint文稿加密

启动PowerPoint 2010，打开相应的演示文稿，选择下面两种方法中的一种即可对其进行加密：

①执行“文件”→“信息”命令，在“权限”区域单击“保护演示文稿”，选择“用密码进行加密”（如图6-63所示），打开“加密文档”对话框，设置好密码，点击“确定”。

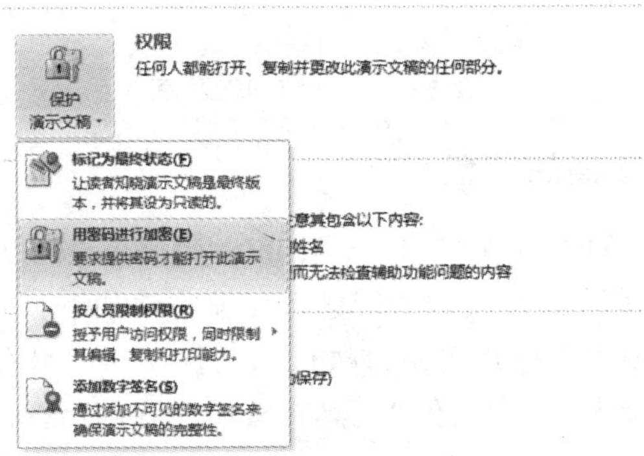

图6-63　选择“用密码进行加密”

②执行“文件”→“另存为”命令，打开“另存为”对话框，按对话框左下方的“工具”按钮，在随后弹出的下拉菜单中选择“常规选项”选项，打开“常规选项”对话框，设置好相应的密码，点击“确定”返回，再取名保存即可，如图6-64所示。

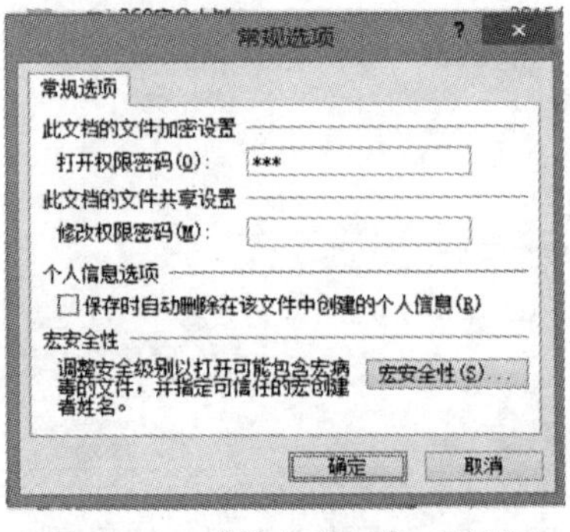

图6-64　“常规选项”对话框

注意："打开权限密码"和"修改权限密码"可以设置得一样，也可以设置得不一样。

四、PowerPoint中宏的基本操作

宏是存储在Microsoft Visual Basic模块中的一系列命令，且无论何时需要执行任务都可运行宏。可以用宏自动处理那些在PowerPoint中反复执行的任务。

①在PowerPoint文档中点击菜单栏"开发工具"→"宏"，弹出对话框，输入宏名，单击"创建"按钮（如图6-65所示），便可以进入Microsoft Visual Basic for Applications编辑界面进行编辑。宏名的第一个字符必须是字母，其他的字符可以是字母、数字或下划线。宏名中不能有空格，下划线可用作单词的分隔符。如果希望包括宏的说明，请在"说明"框中键入说明文字。需要注意的是，PowerPoint 2010中未提供早期版本中用于自动执行频繁任务的宏录制器，只能使用Visual Basic for Applications（VBA）来创建或编辑宏。

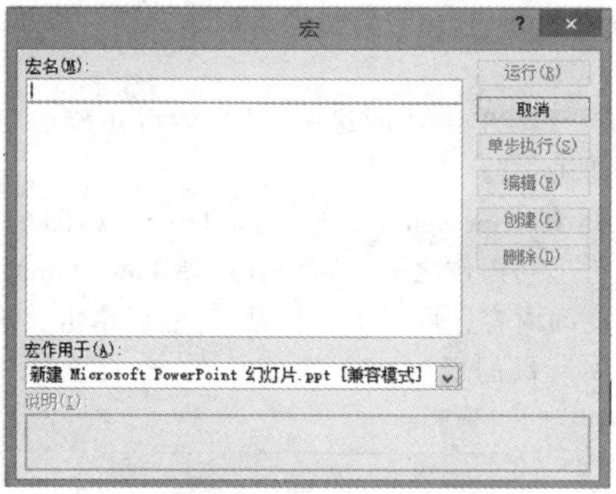

图6-65 "宏"对话框

②如果要删除宏，只需打开要删除的包含宏的演示文稿，然后单击"开发工具"→"宏"命令，在对话框中单击需要删除宏的名称名，点击"删除"即可。

③打开包含要运行宏的演示文稿，然后单击"开发工具"→"宏"命令，在对话框中单击要运行的宏的名称，单击"运行"。

④对宏项目进行数字签名。宏可能包含病毒，因此在运行宏时要格外小心。PowerPoint中提供的保护措施可防止由宏传播的病毒。如果与他人共享宏，可使用数字签名证明它们以便其他用户可验证其来源可靠。对宏项目签名方法如下：

- 打开包含要签名的宏项目的文件。
- 在"开发工具"选项卡上的"代码"组中，单击"Visual Basic"。
- 在Visual Basic中的"工具"菜单上，单击"数字签名"。
- 将出现"数字签名"对话框。
- 选择一个证书，然后单击"确定"。

⑤保存包含Visual Basic for Applications（VBA）宏的演示文稿。

PowerPoint 2010中无法以“.pptx”文件扩展名保存包含VBA宏的演示文稿，若要保存包含VBA宏的演示文稿，请执行下列操作：

- 单击Office按钮图像，然后单击“另存为”。
- 在“保存类型”列表中选择下列选项之一：

第一，启用宏的PowerPoint演示文稿，其文件扩展名为.pptm，可以包含VBA代码的演示文稿；

第二，启用宏的PowerPoint放映，其文件扩展名为.ppsm，包含预先核准的宏的演示文稿，可以从演示文稿运行宏；

第三，PowerPoint启用宏的模板，其文件扩展名为.potm，包含预先核准的宏的模板，可以将宏添加到模板中，并在演示文稿中使用。

- 单击“保存”。

五、将演示文稿转换为Word文档

①启动PowerPoint 2010，打开需要转换的演示文稿，单击“文件”选项卡，然后单击“保存并发送”。

②在“文件类型”下，单击“创建讲义”，然后在“使用Microsoft Word创建讲义”下，单击“创建讲义”。

③在弹出的“发送到Microsoft Word”对话框中（如图6-66所示），单击所需的页面布局，然后执行下列操作之一：若要在原始PowerPoint演示文稿中的内容更新时粘贴希望保持不变的内容，可单击“粘贴”，然后单击“确定”；若要确保对原始PowerPoint演示文稿所做的所有更新都反映在Word文档中，则单击“粘贴链接”，然后单击“确定”。

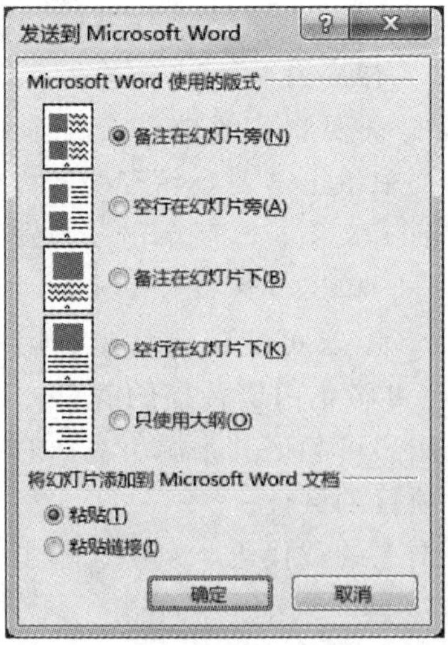

图6-66 “发送到Microsoft Word”对话框

这样演示文稿将作为Word文档在新的窗口中打开。可像处理任何Word文档一样进行编辑、打印或保存。

六、将演示文稿保存为图片

启动PowerPoint 2010，打开相应的演示文稿，执行“文件”→“另存为”命令，打开“另存为”对话框，按“保存类型”右侧的下拉按钮，在随后弹出的下拉列表中，选定一种图形类型，再取名保存，如图6-67所示。此时，系统会弹出一个选择对话框，根据需要，选择是导出每张幻灯片还是仅导出当前幻灯片。

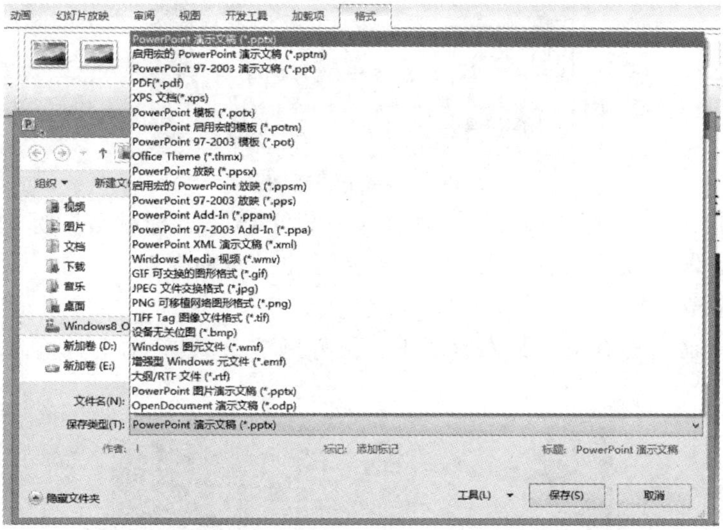

图6-67 “保存类型”下拉列表

需要注意以下几点：

①同一演示文稿可保存为不同格式的图形文件，其中“gif”格式容量最小，“wmf”格式容量最大。

②在进行保存时所取的名称，其实不是图形文件名称，而是用来保存图形文件的文件夹名称，图形文件是“幻灯片1.GIF、幻灯片2.GIF……”。

七、将幻灯片组织成节的形式

如果遇到一个庞大的演示文稿，其幻灯片标题和编号混杂在一起而又不能导航演示文稿时，是否感到束手无策呢？此时完全不知道自己所在的位置！在PowerPoint 2010中，可以使用新增的节功能组织幻灯片，就像使用文件夹组织文件一样。可以使用命名节跟踪幻灯片组。而且，可以将节分配给同事，明确合作期间的所有权。如果是从空白板开始，甚至可使用节来列出演示文稿的主题。

1.新增和命名节

①在“普通”视图或“幻灯片浏览”视图中，在要新增节的两个幻灯片之间右键单击，然后单击“新增节”（如图6-68所示）。

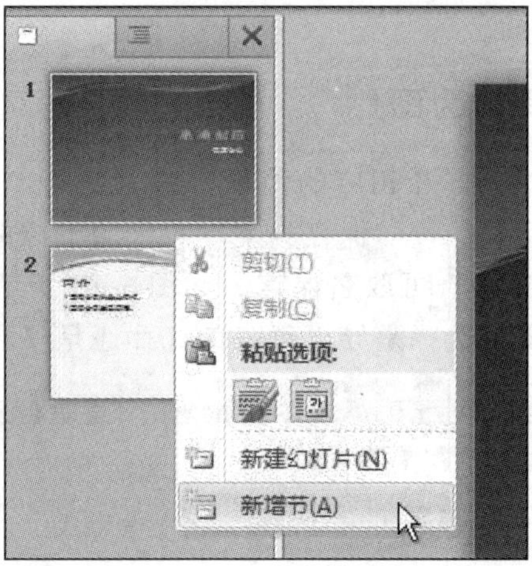

图6-68　单击“新增节”

②为节指定一个更有意义的名称，请右键单击“无标题节”标记，然后单击“重命名节”，输入该节的有意义名称，然后单击“重命名”。

2.重命名节

①若要重命名现有节，请右键单击“无标题节”，然后单击“重命名节”，如图6-69所示。

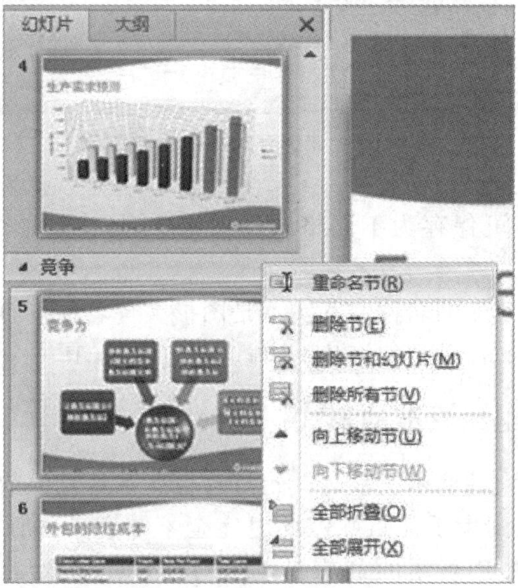

图6-69　单击“重命名节”

②输入该节的有意义名称，然后单击“重命名”。

3.在幻灯片列表中向上或向下移动节

只需要右键单击要移动的节，再单击“向上移动节”或“向下移动节”。

4.删除节

只需右键单击要删除的节，然后单击“删除节”。

八、如何带走自己的字体

在一台电脑上制作好的演示文稿，复制到另一台电脑上播放时，可能会由于两台电脑安装的字体不同，从而影响演示文稿的播放效果。其实，PowerPoint可以通过将字体嵌入文件的方式将其一并带走，方法如下：

执行“文件”→“选项”命令，打开“PowerPoint选项”对话框，单击“保存”标签，选中其中的“将字体嵌入文件”选项，按“确定”返回，然后再保存（或另存）相应的演示文稿即可，如图6-70所示。

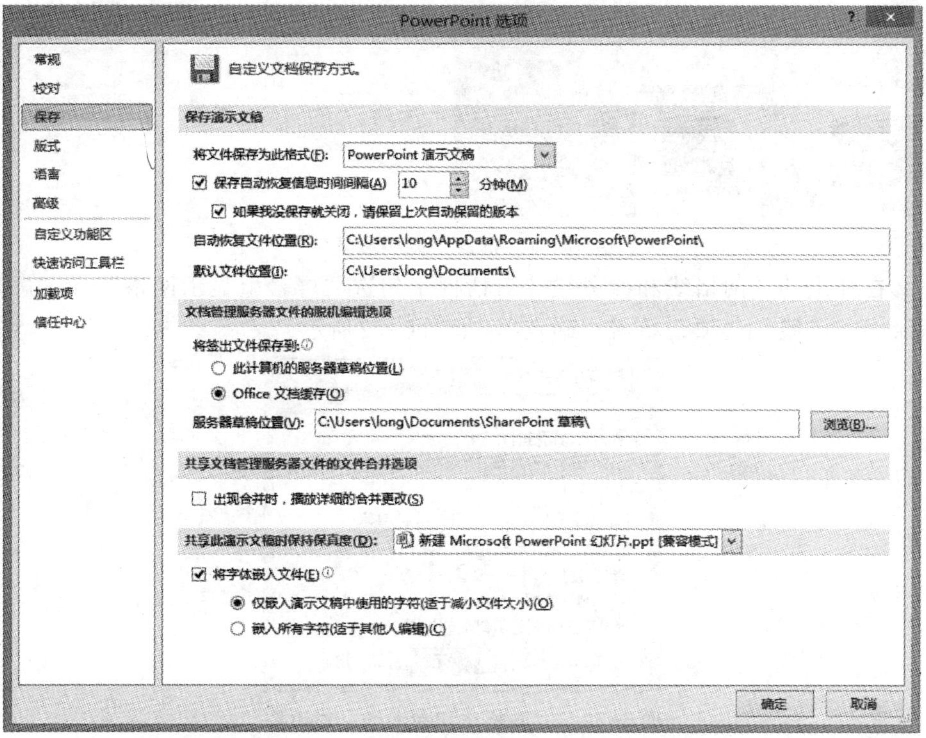

图6-70 选中“将字体嵌入文件”选项

需要注意以下几点：

①为了减小演示文稿的容量，在选中“将字体嵌入文件”选项后，选定下面的“仅嵌入演示文稿中使用的字符”选项。

②此设置只对当前演示文稿有效，如果打开了一个新的演示文稿，且需要带走其中的字体，需要重复上面的操作。

九、PowerPoint 2010中网格和参考线的使用技巧

在PowerPoint 2010中，可以通过网格和参考线有效地帮助我们快速地去对齐各个对象。

①启动PowerPoint 2010，先调出参考线，执行“开始”→“排列”→“对齐”

→“网格设置”选项（如图6-71所示）。

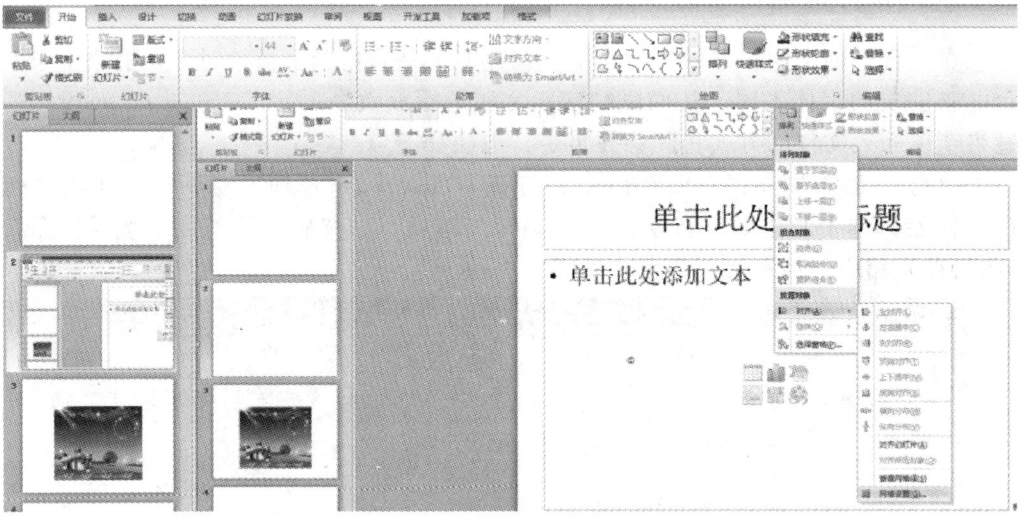

图6-71　选择“网格设置”

②在弹出的“网格线和参考线”对话框中勾选“屏幕上显示网格”和“屏幕上显示绘图参考线”选项，单击“确定”（如图6-72所示）。

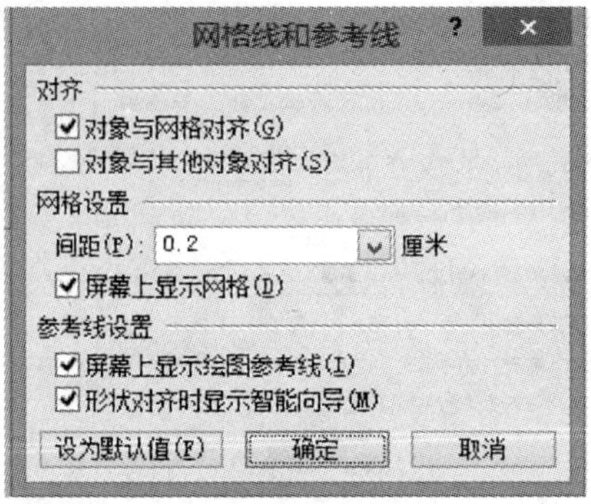

图6-72　“网格线和参考线”对话框

③在幻灯片中拖动参考线，可以改变参考线在幻灯片中的位置。此时，随着鼠标的移动，幻灯片中会显示参考线当前的位置。

④通过横竖参考线，我们可以将图形进行对齐，按住Shift+Ctrl键，可以拖动参考线的位置，拖动时会显示移动距离，便于调整。

十、如何设置文字特效

在PowerPoint 2010中可以制作各种文字特效形式，具体方法如下：

①新建一张PPT幻灯片，插入一个文本框，输入相应文本。

②选取文字，点击“格式”→“文本效果”，在下拉框中即可设置阴影、映像、发光、棱台、三维旋转、转换等特殊效果（如图6-73所示）。

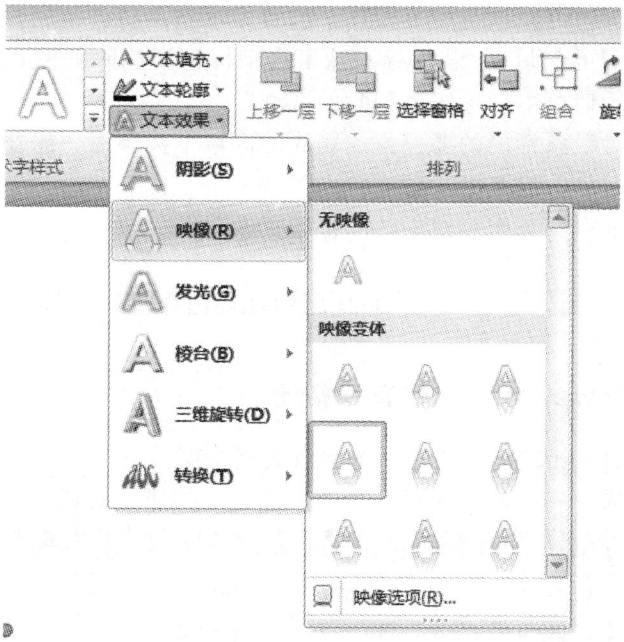

图6-73　“文本效果”下拉框

十一、如何删除图片的背景

①单击要从中删除背景的图片。

②在“图片工具”下，在“格式”选项卡上的“调整”组中，单击“删除背景”，打开“背景消除”选项卡（如图6-74所示）。

图6-74　“背景消除”选项卡

③单击点线框线条上的一个控点，然后拖动线条，使之包含希望保留的图片部分，并将大部分希望删除的区域排除在外（如图6-75所示）。

图6-75　选择希望保留的部分

④如有必要，还可以执行以下操作：若要标示不希望自动删除的图片部分，请单击“标记要保留的区域”；若要标示除了自动标记要删除的图片部分外，哪些部分确实还要删除，请单击“标记要删除的区域”。

提示：如果对线条标出的要保留或删除的区域不甚满意，想要更改它，请单击“删除标记”，然后单击线条进行更改。

⑤单击选项卡中“关闭”组中的“保留更改”。

第五节 PowerPoint的综合应用

一、利用PowerPoint制作有声相册

①启动PowerPoint 2010，新建一个空白演示文稿。

②执行“插入”→“新建相册”命令，打开“相册”对话框，如图6-76所示。

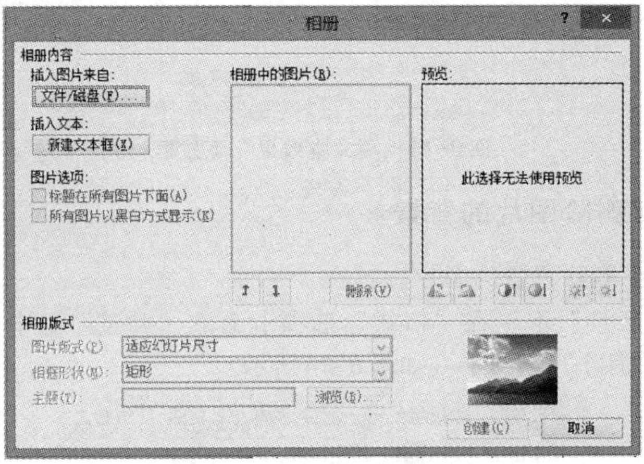

图6-76 “相册”对话框

③单击其中的“文件/磁盘”按钮，打开“插入新图片”对话框，通过按“查找范围”右侧的下拉按钮，定位到相片所在的文件夹。选中需要制作成相册的图片，然后按下“插入”按钮返回“相册”对话框。

④按“图片版式”右侧的下拉按钮，在随后出现的下拉列表中，选择“1张图片（带标题）”选项。

⑤单击“创建”按钮，图片被一一插入到演示文稿中，并在第一张幻灯片中留出相册的标题，输入相册标题等内容，切换到每一张幻灯片中，为相应的相片配上标题。

⑥单击“切换”，在计时中将换片方式设置为自动，自动换片时间为5秒。在切换方案里面自选效果。然后点击“全部应用”，当然也可以对每张相片进行不同的效果设置。

⑦准备一个音乐文件，执行“插入”→“音频”→“文件中的音频”命令，插

入一段音乐。

⑧设置音乐自动循环播放，点击“播放”，在“音频选项”区域“开始”选择“自动”，勾选“循环播放，直到停止”，并勾选“放映时隐藏”（如图6-77所示）。

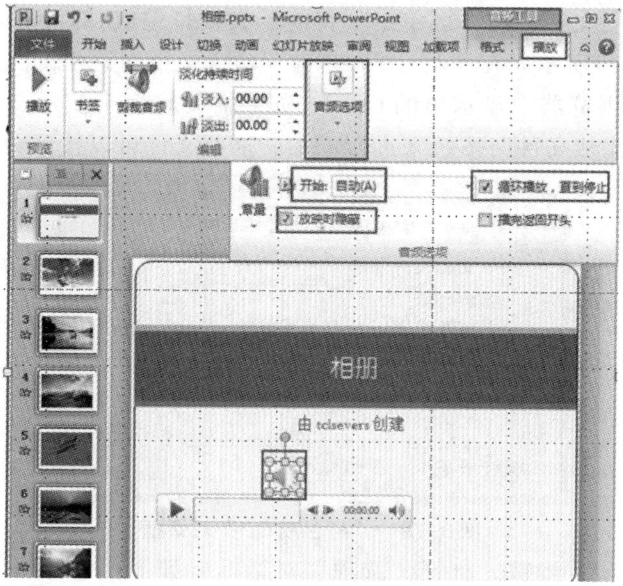

图6-77　设置音乐自动循环播放

⑨执行“文件”→“另存为”命令，在弹出的对话框中将保存文件类型选择为“Windows Media 视频（*.wmv）”格式，最后单击“保存”（如图6-78所示）。这样一个多媒体相册就制作完毕了。

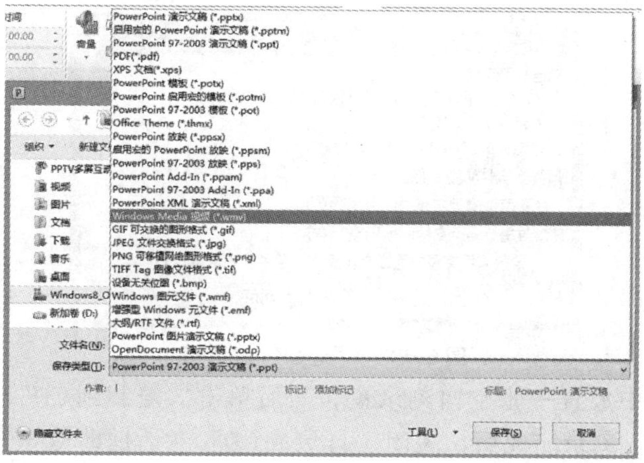

图6-78　保存文件

二、制作自播光盘

在PowerPoint中可以将演示文稿、播放器及相关的配置及资源文件直接刻录到光盘上，制作成一个具有自动播放功能的光盘。需要播放演示文稿时，只要将刻录好的光盘放入光驱，无论电脑上是否安装了PowerPoint程序，系统都能自动启动播放器，并按照设置播放光盘上相应的演示文稿，非常方便。制作自播光盘的方法如下：

①启动PowerPoint 2010，打开需要打包的演示文稿。执行“文件”→“保存并发送”命令，在“文件类型”区单击“将演示文稿打包成CD”，打开“打包成CD”对话框，如图6-79所示。在“将CD命名为”输入框中为制作的光盘取名。此名字即为光盘在资源浏览器中显示出的Label。如果需要将多个演示文稿刻录到同一光盘上，可以按“添加文件”按钮来进行添加。这些文件可以按照希望的方式播放。

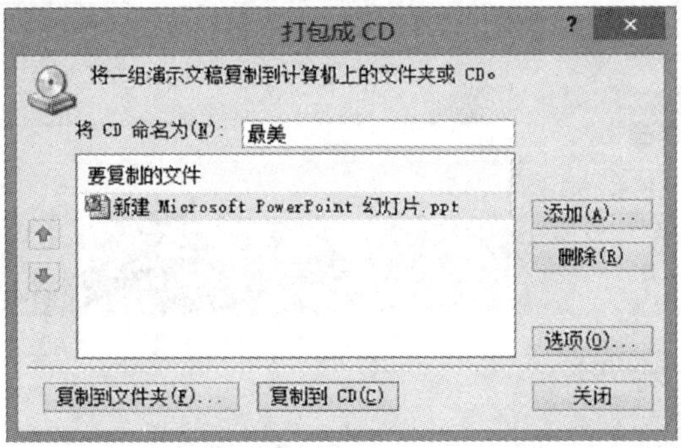

图6-79 “打包成CD”对话框

②单击“选项”按钮，打开“选项”对话框，如图6-80所示。一般来说，需要选择“链接的文件”，不然演示文稿很可能不能完整地播放。至于字体，如果你使用了特殊字体，而又特别想展示出来，就需要选择“嵌入的TrueType字体”项。还可以设置“增强安全性和隐私保护”的“打开每个演示文稿时所用密码”和“修改每个演示文稿时所用密码”，点击“确定”返回。

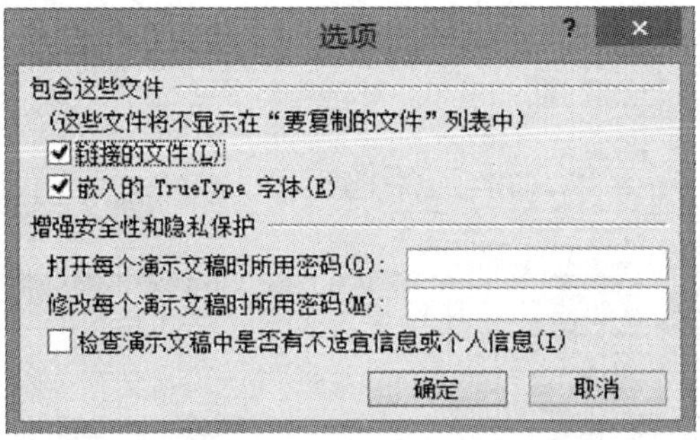

图6-80 “选项”对话框

③在刻录机中放置一张空白刻录盘，然后单击“复制到CD”按钮，系统出现刻录进度对话框。刻录完成后，关闭“打包成CD”对话框即可。

④如果单击“复制到文件夹”按钮，则打开“复制到文件夹”对话框，如图6-81所示。为文件夹取一个名字，并设置好保存路径，然后按下“确定”按钮，系统就会将上述演示文稿、播放器及相关的播放配置文件复制到指定的文件夹中。以后要刻录时，将上述文件夹中所有的文件都刻录到光盘的根目录下，就可以制作出具有自动播放功能的光盘。

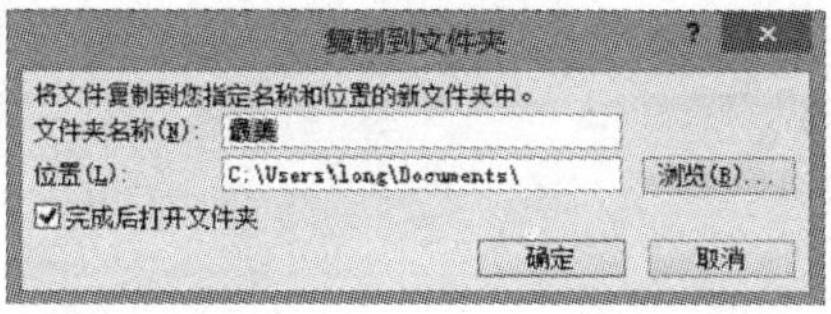

图 6-81　“复制到文件夹”对话框

三、制作 3D 立体图形

在 PowerPoint 2010 中提供了出色的三维图形绘制功能。制作方法如下：

①启动 PowerPoint 2010，点击“菜单栏”→“插入”→“形状”命令，任意选择一图形，在空白页面中画出来。

②画好之后，选中该图形，在“格式”选项卡中单击“形状效果”，在预设中选择第三排第四个样式（如图 6-82 所示）

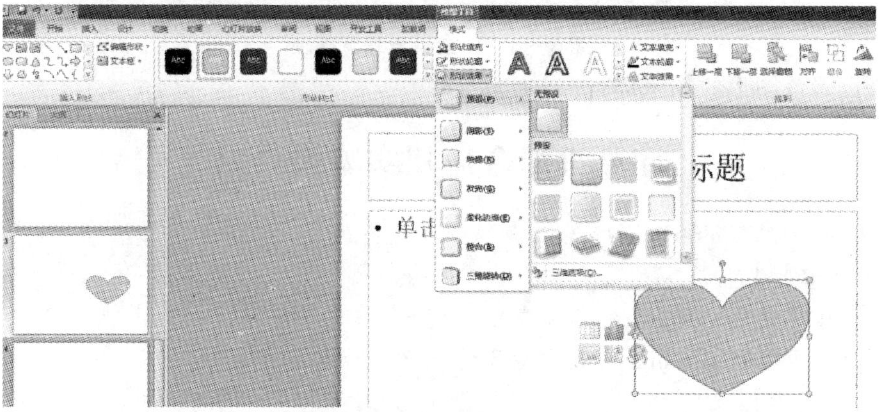

图 6-82　“形状效果”选项

③再在“棱台”选项中选择第二排第二种样式（如图 6-83 所示）。

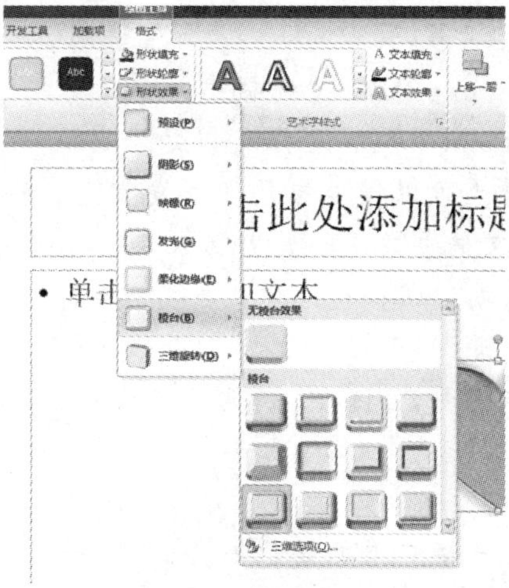

图 6-83　“棱台”选项

④在“三维旋转”中，选择平行第二排中的第三个（如图6-84所示）。

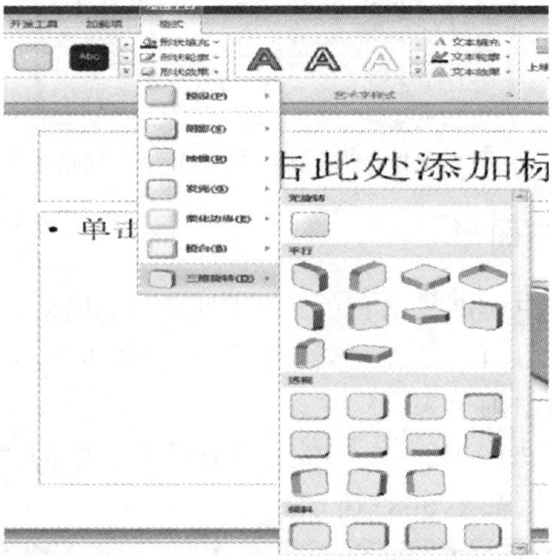

图6-84 “三维旋转”选项

⑤设置该图形的颜色即可。

计算机综合应用实验报告六

【实验名称】PowerPoint综合应用

【实验目标】

1.熟练掌握PowerPoint的各项高级应用技巧；

2.能够运用PowerPoint完成幻灯片的综合设计和制作。

【实验内容】

1.制作PowerPoint文档的各项高级技巧。

2.PowerPoint的综合设计与应用。

3.PowerPoint放映的相关技巧。

4.请按要求完成以下PowerPoint文档制作：

（1）制作一份PowerPoint文档，主题可以是本人简历、学校简介、市场方案介绍、考研计划纲要等，学生可以假设自己即为发言人，将运用该PowerPoint文档脱稿完成演讲。PowerPoint文稿页数不限，但要求在设计时必须包含以下技巧：

①幻灯片自动更新日期时间；

②编辑母版；

③插入图表、组织结构图、Flash、数学公式或Excel表（五选一）；

④设置自定义动画；

⑤连续播放背景音乐；

⑥使用超级链接，在链接中添加提示信息；

⑦在应用某项技巧的PowerPoint页面的备注窗格中添加备注说明。

（2）运用PowerPoint给自己制作多媒体相册，将自己的靓照添加到PowerPoint

文档中，彰显自己的青春魅力。

【实验结果】

1.假如你从网上下载了一个PowerPoint文档，需要对其进行修改，请问如何修改原文档中保存的作者和标题信息？

2.在保存PowerPoint文件的时候，有哪些方法可以减少文件的大小？

3.PowerPoint中放映的类型有哪些？在放映的时候如何使用绘图笔？

4.如何将Word文档插入PowerPoint文件中？

5.在PowerPoint文档中编辑超级链接，如何设置链接到另外一个PowerPoint文档的某一页？如何更改原有的链接文字的颜色？

6.本章操作内容的截图。

第七章

Visio应用

第一节　Visio基本操作

一、Visio的界面认识

Visio 2010界面主要分为快速访问工具栏、文件菜单、选项卡、功能区、形状窗口、绘图区、状态栏，如图7-1所示。

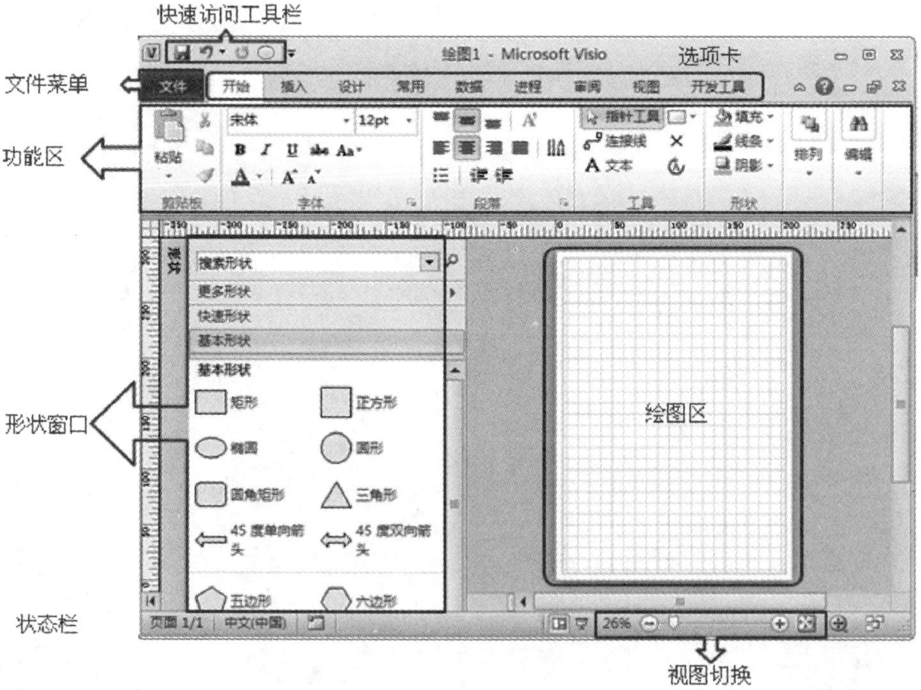

图7-1　Visio 2010界面

二、Visio的基本绘图流程

①通过打开模板开始创建图表，如图7-2所示。一般Visio绘图时，最好是基于某个模板进行绘图，这样才能得到模板中的智能工具来进行绘图。

图7-2　新建图表

②通过将形状拖到绘图页上来向图表添加形状，然后重新排列这些形状，调整它们的大小和旋转它们，如图7-3所示。

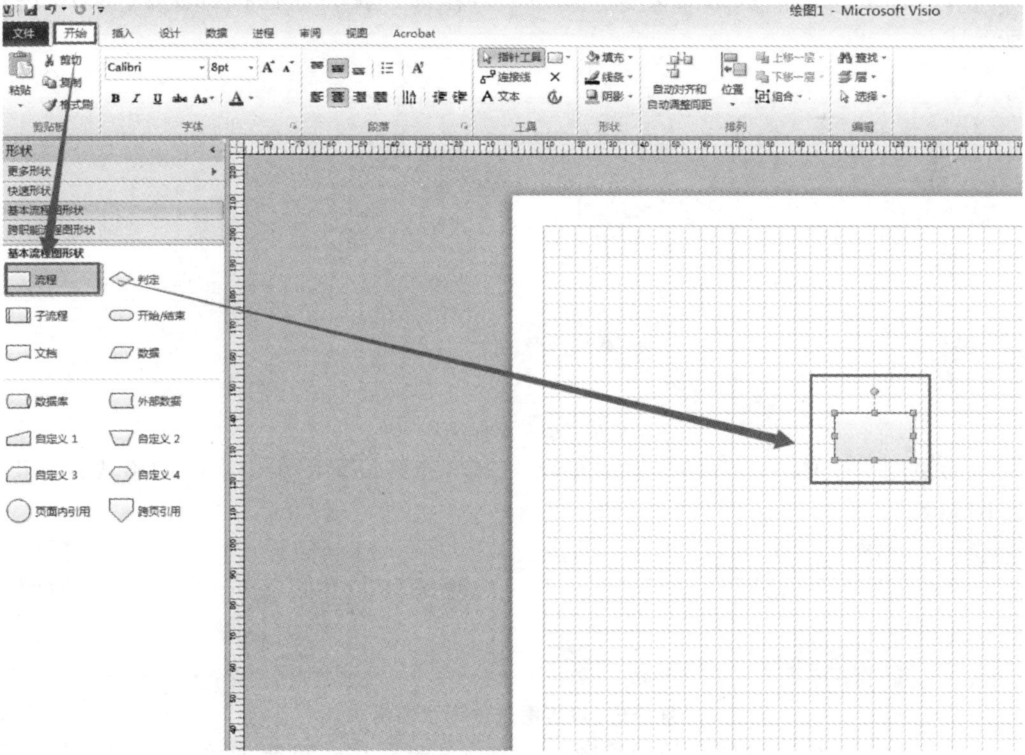

图7-3　向图表添加形状

③使用“连接线”工具连接图表中的形状，如图7-4所示。

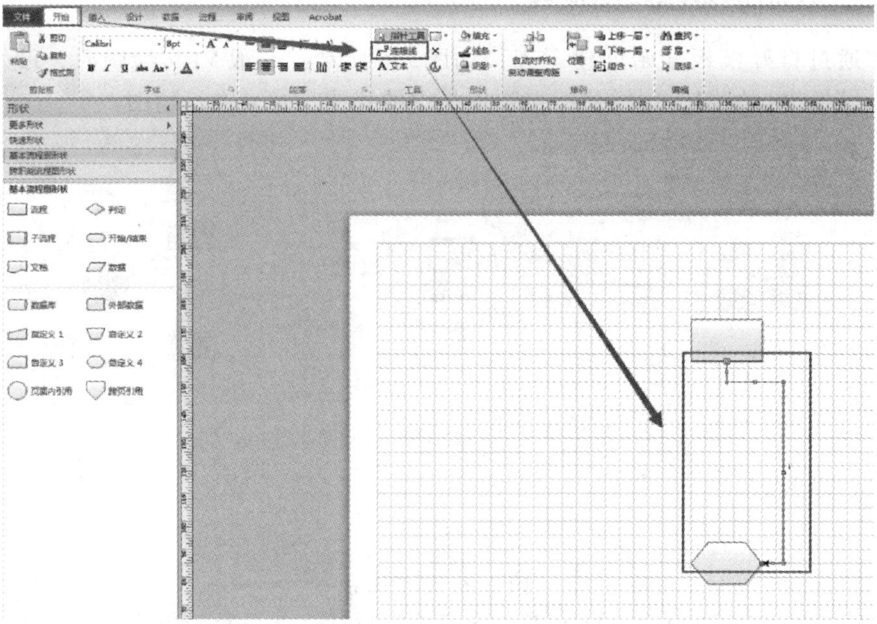

图7-4 连接图表中的形状

④为图表中的形状添加文本，如向图表添加注释、标题和列表等，如图7-5所示。

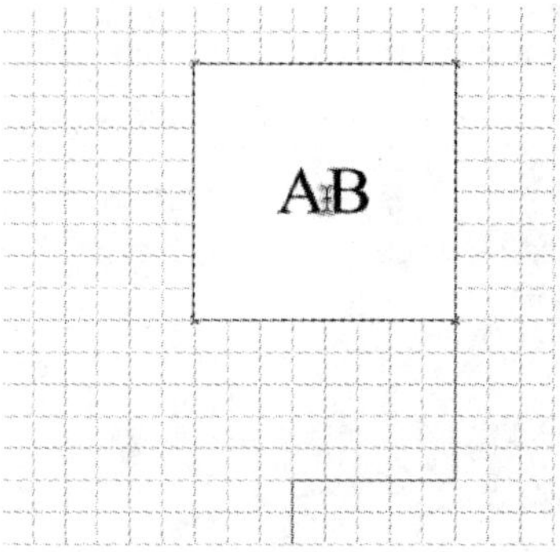

图7-5 添加文本

⑤使用“字体”、“段落”和“形状”等功能区设置图表中形状的格式，如图7-6所示。

图7-6 设置图表中形状的格式

⑥在绘图文件中添加和处理绘图页。在有些项目中，可能会用到多页图表，其中每一页代表项目的不同方面或不同阶段，因此需要添加新的绘图页，操作如图

7-7所示。

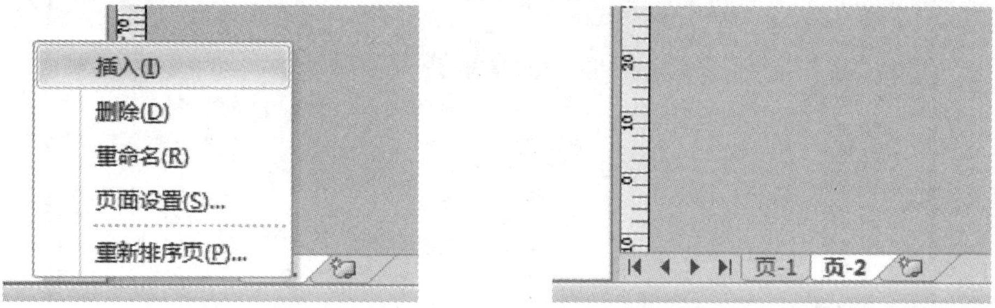

图7-7　添加新的绘图页

⑦保存和打印图表。完成图表后，可以使用与保存或打印任何Microsoft Office文件大体相同的方法来保存或打印图表，保存的类型可以是vsd源文件格式的，也可以是jpg等格式的，如图7-8所示。

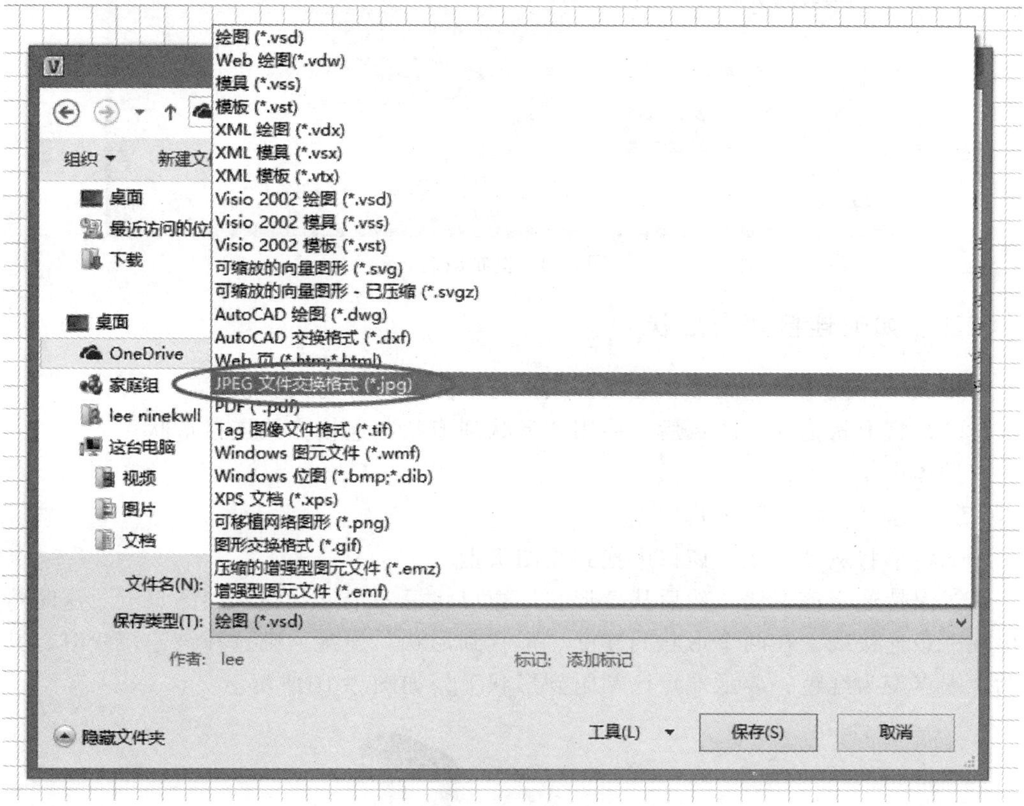

图7-8　文件保存类型

⑧通过将图表发布到Web上或并入Microsoft Office文件，实现图表的共享。可以将Visio图表并入使用其他程序创建的项目文档中并与小组成员共享该图表（如将Visio中的图表复制到Word中或者PPT中），也可以将图表发布到Web或公司的Intranet站点上，还可以在整个公司中共享图表，如图7-9所示。

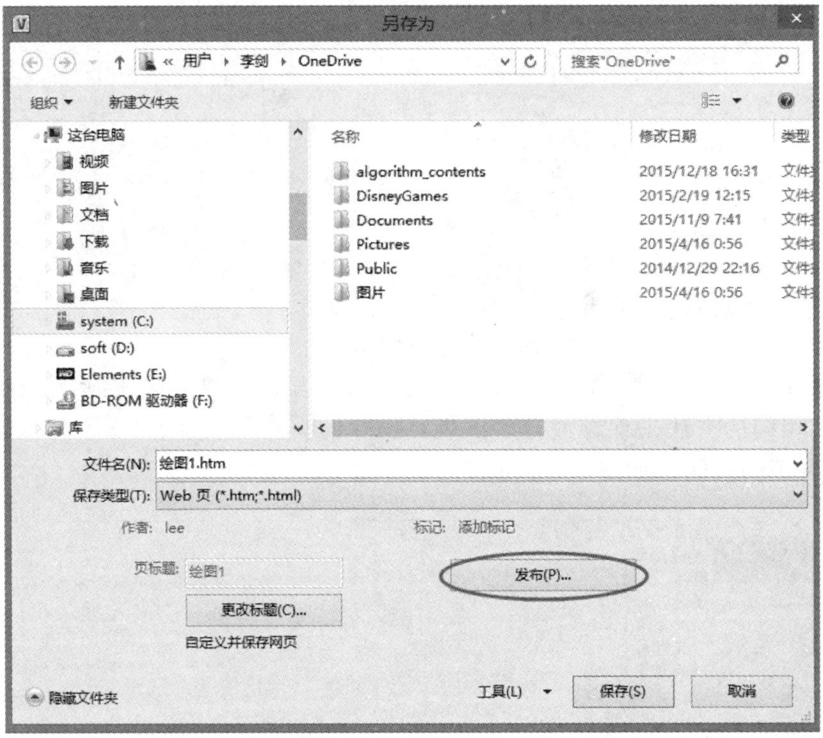

图7-9　发布图表

三、如何连接两个形状

方法一：使用形状到形状连接方式。这种方法又分为两种情况。

(1) 将形状拖到绘图页后，使用“形状到形状”连接方式连接形状

具体操作如下：

①单击“连接线”工具（）。

②将形状从“形状”窗口中拖到绘图页上。

③保持选定该形状，然后从“形状”窗口将另一个形状拖到绘图页上。这时将出现一条连接线，在两个形状间建立“形状到形状”连接。当选择该连接线时，其两个端点变为红色，表示端点已粘附到形状上，如图7-10所示。

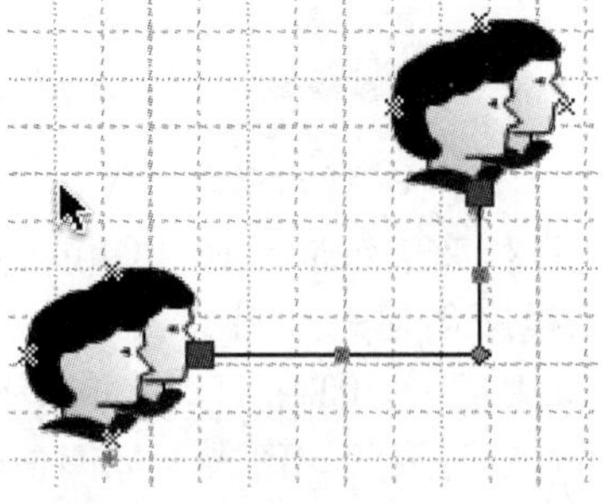

图7-10　在两个形状间建立“形状到形状”连接

（2）使用“形状到形状”连接方式，连接绘图页上已有的形状

具体操作如下：

①使用“指针”工具（ ）将两个形状从“形状”窗口中拖到绘图页上（一次拖一个形状）。

②单击“连接线”工具（ ），然后将其放到第一个形状的中心上，直到该形状的周围出现红色轮廓，如图7-11所示。

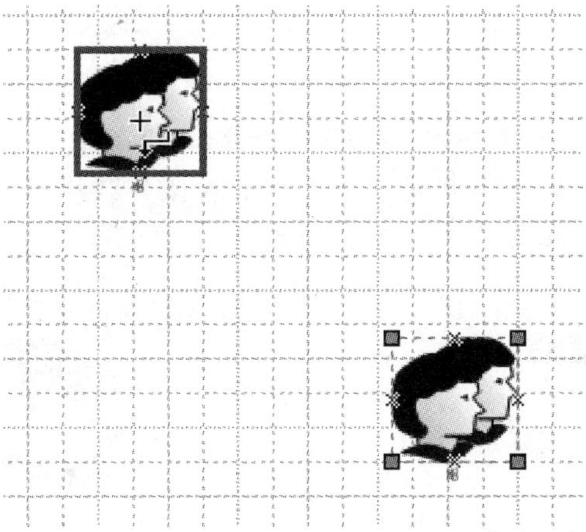

图7-11　形状的周围出现红色轮廓

③按住鼠标按键并将连接线拖到第二个形状的中心，直到该形状周围出现红色轮廓，然后松开鼠标按键，连接线的端点将变为红色，表示已粘附到形状，如图7-12所示。

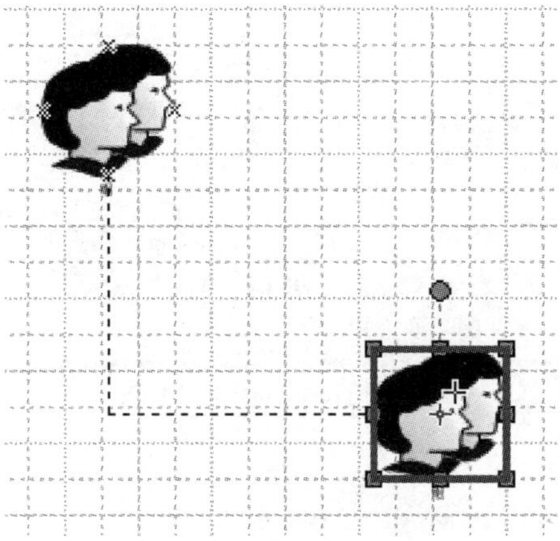

图7-12　连接成功

方法二：使用点到点连接方式，连接绘图页上已有的形状。具体操作如下：

① 使用“指针”工具（ ）将两个形状从“形状”窗口中拖到绘图页上（一次拖一个形状），如图7-13所示。

② 单击“连接线”工具（ ），然后从第一个形状上的连接点（✕）拖到第二个形状上的连接点。连接线的端点将变为红色，如图7-14所示，表示它们已经粘

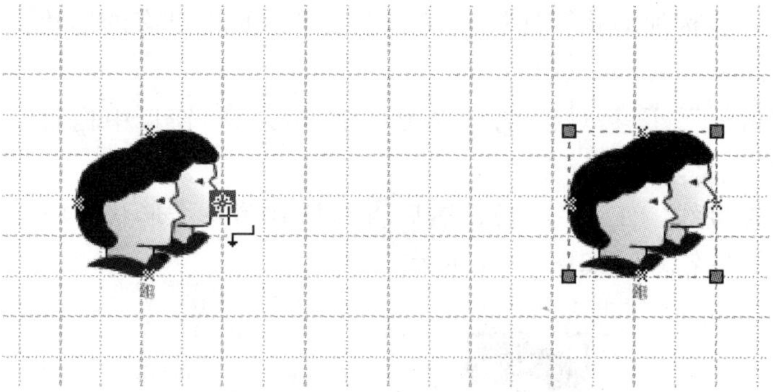

图7-13　将两个形状拖到绘图页上

附到指定的连接点上。如果形状是使用点到点连接方式连接的，则其连接线的端点小于使用形状到形状连接方式的连接线端点。

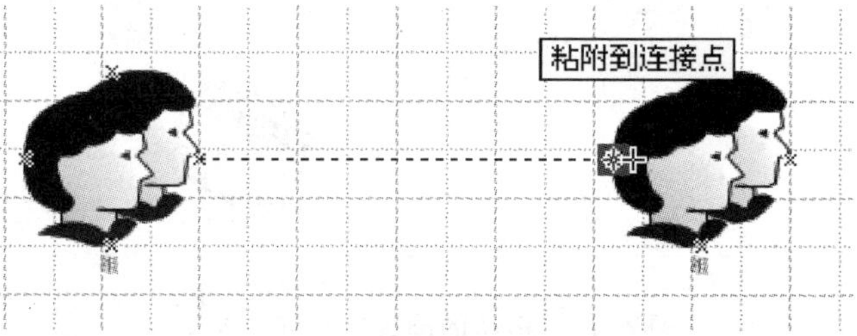

图7-14　连接线端点变为红色

③如果形状在要创建点到点连接的位置上没有“连接点”，可以添加一个连接点，步骤如下：

- 选择该形状。
- 单击“连接点”工具（），如图7-15所示。

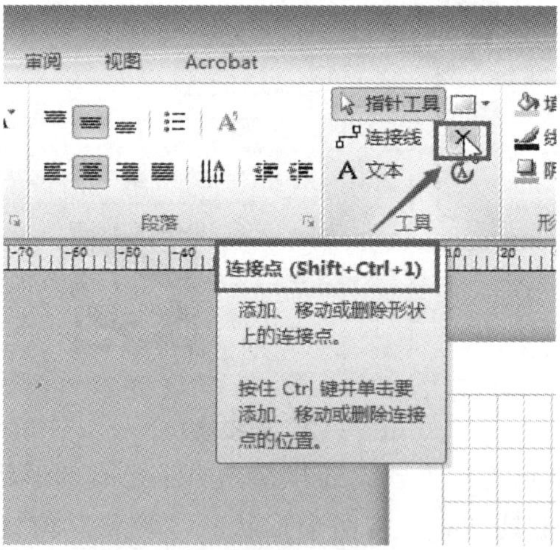

图7-15　单击“连接点”工具

- 按住Ctrl键，然后在形状上要添加连接点的位置单击。形状上将出现以洋红色突出显示的新连接点（），如图7-16所示。

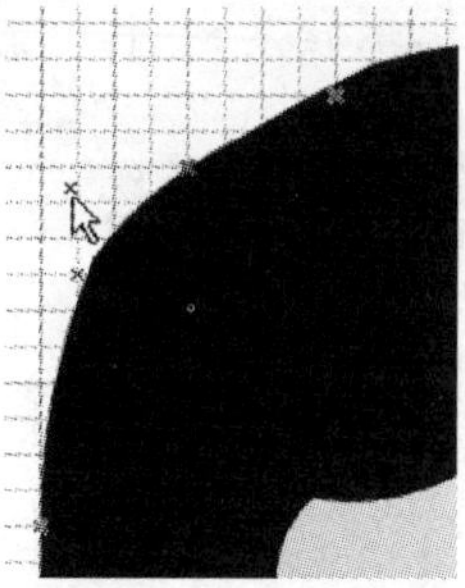

图7-16　以洋红色突出显示的新连接点

四、模板、模具和形状之间的联系和区别

“形状”是最基本的元素，是要拖动到绘图页上的内容。“形状”窗口位于绘图页的左侧，此窗口也包含有“模具”。模具不是实际形状本身，而是有用的形状组合。一个“模具”里面包含有多种“形状”，要查看这些模具的形状，只需单击所需模具的名称即可。“模板”则是“模具”的组合，一个“模板”里面包含多个“模具”。利用“模板”，可以得到其他特殊工具来帮助处理图形。

在图7-17所示的“组织结构图形状”模板中，包含“组织结构图形状”模具；而在“组织结构图形状”模具中，包含“行政人员”“经理”等形状。

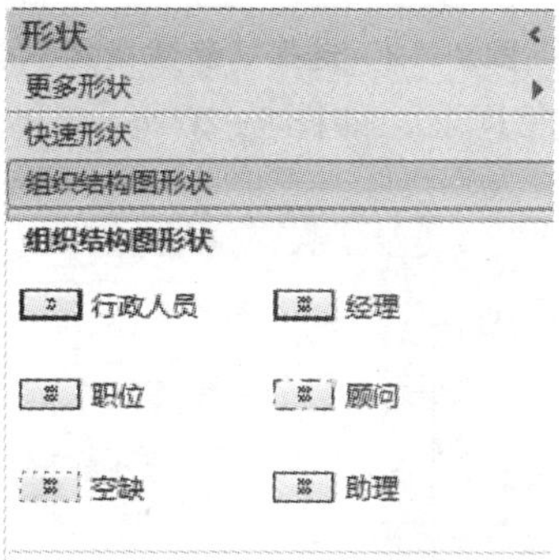

图7-17　“组织结构图形状”模板

五、自定义模具

假设自定义了一个如图7-18所示的图形，按如下操作，将把它保存成“模具”供以后调用：

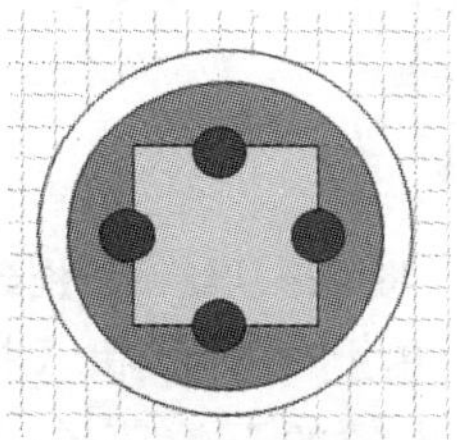

图7-18　拟保存为“模具”的图形

①在“形状”下，点击“更多形状”，选择“新建模具”，如图7-19所示。

图7-19　选择“新建模具”

②将图形从绘图页拖到模具上，如图7-20所示。

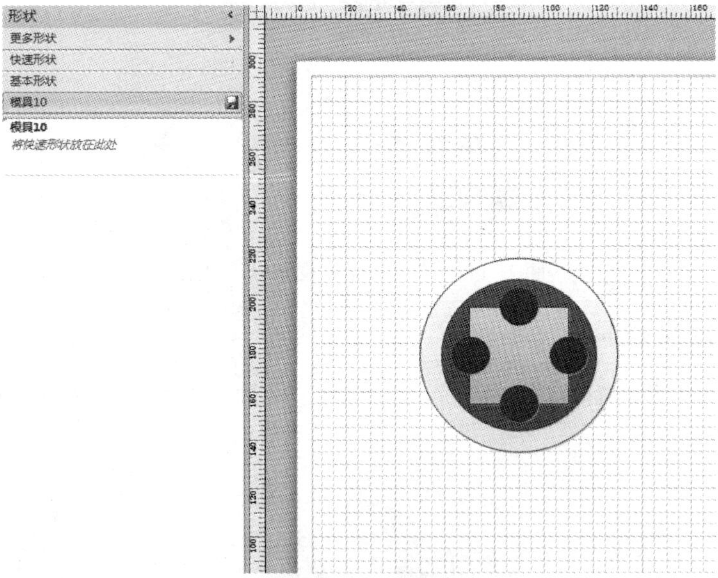

图7-20　将图形从绘图页拖到模具上

③重命名主控形状。选择模具上的新形状（提示：默认为“主控形状.0”），用鼠标右键单击其名称，然后在出现的下拉菜单中选择“重命名主控形状”，如图

7-21所示，之后键入新名称。

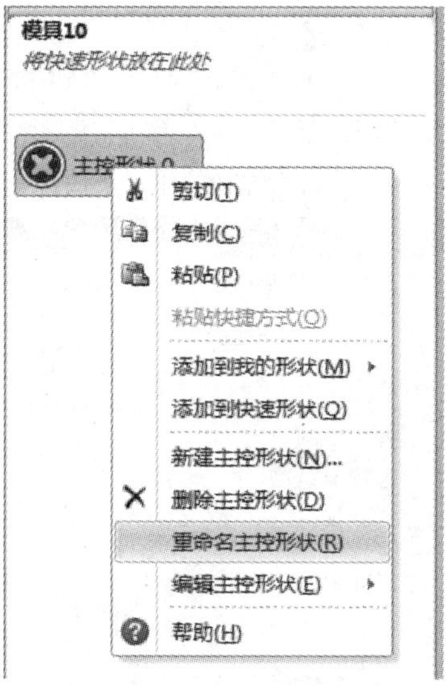

图7-21　选择“重命名主控形状”

④单击模具标题栏上的“保存模具”按钮（），把所要保存的模具保存为logo.vss（提示：点击右键菜单，选择“保存”也可以完成此功能）。

这样就保存了自己所定义的模具。根据刚才的操作，模具里面只包含一个图形，还可以在一个模具里面添加多个图形（还可以将图片拖到自己定义的模具里面保存）。

如果想要用到自己定义的模具，选择点击“更多形状”，弹出下拉菜单，再点击“我的形状”，即可找到刚刚保存的形状了。

提示：保存模具的时候，一定要保存到“我的形状”文件夹里面，如图7-22所示。

图7-22　“我的形状”选项

六、自定义模板

①选择模板里面包含的模具（提示：因为模板包含了模具，可以将自己常用的模具或者自己定义的一些模具选择进来）。

②执行“文件”→“另存为”命令，打开“另存为”对话框，如图7-23所示。

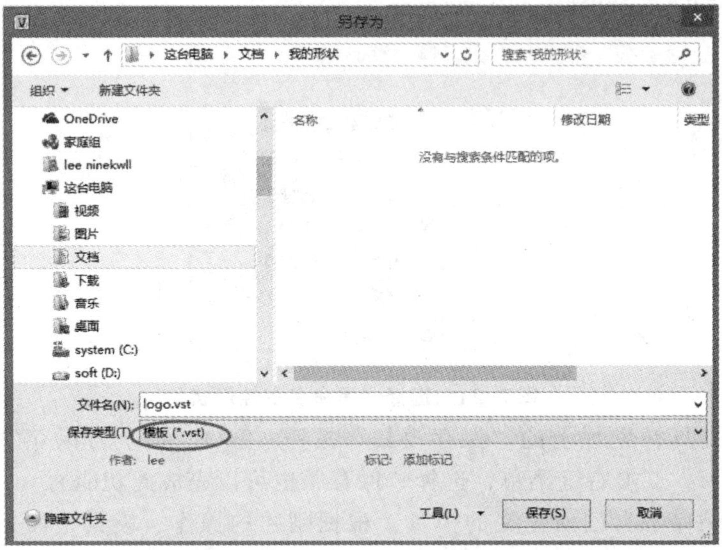

图7-23 “另存为”对话框

③为了能够将自定义的模板在菜单上显示出来，需要设置保存路径。执行“文件”→“选项”命令。打开“选项”对话框，选择“高级”选项，点击“文件位置”按钮，如图7-24所示。

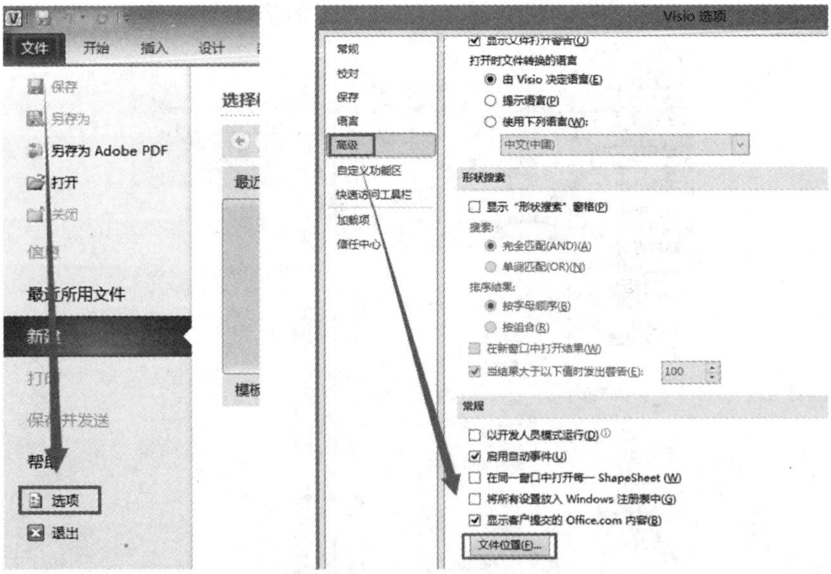

图7-24 设置保存路径

④在弹出的“文件路径”对话框（如图7-25所示）中，自定义“模板”的路径。

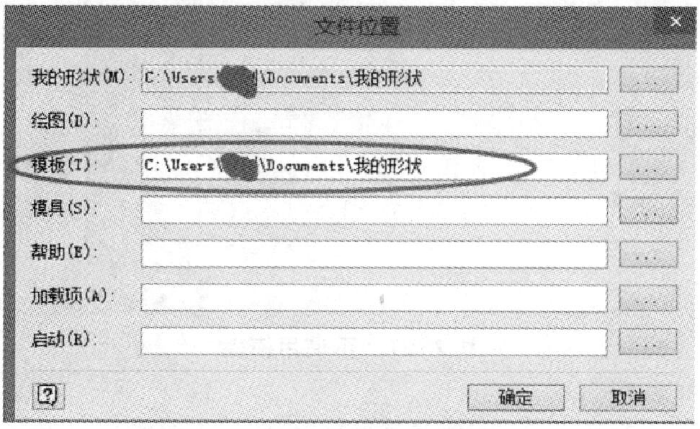

图7-25　“文件路径”对话框

⑤然后就可以在“新建”菜单中看见刚刚建立的模板，如图7-26所示。

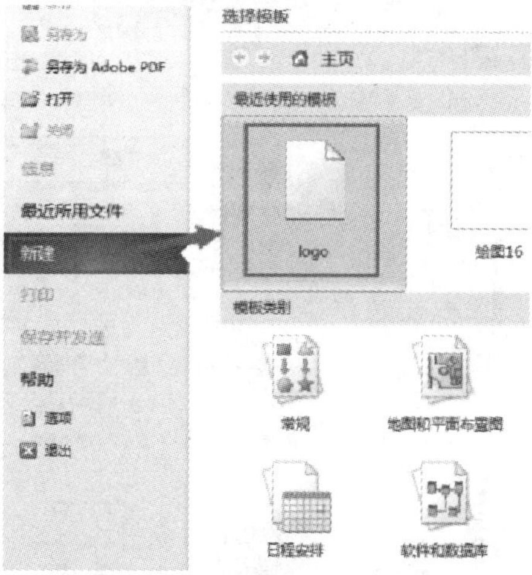

图7-26　模板创建成功

七、“新建”一个绘图

“新建”一个绘图有三种方法，分别介绍如下：

方法一：不使用模板。

如果没有打开任何图表，单击“新建”按钮将会打开一个新的绘图页，其中不带有任何关联的模板，然后可以在“形状”窗口中搜索形状，如图7-27所示。

但是请记住，因为图表没有基于某个模板，所以将不会获得特定于模板的菜单或工具栏。并且，可能不会获得依赖于模板的“智能形状”功能，即使以后打开了“组织结构图形状”模具，此时的绘图也没有“组织结构图”菜单和相应的工具栏。

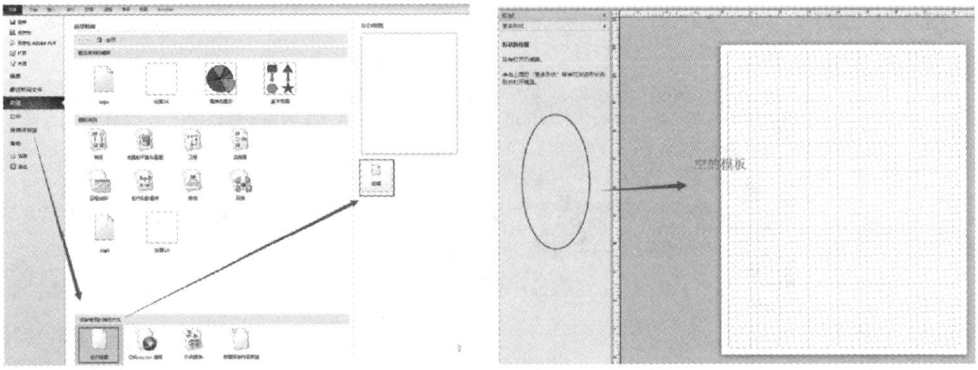

图 7-27　不使用模板

方法二：选择模板。

如果想打开一个基于某个模板的图表，单击“新建”按钮将会打开一个基于同一模板的新绘图页。例如，选择了一个组织结构图，如图 7-28 所示。

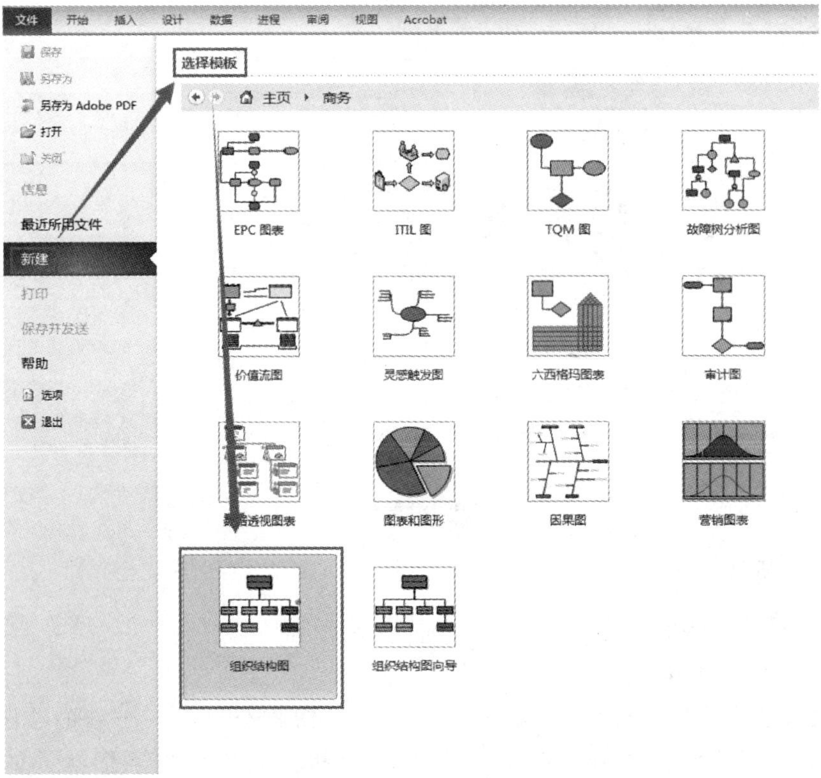

图 7-28　选择一个组织结构图

方法三：借用模板。

如果打开了一个空白页后，想要基于某个模板绘图。这个时候，可以从“更多形状”中选择一个模板，然后将会获得一个基于这个模板的新绘图页，如图 7-29 所示。

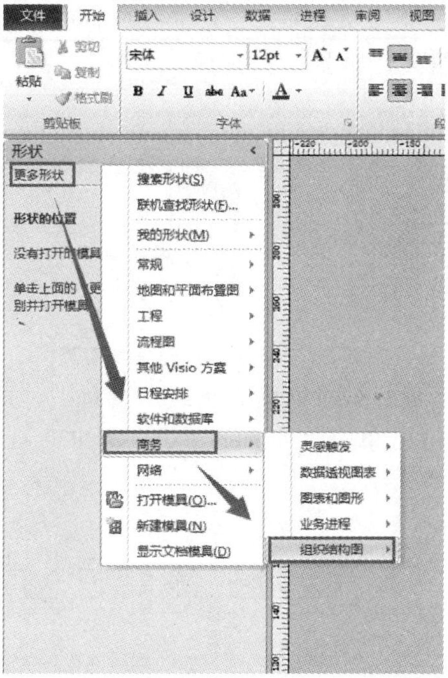

图7-29　借用模板

八、扩展绘图页的大小

扩展绘图页的大小可以采用以下两种方法：

方法一：手动拖动边框来调整绘图页的大小。具体操作方法为：

在“视图”菜单上，指向“缩放”，再单击“整页”，如图7-30所示。通过此视图可以看到绘图页的所有边框。

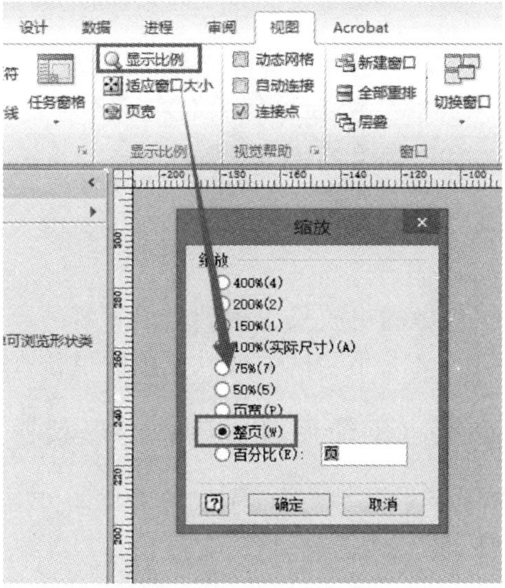

图7-30　选择“整页”

将指针放在要扩展的绘图页边框上，然后按Ctrl键。当指针变成双向箭头时，拖动此指针即可调整绘图页，如图7-31所示。

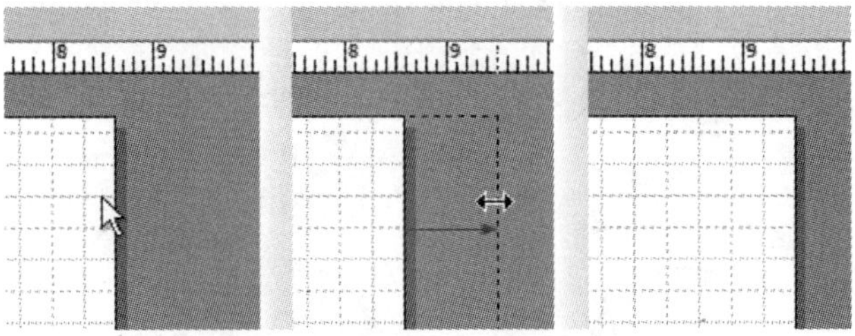

图7-31 拖动指针调整绘图页

方法二：使用“页面设置”对话框调整绘图页大小。具体操作如下：

在“设计”选项卡下，单击“页面设置”，调出“页面设置”对话框，如图7-32所示。

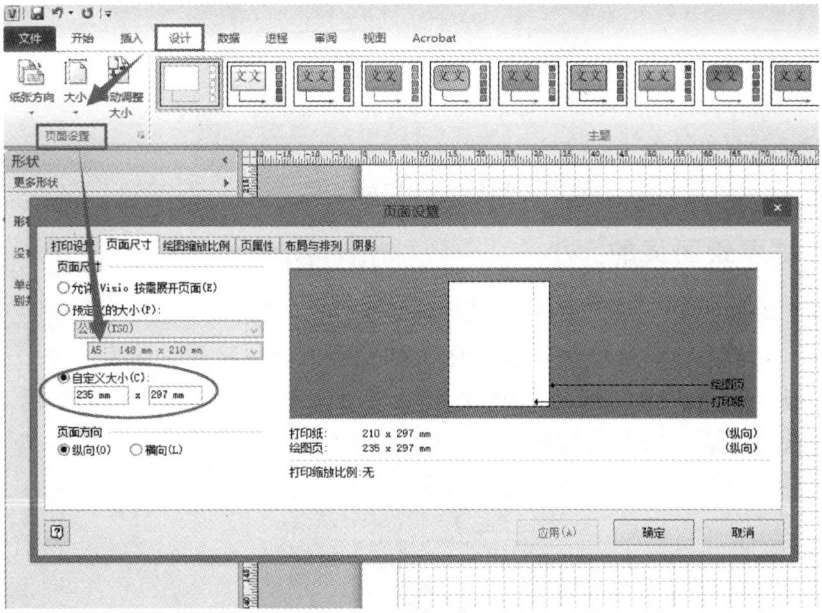

图7-32 “页面设置”对话框

单击“页面尺寸”选项卡，在“自定义大小”下，键入所需的页面大小，再单击“确定”。

提示：对绘图页大小所做的更改仅应用到当前查看的绘图页。此外，应确保在键入页面大小时，在“自定义大小”框中键入正确的单位（英寸或毫米）。

九、创建自己的形状（不使用模板库中的形状）

①在“开始”选项卡下，找到“工具”功能区，单击某个绘图工具，如图7-33所示。

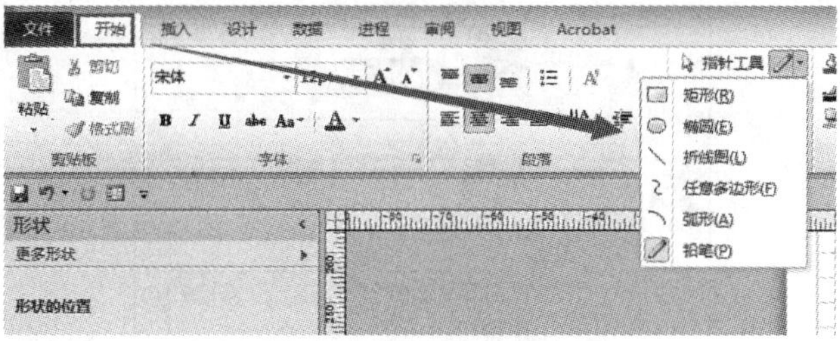

图7-33　选择绘图工具

②按住鼠标按键并在绘图页上拖动，以创建所需的形状。

③如果要修改自己的形状，可以使用“铅笔”工具（✐）选择一个形状，然后执行以下一个或多个操作：

- 拖动顶点（◇）以更改线段的角度，如图7-34所示。

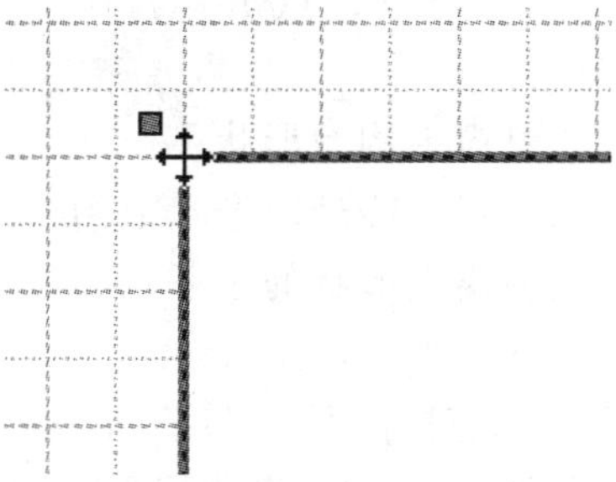

图7-34　拖动顶点更改线段的角度

- 按住Ctrl键的同时单击某个线段可以添加顶点。
- 单击某个顶点并按Delete键以删除它。
- 拖动控制点（⊗）以更改线段的弯曲程度，如图7-35所示。

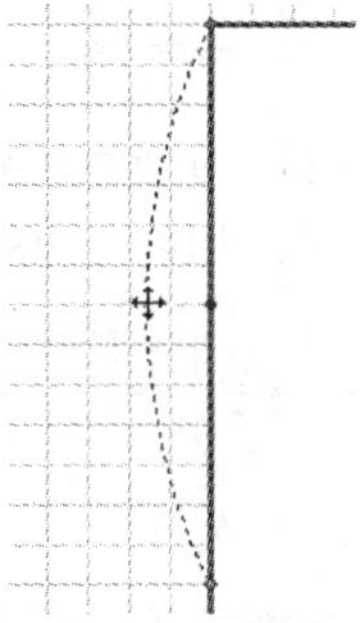

图7-35　拖动控制点更改线段的弯曲程度

第二节　Visio基本形状的绘制

一、手动创建组织结构图

要手动创建如图7-36所示的组织结构图，操作步骤如下：

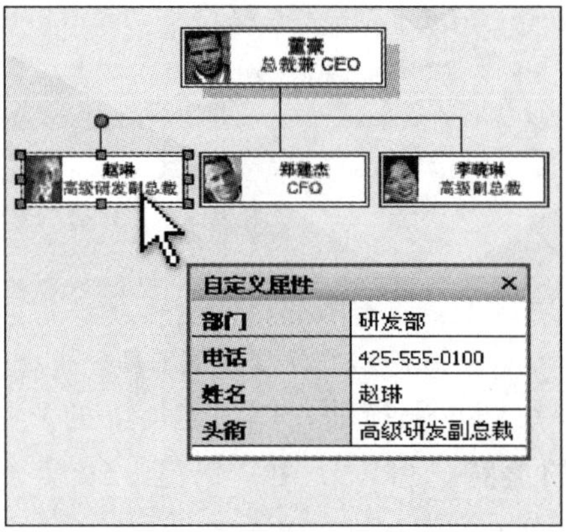

图7-36　拟创建的组织结构图

①启动Visio。在“文件”菜单下，点击“新建”，接着在模板类型中，单击“商务”，最后单击“组织结构图”。

②在“形状”下，单击“组织结构图形状”。

③从“组织结构图形状”中将“经理”形状拖到绘图页上，随即出现“连接形状”对话框，并动态演示放置和连接形状的过程。如果希望该演示不再出现，请选取“不再显示此消息”复选框并单击“确定”。

④再将另外一个“经理”形状直接拖到“经理”形状上。Visio会将“经理”形状放在“总经理”形状下方，并在它们之间添加一条连接线建立隶属关系，如图7-37所示。

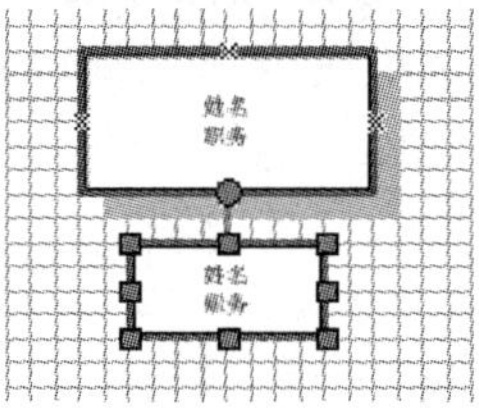

图7-37　建立隶属关系

⑤重复步骤④，添加更多的经理，如图7-38所示。

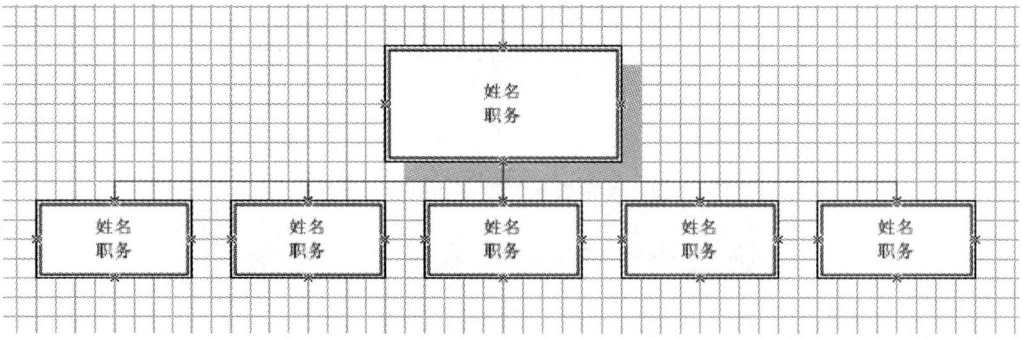

图7-38　添加更多的经理

⑥要在经理及其下属间建立关系，请将“职位”形状直接拖到“经理”形状上。

⑦重复步骤⑥，添加更多职位。

⑧要在两个职位间建立第二个隶属关系，请将“虚线报告”形状（用来显示一个人或职位隶属于多个经理的关系）从“形状”窗口中拖到绘图页上。将连接线的一个端点拖到隶属关系中的一个形状的连接点上，然后将另一个端点拖到另一个形状上，如图7-39所示。

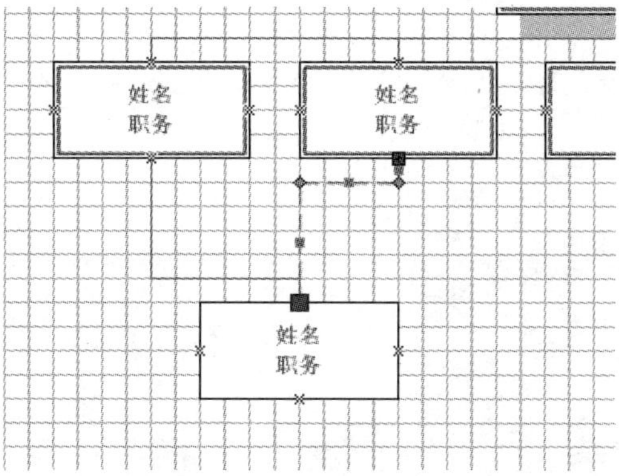

图7-39　拖动连接线的端点

⑨要表示其他职位类型并建立隶属关系，请将“顾问”、“空缺”和“助理”形状拖到代表其上级的形状上。

⑩要用雇员的姓名和职位替换默认的形状文本，请在双击形状后，键入姓名并按Enter键，然后再键入职位。

⑪如果要更改组织结构图中的信息数据，请执行以下步骤：

- 选择要向其添加数据的形状。
- 在右键快捷菜单上，单击“属性”，如图7-40所示。

图7-40　选择“属性”

• 在“自定义属性”对话框的每个字段中键入数据，然后单击“确定”，如图7-41所示。

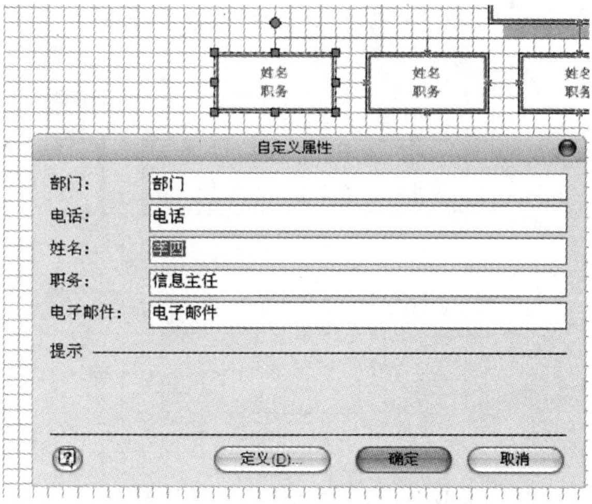

图7-41　“自定义属性”对话框

⑫如果要更改组织结构图形状中的显示信息，请执行以下步骤：

• 在“组织结构图”选项卡上，单击“显示选项”，然后单击“字段”选项卡，如图7-42所示。

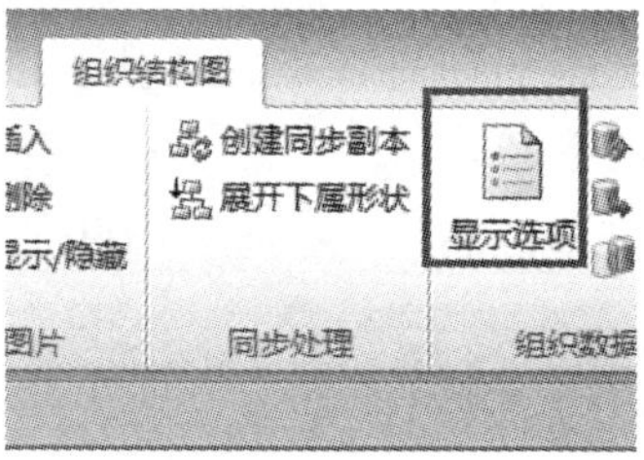

图7-42　单击“显示选项”

• 在每个文本块中，选择要在其中显示的信息的类型。对话框右侧的预览中会随即显示该信息，所显示的内容与将在形状中显示的相同，如图7-43所示。

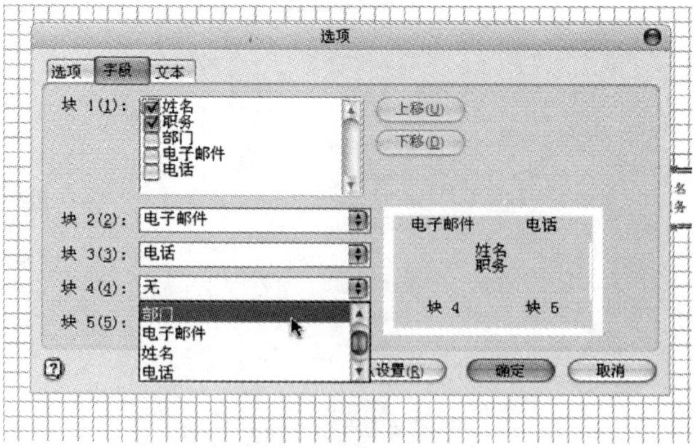

图7-43　“字段”选项卡

• 单击“文本”选项卡。在“字段”框中，选择要设置其格式的信息，指定格式选项，然后单击“确定”，如图7-44所示。

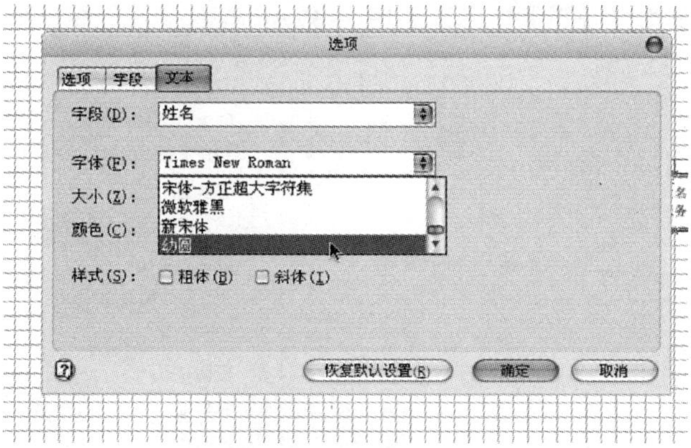

图7-44 “文本”选项卡

• 要替换默认的形状文本，请单击“形状”，选择要替换的文本所在的文本块，然后键入新文本，如图7-45所示。

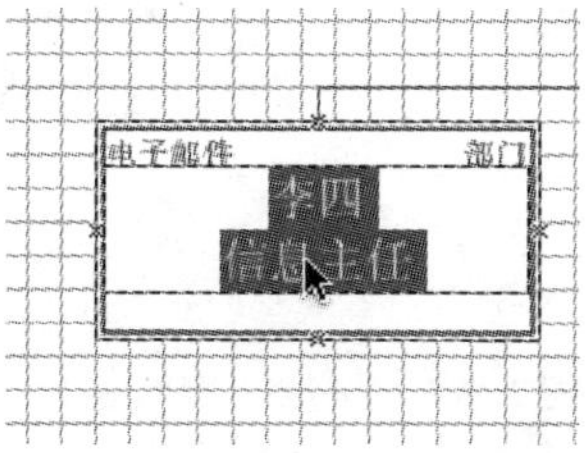

图7-45 替换形状文本

⑬如果要在组织结构图中添加和删除图片，请执行以下步骤：

• 右击要将照片添加到其中的形状，然后在快捷菜单上单击“插入图片”，如图7-46所示。

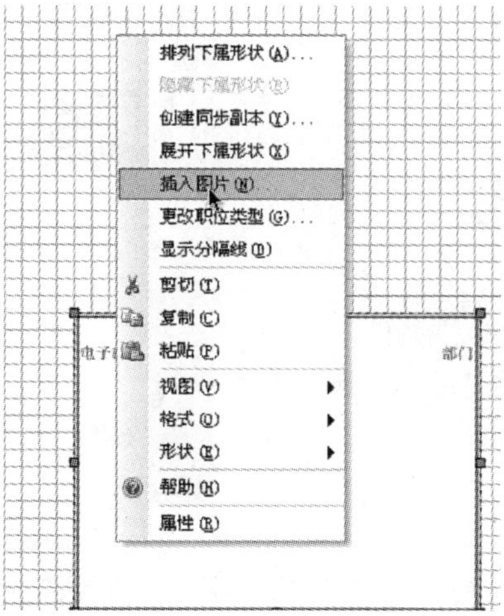

图7-46 选择“插入图片”

• 在“插入图片”对话框中，找到照片，然后单击“打开”。

• 如果想要删除图片，右击要删除其照片的形状（提示：不能点击图片），然后在快捷菜单上单击“删除图片”，如图7-47所示。

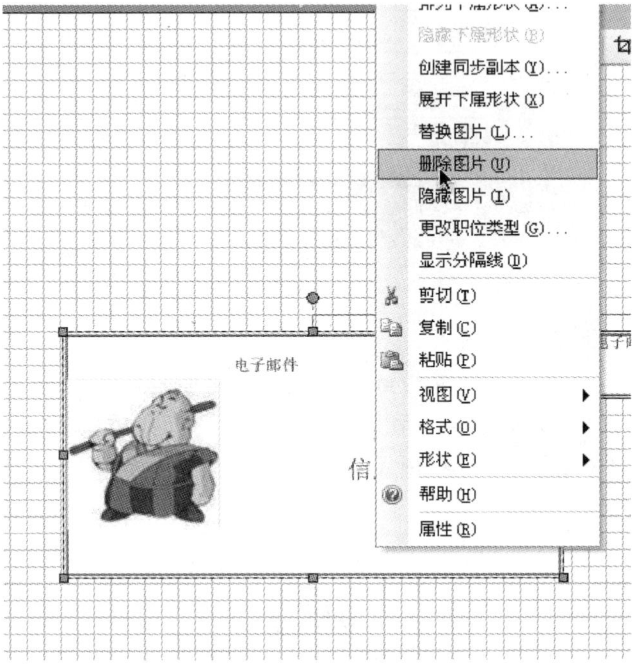

图7-47 选择“删除图片”

二、制作金字塔图

制作如图7-48所示的金字塔图的操作步骤如下：

①启动Visio。选择“文件→新建→商务→营销图表”。

②选择“设计”选项卡，点击“背景”，选择需要的背景，如图7-49所示。

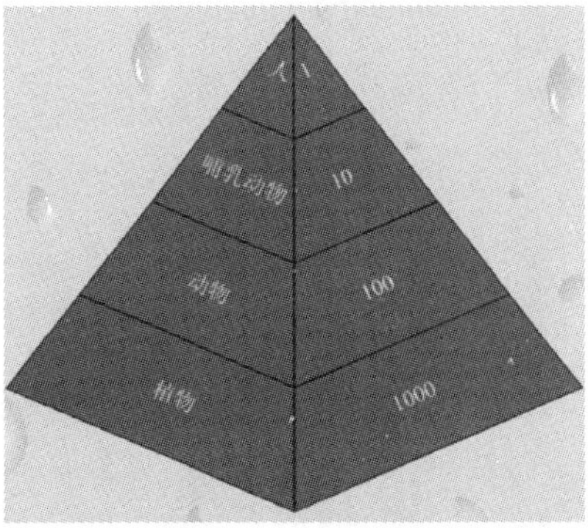

图7-48 金字塔图

图7-49 选择背景

③选择“营销图表”模具，将“三维金字塔”形状拖到绘图页中。其间，会弹出“自定义属性”对话框，可以设置金字塔的“级别数”和“颜色”，如图7-50所示。

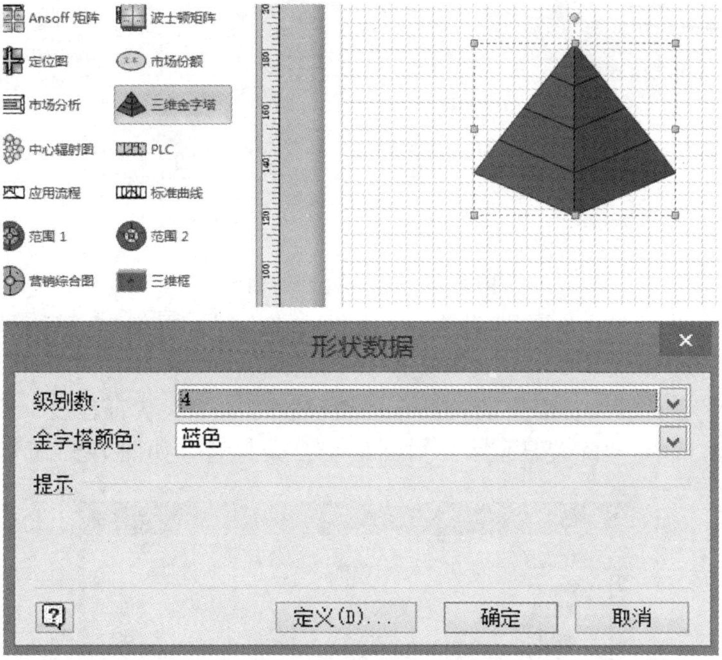

图7-50　设置金字塔的“级别数”和“颜色”

④单击“金字塔”，在金字塔的各层输入想要输入的文本，并设置文本的格式、颜色和大小等，如图7-51所示。

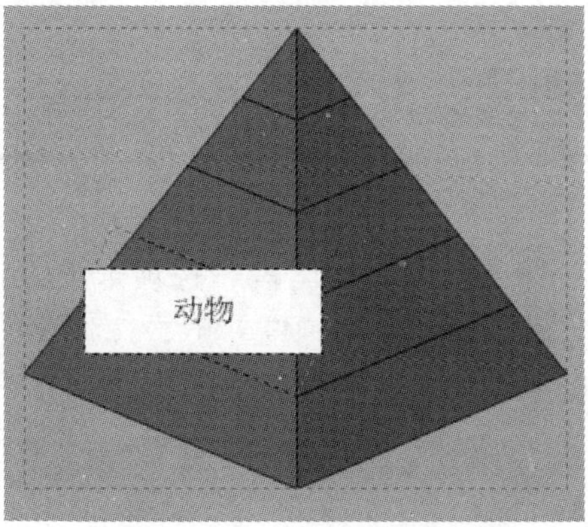

图7-51　在金字塔的各层输入文本

第三节　基本流程图的绘制

一、手动创建时间线

手动创建如图7-52所示的时间线的操作步骤如下：

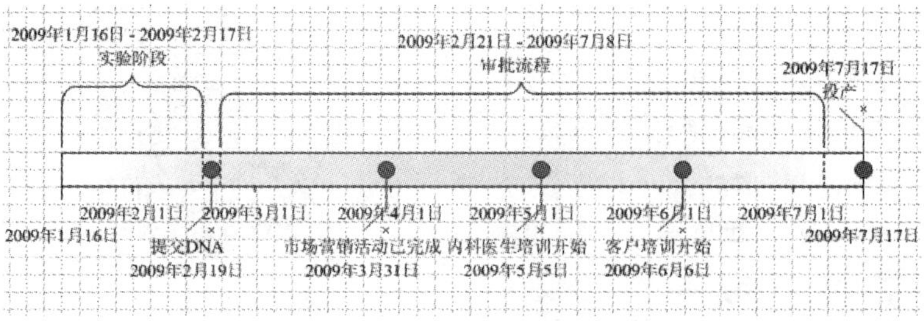

图 7-52　拟创建的时间线

①启动Visio。在“文件”菜单上，指向“新建”，再指向“日程安排”，然后单击“日程表”。

②从“日程表形状”中拖动一条日程表形状（如“块状日程表”或“线形日程表”）到绘图页中。“配置日程表”对话框会自动打开，如图7-53所示。

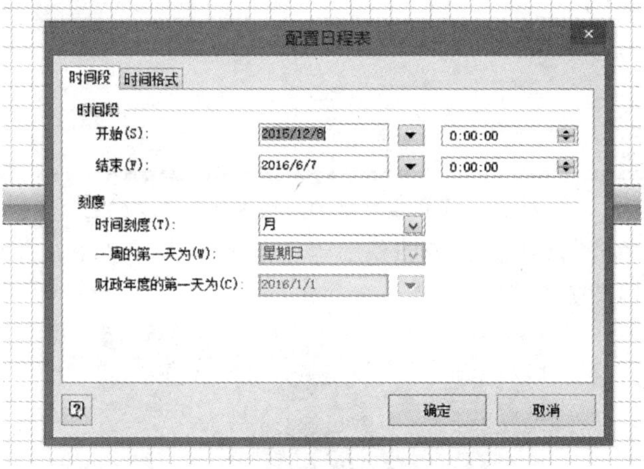

图 7-53　“配置日程表”对话框

③在“配置日程表”对话框的“时间段”选项卡上，指定时间线的开始日期、开始时间、完成日期和完成时间。在“刻度”下，选择要使用的时间刻度。

④在“时间格式”选项卡上，指定时间线的格式和显示选项，如图7-54所示。

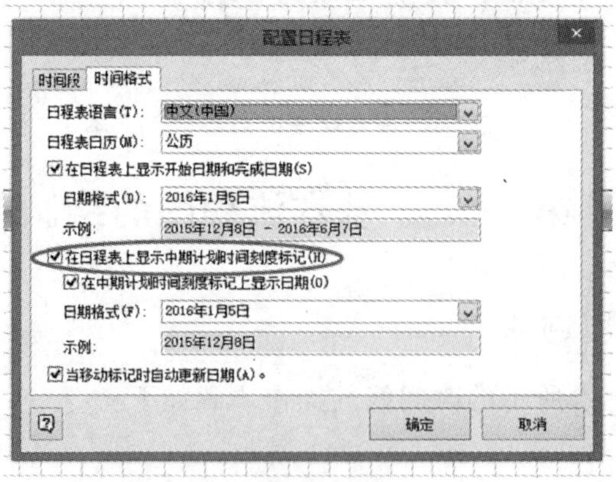

图 7-54　“时间格式”选项卡

在默认情况下，“当移动标记时自动更新日期”复选框是选中的。如果不希望在移动标记、里程碑和间隔形状时自动更新日期和时间，则清除该复选框。

⑤单击“确定”。

⑥从“时间线形状”中拖动一个里程碑形状到时间线上。在“配置里程碑”对话框中，输入里程碑日期、里程碑时间和说明，选择一种日期格式，然后单击“确定”，如图7-55所示。“示例”框显示所选格式的预览，如图7-56所示。

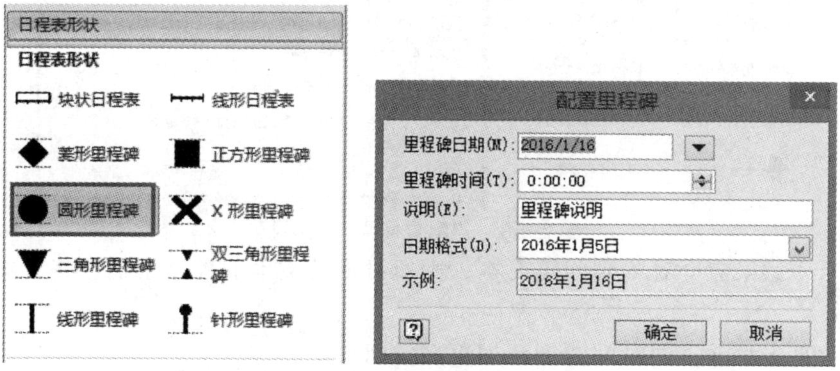

图7-55 “配置里程碑”对话框

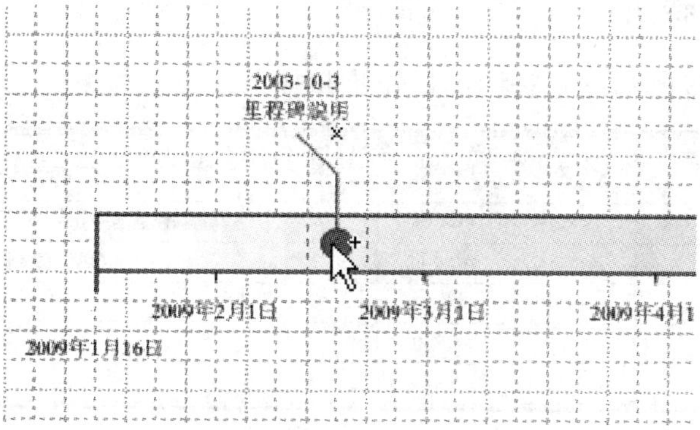

图7-56 “示例”框

提示：如果里程碑说明重叠，则拖动其控制手柄来移动它们。

⑦重复步骤⑥，向时间线上添加更多的里程碑，如图7-57所示。

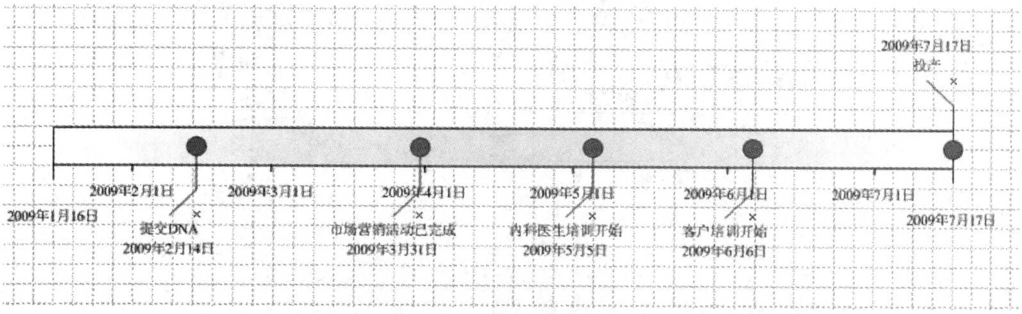

图7-57 向时间线上添加更多的里程碑

⑧从“时间线形状”中拖动一个间隔形状到时间线上。在“配置间隔”对话框

中，选择间隔的开始日期、开始时间、完成日期和完成时间。键入需要的说明，再选择一种格式，然后单击“确定”。操作界面如图7-58所示。

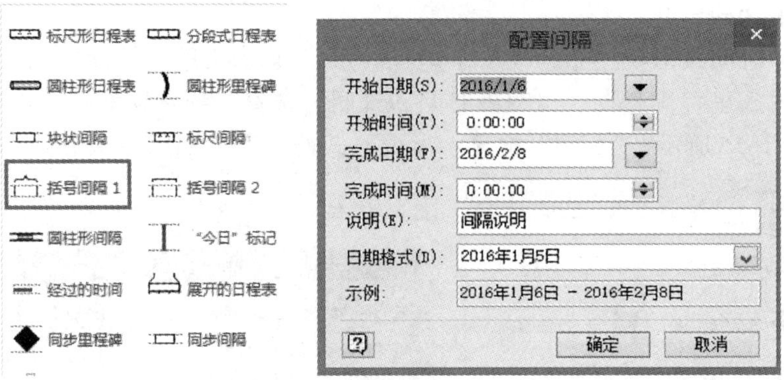

图7-58 “配置间隔”对话框

提示：如果完全看不到间隔文本，则通过拖动文本的控制手柄，将文本移出形状外。

⑨重复步骤⑧，向时间线上添加更多的间隔。

二、创建甘特图

创建如图7-59所示的甘特图的操作步骤如下：

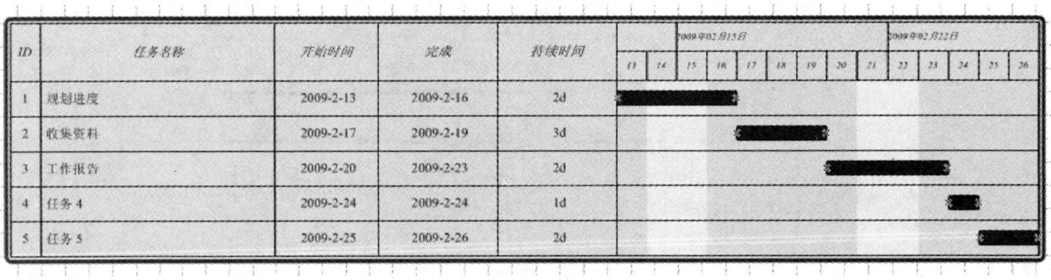

图7-59 拟创建的甘特图

① 启动Visio。在“文件”菜单上，依次指向“新建”“日程安排”，然后单击“甘特图”。

② 在弹出的对话框中进行相关参数设置，如图7-60所示。

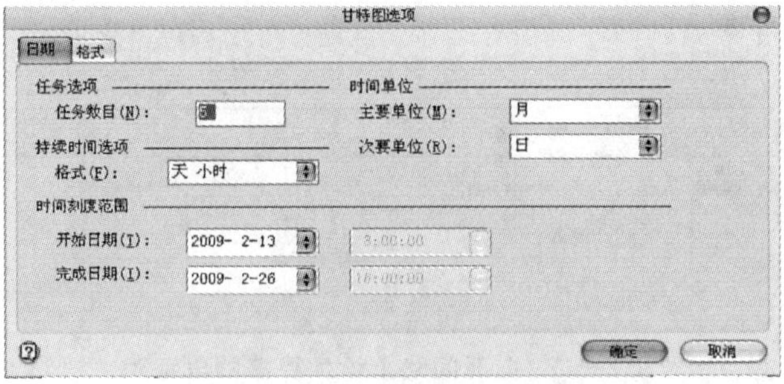

图7-60 “甘特图选项”对话框

③依次更改“任务名称”、“开始时间”和“完成时间”。

④如果想多加一个任务，可以先选中一个任务，然后点击“甘特图”→“新建”（提示：选项卡会多出一个“甘特图”选项卡），这样就会在选中的任务上面多加一个任务，如图7-61所示。

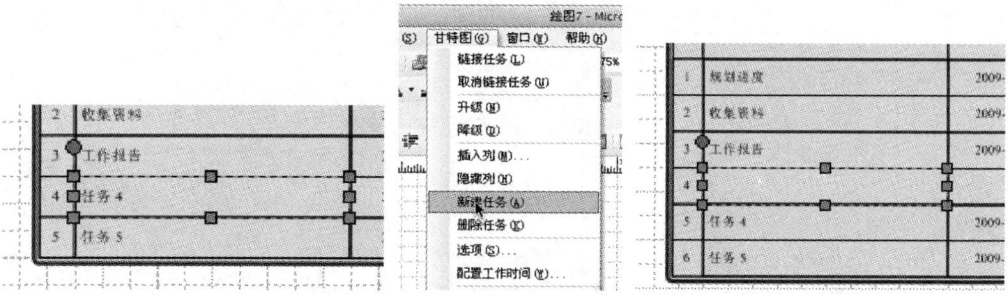

图7-61 新建任务

三、手动创建灵感触发图

手动创建如图7-62所示的灵感触发图的操作步骤如下：

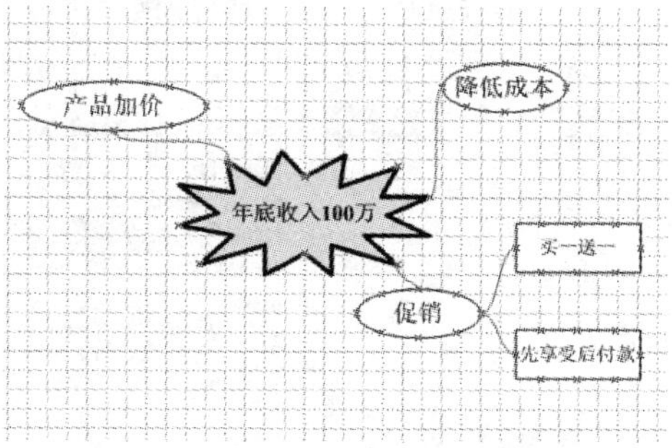

图7-62 拟创建的灵感触发图

①启动Visio。在“文件”菜单上，依次指向“新建”→“商务”→“灵感触发图”。

②从“灵感触发形状”中，将“主标题”形状拖到绘图页上，如图7-63所示。选取该形状，键入要表达中心思想的文字，如图7-64所示。

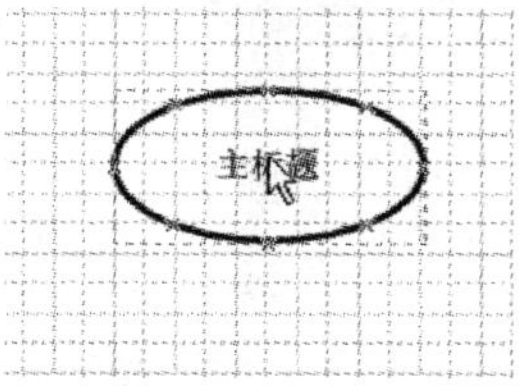

图7-63 将“主标题”形状拖到绘图页上

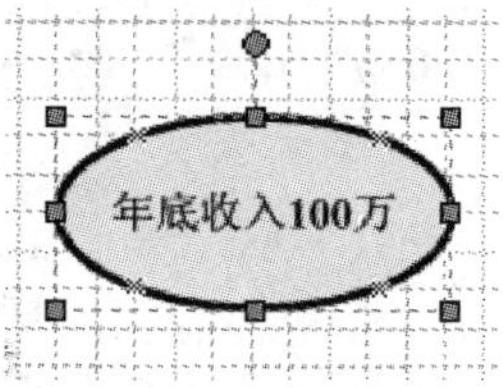

图7-64 键入文字

③ 选取“主标题”形状，然后在“灵感触发”菜单上（或者点击右键菜单），单击“添加副标题”（如图7-65所示）。一个副标题随即会连接到该“主标题”形状，作为其下属标题，如图7-66所示。

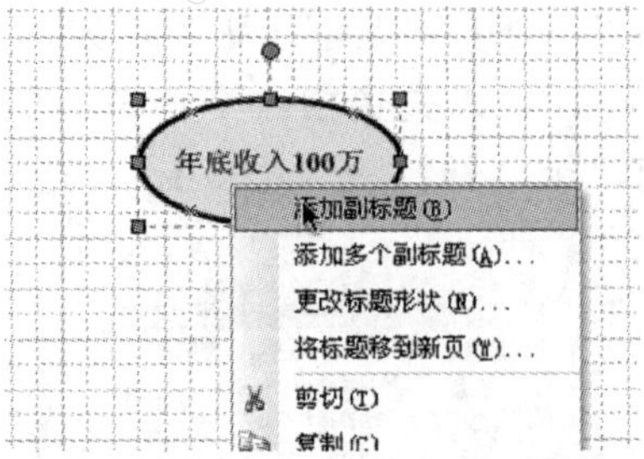

图 7-65　单击“添加副标题”

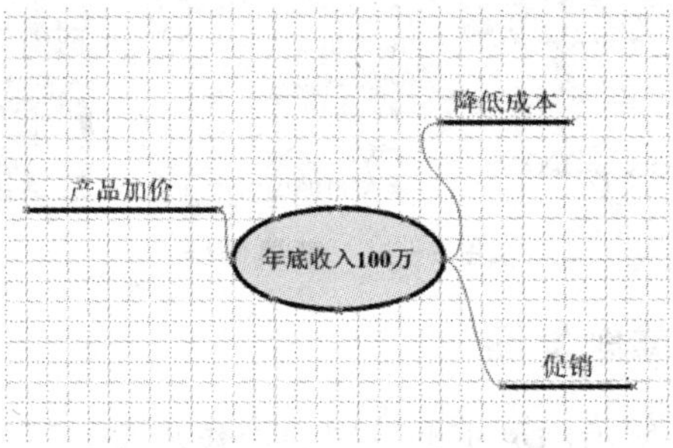

图 7-66　建立下属标题

④右击主标题形状，选择“更改标题形状”，如图 7-67 所示。

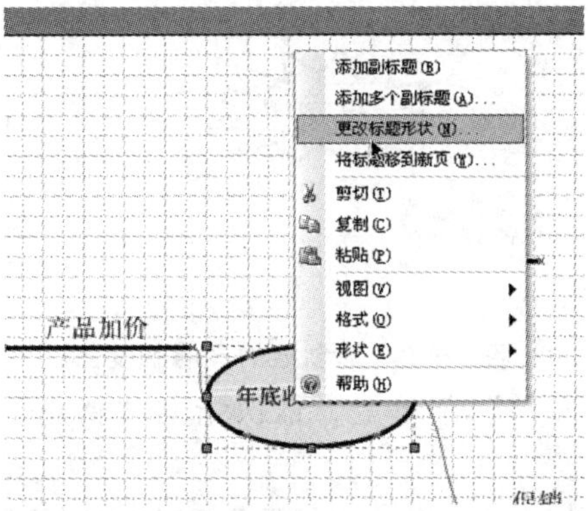

图 7-67　选择“更改标题形状”

⑤在“更改形状”对话框的“新建形状”复选框中选择“爆星”，点击“确定”，如图 7-68 所示。

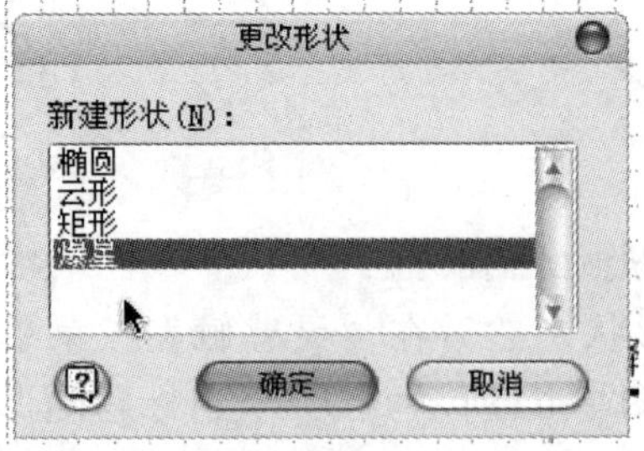

图 7-68　“新建形状”复选框

⑥同理，将其他的副标题更改成“椭圆”，效果如图7-69所示。

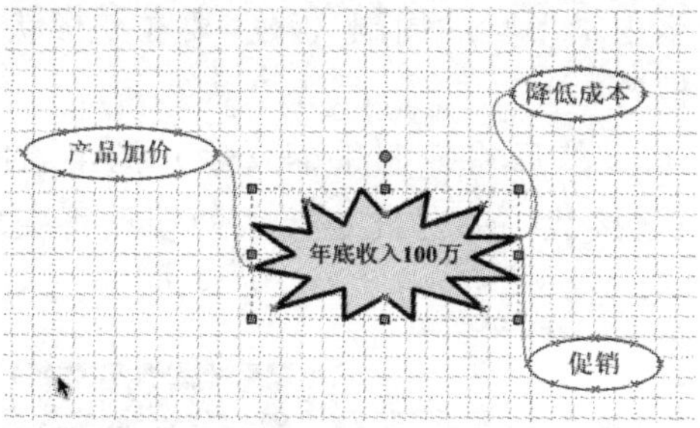

图7-69　将其他副标题更改成“椭圆”

⑦最后，在副标题上还可以添加“副标题”。

四、创建详细网络图

创建如图7-70所示的详细网络图的操作步骤如下：

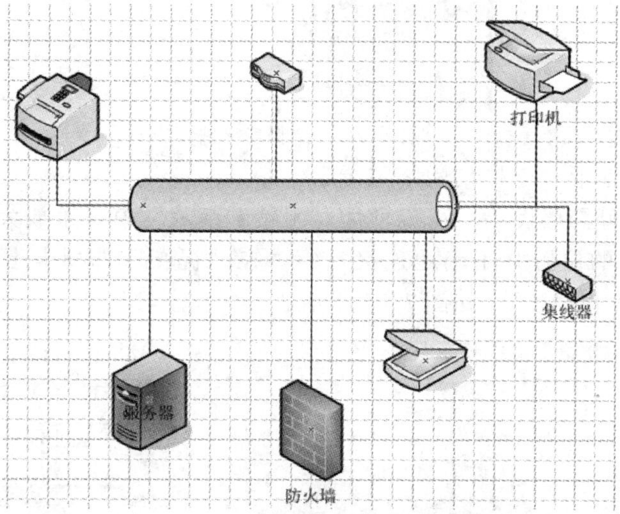

图7-70　拟创建的详细网络图

①启动Visio。在“文件”菜单上，依次指向“新建”→“网络”→“详细网络图”。

②从“网络和外设”形状中，将“以太网”或“环形网络”网络主干形状拖到绘图页上，如图7-71所示。

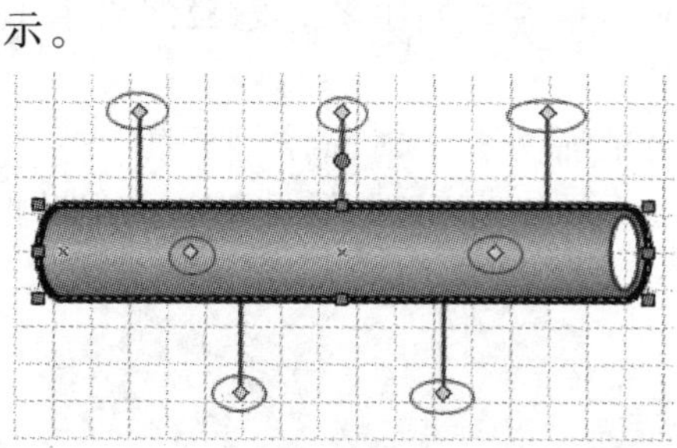

图7-71　将网络主干形状拖到绘图页上

③从“形状”窗口的模具中，将服务器、工作站和其他组件形状拖到绘图页上，并将它们放置于网络主干形状的周围（注：要在“形状”窗口中显示特定模具上的形状，请单击模具标题栏）。

④选择网络主干形状，然后将控制手柄（◇）拖至周围某个形状上的连接点（✕）。Visio将绘制一条连接线，并且此连接线的端点将变成红色，表示它已粘附到该形状，如图7-72所示。

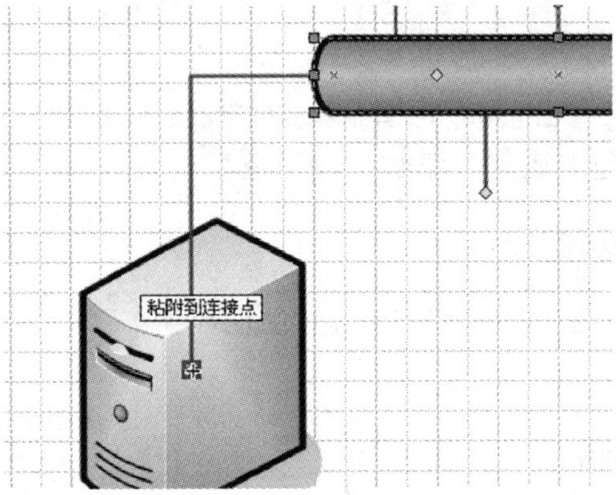

图7-72　绘制连接线

⑤继续将其他形状连接到网络主干上。

提示：在大型网络图中，可以使用“平铺和缩放”窗口来放大形状，以便准确地确定这些形状的位置并正确地连接它们。在“视图”选项卡上，单击“任务窗口”，选择“平铺和缩放”，如图7-73所示。

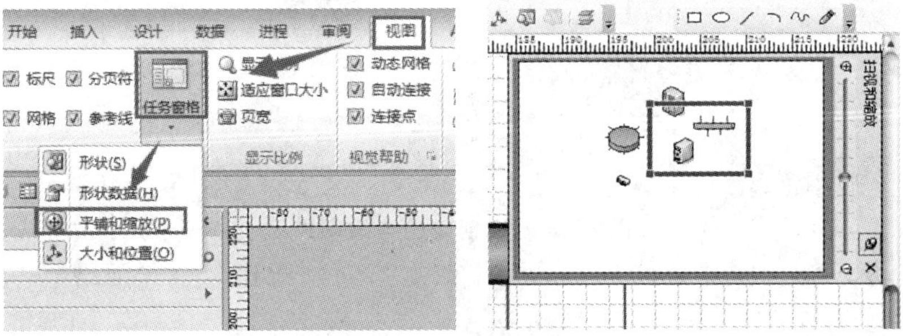

图7-73　平铺和缩放

⑥通过拖动形状顶部的相应控制手柄，隐藏网络主干形状上所有不需要的连接线。

⑦如果要向网络形状添加文本，请选择“工具”→“文本”，然后键入文本。要重新确定许多网络形状的文本的位置，请在键入文本后拖动该文本顶部显示的控制手柄（◇），将文本拖至其他位置。

五、创建流程图

创建如图7-74所示的流程图的操作步骤如下：

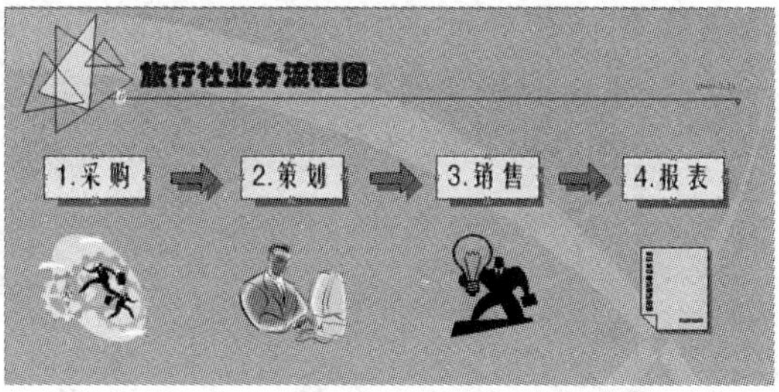

图7-74　拟创建的流程图

①启动Visio。在“文件”菜单上，依次指向“新建”→“流程图”→“基本流程图”。

②从“基本流程图形状”模具中，将“流程”形状拖到绘图页上，如图7-75所示。当然，也可以自己绘制图形（提示：在工具栏空白处点击右键，选中“绘图”，在工具栏上显示“绘图”工具）。

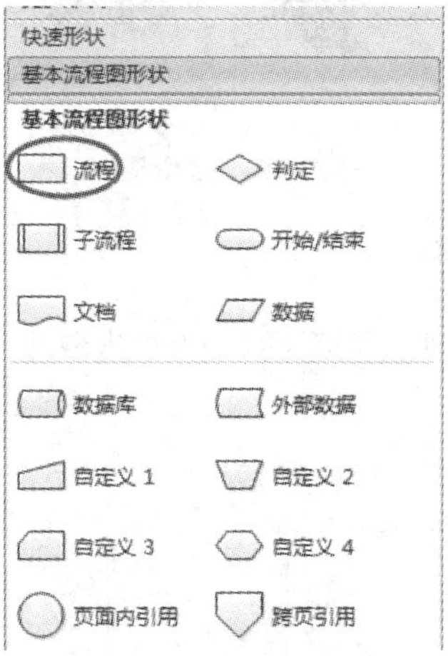

图7-75　选择流程形状

③从“箭头形状”模具中，将“45度单项箭头”形状拖到绘图页上，如图7-76所示。

④在绘图页中，设置形状的颜色、阴影等并添加形状的文本，设置颜色和大小等。

⑤最后选择“插入”→“剪贴画”，插入图片，如图7-77所示。

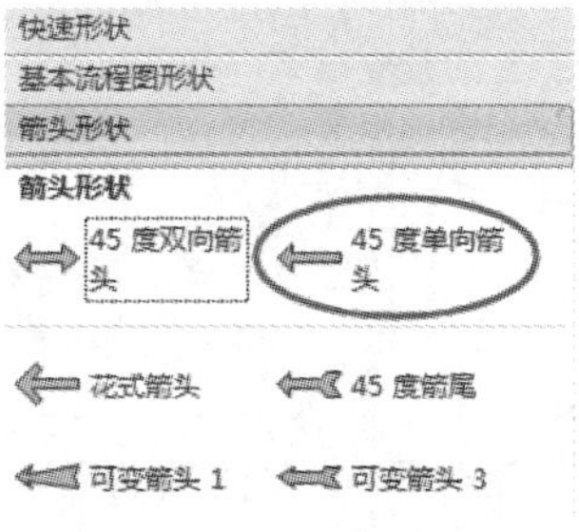

图7-76　选择箭头形状

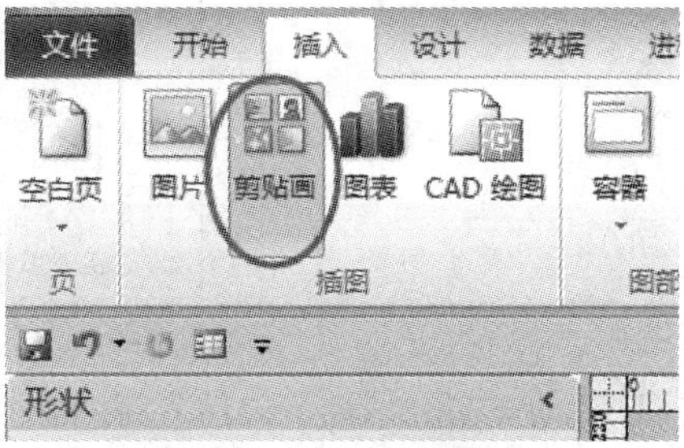

图7-77　选择“剪贴画”

提示：可以通过搜索得到你想要的图片，如图7-78所示。

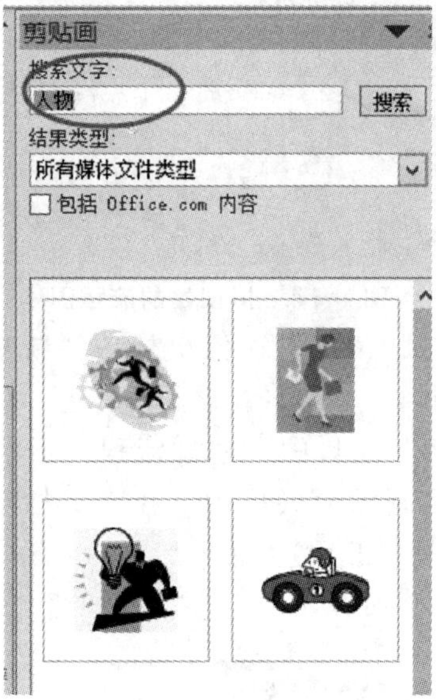

图7-78　搜索图片

六、创建跨职能流程图

创建如图7-79所示的跨职能流程图的操作步骤如下：

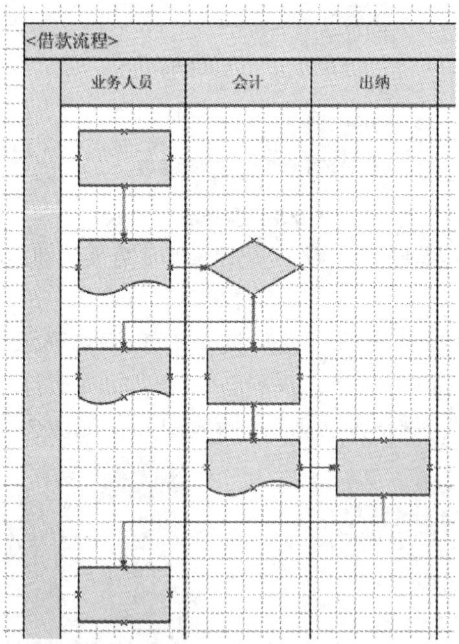

图7-79　拟创建的跨职能流程图

①启动Visio。在“文件”菜单上，依次指向“新建”→“流程图”→“跨职能流程图”。

②在“跨职能流程图”对话框中，选择要从其开始的基本选项，然后单击“确定”。

注：方向可以选择“水平”或者“垂直”，本例子中选择“垂直”，如图7-80所示。在单击“确定”后，可以添加或删除泳道，但不能更改方向、添加具有其他方向的泳道或者添加标题栏。

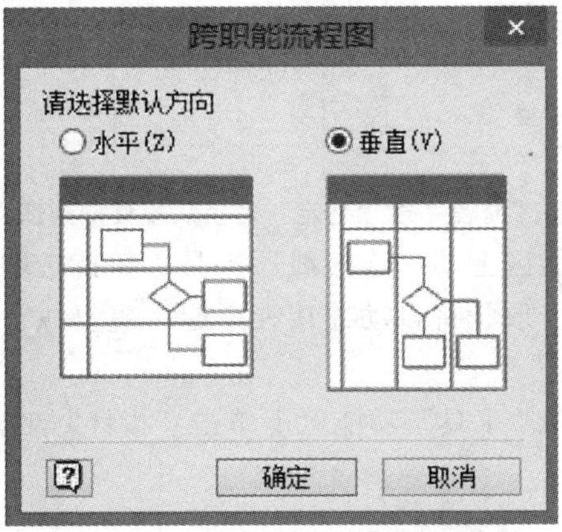

图7-80　“跨职能流程图”对话框

③双击“<进程名称>”，然后键入流程图表示的进程名称，如图7-81所示。

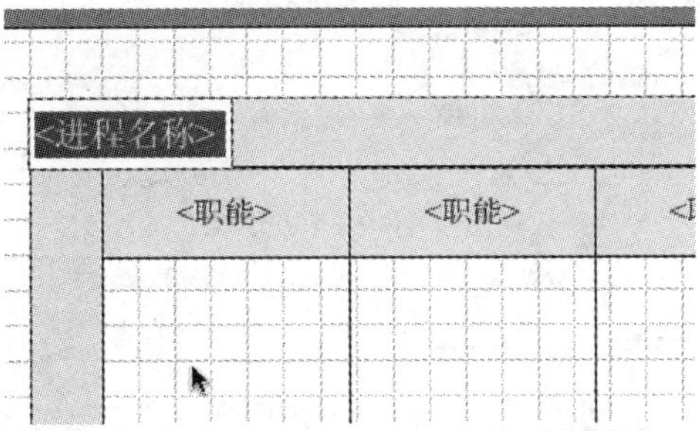

图7-81　键入流程图表示的进程名称

④单击泳道标签，然后键入泳道表示的职能的名称。为每一泳道重复这一步骤，效果如图7-82所示。

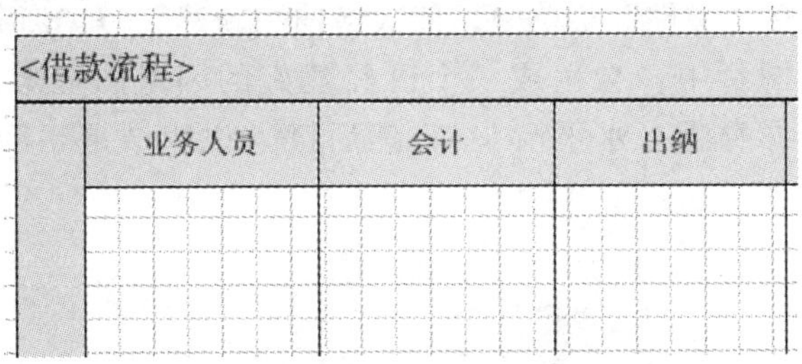

图7-82　键入带区表示的职能的名称

⑤单击“基本流程图形状”模具的标题栏以显示其形状。将“流程”或“判定”形状从模具拖到适当的泳道上，以表示进程中的第一个步骤，如图7-83所示。

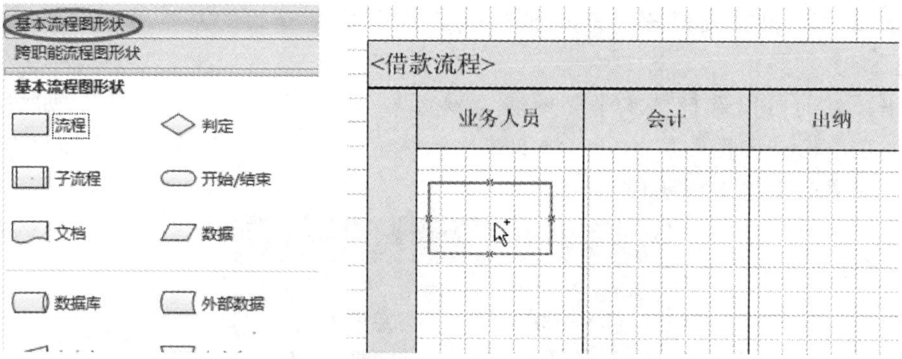

图7-83　将“流程”或“判定”形状从模具拖到适当的带区上

⑥单击“工具”功能区上的“连接线”工具。保持选取第一个形状，将第二个形状拖到泳道上。这两个形状将自动连接在一起。重复执行上述步骤以继续添加进程步骤、判定或数据。

⑦添加完形状后，在“工具”功能区上单击“指针”工具，然后保存该流程图。

七、创建因果图

创建如图7-84所示的因果图的操作步骤如下：

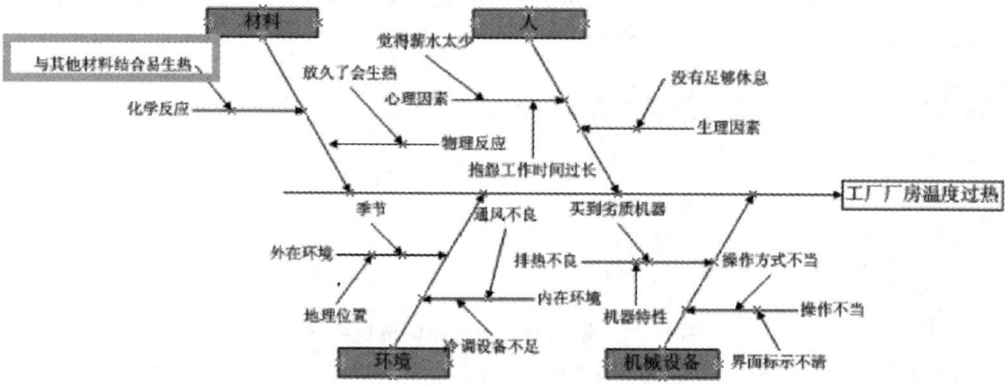

图7-84　拟创建的因果图

①启动Visio。在“文件”菜单中，依次指向“新建”→“商务”→“因果图”。

②在新建的绘图页中，会生成一个已经建好的因果图框架，如图7-85所示。在“绘图页”上选择脊骨（水平箭头），然后键入说明结果、问题或目标的文字，如图7-86所示。

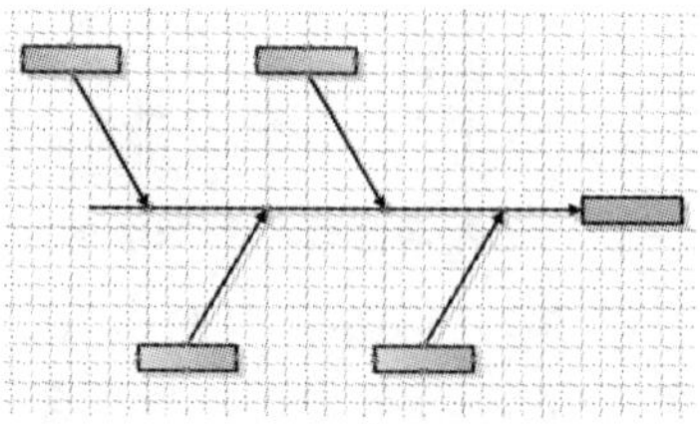

图7-85　生成因果图框架

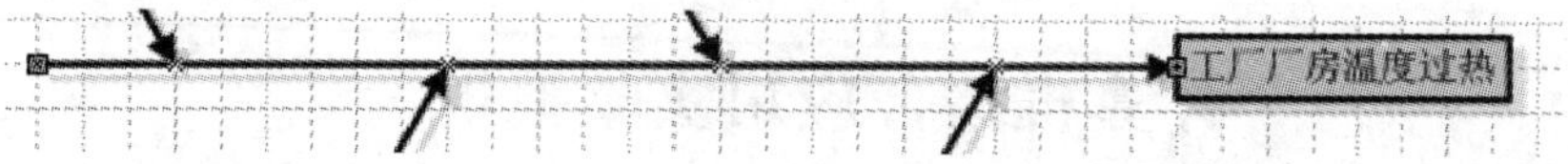

图7-86 选择脊骨，键入文字

③确定导致该结果的原因类别数目，然后执行以下操作之一：

• 要添加类别，将“类别1”或“类别2”形状拖到绘图页上放好，使箭头接触到脊骨。

• 要删除一个类别，请选择该形状，然后按Delete键。

④对于绘图页上的每个类别，请选择该形状，然后键入原因类别的名称，如图7-87所示。

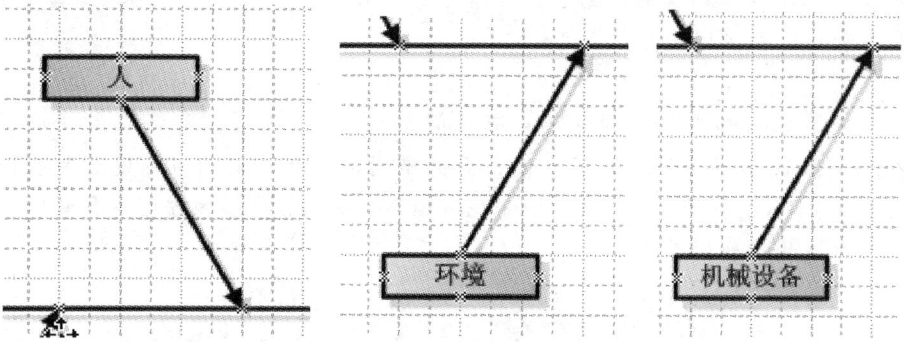

图7-87 键入原因类别的名称

⑤要表示形成类别的主要原因，请将“主要原因”形状（如图7-88（a）所示）拖到绘图页上，并将箭头与类别线对齐，如图7-88（b）所示。

（a） （b）

图7-88 表示形成类别的主要原因

⑥要表示形成主要原因的次要原因，请将“次要原因”形状（如图7-89所示）拖到绘图页上，并将箭头与主要原因线对齐。

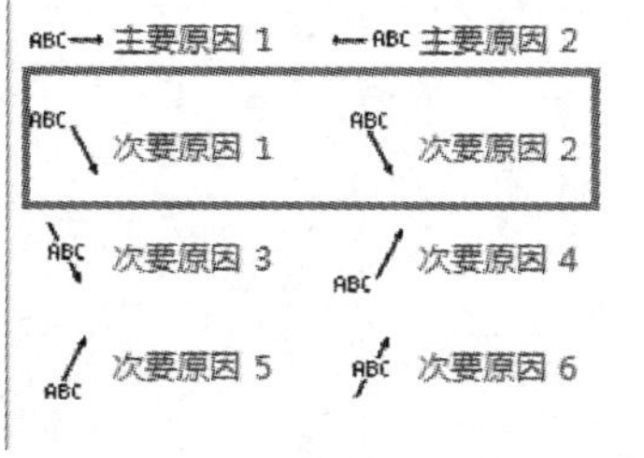

图7-89 表示形成主要原因的次要原因

计算机综合应用实验报告七

【实验名称】Visio综合应用

【实验目标】

1. 熟练掌握Visio的各项基本操作；
2. 能够运用Visio独立完成图形的制作。

【实验内容】

1. 基本操作；
2. 模具、模板和形状的应用；
3. 各种综合图形的应用。

【实验结果】

1. 在使用Visio进行绘图时主要有哪些问题?
2. Visio 2010提供了许多模板，简单介绍常用的模板和其相应可以绘制的图形。
3. 利用Visio绘制图形时，相对于Word和PowerPoint在哪些方面有优势?
4. 本章操作内容的截图。

第八章

Project应用

Project 2010是微软推出的Office 2010办公套件中的一个“成员”，主要用来进行项目管理。

项目是指一系列独特的、复杂的并相互关联的活动，这些活动有一个明确的目标或目的，必须在特定的时间、预算、资源限定内，依据规范完成。项目参数包括项目范围、质量、成本、时间、资源。

项目管理（Project Management，PM）是美国最早的曼哈顿计划开始的名称，后由华罗庚教授于20世纪50年代引进中国（由于历史原因叫统筹法和优选法）。项目管理是“管理科学与工程”学科的一个分支，是介于自然科学和社会科学之间的一门边缘学科。项目管理的定义是：基于被接受的管理原则的一套技术方法，这些技术或方法用于计划、评估、控制工作活动，以按时、按预算、依据规范达到理想的最终效果。

第一节 基本概念

在Project 2010中有以下关于项目管理的概念：

项目：任务的集合。

主项目：包含其他项目的项目。

子项目：作为其他项目中的项目，也称为插入项目。

任务：工作活动。

上级任务：包含了子任务的任务。

下级任务：属于某个上级任务的任务。

同级任务：同属某个上级任务的任务。

周期性任务：在项目进行期间重复发生的任务。例如，可将每周五下午的总结会议定义为周期性任务。

摘要任务：由子任务组成并对这些子任务进行汇总的任务。可使用大纲来创建摘要任务。Project自动使用子任务中的信息确定摘要任务信息（例如，工期和成本）。

子任务：摘要任务组成部分中的一个任务。子任务信息可合并到摘要任务中。使用Project大纲功能可指定子任务。

任务类型：任务的说明，表示任务哪些方面是固定的，哪些方面是可变的。有三种任务类型：固定单位、固定工期和固定工时。Project中的默认任务类型是“固定单位”。

固定单位任务：所分配的单位（或资源）是固定值，并且对工时量或任务工期所进行的任何更改都不会影响其单位的任务。计算公式为：工期×单位 = 工时。

固定工期任务：工期为固定值，并且对工时或所分配的单位（或资源）进行任何更改都不会影响其工期的任务。计算公式为：工期×单位 = 工时。

固定工时任务：工时量为固定值，并且对任务工期或所分配的单位（或资源）数量进行任何更改都不会影响其工时的任务。计算公式为：工期×单位 = 工时。

工作分解结构（WBS）：一种用于组织任务以便报告日程和跟踪成本的分层结构。使用Project，可通过使用任务标识号或者向每项任务分配自己的WBS代码来表示工作分解结构。

阶段：完成项目主要步骤的一组相关任务。

工期：完成任务所需的有效工作时间的总范围。通常按照项目日历和资源日历的定义，为从任务的开始时间到完成时间的工作时间总量。

限制：对任务的开始日期或完成日期设置的限制。可以指定任务在特定日期开始，或者不晚于特定日期完成。限制可以是弹性的（未指定特定日期），也可以是非弹性的（指定了特定日期）。

日历：确定资源和任务工作时间的日程排定机制。Project使用四种类型的日历：基准日历、项目日历、资源日历和任务日历。

工作时间：在资源或项目日历中指定的可以开展工作的时间。

非工作时间：资源或项目日历中指定的不能进行任务排定的小时数或天数，因为此时不能进行工作，所以Project不应在此时排定任务。例如，非工作时间可以包括午餐时间、周末和节假日。

关键路径：为使项目按时完成而必须按时完成的系列任务。关键路径上的每项任务都是关键任务。

链接：在项目中建立任务之间的相关性。链接任务可定义其开始日期和完成日期之间的相关性。

里程碑：一个标志项目中的主要事件，并用于监视项目进度的参考点。任何工期为零的任务都自动显示为里程碑，也可以将具有任意工期的其他任务标记为里程碑。

可交付结果：为完成项目或项目的一部分而必须生成的切实可度量结果、成果或项目。通常情况下，项目工作组和项目风险承担者要在项目开始之前先就项目可交付结果达成一致意见。

资源：用于完成项目任务的人员、设备和材料。

工时资源：执行工时以完成任务的人员和设备资源。工时资源要消耗时间（工时或工作日）来完成任务。

材料资源：为完成项目中的任务而使用的供应品或其他可消耗品。

工时：对于任务，是指完成任务所需的人员总数。对于工作分配，是指分配给资源的工时量。对于资源，是指为完成所有任务而分配给资源的总工时量。工时不同于任务工期。

加班：为工作分配排定的在所分配资源的常规工作时间之外、按加班费率付费的工时量。加班工时表示指定为加班工时的工作分配工时量。

工作分配：分配给特定任务的特定资源。

单位：分配到一项任务的资源的数量。最大单位是可用资源的最大单位数。例如，如果有三名管道工，则最大单位为300%或三名全职工作的管道工。

预算：在Project中通过比较基准计划建立的项目的估计成本。

总成本：整个项目周期中的项目、任务、资源或工作分配的计算成本。

大纲：项目的分层结构，显示某些任务如何进行调整以适应更深层次的任务分组。在Project中，子任务缩进在摘要任务下。

第二节 Project基本操作

一、指定项目的开始日期或完成日期

建立一个新的项目计划时，需要指定是从开始日期还是从完成日期起排定项目的日程，并指定该日期。

①在“项目”菜单中，单击“项目信息”。

②若要从开始日期起排定日程，在“日程排定方法”框中，单击“项目开始日期”。若要从完成日期起排定日程，在“日程排定方法”框中单击“项目完成日期”。

③在“开始日期”框或“完成日期”框中，为项目键入或选择开始日期或完成日期。

操作界面如图8-1所示。

注意：

①只有当“日程排定方法”设置为“项目完成日期”，才可修改“完成日期”。

②如果选择从项目完成之日起排定日程并确定了可以按时完成项目的最晚开始日期，最好在项目开始时转换为从项目开始之日起排定日程。

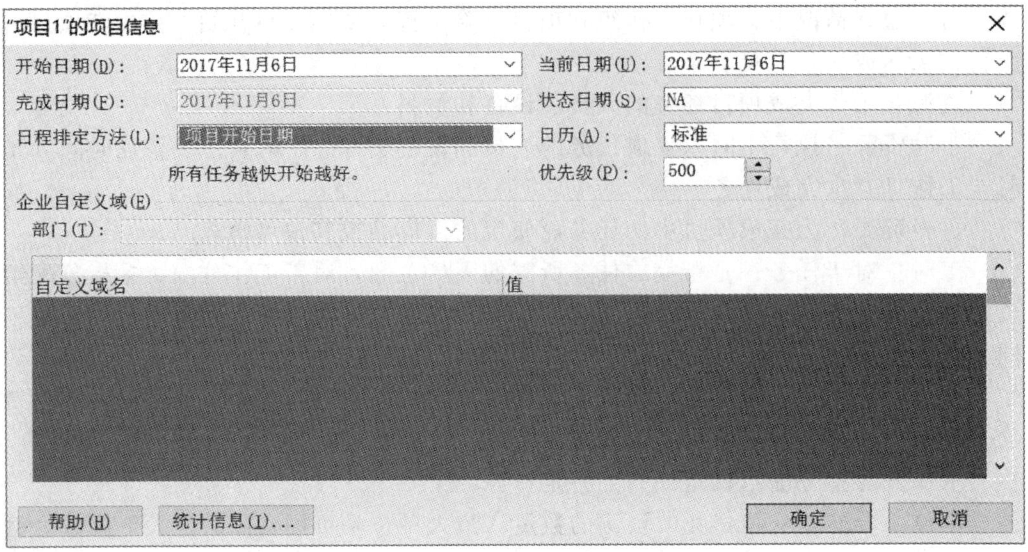

图8-1　指定项目的开始日期或完成日期

二、向项目中输入一次性任务

①在“视图”菜单上，单击“甘特图”(打开Project的时候，默认为“甘特图”)。

②在“任务名称”域中输入任务名，如图8-2所示。

图8-2　在“任务名称”域中输入任务名

③可在现有任务之间插入一项任务，方法是：选中新任务要出现的位置的下一行，单击“插入”菜单上的“新任务”，然后在插入的行中输入此任务的名称。按Enter键结束操作。

三、向项目中输入周期性任务

①在“视图”菜单上，单击“甘特图”。

②在“任务名称”域中，选中周期性任务要出现的位置的下一行，如图8-3所示。

③在“任务”菜单上，单击“任务周期”，如图8-3所示。

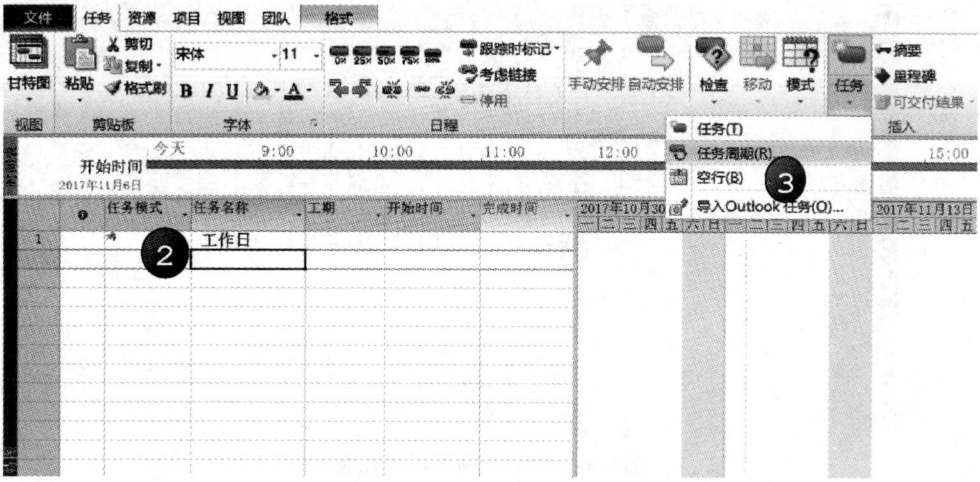

图 8-3　步骤②和③的操作界面

④在“任务名称”框中，键入任务名称。

⑤在“工期”框中，键入或选择只发生一次的任务的工期。

⑥在“重复发生方式”下，单击“每天”、“每周”、“每月”或“每年”。

⑦指定任务频率，并选中该任务要发生的工作日旁的复选框。

⑧在“重复范围”下的“从”框中键入开始日期，再选择“共发生”或“到”。

⑨如果单击了“共发生”，应键入或选择任务发生的次数。

⑩如果单击了“到”，应键入或选择周期性任务结束的日期。

步骤④~⑩的操作如图 8-4 所示。

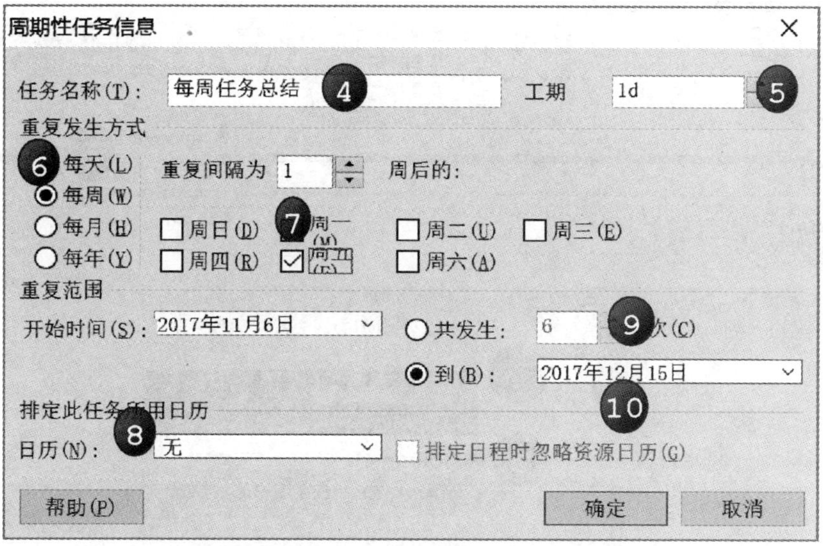

图 8-4　步骤④~⑩的操作界面

⑪按“确定”，则项目中增加了一项周期性任务，如图 8-5 所示。

图 8-5　增加一项周期性任务

四、在“网络图”中输入任务

①在“视图”菜单上，单击“网络图”。

②选定要插入新任务的网络图前面的任务框。

③在“任务”菜单上，单击“任务”。

④在“新任务”框中，单击顶端的域（“任务名称”域），再键入任务名称。

⑤单击要在其中输入信息的各个域，再键入各个域所对应的信息。

操作界面如图 8-6 所示。

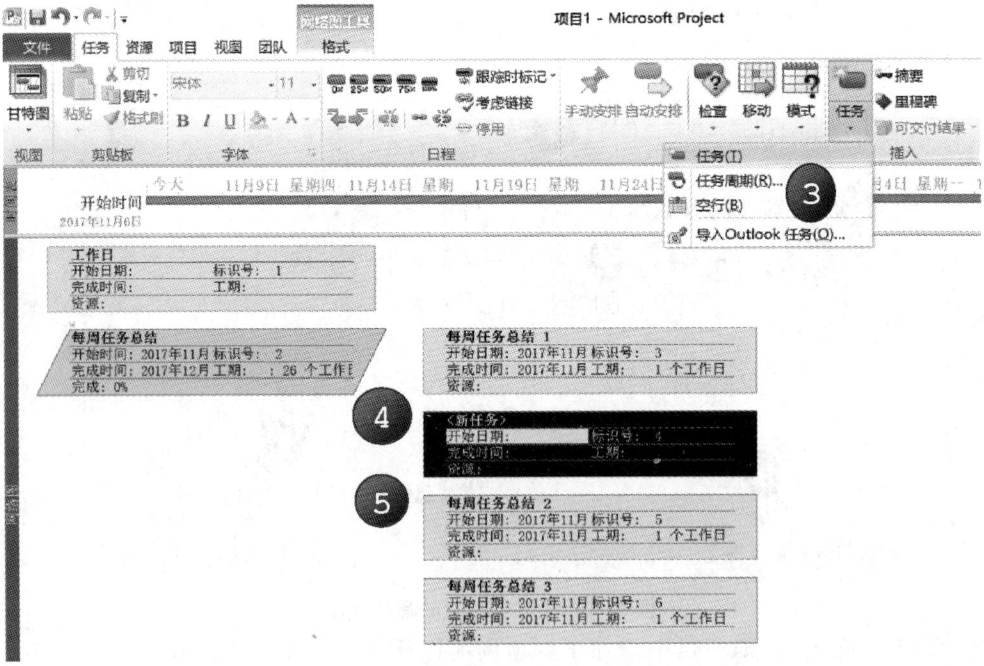

图 8-6　步骤③～⑤的操作界面

五、输入工期

①在要更改的任务的“工期”域中，键入所需工期。

②可按月、周、工作日、小时或分钟为单位输入工期，输入结束后按Enter键。

注意：

• 若要为任务指定24小时制工期，请在时间单位前键入e。例如，若要指定3天的24小时制工期，请键入3ed。

• 若要标明此新工期是估计值，请在其后面键入一个问号。

六、创建里程碑

① 在“视图”菜单上，单击“甘特图”。

② 在要更改的任务的“工期”域中键入0。

③ 按Enter键。

注意：当为任务输入零工期时，Project 2010将在当天的甘特图中显示里程碑符号。

七、使用PERT分析估计任务工期

①在“视图”菜单上，指向“工具栏”，再单击“PERT分析”。

②在“PERT分析”工具栏上，单击“PERT项工作表”。

③在“乐观工期”、“预期工期”和“悲观工期”域中为每项任务分别输入乐观工期、预期工期和悲观工期。如果不希望任务工期发生变化，请在全部3个域中都输入预期工期。

④单击“计算PERT”来计算估计工期。Project 2010将基于每项任务的3个工期值的加权平均值来估计单个项目工期。

⑤若要查看乐观工期、预期工期和悲观工期，请在“PERT分析”工具栏上，单击“乐观甘特图”、“预期甘特图”或“悲观甘特图”。

⑥若要查看3种日程计算出的结束日期，请在“工具”菜单上，单击“选项”。单击“视图”选项卡，再选择“显示项目摘要任务”框。

八、对任务进行升级和降级处理

①在“任务名称”域中，单击要降级（移动到层次结构中的低一级）或升级（移动到层次结构中的高一级）的任务。

②将鼠标移至“任务名称”框中，右击即可实现任务降级或升级。

操作界面如图8-7所示。

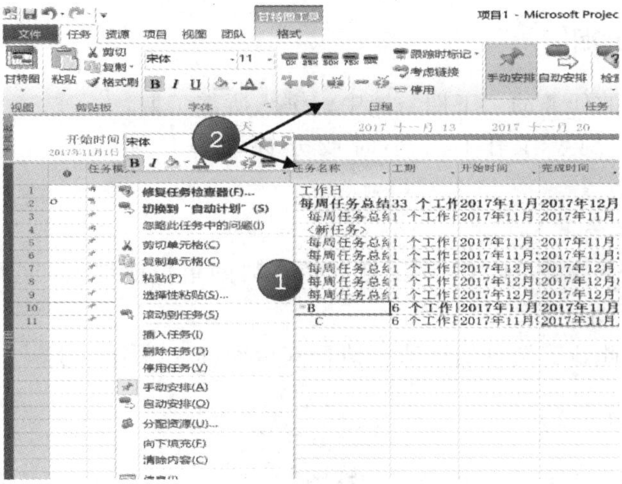

图 8-7　步骤①和②的操作界面

注意：对于已经成为某个任务的子任务，不能进行降级操作（例如，图 8-7 中的“C”已经为“B”的子任务）。对于没有上级任务的任务不能进行升级操作（例如，图 8-7 中的“B”）。

九、在项目中链接与取消相关任务

①在“视图”菜单上，单击“甘特图”。

②在“任务名称”域中，按所需链接顺序选择要链接的两项或多项任务。

- 若要选择不相邻的任务，请按住 Ctrl，再单击要链接的任务。
- 若要选择相邻的任务，请按住 Shift，再单击要链接的第一项和最后一项任务。

③单击“链接任务”。

步骤②和③的操作界面如图 8-8 所示。

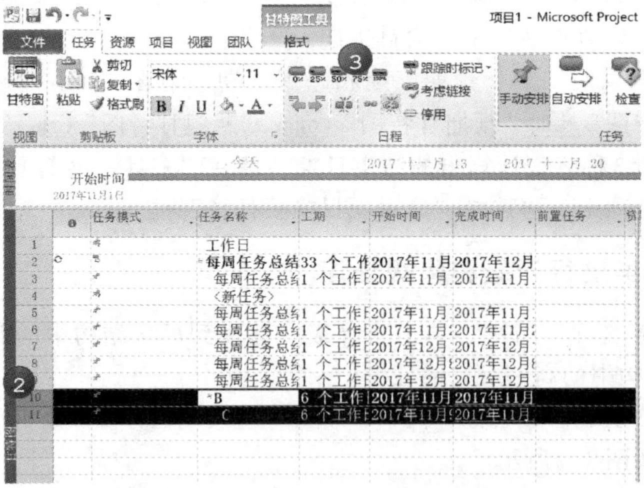

图 8-8　步骤②和③的操作界面

④或者双击某个被链接的任务（如“C”），然后选择“前置任务”标签。

⑤在前置任务列表的“任务名称”域中输入任意多个任务名称。

步骤④和⑤的操作界面如图 8-9 所示。

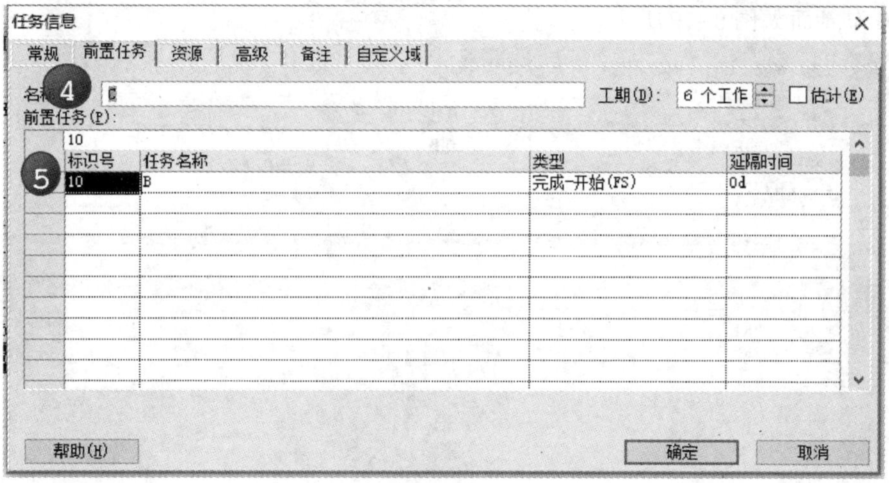

图 8-9　步骤④和⑤的操作界面

⑥如果对于已经链接在一起的两个任务，在选中之后，单击“取消链接任务”，则可以取消两个任务之间的相关性和链接关系。

任务相关性：两个链接任务之间的关系；通过完成日期和开始日期之间的相关性进行链接。有四种任务相关性类型：“完成-开始”（FS）、“开始-开始”（SS）、“完成-完成”（FF）、“开始-完成”（SF）。

默认情况下，Project 2010 创建“完成-开始”类型的任务链接。可以将此任务链接更改为“开始-开始”、“完成-完成”或“开始-完成”类型的任务链接。

十、将资源添加到项目中

①在“视图”菜单上，单击“资源工作表”。

②在“资源名称”域中，键入资源名称。资源名称不能包含括号（[ ]）、逗号（,）或分号（;）。

③若要指定资源组，请在资源名称的“组”域中键入组的名称。

④指定资源类型。

- 若要指定该资源是工时资源，请在“类型”域中单击“工时”。
- 若要指定该资源是材料资源，请在“类型”域中单击“材料”。

⑤在“材料标签”域中，输入资源的标签，例如，码、吨或箱。

⑥在资源的“最大单位”域中，输入该资源可以进行工作的单位总数。最大单位指定该资源可以进行该项目工作的程度，例如，兼职或多倍。例如，如果某个资源在一周内有两天可以进行项目工作，可以将最大单位输入为40%。可以使用最大单位来指定一项资源指派具有多倍可用性。例如，假设有一个名为“工程师”的资

源，代表工作组中的三名工程师。可以将“工程师”的最大单位输入为300%。可以一次将三名工程师都排定为全职，同时又没有“工程师”资源处于过度分配状态。可以使用百分数（50%、100%和300%）或小数（0.5、1和3）输入最大单位。

操作界面如图8-10所示。

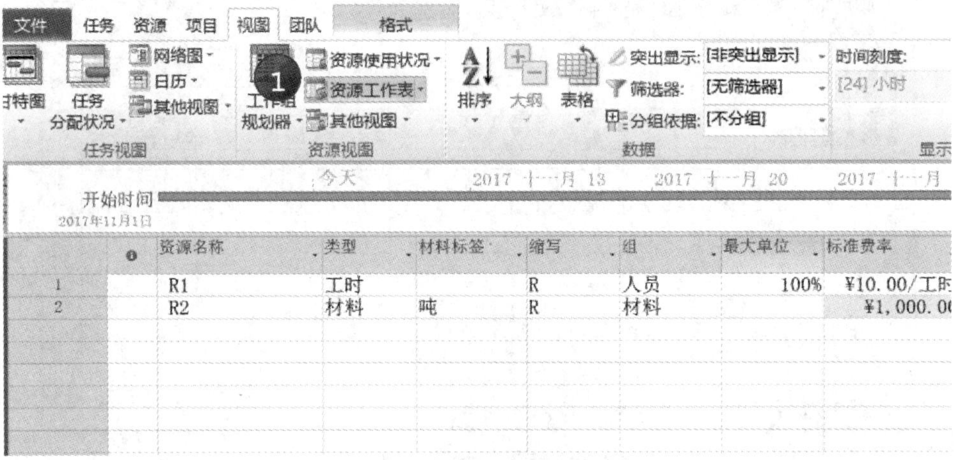

图8-10　将资源添加到项目中

十一、将资源分配给任务

①在“视图”菜单上，单击“甘特图”。

②在“任务名称”域中，选择要为其分配资源的任务。

③单击“分配资源”。

步骤②和③的操作界面如图8-11所示。

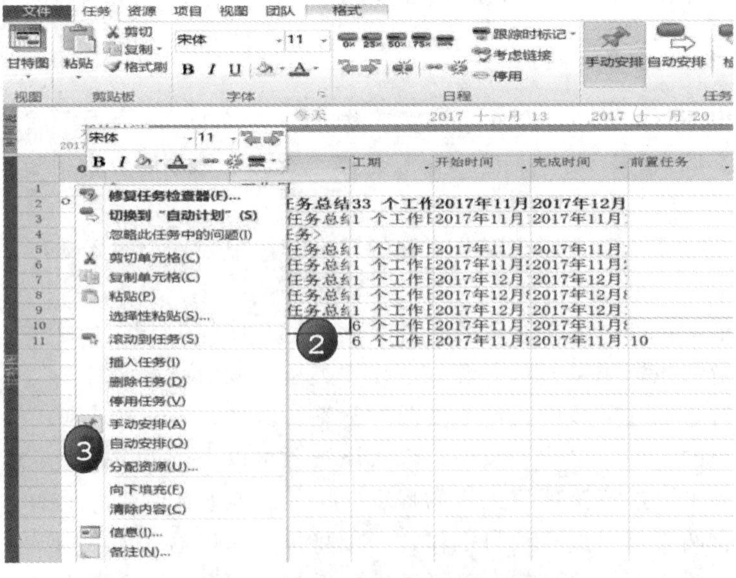

图8-11　步骤②和③的操作界面

④在“资源名称”域中，单击要分配的资源的名称。

⑤单击“分配”。

⑥在“请求/要求”列中，单击“请求”或“要求”指定是否需要将此资源分配给该任务。此资源设置用于“资源置换向导”。如果请求了该资源，向导将仅在该资源未过度分配的条件下分配资源。

步骤④~⑥的操作界面如图8-12所示。

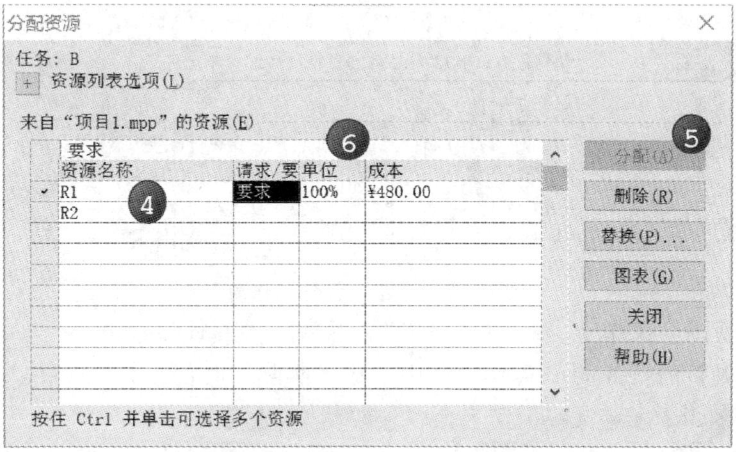

图8-12　步骤④~⑥操作界面

⑦分配单个全职工时资源。

确保所选资源的“单位”域显示为100%。

⑧分配单个兼职工时资源。

在“单位”域中，键入一个小于100的百分比。该数值代表希望该资源在该任务中花费的工作时间的百分比。例如，如果资源将工作时间的一半用在此任务中，应键入“50%”。

⑨分配一组多个工时资源。

在“单位”域中，键入一个大于100的百分比。此值代表此资源组投入工作的程度。例如，如果资源为操作人员，人数为3名，并且要将他们全部指定为全职，应键入“300%”。

⑩指定材料资源的消耗率。

- 在“单位”域中，键入一个小数，表示用于该工作分配的材料数量，然后输入材料标签。例如，若要用20码长的木材，可键入“20”。
- 如果所使用的材料数量取决于任务工期，可以通过添加斜线（/）以及工期代码或缩写输入使用率。例如，如果每周要用20码长的木材，可以输入“20/周”或“20/w”。

十二、更新实际工时

①在“视图”菜单上，单击“其他视图”。

②在“视图”列表中，单击“任务工作表”，如图8-13所示。

图8-13　单击“任务工作表”

③在“视图”菜单上，指向“表格”，再单击“工时”。

④在要更新的任务的“实际”域中，输入实际工时值，如图8-14所示。

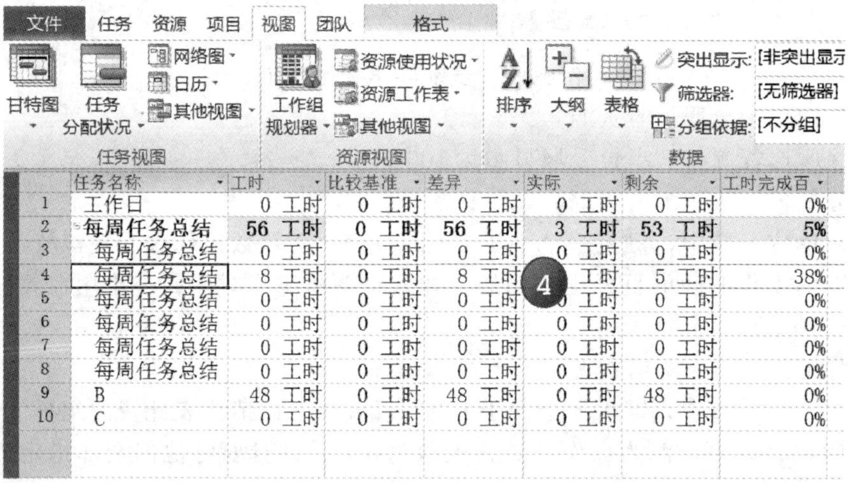

图8-14　输入实际工时值

重新计算出的工时完成百分比和剩余工时数值将分别显示在“工时完成百分比”和“剩余工时”域中。如果该域不可见，请按Tab键移动到该域。

注意：当为某项任务指定实际工时时，Project 2010将按照公式“工时完成百分比=实际工时/工时”以及“剩余工时=工时－实际工时”来计算工时完成百分比和剩余工时。

十三、在所有任务中显示关键路径

①在“视图”菜单上，单击“其他视图”。

②单击“详细甘特图”，再单击“应用”，即可将关键路径显示出来，如图

8-15所示。

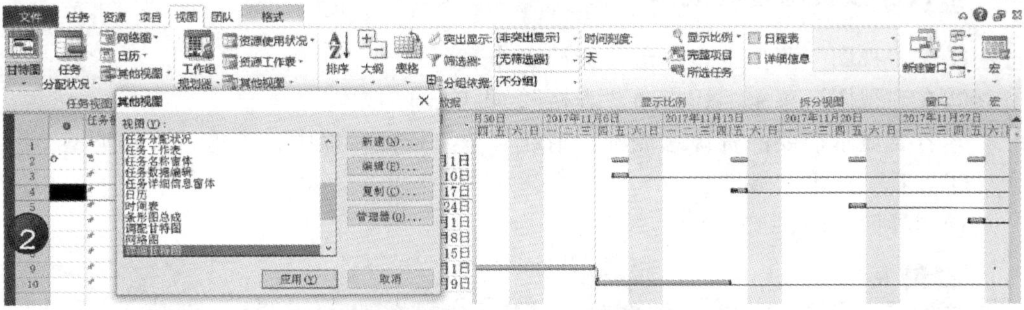

图8-15　显示关键路径

注意：默认情况下，关键路径会以红色显示。

十四、为任务或项目设置固定成本

①在“视图”菜单上，单击“甘特图”。

②在“视图”菜单上，指向“表”，再单击“成本”。

③在“任务名称”域中，选择需要输入固定成本的任务。

④在“固定成本”域中，键入成本值。

十五、按任务查看成本

①在“视图”菜单上，单击“其他视图”。

②在“视图”列表中，单击“任务工作表”，再单击“应用”。

③在“视图”菜单上，指向“表格”，再单击“成本”。

④查看“总成本”域，如图8-16所示。

	任务名称	固定成本	固定成本累算	总成本	比较基准	差异	实际	剩余
1	工作日	¥0.00	按比例	¥0.00	¥0.00	¥0.00	¥0.00	¥0.00
2	**每周任务总结**	**¥0.00**	**按比例**	**¥480.00**	**¥0.00**	**¥480.00**	**¥0.00**	**¥480.00**
3	每周任务总结	¥0.00	按比例	¥0.00	¥0.00	¥0.00	¥0.00	¥0.00
4	每周任务总结	¥0.00	按比例	¥0.00	¥0.00	¥0.00	¥0.00	¥0.00
5	每周任务总结	¥0.00	按比例	¥0.00	¥0.00	¥0.00	¥0.00	¥0.00
6	每周任务总结	¥0.00	按比例	¥0.00	¥0.00	¥0.00	¥0.00	¥0.00
7	每周任务总结	¥0.00	按比例	¥0.00	¥0.00	¥0.00	¥0.00	¥0.00
8	每周任务总结	¥0.00	按比例	¥0.00	¥0.00	¥0.00	¥0.00	¥0.00
9	B	¥0.00	按比例	¥480.00	¥0.00	¥480.00	¥0.00	¥480.00
10	C	¥0.00	按比例	¥0.00	¥0.00	¥0.00	¥0.00	¥0.00

图8-16　“总成本”域

十六、按资源查看成本

①在“视图”菜单上，单击“资源工作表”。

②在“视图”菜单上，指向“表格”，再单击“成本”。

③若要显示摘要的资源总成本，请在“分组依据”框中，单击“资源类型”。

④查看“成本”域。

操作界面如图8-17所示。

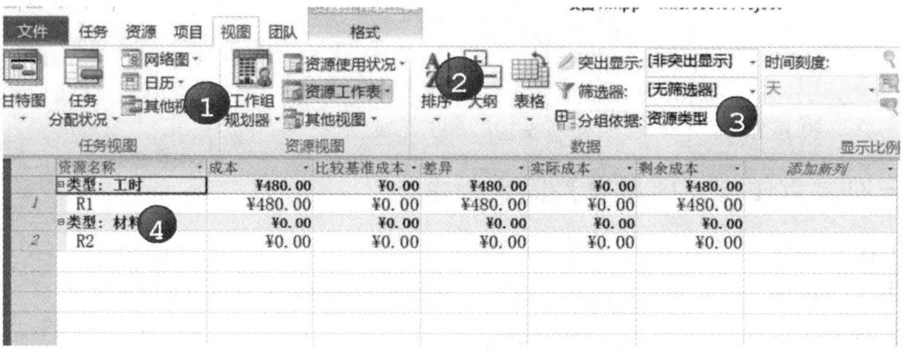

图8-17　按资源查看成本

十七、查找过度分配的资源

若要集中查看那些相对资源可用时间而言分配了过多工作的资源，请查找过度分配的资源。查找过度分配可帮助确定特定任务是否存在无法按期完成的风险，以及特定资源是否有劳累过度的风险。可以决定是否调配资源或将任务重新分配给其他资源。

①在“视图”菜单上，单击“资源工作表”或“资源使用状况”。

②在视图中，单击“筛选”，再单击“过度分配的资源”。

③若要再次查看所有资源，请单击“筛选”，再单击“所有资源”。

注意：过度分配的资源默认用红色标注。

第三节　导出Project数据到Excel

导出Project数据到Excel具体分为以下步骤：

①在“文件”菜单上，单击“另存为”。

②选择“保存类型”为“Microsoft Excel工作簿”，如图8-18所示。

③在导出向导的第二步选择“选择的数据”。

④在导出向导的第三步选择“使用现有映射”。

⑤在导出向导的第四步选择“任务成本数据”。

⑥在导出向导的第五步选择“要导出的数据类型”为“任务”和“资源”，以及选中“导出包含标题”。

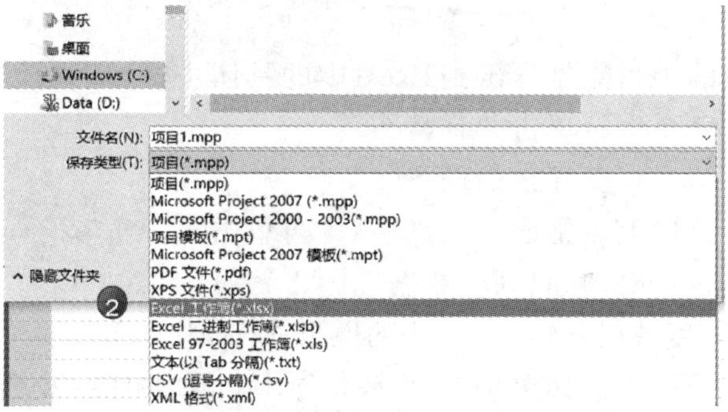

图 8-18　选择“保存类型”

⑦在导出向导的第六步进行“任务”数据的“Project”到“Excel”的映射，如图 8-19 所示。

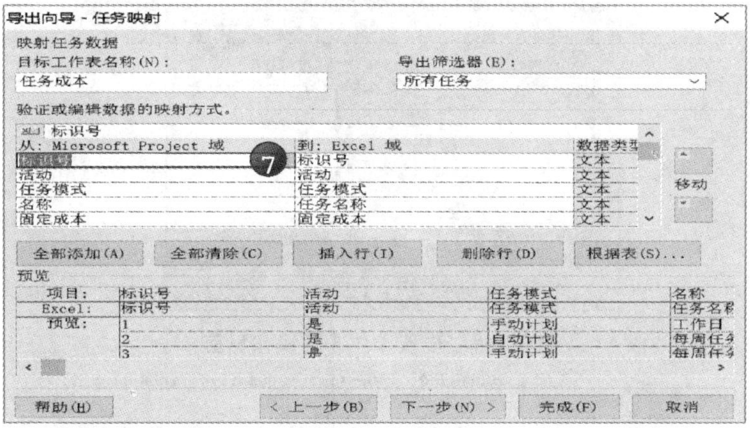

图 8-19　进行“任务”数据的“Project”到“Excel”的映射

⑧在导出向导的第七步进行“资源”数据的“Project”到“Excel”的映射。

⑨选择“根据表”，并选择“使用状况”资源表，如图 8-20 所示。

⑩在“目标工作表名称”栏内输入“资源使用”，如图 8-20 所示。

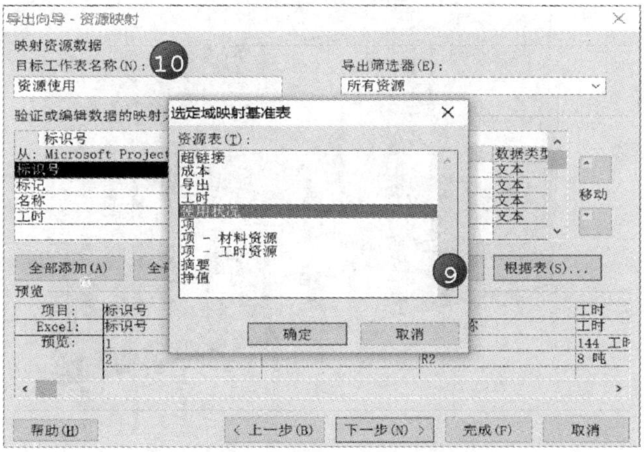

图 8-20　步骤⑨和⑩的操作界面

⑪按“完成”。

将按时间分段的项目数据导出到Excel中的具体步骤如下：

①在“视图”菜单上，单击“甘特图”。

②如果适用，请选择要导出的任务。

③在“视图”菜单上，指向“工具栏”，再单击“分析”。

④单击“用Excel分析时间刻度数据”。

⑤按照“时间刻度数据分析向导”中的说明进行操作，单击要导出到Excel中的域。

步骤④和⑤的操作界面如图8-21所示。导出结果如图8-22所示。

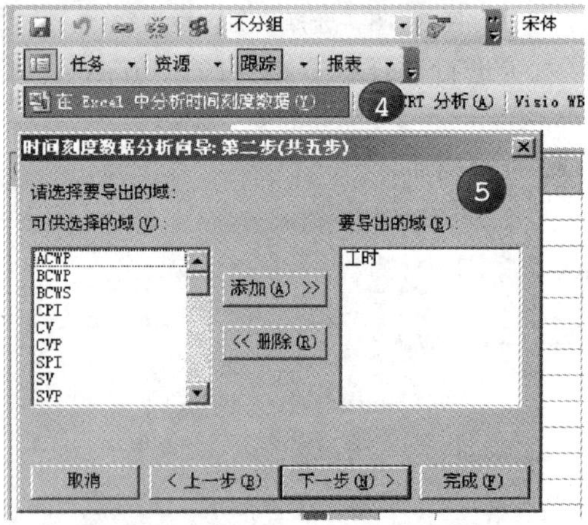

图8-21　步骤④和⑤的操作界面

2		天	2008-11-2	2008-11-3	2008-11-4	2008-11-5
3	A					
4		工时	0.00h	8.00h	8.00h	8.00h
5	B					
6		工时	0.00h	8.00h	8.00h	8.00h
7	C					
8		工时	0.00h	0.00h	0.00h	0.00h
9	D					
10		工时	0.00h	0.00h	0.00h	0.00h
11	E					
12		工时	0.00h	0.00h	0.00h	0.00h

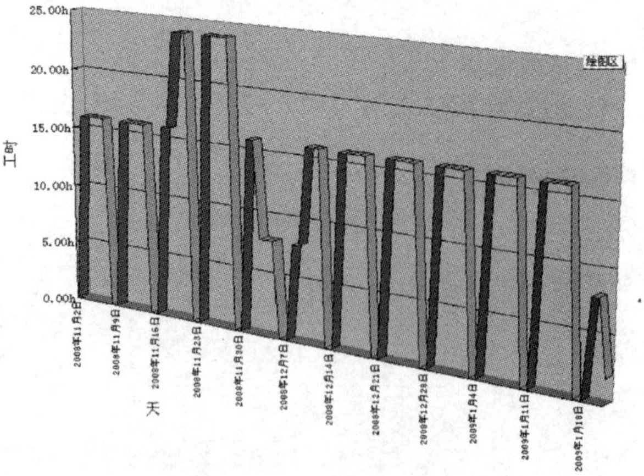

图8-22　导出结果

计算机综合应用实验报告八

【实验名称】Project综合应用

【实验目标】

1.学会使用Project安排工程任务。掌握网络日程计划图的生产组织活动，会计算关键路径。

2.掌握Project的项目任务登记、资源登记、工作分配、成本计算、关键路径计算的主要应用技能。

【实验内容】

现有一工程项目，其任务包括A到I共9项。其工期、任务相关性和需要的资源见表8-1，各资源的成本消耗见表8-2。

表8-1 **工期、任务相关性和需要资源**

任务名称	需要天数	前置任务	需要的资源
A	8		R1（50%）；R2（50%）；R4（3KG）；R5（2KG）
B	12		R3（100%）；R4（10KG）；R5（5KG）
C	12	A	R1（100%）；R4（15KG）
D	14	B	R2（100%）；R4（20KG）
E	10	B	R2（50%）；R3（50%）；R5（10KG）
F	18	C，D	R1（100%）；R5（10KG）
G	14	C，D	R3（100%）；R5（10KG）
H	8	E，F	R1（50%）；R2（25%）；R3（25%）
I	16	G	R3（100%）

表8-2 **各资源的成本消耗**

资源名称	资源类型	单位成本
R1	工时	10元/小时
R2	工时	8元/小时
R3	工时	5元/小时
R4	材料	32元/千克
R5	材料	28元/千克

1.将上述任务登记到Project中。

2.设置任务之间的相关性，形成如图8-23所示的甘特图。

	❶	任务名称	工期	开始时间
1		A	8 工作日	2008年11月3日
2		B	12 工作日	2008年11月3日
3		C	12 工作日	2008年11月13日
4		D	14 工作日	2008年11月19日
5		E	10 工作日	2008年11月19日
6		F	18 工作日	2008年12月9日
7		G	14 工作日	2008年12月9日
8		H	8 工作日	2009年1月2日
9		I	16 工作日	2008年12月29日

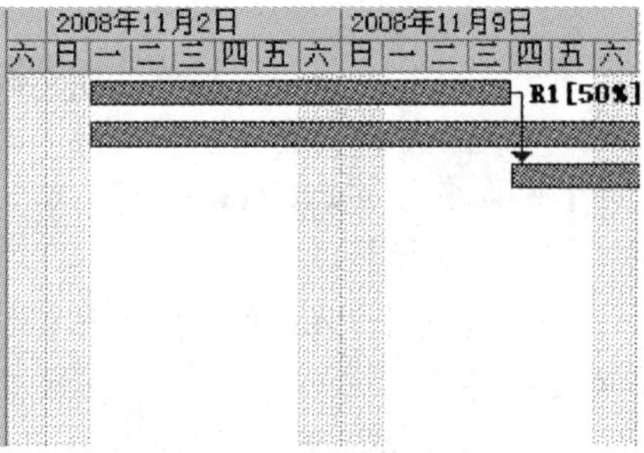

图 8-23　甘特图

3. 登记每项任务需要的资源，形成如图 8-24 所示的资源使用状况表。

	❶	资源名称	工时	详细信息	2008年11月9日						
					六	日	一	二	三	四	五
1		⊟ R1	304 工时	工时			4h	4h	4h	8h	8h
		A	32 工时	工时			4h	4h	4h		
		C	96 工时	工时						8h	8h
		F	144 工时	工时							
		H	32 工时	工时							
2	ⓘ	⊟ R2	200 工时	工时			4h	4h	4h		
		A	32 工时	工时			4h	4h	4h		
		D	112 工时	工时							
		E	40 工时	工时							
		H	16 工时	工时							
3	ⓘ	⊟ R3	392 工时	工时			8h	8h	8h	8h	8h
		B	96 工时	工时			8h	8h	8h	8h	8h
		E	40 工时	工时							
		G	112 工时	工时							
		H	16 工时	工时							
		I	128 工时	工时							

图 8-24　资源使用状况表

4. 找出关键路径，并以红色标注关键任务，如图 8-25 所示。

	❶	任务名称	工期
1		A	8 工作日
2		B	12 工作日
3		C	12 工作日
4		D	14 工作日
5		E	10 工作日
6		F	18 工作日
7		G	14 工作日
8		H	8 工作日
9		I	16 工作日

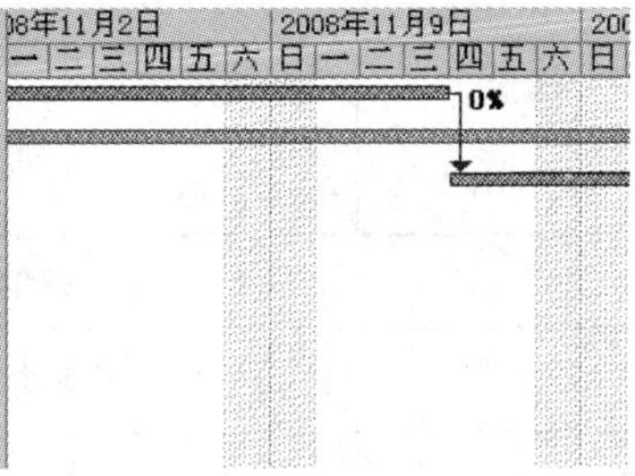

图 8-25　找出关键路径

5. 计算消耗成本，并得到包含成本的任务工作表，如图 8-26 所示。

	任务名称	固定成本	固定成本累算	总成本	比较基准	差异	实际	剩余
1	A	¥0.00	按比例	¥728.00	¥0.00	¥728.00	¥0.00	¥728.00
2	B	¥0.00	按比例	¥940.00	¥0.00	¥940.00	¥0.00	¥940.00
3	C	¥0.00	按比例	¥1,440.00	¥0.00	¥1,440.00	¥0.00	¥1,440.00
4	D	¥0.00	按比例	¥1,536.00	¥0.00	¥1,536.00	¥0.00	¥1,536.00
5	E	¥0.00	按比例	¥800.00	¥0.00	¥800.00	¥0.00	¥800.00
6	F	¥0.00	按比例	¥1,720.00	¥0.00	¥1,720.00	¥0.00	¥1,720.00
7	G	¥0.00	按比例	¥840.00	¥0.00	¥840.00	¥0.00	¥840.00
8	H	¥0.00	按比例	¥528.00	¥0.00	¥528.00	¥0.00	¥528.00
9	I	¥0.00	按比例	¥640.00	¥0.00	¥640.00	¥0.00	¥640.00

图 8-26　包含成本的任务工作表

6.输入实际完成工时，并得到新的资源工作表，见表8-3和图8-27。

表8-3 实际完成工时

任务	实际完成工时
A	64h
B	96h
C	96h
D	50h

	资源名称	成本	比较基准成本	差异	实际成本	剩余成本
1	R1	¥3,120.00	¥0.00	¥3,120.00	¥1,280.00	¥1,840.00
2	**R2**	**¥1,696.00**	**¥0.00**	**¥1,696.00**	**¥656.00**	**¥1,040.00**
3	**R3**	**¥1,990.00**	**¥0.00**	**¥1,990.00**	**¥480.00**	**¥1,510.00**
4	R4	¥1,536.00	¥0.00	¥1,536.00	¥1,181.71	¥354.29
5	R5	¥1,036.00	¥0.00	¥1,036.00	¥196.00	¥840.00

图8-27 新的资源工作表

7.找出过度分配的资源，并列出在何时何任务上被过度分配。

8.调整过度分配的资源，并列出被调整的日工时，如图8-28所示。

		资源名称	工时	详细信息	三	四	五	六
2	!	⊟ **R2**	**212 工时**	工时	12h	12h	12h	
		A	32 工时	工时				
		D	120 工时	工时	8h	8h	8h	
		E	40 工时	工时	4h	4h	4h	
		H	20 工时	工时				
3	!	⊟ **R3**	**398 工时**	工时	4h	4h	4h	
		B	96 工时	工时				
		E	40 工时	工时	4h	4h	4h	
		G	112 工时	工时				
		H	20 工时	工时				
		I	130 工时	工时				

图8-28 调整资源和工时

9.按照表8-4为任务输入固定成本。

表8-4 任务的固定成本

任　务	固定成本
A	"¥3，000.00"
C	"¥4，500.00"
F	"¥10，000.00"
I	"¥9，000.00"

10.将任务和资源消耗成本数据导出到Excel中。

【实验结果】

1.将第3步得到的资源使用状况表中的数据记录在下方。

2.列出关键路径上的任务。

3.将第7步找到的过度分配资源，以及过度分配的日期和任务记录在下方。

4.将在第8步调整之后，被调整的资源、任务和日工时记录在下方。

5.将第10步导出Excel中的数据记录在下方。

6.本章操作内容的截图。

主要参考文献

[1] 龙马高新教育. Office 2010办公应用从入门到精通 [M]. 北京：北京大学出版社，2017.

[2] 王作鹏，殷慧文. Word/ Excel/ PPT 2010办公应用从入门到精通 [M]. 北京：人民邮电出版社，2013.

[3] 孟强，张娟. 中文版Office 2010实用教程 [M]. 北京：清华大学出版社，2013.

[4] 杨继萍. Visio 2010图形设计标准教程 [M]. 北京：清华大学出版社，2012.

[5] 耿松涛. 中文版Project 2010实用教程 [M]. 北京：清华大学出版社，2014.

[6] 张会斌. Project 2010企业项目管理实践 [M]. 北京：人民邮电出版社，2015.

[7] 谢华，冉洪艳. Visio 2010图形设计实战技巧精粹 [M]. 北京：清华大学出版社，2013.

[8] 王红军，等. 电脑软硬件维修从入门到精通 [M]. 北京：机械工业出版社，2015.

[9] 傅连仲. 计算机应用基础（Windows 7+Office 2010）[M]. 北京：电子工业出版社，2014.